中国热带果树
叶绿体基因组

◎ 柳 觐　牛迎凤　等　著

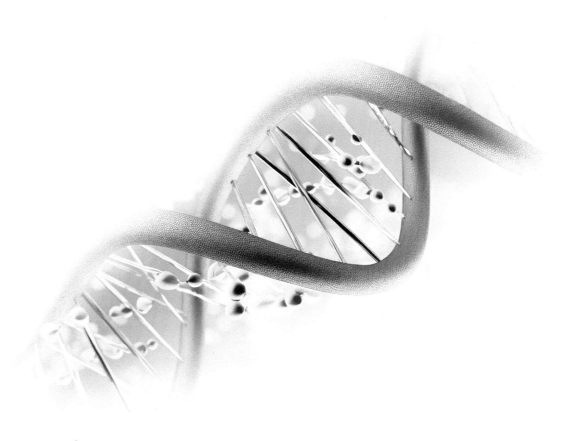

中国农业科学技术出版社

图书在版编目（CIP）数据

中国热带果树叶绿体基因组/柳觐等著. -- 北京：
中国农业科学技术出版社，2024. 10. -- ISBN 978-7
-5116-7123-3

Ⅰ. S667.01

中国国家版本馆CIP数据核字第2024TX1172号

责任编辑 崔改泵
责任校对 李向荣
责任印制 姜义伟　王思文

出 版 者 中国农业科学技术出版社
　　　　　　北京市中关村南大街 12 号　　邮编：100081
电　　话 （010）82109705（编辑室）　（010）82106624（发行部）
　　　　　　（010）82109709（读者服务部）
网　　址 https://castp.caas.cn
经 销 者 各地新华书店
印 刷 者 北京建宏印刷有限公司
开　　本 185 mm×260 mm　1/16
印　　张 26.25
字　　数 639 千字
版　　次 2024 年 10 月第 1 版　2024 年 10 月第 1 次印刷
定　　价 298.00 元

《中国热带果树叶绿体基因组》
著者名单

主　著	柳　觐	牛迎凤	
副主著	刘紫艳	郑　诚	毛常丽
	李开雄		
参　著	高宝才	刘　妮	李陈万里
	穆洪军	陈江华	钱萧然
	张　靖	龙青姨	吴　裕
	贺熙勇	宫丽丹	孔广红
	周兆禧	艾俊民	朱小平
	刘书星	于静娟	

前言

　　热带果树是指分布和种植在热带地区的果树，大多数热带果树为常绿树种，少数热带果树为落叶树种。热带地区是指南北回归线之间的地带，即南北纬23°26′之间的区域，主要分布在亚洲东南部、非洲大部、南太平洋岛国以及拉丁美洲，有138个国家和地区，主要气候类型包括热带雨林气候、热带草原气候、热带季风气候和热带沙漠气候。全球热带地区的陆地面积5 360万平方千米，约占全球陆地总面积的1/3。

　　中国热带地区除南北纬23°26′之间的区域外，还包括同时满足日平均气温≥10℃的天数285天以上、年积温≥6 500℃、最冷月平均气温≥10℃、年极端最低气温多年平均值≥2℃四个指标的区域，主要位于海南、云南、广东、广西、福建、四川、台湾、香港、澳门、湖南、贵州、江西、西藏等省（区）。中国热区面积约54万平方千米，约占国土面积的5.6%，雨量丰沛、雨热同期，海拔落差大，区域小气候差异明显，可种植作物种类多，是非常宝贵的土地资源。

　　由于热带地区独特的自然条件和气候特点，孕育了种类繁多的热带植物，尤其是与生活密切相关的热带果树，其中既包括常见的菠萝、香蕉等常见热带水果，也包括山竹、榴莲等特色热带水果，还包括澳洲坚果、腰果等坚果。

　　中国热带果树种类繁多，既有原生于我国的果树种类，也有从国外引进驯化种植的果树种类，尚有多种新奇特热带果树正在引种或驯化中。即使如此，仍有大量热带水果依赖进口，发展好热带果树产业是丰富居民饮食结构、提高人民生活水平的重要抓手和着力点。

　　同所有植物一样，热带果树均包含3套相对独立的基因组，分别是核基因组、叶绿体基因组和线粒体基因组。其中叶绿体基因组作为植物特有的相对独立的遗传系统，编码着与光合作用等重要生物学过程相关的基因，对于研究植物亲缘关系、进化位置，以及解析其叶绿体基因组包含的基因数量、基因序列和基因功能等信息显得尤为关键。大多数常见农作物和果树的叶绿体基因组的测序工作已经完成，为这些物种种质资源的分子评价和育种利用提供了丰富的基因组学数据。

本研究组在参考国内外学者研究成果的基础上，已熟练掌握了植物叶绿体测序、组装和注释的方法，并进行了一系列的优化。本研究组进行的植物叶绿体基因组测序主要采用二代测序方法。主要的技术流程是：①DNA 提取，将采集的热带果树嫩叶在研钵中加入液氮研碎，用上海生工 Rapid Plant Genomic DNA Isolation Kit 提取高质量基因组 DNA（包括核基因组 DNA、叶绿体基因组 DNA 和线粒体基因组 DNA），并用 Agilent 2100 Bioanalyzer 对 DNA 质量进行检测；②测序文库构建，根据 illumina DNA 文库构建标准流程，构建插入片段大小为 350 bp 的 DNA 双末端测序文库，并用 qPCR 方法和 Agilent 2100 Bioanalyzer 对 DNA 文库进行质控；③DNA 测序，采用 illumina HiSeq 2000 平台对质控合格的 DNA 文库进行测序，测序策略为 Pair-End 150，测序数据量为 10～15 G；④叶绿体基因组拼接和注释，对测序得到的 Raw Reads 去低质量序列、去接头污染，得到 Clean Reads，采用 CLC Genomics Workbench v3.6、DOGMA 等软件对叶绿体基因组进行拼接、组装和注释，采用 PCR+ 常规测序方法对叶绿体基因组重复序列区域进行验证，以确保组装结果的准确性。

按照上述方法，课题组完成了澳洲坚果光壳种、澳洲坚果粗壳种、澳洲坚果三叶种、菠萝、芭蕉、莲雾、人心果、蛋黄果、油梨、菠萝蜜、羊奶果、龙眼、荔枝、黄皮、嘉宝果、余甘子、杨桃、山竹、罗望子、椰子、青枣、番石榴、费约果、腰果、芒果、柠檬、香橼、柚子、柑橘、甜橙、番木瓜、无花果、榴莲、金星果、文丁果、神秘果、西番莲、尖蜜拉、牛心番荔枝、刺果番荔枝、木奶果、火龙果、红毛丹、龙宫果、蛇皮果、马六甲蒲桃、黄晶果共 47 种在中国分布和种植的热带果树叶绿体基因组测序。本书内容既包括上述 47 种热带果树的叶绿体基因组图谱及注释结果，又包括了这些热带果树的物种特征介绍及植株、叶片、花、果实等重要特征照片，内容图文并茂，既可以作为专业研究者的参考资料，又可以作为非研究者的科普读物。

本书主要内容由云南省热带作物科学研究所独立完成，部分照片由中国科学院西双版纳热带植物园、中国热带农业科学院热带作物品种资源研究所的同行提供，在此一并致谢。

本书研究内容得到了云南省技术创新人才培养对象项目（202305AD160023）、国家自然科学基金项目（32160396、31760215）、农业农村部热带作物种质资源保护项目、云南省省级热带作物版纳种质资源圃项目、云南省热带作物科技创新体系建设项目等项目（课题）的支持，在此致以诚挚感谢。

本书所有编写者均秉持客观认真、实事求是的态度编写本书，但因知识和学术水平有限，书中难免会存在疏漏之处。期待并欢迎广大读者对本书中可能存在的疏漏和不足提出宝贵意见，以促使再版时进一步修订和完善。

著者

2024 年 7 月

目 录

1. 澳洲坚果光壳种 *Macadamia integrifolia*

澳洲坚果光壳种（*Macadamia integrifolia*，图1～图4）为山龙眼科（Proteaceae）澳洲坚果属植物。别名夏威夷果、昆士兰栗、澳洲胡桃。常绿乔木，高5～15米。叶革质，通常3枚轮生或近对生，长圆形至倒披针形，长5～15厘米，宽2～3厘米，顶端急尖至圆钝，有时微凹，基部渐狭；侧脉7～12对；每侧边缘具疏生刺齿约10个，成龄树的叶近全缘；叶柄长4～15毫米。总状花序，腋生或近顶生，长8～15厘米，疏被短柔毛；花淡黄色或白色；花梗长3～4毫米；苞片近卵形，小；花被管长8～11毫米，直立，被短柔毛；花丝短，花药长约1.5毫米，药隔稍凸出，短、钝；子房及花柱基部被黄褐色长柔毛；花盘环状，具齿缺。果球形，直径约2.5厘米，顶端具短尖，果皮厚2～3毫米，开裂；种子通常球形，种皮骨质，光滑，厚2～4毫米，由绿色外壳皮包裹。花期4—5月（广州），果期7—8月[1, 10]。在云南西双版纳花期主要在2—3月，主要成熟期在8—9月。

澳洲坚果营养丰富，其含油量高达70%～80%，大多为不饱和脂肪酸，其中油酸和棕榈油酸含量较多[2]，另外澳洲坚果富含蛋白质、碳水化合物、钙、磷、铁、B族维生素和烟酸等，长期食用对人体有益，可显著降低心脑血管疾病的发生率[3]。澳洲坚果除加工成各种口味的食用干果外，还可加工成澳洲坚果油，榨油后的澳洲坚果粕亦可饲养鱼类或家畜，能够提高它们的肉质口感与风味，或发酵后作为有机肥。澳洲坚果油中富含维生素E，可加工成护手霜等护肤品[4]。

澳洲坚果光壳种是原产于澳大利亚昆士兰州东南部的热带雨林树种。William Purvis于1881年将澳洲坚果光壳种引入夏威夷，于1930年后大规模种植，澳大利亚、南非、肯尼亚和美国是最大的生产国[5]。中国于1910年开始引进，种植于台湾省，20世纪70年代末大陆开始引进优良品种进行种植，主要在广东、广西、云南和四川等省（区）进行试种，中国引入的澳洲坚果光壳种良种已超过80个，世界各地选育的品种超过540个[6]。随着市场需求和发展，中国的种植规模持续扩大，达到世界第一，其中云南省的种植面积为国内最大[7, 8]，2020年已经超过400万亩。

澳洲坚果光壳种在中国的种植区主要位于98°10′E～122°12′E、18°6′N～34°24′N，海拔在600米以下，一般集中在低山丘陵地带，土壤pH值为4.5～5.5。果树培育要求年平均气温16～23℃，花期平均温度10～20℃，最适宜的温度为12～13℃，气温稳定在10℃之后开始抽发春梢；年平均降水量800毫米以上；年日照时间1 500～2 200小时，盛花期的日照时间应超过100小时；盛花期的阴雨天数量应不超过13天，盛花期的相对湿度75%～85%；无霜期200天以上[9]。

澳洲坚果光壳种叶绿体基因组情况见图5、表1～表4。

1

参考文献

［1］中国科学院中国植物志编辑委员会.中国植物志：第二十四卷［M］.北京：科学出版社，1988：28.

［2］韦文广，杨俊，吕谕昆，等.澳洲坚果油和果仁的脂肪酸测定［J］.食品安全导刊，2019（3）：3.

［3］Carrillo W, Lara D, Vilcacundo E, et al. Obtention of Protein Concentrate and Polyphenols from Macadamia (*Macadamia integrifolia*) with Aqueous Extraction Method［J］. Asian Journal of Pharmaceutical & Clinical Research, 2017, 10（2）：1–5.

［4］Kaseke T, Fawole O A, Opara U L, et al. Chemistry and Functionality of Cold–Pressed *Macadamia* Nut Oil［J］. Processes, 2022, 10（1）：56.

［5］McHargue L T. *Macadamia* Production in Southern California［J］. Progress in New Crops, 1993：458–462.

［6］贺熙勇，倪书邦.世界澳洲坚果种质资源与育种概况［J］.中国南方果树，2008，37（2）：34–38.

［7］Topp B L, Nock C J, Hardner C M, et al. *Macadamia* (*Macadamia* spp.) Breeding［A］// Advances in Plant Breeding Strategies: Nut and Beverage Crops, 2019（4）：221–251.

［8］贺熙勇，陶亮，柳觐，等.国内外澳洲坚果产业发展概况及趋势［J］.中国热带农业，2017（1）：4–11，18.

［9］蔡碧媛.澳洲坚果栽培技术［J］.乡村科技，2019（5）：73–74.

［10］Nock C J, Baten A, King G J. Complete Chloroplast Genome of *Macadamia integrifolia* Confirms the Position of the Gondwanan Early–diverging Eudicot Family Proteaceae［J］. BMC Genomics, 2014, 15（9），S13.

图 1　澳洲坚果光壳种　植株

图 2　澳洲坚果光壳种　叶片

图 3　澳洲坚果光壳种　花

图 4　澳洲坚果光壳种　果实

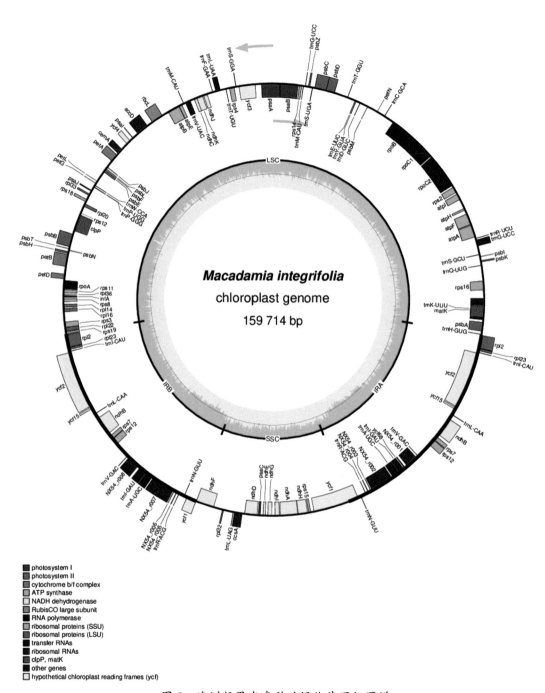

图 5　澳洲坚果光壳种叶绿体基因组图谱

表 1　澳洲坚果光壳种叶绿体基因组注释结果

编号	基因名称	链正负	起始位点	终止位点	大小（bp）	GC含量（%）	氨基酸数（个）	起始密码子	终止密码子	反密码子
			73 498	73 611						
1	rps12	–	101 848	101 873	372	42.47	123	ACT	TAT	
			102 410	102 641						
2	trnH–GUG	–	28	102	75	54.67				GUG
3	psbA	–	434	1 495	1 062	42.84	353	ATG	TAA	
4	trnK–UUU	–	1 780	1 814	72	54.17				UUU
			4 308	4 344						
5	matK	–	2 073	3 602	1 530	34.31	509	ATG	TGA	
6	rps16	–	5 305	5 524	261	36.78	86	ATG	TGA	
			6 354	6 394						
7	trnQ–UUG	–	8 179	8 250	72	62.50				UUG
8	psbK	+	8 602	8 781	180	40.0	59	ATG	TGA	
9	psbI	+	9 200	9 310	111	39.64	36	ATG	TAA	
10	trnS–GCU	–	9 468	9 555	88	53.41				GCU
11	trnG–UCC	+	10 526	10 538	60	53.33				UCC
			11 208	11 254						
12	trnR–UCU	+	11 412	11 483	72	43.06				UCU
13	atpA	–	11 635	13 158	1 524	41.60	507	ATG	TGA	
14	atpF	–	13 217	13 603	546	39.19	181	ATG	TAG	
			14 406	14 564						
15	atpH	–	15 029	15 274	246	45.93	81	ATG	TAA	
16	atpI	–	16 412	17 155	744	38.58	247	ATG	TGA	
17	rps2	–	17 366	18 076	711	38.68	236	ATG	TGA	
18	rpoC2	–	18 293	22 477	4 185	38.69	1 394	ATG	TAA	
19	rpoC1	–	22 623	24 239	2 049	38.70	682	ATG	TAA	
			24 967	25 398						
20	rpoB	–	25 425	28 637	3 213	39.96	1 070	ATG	TGA	
21	trnC–GCA	+	29 859	29 929	71	61.97				GCA
22	petN	+	30 889	30 978	90	43.33	29	ATG	TAG	
23	psbM	–	32 193	32 297	105	33.33	34	ATG	TAG	
24	trnD–GUC	–	33 202	33 275	74	60.81				GUC
25	trnY–GUA	–	33 712	33 795	84	54.76				GUA
26	trnE–UUC	–	33 855	33 927	73	57.53				UUC
27	trnT–GGU	+	34 838	34 909	72	50.00				GGU
28	psbD	+	36 541	37 602	1 062	43.22	353	ATG	TAA	
29	psbC	+	37 550	38 971	1 422	44.94	473	ATG	TGA	
30	trnS–UGA	–	39 183	39 275	93	47.31				UGA
31	psbZ	+	39 570	39 758	189	34.39	62	ATG	TGA	

编号	基因名称	链正负	起始位点	终止位点	大小（bp）	GC含量（%）	氨基酸数（个）	起始密码子	终止密码子	反密码子
32	trnG–UCC	+	40 082	40 152	71	53.52				UCC
33	trnM–CAU	−	40 316	40 389	74	56.76				CAU
34	rps14	−	40 550	40 852	303	42.90	100	ATG	TAA	
35	psaB	−	40 982	43 186	2 205	41.86	734	ATG	TAA	
36	psaA	−	43 212	45 464	2 253	43.36	750	ATG	TAA	
37	ycf3	−	46 190 47 073 48 035	46 342 47 300 48 160	507	39.25	168	ATG	TAA	
38	trnS–GGA	+	48 469	48 555	87	50.57				GGA
39	rps4	−	48 744	49 349	606	38.45	201	ATG	TGA	
40	trnT–UGU	−	49 729	49 801	73	52.05				UGU
41	trnL–UAA	+	50 451 50 978	50 485 51 026	84	47.62				UAA
42	trnF–GAA	+	51 372	51 444	73	52.05				GAA
43	ndhJ	−	52 105	52 581	477	41.72	158	ATG	TGA	
44	ndhK	−	52 699	53 550	852	39.32	283	ATG	TAA	
45	ndhC	−	53 430	53 792	363	37.74	120	ATG	TAG	
46	trnV–UAC	−	54 310 54 924	54 344 54 962	74	50.00				UAC
47	trnM–CAU	+	55 144	55 215	72	41.67				CAU
48	atpE	−	55 435	55 836	402	41.54	133	ATG	TAA	
49	atpB	−	55 833	57 329	1 497	43.09	498	ATG	TGA	
50	rbcL	+	58 127	59 554	1 428	45.45	475	ATG	TAA	
51	accD	+	60 290	61 792	1 503	35.46	500	ATG	TAA	
52	psaI	+	62 505	62 615	111	33.33	36	ATG	TAA	
53	ycf4	+	63 025	63 579	555	39.46	184	ATG	TGA	
54	cemA	+	64 475	65 164	690	33.77	229	ATG	TGA	
55	petA	+	65 385	66 347	963	40.08	320	ATG	TAG	
56	psbJ	−	67 189	67 311	123	41.46	40	ATG	TAG	
57	psbL	−	67 442	67 558	117	32.48	38	ACG	TAA	
58	psbF	−	67 581	67 700	120	41.67	39	ATG	TAA	
59	psbE	−	67 710	67 961	252	42.06	83	ATG	TAG	
60	petL	+	69 286	69 381	96	36.46	31	ATG	TGA	
61	petG	+	69 572	69 685	114	35.96	37	ATG	TGA	
62	trnW–CCA	−	69 833	69 905	73	47.95				CCA
63	trnP–UGG	−	70 063	70 136	74	48.65				UGG
64	trnP–GGG	−	70 065	70 135	71	50.70				GGG

编号	基因名称	链正负	起始位点	终止位点	大小（bp）	GC含量（%）	氨基酸数（个）	起始密码子	终止密码子	反密码子
65	psaJ	+	70 570	70 704	135	35.56	44	ATG	TAG	
66	rpl33	+	71 070	71 279	210	37.14	69	ATG	TAG	
67	rps18	+	71 799	72 104	306	35.62	101	ATG	TAG	
68	rpl20	−	72 331	72 684	354	34.75	117	ATG	TAA	
69	rps12	−	73 498 145 167 145 935	73 611 145 398 145 960	372	42.47	123	TTA	TAT	
70	clpP	−	73 779 74 677 75 746	74 024 74 970 75 814	609	42.86	202	ATG	TAA	
71	psbB	+	76 231	77 757	1 527	44.01	508	ATG	TGA	
72	psbT	+	77 941	78 048	108	36.11	35	ATG	TGA	
73	psbN	−	78 108	78 239	132	46.97	43	ATG	TAA	
74	psbH	+	78 342	78 563	222	41.89	73	ATG	TAG	
75	petB	+	78 683 79 470	78 688 80 111	648	40.59	215	ATG	TAG	
76	petD	+	81 015	81 578	564	38.12	187	ATG	TAG	
77	rpoA	−	81 752	82 738	987	36.98	328	ATG	TGA	
78	rps11	−	82 804	83 196	393	45.55	130	ATG	TAA	
79	rpl36	−	83 314	83 427	114	35.96	37	ATG	TAA	
80	infA	−	83 542	83 775	234	37.61	77	ATG	TAG	
81	rps8	−	83 902	84 300	399	38.60	132	ATG	TGA	
82	rpl14	−	84 574	84 942	369	40.11	122	ATG	TAA	
83	rpl16	−	85 075	85 485	411	43.31	136	ATC	TAG	
84	rps3	−	86 667	87 314	648	35.49	215	ATG	TAA	
85	rpl22	−	87 316	87 750	435	35.40	144	ATG	TAG	
86	rps19	−	87 808	88 086	279	34.41	92	GTG	TAA	
87	rpl2	−	88 148 89 260	88 580 89 668	842	44.06	280	ACG	GA	
88	rpl23	−	89 687	89 968	282	37.94	93	ATG	TAA	
89	trnI–CAU	−	90 134	90 207	74	45.95				CAU
90	ycf2	+	90 291	97 115	6 825	37.96	2 274	ATG	TAG	
91	ycf15	+	97 231	97 464	234	35.04	77	ATG	TGA	
92	trnL–CAA	−	98 130	98 210	81	51.85				CAA
93	ndhB	−	98 771 100 227	99 526 101 003	1 533	37.51	510	ATG	TAG	
94	rps7	−	101 327	101 794	468	40.60	155	ATG	TAA	

续表

编号	基因名称	链正负	起始位点	终止位点	大小（bp）	GC含量（%）	氨基酸数（个）	起始密码子	终止密码子	反密码子
95	trnV-GAC	+	104 505	104 576	72	50.00				GAC
96	16S	+	104 804	106 294	1 491	56.34				
97	trnI-GAU	+	106 590 / 107 463	106 626 / 107 497	72	59.72				GAU
98	trnA-UGC	+	107 562 / 108 400	107 599 / 108 434	73	57.53				UGC
99	23S	+	108 587	111 395	2 809	55.11				
100	4.5S	+	111 497	111 587	91	50.55				
101	5S	+	111 831	111 951	121	52.07				
102	trnR-ACG	+	112 199	112 272	74	60.81				ACG
103	trnN-GUU	−	112 883	112 955	73	54.79				GUU
104	ndhF	−	114 511	116 730	2 220	32.52	739	ATG	TAA	
105	rpl32	+	117 833	118 006	174	35.63	57	ATG	TAA	
106	trnL-UAG	+	119 156	119 235	80	55.00				UAG
107	ccsA	+	119 335	120 300	966	33.85	321	ATG	TGA	
108	ndhD	−	120 562	122 067	1 506	35.52	501	ACG	TAG	
109	psaC	−	122 200	122 445	246	40.65	81	ATG	TGA	
110	ndhE	−	122 757	123 059	303	33.99	100	ATG	TGA	
111	ndhG	−	123 325	123 855	531	35.40	176	ATG	TGA	
112	ndhI	−	124 218	124 760	543	36.28	180	ATG	TAA	
113	ndhA	−	124 857 / 126 498	125 395 / 127 050	1 092	37.00	363	ATG	TAA	
114	ndhH	−	127 052	128 233	1 182	38.07	393	ATG	TGA	
115	rps15	−	128 340	128 618	279	31.18	92	ATG	TAA	
116	ycf1	−	128 992	134 529	5 538	30.82	1 845	ATG	TGA	
117	trnN-GUU	+	134 853	134 925	73	54.79				GUU
118	trnR-ACG	−	135 536	135 609	74	60.81				ACG
119	5S	−	135 857	135 977	121	52.07				
120	4.5S	−	136 221	136 311	91	50.55				
121	23S	−	136 411	139 219	2 809	55.14				
122	trnA-UGC	−	139 374 / 140 209	139 408 / 140 246	73	57.53				UGC
123	trnI-GAU	−	140 311 / 141 182	140 345 / 141 218	72	59.72				GAU
124	ycf68	−	141 018	141 077	60	50.00	19	ATG	TAG	
125	16S	−	141 514	143 004	1 491	56.34				
126	trnV-GAC	−	143 232	143 303	72	50.00				GAC

续表

编号	基因名称	链正负	起始位点	终止位点	大小（bp）	GC含量（%）	氨基酸数（个）	起始密码子	终止密码子	反密码子
127	rps7	+	146 014	146 481	468	40.60	155	ATG	TAA	
128	ndhB	+	146 805 148 282	147 581 149 037	1 533	37.51	510	ATG	TAG	
129	trnL–CAA	+	149 598	149 678	81	51.85				CAA
130	ycf15	–	150 344	150 577	234	35.04	77	ATG	TGA	
131	ycf2	–	150 693	157 517	6 825	37.96	2 274	ATG	TAG	
132	trnI–CAU	+	157 601	157 674	74	45.95				CAU
133	rpl23	+	157 840	158 121	282	37.94	93	ATG	TAA	
134	rpl2	+	158 140 159 225	158 548 159 658	843	44.25	280	ACG	TAG	

表 2　澳洲坚果光壳种叶绿体基因组碱基组成

项目	A	T	G	C	N
合计（个）	48 867	49 971	29 846	31 030	0
占比（%）	30.59	31.29	18.69	19.43	0.00

备注：N代表未知碱基。

表 3　澳洲坚果光壳种叶绿体基因组概况

项目	长度（bp）	位置	含量（%）
合计	159 714		38.10
大单拷贝区（LSC）	88 093	1～88 093	36.55
反向重复（IRa）	26 404	88 094～114 497	43.03
小单拷贝区（SSC）	18 813	114 498～133 310	31.67
反向重复（IRb）	26 404	133 311～159 714	43.03

表 4　澳洲坚果光壳种叶绿体基因组基因数量

项目	基因数（个）
合计	134
蛋白质编码基因	88
tRNA	38
rRNA	8

2. 澳洲坚果粗壳种 *Macadamia tetraphylla*

澳洲坚果粗壳种（*Macadamia tetraphylla*，图 6～图 9）为山龙眼科（Proteaceae）澳洲坚果属植物。别名粗壳澳洲坚果、刺叶澳洲坚果。大灌木或小乔木，树冠开张，高 5～15 米，最宽 18 米，小枝暗黑色，但颜色又比澳洲坚果三叶种稍淡，新梢嫩叶呈红色或粉红色，偶见因缺花青苷色素而变淡黄绿色，叶倒披针形，叶长 10.2～50.8 厘米，宽 2.5～7.6 厘米，无叶柄或近无叶柄，叶缘多刺，叶顶端尖，四叶轮生，偶见三叶或五叶轮生，小实生苗二叶对生，花序着生在老态小枝上，一般枝条顶部最早成熟的节先抽生花序，花序长 15.2～20.3 厘米，着花 100～300 朵，花鲜粉红色，偶见个别单株因缺花青苷色素而花变乳白色。

澳洲坚果粗壳种果实成熟高峰期因所处生长环境和地理位置不同而有所差异，其中在澳大利亚为 3—6 月，在夏威夷为 7—10 月，在加利福尼亚为 9 月至翌年 1 月，在云南西双版纳为 8 月中至 9 月底，一年只结一次果。果椭圆形，果皮灰绿色，密生白色短绒毛。果壳粗糙，具稍凹的网纹，厚 2～3 毫米，壳果直径 1.2～3.8 厘米，果仁颜色比光壳种深，果仁质量和质地变化较大，可食用，在口感上比光壳种甜一些，碳水化合物含量比较高，脂肪酸含量比光壳种低一些。与光壳种相比，粗壳种耐寒、抗病能力强[1, 2, 6]，因此，该品种主要作为砧木，或主要用来与光壳种进行杂交，培育出的杂交种种植广泛[3]。

澳洲坚果粗壳种是原产于澳大利亚新南威尔士州的热带雨林树种。已发现的澳洲坚果属植物有 23 种，主要分布在澳大利亚、新喀里多尼亚、印尼群岛和新西兰等地区[4, 5]。适合生长在热带雨林和潮湿的地方，年降水量为 1 000～2 000 毫米。澳洲坚果喜肥沃，排水良好的土壤，pH 值为 5.0～6.5。由于它们根浅，不适合种植在大风区域。它们是生长缓慢的中型树木，成熟后高度可达 12～15 米。生长环境要求降雨量大，阳光充足，无霜。生长 4 年或 5 年后结果，在 12～15 年内达到盛产期，在合适的条件下生长，可持续产果 100 多年。

同澳洲坚果光壳种一样，澳洲坚果粗壳种通常在落地后人工收获，部分品种需要在成熟时从树上采摘。掉落的坚果需要每 2～4 周收获一次，防止霉菌、发芽以及猪或老鼠的损害。青色外壳需要在收获后 24 小时内去除，有助于减少热呼吸，促进干燥，并降低发霉的风险。

澳洲坚果粗壳种叶绿体基因组情况见图 10、表 5～表 8。

参考文献

［1］中国科学院中国植物志编辑委员会 . 中国植物志：第二十四卷［M］. 北京：科学出版社，1988：29.

［2］英善文. 北莫尔顿地区六个澳洲坚果主要商业品种的形态特征及其鉴别［J］. 云南热作科技，1995（4）：40–41，43.

［3］Bennell M. Aspects of the Biology and Culture of the *Macadamia*［D］. Sydney: University of Sydney, 1984.

［4］贺熙勇，倪书邦. 世界澳洲坚果种质资源与育种概况［J］. 中国南方果树，2008，37（2）：34–38.

［5］Hokmabadi H, Sedaghati E. Safety of Food and Beverages: Nuts［M］. Encyclopedia of Food Safety, 2014 (3): 340–348.

［6］Liu J, Niu Y F, Ni S B, et al. The Whole Chloroplast Genome Sequence of *Macadamia tetraphylla* (Proteaceae)［J］. Mitochondrial DNA Part B, 2018, 3（2）: 1276–1277.

图 6　澳洲坚果粗壳种　植株

图 7　澳洲坚果粗壳种　叶片

图 8　澳洲坚果粗壳种　花

图 9　澳洲坚果粗壳种　果实

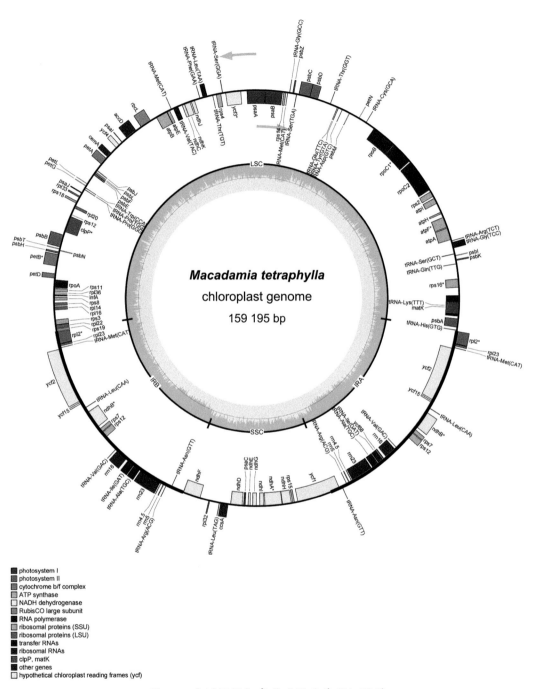

图 10 澳洲坚果粗壳种叶绿体基因组图谱

表 5　澳洲坚果粗壳种叶绿体基因组注释结果

编号	基因名称	链正负	起始位点	终止位点	大小（bp）	GC含量（%）	氨基酸数（个）	起始密码子	终止密码子	反密码子
			73 043	73 156						
1	rps12	–	101 385	101 410	372	42.47	123	ATG	TAA	
			101 947	102 178						
2	tRNA-His	–	36	110	75	54.67				GTG
3	psbA	–	428	1 489	1 062	42.84	353	ATG	TAA	
4	tRNA-Lys	–	1 770	1 804	72	54.17				TTT
			4 295	4 331						
5	matK	–	2 061	3 590	1 530	34.31	509	ATG	TGA	
6	rps16	–	5 287	5 506	261	36.40	86	ATG	TGA	
			6 339	6 379						
7	tRNA-Gln	–	8 164	8 235	72	62.50				TTG
8	psbK	+	8 577	8 756	180	40.00	59	ATG	TGA	
9	psbI	+	9 155	9 265	111	39.64	36	ATG	TAA	
10	tRNA-Ser	–	9 391	9 478	88	53.41				GCT
11	tRNA-Gly	+	10 141	10 153	60	53.33				TCC
			10 824	10 870						
12	tRNA-Arg	+	11 024	11 095	72	43.06				TCT
13	atpA	–	11 206	12 729	1 524	41.67	507	ATG	TGA	
14	atpF	–	12 789	13 169	546	39.01	181	ATG	TAG	
			13 974	14 138						
15	atpH	–	14 602	14 847	246	45.93	81	ATG	TAA	
16	atpI	–	15 985	16 728	744	38.84	247	ATG	TGA	
17	rps2	–	16 939	17 649	711	38.68	236	ATG	TGA	
18	rpoC2	–	17 867	22 051	4 185	38.66	1 394	ATG	TAA	
19	rpoC1	–	22 197	23 822	2 058	38.58	685	ATG	TAA	
			24 552	24 983						
20	rpoB	–	25 010	28 222	3 213	40.12	1 070	ATG	TGA	
21	tRNA-Cys	+	29 414	29 484	71	61.97				GCA
22	petN	+	30 438	30 527	90	43.33	29	ATG	TAG	
23	psbM	–	31 742	31 846	105	33.33	34	ATG	TAG	
24	tRNA-Asp	–	32 751	32 824	74	60.81				GTC
25	tRNA-Tyr	–	33 262	33 345	84	54.76				GTA
26	tRNA-Glu	–	33 405	33 477	73	57.53				TTC
27	tRNA-Thr	+	34 391	34 462	72	50.00				GGT
28	psbD	+	36 123	37 184	1 062	43.03	353	ATG	TAA	
29	psbC	+	37 132	38 553	1 422	44.94	473	ATG	TGA	
30	tRNA-Ser	–	38 769	38 861	93	47.31				TGA
31	psbZ	+	39 156	39 344	189	34.39	62	ATG	TGA	

续表

编号	基因名称	链正负	起始位点	终止位点	大小（bp）	GC含量（%）	氨基酸数（个）	起始密码子	终止密码子	反密码子
32	tRNA-Gly	+	39 664	39 734	71	53.52				GCC
33	tRNA-Met	−	39 898	39 971	74	56.76				CAT
34	rps14	−	40 132	40 434	303	42.90	100	ATG	TAA	
35	psaB	−	40 565	42 769	2 205	41.81	734	ATG	TAA	
36	psaA	−	42 795	45 047	2 253	43.50	750	ATG	TAA	
			45 773	45 925						
37	ycf3	−	46 655	46 882	507	39.25	168	ATG	TAA	
			47 605	47 730						
38	tRNA-Ser	+	48 037	48 123	87	50.57				GGA
39	rps4	−	48 312	48 917	606	38.45	201	ATG	TGA	
40	tRNA-Thr	−	49 297	49 369	73	52.05				TGT
41	tRNA-Leu	+	50 017	50 051	84	47.62				TAA
			50 544	50 592						
42	tRNA-Phe	+	50 936	51 008	73	52.05				GAA
43	ndhJ	−	51 671	52 147	477	41.72	158	ATG	TGA	
44	ndhK	−	52 262	53 113	852	39.32	283	ATG	TAA	
45	ndhC	−	52 993	53 355	363	37.74	120	ATG	TAG	
46	tRNA-Val	−	53 873	53 907	74	50.00				TAC
			54 487	54 525						
47	tRNA-Met	+	54 707	54 778	72	41.67				CAT
48	atpE	−	54 997	55 398	402	41.54	133	ATG	TAA	
49	atpB	−	55 395	56 891	1 497	43.09	498	ATG	TGA	
50	rbcL	+	57 690	59 117	1 428	45.52	475	ATG	TAA	
51	accD	+	59 853	61 355	1 503	35.40	500	ATG	TAA	
52	psaI	+	62 066	62 176	111	33.33	36	ATG	TAA	
53	ycf4	+	62 586	63 140	555	39.64	184	ATG	TGA	
54	cemA	+	64 024	64 713	690	33.77	229	ATG	TGA	
55	petA	+	64 934	65 896	963	40.08	320	ATG	TAG	
56	psbJ	−	66 742	66 864	123	41.46	40	ATG	TAG	
57	psbL	+	66 995	67 111	117	32.48	38	ACG	TAA	
58	psbF	−	67 134	67 253	120	41.67	39	ATG	TAA	
59	psbE	−	67 263	67 514	252	42.06	83	ATG	TAG	
60	petL	+	68 834	68 929	96	36.46	31	ATG	TGA	
61	petG	+	69 120	69 233	114	35.96	37	ATG	TGA	
62	tRNA-Trp	−	69 360	69 432	73	47.95				CCA
63	tRNA-Pro	−	69 590	69 663	74	48.65				TGG
64	tRNA-Pro	−	69 592	69 662	71	50.70				GGG
65	psaJ	+	70 096	70 230	135	35.56	44	ATG	TAG	

续表

编号	基因名称	链正负	起始位点	终止位点	大小（bp）	GC含量（%）	氨基酸数（个）	起始密码子	终止密码子	反密码子
66	rpl33	+	70 607	70 816	210	38.10	69	ATG	TAG	
67	rps18	+	71 327	71 602	276	35.51	91	ATG	TAG	
68	rpl20	−	71 883	72 236	354	34.75	117	ATG	TAA	
			73 043	73 156						
69	rps12	−	144 669	144 900	372	42.47	123	ATG	TAA	
			145 437	145 462						
			73 324	73 567						
70	clpP	−	74 222	74 515	609	42.86	202	ATG	TAA	
			75 294	75 364						
71	psbB	+	75 781	77 307	1 527	44.14	508	ATG	TGA	
72	psbT	+	77 491	77 598	108	36.11	35	ATG	TGA	
73	psbN	−	77 658	77 789	132	46.97	43	ATG	TAA	
74	psbH	+	77 892	78 113	222	41.89	73	ATG	TAG	
75	petB	+	78 233	78 238	648	40.59	215	ATG	TAG	
			79 020	79 661						
76	petD	+	80 586	81 149	564	38.12	187	ATG	TAG	
77	rpoA	−	81 324	82 310	987	36.88	328	ATG	TGA	
78	rps11	−	82 376	82 768	393	45.80	130	ATG	TAA	
79	rpl36	−	82 886	82 999	114	36.84	37	ATG	TAA	
80	infA	−	83 114	83 347	234	37.61	77	ATG	TAG	
81	rps8	−	83 471	83 869	399	38.60	132	ATG	TGA	
82	rpl14	−	84 143	84 511	369	39.84	122	ATG	TAA	
83	rpl16	−	84 639	85 049	411	43.31	136	ATC	TAG	
84	rps3	−	86 225	86 872	648	35.49	215	ATG	TAA	
85	rpl22	−	86 874	87 308	435	35.40	144	ATG	TAG	
86	rps19	−	87 366	87 644	279	34.77	92	GTG	TAA	
87	rpl2	−	87 705	88 156	843	43.53	280	ACG	TAG	
			88 815	89 205						
88	rpl23	−	89 224	89 505	282	37.94	93	ATG	TAA	
89	tRNA-Met	−	89 671	89 744	74	45.95				CAT
90	ycf2	+	89 828	96 652	6 825	37.93	2 274	ATG	TAG	
91	ycf15	+	96 768	97 001	234	35.04	77	ATG	TGA	
92	tRNA-Leu	−	97 667	97 747	81	51.85				CAA
93	ndhB	−	98 308	99 065	1 533	37.57	510	ATG	TAG	
			99 766	100 540						
94	rps7	−	100 864	101 331	468	40.60	155	ATG	TAA	
95	tRNA-Val	+	104 041	104 112	72	50.00				GAC
96	rrn16	+	104 340	105 830	1 491	56.34				

编号	基因名称	链正负	起始位点	终止位点	大小（bp）	GC含量（%）	氨基酸数（个）	起始密码子	终止密码子	反密码子
97	tRNA-Ile	+	106 126 106 999	106 162 107 033	72	59.72				GAT
98	tRNA-Ala	+	107 098 107 936	107 135 107 970	73	57.53				TGC
99	rrn23	+	108 124	110 930	2 807	55.15				
100	rrn4.5	+	111 030	111 120	91	50.55				
101	rrn5	+	111 364	111 484	121	52.07				
102	tRNA-Arg	+	111 739	111 812	74	60.81				ACG
103	tRNA-Asn	−	112 409	112 481	73	54.79				GTT
104	ndhF	−	114 025	116 247	2 223	32.48	740	ATG	TAA	
105	rpl32	+	117 348	117 521	174	35.63	57	ATG	TAA	
106	tRNA-Leu	+	118 680	118 759	80	55.00				TAG
107	ccsA	+	118 859	119 824	966	33.64	321	ATG	TGA	
108	ndhD	−	120 086	121 591	1 506	35.59	501	ACG	TAG	
109	psaC	−	121 721	121 966	246	40.65	81	ATG	TGA	
110	ndhE	−	122 278	122 580	303	33.99	100	ATG	TGA	
111	ndhG	−	122 847	123 377	531	35.40	176	ATG	TGA	
112	ndhI	−	123 740	124 282	543	36.28	180	ATG	TAA	
113	ndhA	−	124 379 126 021	124 917 126 573	1 092	37.09	363	ATG	TAA	
114	ndhH	−	126 575	127 756	1 182	38.16	393	ATG	TGA	
115	rps15	−	127 863	128 141	279	31.18	92	ATG	TAA	
116	ycf1	−	128 514	134 042	5 529	30.93	1 842	ATG	TGA	
117	tRNA-Asn	+	134 366	134 438	73	54.79				GTT
118	tRNA-Arg	−	135 035	135 108	74	60.81				ACG
119	rrn5	−	135 363	135 483	121	52.07				
120	rrn4.5	−	135 727	135 817	91	50.55				
121	rrn23	−	135 917	138 723	2 807	55.15				
122	tRNA-Ala	−	138 877 139 712	138 911 139 749	73	57.53				TGC
123	tRNA-Ile	−	139 814 140 685	139 848 140 721	72	59.72				GAT
124	ycf68	−	140 521	140 580	60	50.00	19	ATG	TAG	
125	rrn16	−	141 017	142 507	1 491	56.34				
126	tRNA-Val	−	142 735	142 806	72	50.00				GAC
127	rps7	+	145 516	145 983	468	40.60	155	ATG	TAA	

编号	基因名称	链正负	起始位点	终止位点	大小（bp）	GC含量（%）	氨基酸数（个）	起始密码子	终止密码子	反密码子
128	ndhB	+	146 307 147 782	147 081 148 539	1 533	37.57	510	ATG	TAG	
129	tRNA-Leu	+	149 100	149 180	81	51.85				CAA
130	ycf15	−	149 846	150 079	234	35.04	77	ATG	TGA	
131	ycf2	−	150 195	157 019	6 825	37.93	2 274	ATG	TAG	
132	tRNA-Met	+	157 103	157 176	74	45.95				CAT
133	rpl23	+	157 342	157 623	282	37.94	93	ATG	TAA	
134	rpl2	+	157 642 158 691	158 032 159 142	843	43.53	280	ACG	TAG	

表6 澳洲坚果粗壳种叶绿体基因组碱基组成

项目	A	T	G	C	N
合计（个）	48 677	49 775	29 787	30 956	0
占比（%）	30.58	31.27	18.71	19.45	0.00

注：N代表未知碱基。

表7 澳洲坚果粗壳种叶绿体基因组概况

项目	长度（bp）	位置	含量（%）
合计	159 195		38.16
大单拷贝区（LSC）	87 651	1～87 651	36.61
反向重复（IRa）	26 372	87 652～114 023	43.03
小单拷贝区（SSC）	18 800	114 024～132 823	31.7
反向重复（IRb）	26 372	132 824～159 195	43.03

表8 澳洲坚果粗壳种叶绿体基因组基因数量

项目	基因数（个）
合计	134
蛋白质编码基因	88
tRNA	38
rRNA	8

3. 澳洲坚果三叶种 *Macadamia ternifolia*

澳洲坚果三叶种（*Macadamia ternifolia*，图 11 ～图 14）为山龙眼科（Proteaceae）澳洲坚果属植物。别名昆士兰小坚果。树形较小，树冠高和宽均极少能超过 6.5 米。特点是多主干，多分枝，小枝暗黑色，新梢红色，叶披针形，叶小，长 5 ～ 7 厘米，宽 1.5 ～ 2.0 厘米，有叶柄，叶缘有刺，四叶轮生，实生小苗可能仅二叶对生。花序小，长 5.1 ～ 12.7 厘米，白色花。果实成熟高峰期在澳大利亚为 4 月，在美国加利福尼亚为 11 月，在中国云南西双版纳为 9 月。果皮灰绿色，有浓密的白色绒毛，果壳光滑，壳果直径 0.61 ～ 0.95 厘米，内果皮为褐色，非常薄，果实较小，果仁直径 0.3 ～ 0.7 厘米[1, 2, 5]。该品种的果仁含氰苷，有毒，不宜食用。最初发现与光壳种生长在一起，常与栽培种进行杂交，以提高澳洲坚果栽培种的遗传多样性[3]。

澳洲坚果三叶种与澳洲坚果光壳种、粗壳种一样，染色体数目均为 28 条（14×2），是早期分化的双子叶植物，在白垩纪晚期的澳大利亚便呈现出了多样化。*Macadamia terniforlia*、*Macadamia tetraphylla*、*Macadamia integrifolia* 和 *Macadamia jnasenii* 四个种是澳大利亚东南部亚热带雨林特有的，并且从昆士兰东部到新南威尔士州东北部具有不延续的分布。欧洲人第一次接触到澳洲坚果属植物是在 1848 年，第一株人工种植的澳洲坚果可能是 Walter Hill 于 1858 年在布里斯班植物园种植的，至今仍存活[4]。

澳洲坚果三叶种叶绿体基因组情况见图 15、表 9 ～表 12。

参考文献

［1］中国科学院中国植物志编辑委员会. 中国植物志：第二十四卷［M］. 北京：科学出版社，1988：29.

［2］Gross C. Flora of Australia［M］. CSIRO Publishing, 1995, 16: 419–425.

［3］贺熙勇，倪书邦. 世界澳洲坚果种质资源与育种概况［J］. 中国南方果树，2008，37（2）：34–38.

［4］Nock C J, Hardner C M, Montenegro J D, et al. Wild Origins of *Macadamia* Domestication Identified Through Intraspecific Chloroplast Genome Sequencing［J］. Frontiers in Plant Science, 2019, 10: 334.

［5］Liu J, Niu Y F, Ni S B, et al. Complete Chloroplast Genome of A Subtropical Fruit Tree *Macadamia ternifolia* (Proteaceae)［J］. Mitochondrial DNA Part B, 2017, 2（2）：738–739.

图 11　澳洲坚果三叶种　植株

图 12　澳洲坚果三叶种　叶片

图 13　澳洲坚果三叶种　花

图 14　澳洲坚果三叶种　果实

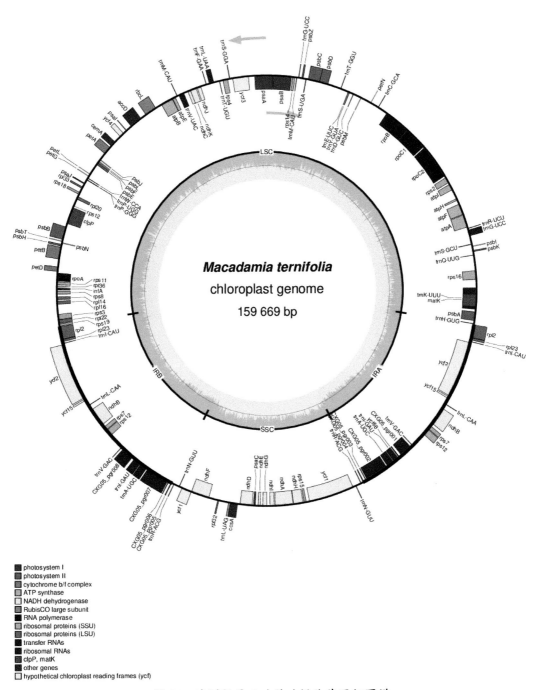

图 15　澳洲坚果三叶种叶绿体基因组图谱

表 9　澳洲坚果三叶种叶绿体基因组注释结果

编号	基因名称	链正负	起始位点	终止位点	大小（bp）	GC含量（%）	氨基酸数（个）	起始密码子	终止密码子	反密码子
			73 477	73 590						
1	rps12	–	101 807	101 832	372	42.47	123	ACT	TAT	
			102 369	102 600						
2	trnH–GUG	–	28	102	75	54.67				GUG
3	psbA	–	431	1 492	1 062	42.75	353	ATG	TAA	
4	trnK–UUU	–	1 773	1 807	72	54.17				UUU
			4 298	4 334						
5	matK	–	2 064	3 593	1 530	34.25	509	ATG	TGA	
6	rps16	–	5 293	5 512	261	36.78	86	ATG	TGA	
			6 344	6 384						
7	trnQ–UUG	–	8 175	8 246	72	62.50				UUG
8	psbK	+	8 597	8 776	180	40.00	59	ATG	TGA	
9	psbI	+	9 195	9 305	111	39.64	36	ATG	TAA	
10	trnS–GCU	–	9 468	9 555	88	53.41				GCU
11	trnG–UCC	+	10 521	10 533	60	53.33				UCC
			11 203	11 249						
12	trnR–UCU	+	11 403	11 474	72	43.06				UCU
13	atpA	–	11 604	13 127	1 524	41.67	507	ATG	TGA	
14	atpF	–	13 186	13 572	546	39.01	181	ATG	TAG	
			14 372	14 530						
15	atpH	–	15 002	15 247	246	45.93	81	ATG	TAA	
16	atpI	–	16 384	17 127	744	38.71	247	ATG	TGA	
17	rps2	–	17 338	18 048	711	38.68	236	ATG	TGA	
18	rpoC2	–	18 265	22 449	4 185	38.59	1 394	ATG	TAA	
19	rpoC1	–	22 595	24 211	2 049	38.75	682	ATG	TAA	
			24 939	25 370						
20	rpoB	–	25 397	28 609	3 213	40.15	1 070	ATG	TGA	
21	trnC–GCA	+	29 832	29 902	71	61.97				GCA
22	petN	+	30 865	30 954	90	43.33	29	ATG	TAG	
23	psbM	–	32 169	32 273	105	33.33	34	ATG	TAG	
24	trnD–GUC	–	33 178	33 251	74	60.81				GUC
25	trnY–GUA	–	33 690	33 773	84	54.76				GUA
26	trnE–UUC	–	33 833	33 905	73	57.53				UUC
27	trnT–GGU	+	34 818	34 889	72	50.00				GGU
28	psbD	+	36 517	37 578	1 062	43.13	353	ATG	TAA	
29	psbC	+	37 526	38 947	1 422	44.94	473	ATG	TGA	
30	trnS–UGA	–	39 159	39 251	93	47.31				UGA

续表

编号	基因名称	链正负	起始位点	终止位点	大小（bp）	GC含量（%）	氨基酸数（个）	起始密码子	终止密码子	反密码子
31	psbZ	+	39 551	39 739	189	34.39	62	ATG	TGA	
32	trnG-UCC	+	40 063	40 133	71	53.52				UCC
33	trnM-CAU	−	40 297	40 370	74	56.76				CAU
34	rps14	−	40 531	40 833	303	43.23	100	ATG	TAA	
35	psaB	−	40 963	43 167	2 205	41.90	734	ATG	TAA	
36	psaA	−	43 193	45 445	2 253	43.45	750	ATG	TAA	
37	ycf3	−	46 171 47 054 48 016	46 323 47 281 48 141	507	39.25	168	ATG	TAA	
38	trnS-GGA	+	48 447	48 533	87	50.57				GGA
39	rps4	−	48 727	49 332	606	38.45	201	ATG	TGA	
40	trnT-UGU	−	49 712	49 784	73	52.05				UGU
41	trnL-UAA	+	50 437 50 964	50 471 51 012	84	47.62				UAA
42	trnF-GAA	+	51 358	51 430	73	52.05				GAA
43	ndhJ	−	52 090	52 566	477	41.72	158	ATG	TGA	
44	ndhK	−	52 681	53 532	852	39.32	283	ATG	TAA	
45	ndhC	−	53 412	53 774	363	37.74	120	ATG	TAG	
46	trnV-UAC	−	54 292 54 906	54 326 54 944	74	50.00				UAC
47	trnM-CAU	+	55 126	55 197	72	41.67				CAU
48	atpE	−	55 416	55 817	402	41.54	133	ATG	TAA	
49	atpB	−	55 814	57 310	1 497	43.15	498	ATG	TGA	
50	rbcL	+	58 108	59 535	1 428	45.45	475	ATG	TAA	
51	accD	+	60 271	61 773	1 503	35.40	500	ATG	TAA	
52	psaI	+	62 484	62 594	111	33.33	36	ATG	TAA	
53	ycf4	+	63 004	63 558	555	39.46	184	ATG	TGA	
54	cemA	+	64 451	65 140	690	33.77	229	ATG	TGA	
55	petA	+	65 361	66 323	963	39.88	320	ATG	TAG	
56	psbJ	−	67 164	67 286	123	41.46	40	ATG	TAG	
57	psbL	−	67 417	67 533	117	32.48	38	ACG	TAA	
58	psbF	−	67 556	67 675	120	41.67	39	ATG	TAA	
59	psbE	−	67 685	67 936	252	42.06	83	ATG	TAG	
60	petL	+	69 267	69 362	96	36.46	31	ATG	TGA	
61	petG	+	69 553	69 666	114	35.09	37	ATG	TGA	
62	trnW-CCA	−	69 814	69 886	73	47.95				CCA
63	trnP-UGG	−	70 044	70 117	74	48.65				UGG

编号	基因名称	链正负	起始位点	终止位点	大小（bp）	GC含量（%）	氨基酸数（个）	起始密码子	终止密码子	反密码子
64	trnP–GGG	–	70 046	70 116	71	50.70				GGG
65	psaJ	+	70 551	70 685	135	35.56	44	ATG	TAG	
66	rpl33	+	71 055	71 264	210	37.62	69	ATG	TAG	
67	rps18	+	71 784	72 059	276	35.51	91	ATG	TAG	
68	rpl20	–	72 317 73 477	72 670 73 590	354	34.75	117	ATG	TAA	
69	rps12	–	145 123 145 891 73 758	145 354 145 916 74 003	372	42.47	123	TTA	TAT	
70	clpP	–	74 654 75 722	74 947 75 790	609	42.86	202	ATG	TAA	
71	psbB	+	76 207	77 733	1 527	44.14	508	ATG	TGA	
72	psbT	+	77 917	78 024	108	36.11	35	ATG	TGA	
73	psbN	–	78 084	78 215	132	46.97	43	ATG	TAA	
74	psbH	+	78 318	78 539	222	41.89	73	ATG	TAG	
75	petB	+	78 659 79 446	78 664 80 087	648	40.59	215	ATG	TAG	
76	petD	+	80 991	81 554	564	38.12	187	ATG	TAG	
77	rpoA	–	81 730	82 716	987	36.98	328	ATG	TGA	
78	rps11	–	82 782	83 174	393	45.80	130	ATG	TAA	
79	rpl36	–	83 292	83 405	114	36.84	37	ATG	TAA	
80	infA	–	83 520	83 753	234	37.61	77	ATG	TAG	
81	rps8	–	83 878	84 276	399	38.35	132	ATG	TGA	
82	rpl14	–	84 550	84 915	366	39.89	121	ATT	TAA	
83	rpl16	–	85 049	85 459	411	43.31	136	ATC	TAG	
84	rps3	–	86 631	87 278	648	35.49	215	ATG	TAA	
85	rpl22	–	87 280	87 714	435	35.40	144	ATG	TAG	
86	rps19	–	87 772	88 050	279	35.13	92	GTG	TAA	
87	rpl2	–	88 109 89 219	88 539 89 627	840	44.05	279	ACG	TAG	
88	rpl23	–	89 646	89 927	282	37.94	93	ATG	TAA	
89	trnI–CAU	–	90 093	90 166	74	45.95				CAU
90	ycf2	+	90 250	97 074	6 825	37.96	2 274	ATG	TAG	
91	ycf15	+	97 190	97 423	234	35.04	77	ATG	TGA	
92	trnL–CAA	–	98 089	98 169	81	51.85				CAA
93	ndhB	–	98 730 100 186	99 485 100 962	1 533	37.51	510	ATG	TAG	

编号	基因名称	链正负	起始位点	终止位点	大小（bp）	GC含量（%）	氨基酸数（个）	起始密码子	终止密码子	反密码子
94	rps7	–	101 286	101 753	468	40.60	155	ATG	TAA	
95	trnV–GAC	+	104 464	104 535	72	50.00				GAC
96	16S	+	104 763	106 253	1 491	56.34				
97	trnI–GAU	+	106 549 107 422	106 585 107 456	72	59.72				GAU
98	trnA–UGC	+	107 521 108 359	107 558 108 393	73	57.53				UGC
99	23S	+	108 546	111 352	2 807	55.11				
100	4.5S	+	111 454	111 544	91	50.55				
101	5S	+	111 788	111 908	121	52.07				
102	trnR–ACG	+	112 157	112 230	74	60.81				ACG
103	trnN–GUU	–	112 842	112 914	73	54.79				GUU
104	ndhF	–	114 458	116 689	2 232	32.30	743	ATG	TAA	
105	rpl32	+	117 783	117 956	174	35.63	57	ATG	TAA	
106	trnL–UAG	+	119 108	119 187	80	55.00				UAG
107	ccsA	+	119 287	120 252	966	33.75	321	ATG	TGA	
108	ndhD	–	120 513	122 018	1 506	35.59	501	ACG	TAG	
109	psaC	–	122 148	122 393	246	40.65	81	ATG	TGA	
110	ndhE	–	122 704	123 006	303	33.66	100	ATG	TGA	
111	ndhG	–	123 271	123 801	531	35.40	176	ATG	TGA	
112	ndhI	–	124 164	124 706	543	36.28	180	ATG	TAA	
113	ndhA	–	124 803 126 449	125 341 127 001	1 092	37.09	363	ATG	TAA	
114	ndhH	–	127 003	128 184	1 182	38.07	393	ATG	TGA	
115	rps15	–	128 290	128 568	279	30.82	92	ATG	TAA	
116	ycf1	–	128 942	134 479	5 538	30.86	1 845	ATG	TGA	
117	trnN–GUU	+	134 803	134 875	73	54.79				GUU
118	trnR–ACG	–	135 487	135 560	74	60.81				ACG
119	5S	–	135 815	135 935	121	52.07				
120	4.5S	–	136 179	136 269	91	50.55				
121	23S	–	136 369	139 175	2 807	55.15				
122	trnA–UGC	–	139 330 140 165	139 364 140 202	73	57.53				UGC
123	trnI–GAU	–	140 267 141 138	140 301 141 174	72	59.72				GAU
124	ycf68	–	140 974	141 033	60	50.00	19	ATG	TAG	
125	16S	–	141 470	142 960	1 491	56.34				

编号	基因名称	链正负	起始位点	终止位点	大小（bp）	GC含量（%）	氨基酸数（个）	起始密码子	终止密码子	反密码子
126	trnV–GAC	–	143 188	143 259	72	50.00				GAC
127	rps7	+	145 970	146 437	468	40.60	155	ATG	TAA	
128	ndhB	+	146 761 148 238	147 537 148 993	1 533	37.51	510	ATG	TAG	
129	trnL–CAA	+	149 554	149 634	81	51.85				CAA
130	ycf15	–	150 300	150 533	234	35.04	77	ATG	TGA	
131	ycf2	–	150 649	157 473	6 825	37.96	2 274	ATG	TAG	
132	trnI–CAU	+	157 557	157 630	74	45.95				CAU
133	rpl23	+	157 796	158 077	282	37.94	93	ATG	TAA	
134	rpl2	+	158 096 159 181	158 504 159 614	843	44.25	280	ACG	TAG	

表 10　澳洲坚果三叶种叶绿体基因组碱基组成

项目	A	T	G	C	N
合计（个）	48 892	49 929	29 833	31 015	0
占比（%）	30.62	31.27	18.68	19.43	0.00

备注：N 代表未知碱基。

表 11　澳洲坚果三叶种叶绿体基因组概况

项目	长度（bp）	位置	含量（%）
合计	159 669		38.10
大单拷贝区（LSC）	88 064	1 ～ 88 064	36.55
反向重复（IRa）	26 372	88 085 ～ 114 456	43.05
小单拷贝区（SSC）	18 804	114 457 ～ 133 260	31.62
反向重复（IRb）	26 398	133 261 ～ 159 658	43.02

表 12　澳洲坚果三叶种叶绿体基因组基因数量

项目	基因数（个）
合计	134
蛋白质编码基因	88
tRNA	38
rRNA	8

4. 菠萝 *Ananas comosus*

菠萝［*Ananas comosus* (L.) Merrr.，图 16 ～图 19］为凤梨科（Bromeliaceae）凤梨属植物。别名凤梨、露兜子。多年生单子叶草本植物，茎短，叶多数，莲座式排列，剑形，长 40 ～ 90 厘米，宽 4 ～ 7 厘米，顶端渐尖，全缘或有锐齿，腹面绿色，背面粉绿色，边缘和顶端常带褐红色，生于花序顶部的叶变小，常呈红色。花序于叶丛中抽出，状如松球，长 6 ～ 8 厘米，结果时增大；苞片基部绿色，上半部淡红色，三角状卵形；萼片宽卵形，肉质，顶端带红色，长约 1 厘米；花瓣长椭圆形，端尖，长约 2 厘米，上部紫红色，下部白色。聚花果肉质，长 15 厘米以上。花期为夏季至冬季。

菠萝可食部分主要由肉质增大的花序轴、螺旋状排列于外周的花组成，花通常不结实，宿存的花被裂片围成一空腔，腔内藏有萎缩的雄蕊和花柱[1]。菠萝味甘，性平，果香浓郁，果肉中不仅含有丰富的有机酸、糖类、蛋白质和纤维素，还含有多酚、黄酮等活性成分，具有解毒、止咳等功效。菠萝除鲜食外，也可制成罐头、果汁等，有重要的经济价值。菠萝叶的纤维比较坚韧，可用于制织物、制绳、结网和造纸等[2, 9]。

菠萝原产于北美洲加勒比海沿岸至南美洲干旱树林或经济灌木丛植被区，仅有 1 种分布在非洲西海岸，是全球第三大热带水果[3]，占全球热带水果产量的 1/4 左右，用途广泛，具有很高的经济价值。主要在热带亚热带地区种植，第一个菠萝商业种植园于 1885 年在夏威夷的瓦胡岛建立。目前，东南亚是菠萝的主要生产地。

菠萝在 16 世纪传入中国，至今约有 400 年的历史，中国现已成为世界菠萝的十大主产国家之一，主要栽培区分布在广东、海南、福建、广西、云南和台湾[4-7]。全球范围内可食用的菠萝品种约有 100 个，种质资源丰富，国际贸易非常活跃。全球有 80 多个国家或地区生产菠萝，但 98% 产自亚洲、美洲和非洲。凤梨科可分为沙漠凤梨、凤梨和空气凤梨 3 个亚科，有 56 属 2 656 种及 342 个变种。根据其在原产地的生活方式，可分成附生、地生和岩生 3 大类；依据凤梨的生态习性，分为地生型凤梨、积水型凤梨和空气型凤梨 3 个类型；根据其用途，分为食用凤梨和观赏凤梨。不同类型的栽培方式有较大的差异。除菠萝（主要作为果树）外，其他种类都具有较大的观赏价值，其中积水型凤梨和铁兰银叶种已成为国际市场上的新型花卉[8]。

菠萝叶绿体基因组情况见图 20、表 13 ～表 16。

参考文献

［1］中国科学院中国植物志编辑委员会 . 中国植物志：第二十四卷［M］. 北京：科学出版社，1988：29.

［2］肖娟，粟立丹，罗欣一 . 菠萝皮戚风蛋糕的配方优化及营养成分分析［J］. 粮食加

工，2022，47（2）：59-64.

［3］广东省农业科学院果树研究所 . 菠萝及其栽培［M］. 北京：轻工业出版社，1987.

［4］Ferreira F R, Cabral J R S. Pineapple Germplasm in Brazil［J］. Acta Horticulture, 1993 (334): 23-26.

［5］Horry J P, Lenoir H, Perrier X, et al. The CIRAD Pineapple Germplasm Database［J］. Acta Horticulture, 2005 (1): 73-76.

［6］Isaki B. Pineapple Culture: A History of the Tropical and Temperate Zones［J］. Western Historical Quarterly, 2010, 41(4): 512-513.

［7］文尚华，蔡泽祺，张伟雄，等 . 我国菠萝优势区域布局规划［C］// 中国热带作物学会 . 热带作物产业带建设规划研讨会——热带果树产业发展论文集 . 中国热带作物学会，2006：86-91.

［8］何业华，胡中沂，马均，等 . 凤梨类植物的种质资源与分类［J］. 经济林研究，2009，27（3）：102-107.

［9］Nashima K, Terakami S, Nishitani C, et al. Complete Chloroplast Genome Sequence of Pineapple (*Ananas comosus*)［J］. Tree Genetics & Genomes, 2015, 11: 60.

图 16　菠萝　植株

图 17　菠萝　叶片

图 18　菠萝　花

图 19　菠萝　果实

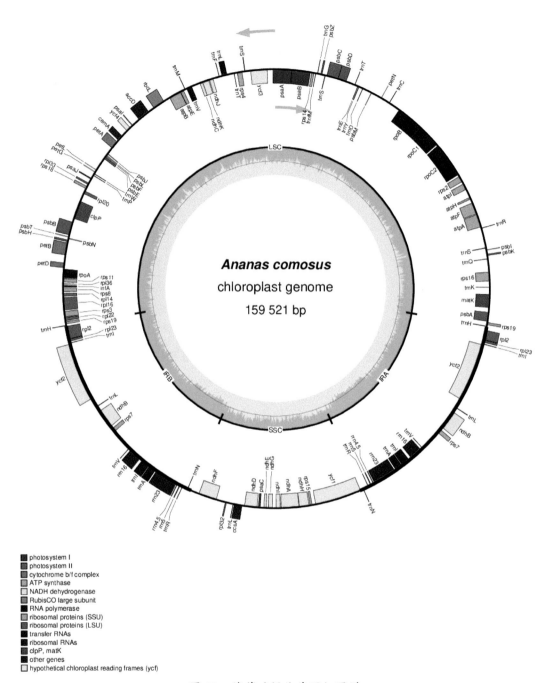

图 20　菠萝叶绿体基因组图谱

表 13　菠萝叶绿体基因组注释结果

编号	基因名称	链正负	起始位点	终止位点	大小（bp）	GC含量（%）	氨基酸数（个）	起始密码子	终止密码子	反密码子
1	psbA	–	72	1 133	1 062	41.90	353	ATG	TAA	
2	matK	–	1 670	3 205	1 536	33.20	511	ATG	TGA	
3	trnK	–	4 024	4 060	37	45.95				UUU
4	rps16	–	4 748 5 781	4 957 5 822	252	35.32	83	ATG	TAA	
5	trnQ	–	7 297	7 369	73	60.27				UUG
6	psbK	+	7 714	7 899	186	37.10	61	ATG	TGA	
7	psbI	+	8 326	8 436	111	36.04	36	ATG	TAA	
8	trnS	–	8 568	8 655	88	50.00				GCU
9	trnR	+	10 919	10 990	72	43.06				UCU
10	atpA	–	11 105	12 628	1 524	41.08	507	ATG	TAA	
11	atpF	–	12 708 13 959	13 118 14 102	555	38.02	184	ATG	TAG	
12	atpH	–	14 546	14 791	246	43.90	81	ATG	TAA	
13	atpI	–	15 783	16 526	744	38.04	247	ATG	TGA	
14	rps2	–	16 797	17 507	711	39.66	236	ATG	TGA	
15	rpoC2	–	17 725	21 882	4 158	37.01	1 385	ATG	TAA	
16	rpoC1	–	22 049 24 371	23 674 24 805	2 061	38.91	686	ATG	TAA	
17	rpoB	–	24 832	28 050	3 219	38.89	1 072	ATG	TGA	
18	trnC	+	29 438	29 508	71	57.75				GCA
19	petN	+	30 531	30 620	90	43.33	29	ATG	TAG	
20	psbM	–	31 852	31 956	105	32.38	34	ATG	TAA	
21	trnD	–	32 995	33 068	74	60.81				GUC
22	trnY	–	33 491	33 574	84	54.76				GUA
23	trnE	–	33 634	33 706	73	57.53				UUC
24	trnT	+	34 025	34 096	72	48.61				GGU
25	psbD	+	35 149	36 210	1 062	43.22	353	ATG	TAA	
26	psbC	+	36 158	37 579	1 422	44.73	473	ATG	TGA	
27	trnS	–	37 717	37 809	93	48.39				UGA
28	psbZ	+	38 139	38 327	189	33.86	62	ATG	TAA	
29	trnG	+	38 656	38 726	71	50.70				UCC
30	trnfM	–	38 867	38 940	74	54.05				CAU
31	rps14	–	39 099	39 401	303	39.60	100	ATG	TAA	
32	psaB	–	39 540	41 744	2 205	41.09	734	ATG	TAA	
33	psaA	–	41 770	44 022	2 253	43.45	750	ATG	TAA	

续表

编号	基因名称	链正负	起始位点	终止位点	大小（bp）	GC含量（%）	氨基酸数（个）	起始密码子	终止密码子	反密码子
			44 672	44 824						
34	ycf3	−	45 571	45 798	513	38.79	170	ATG	TAA	
			46 525	46 656						
35	trnS	+	47 274	47 360	87	51.72				GGA
36	rps4	−	47 642	48 247	606	37.79	201	ATG	TGA	
37	trnT	−	48 567	48 639	73	54.79				UGU
38	trnL	+	49 449	49 483	85	47.06				UAA
			50 049	50 098						
39	trnF	+	50 391	50 463	73	49.32				GAA
40	ndhJ	−	51 211	51 690	480	38.54	159	ATG	TGA	
41	ndhK	−	51 766	52 644	879	38.91	292	ATG	TAA	
42	ndhC	−	52 524	52 886	363	38.84	120	ATG	TAA	
43	trnV	−	53 914	53 958	84	50.00				UAC
			54 535	54 573						
44	trnM	+	54 741	54 813	73	39.73				CAU
45	atpE	−	54 985	55 389	405	41.73	134	ATG	TAG	
46	atpB	−	55 386	56 882	1 497	42.15	498	ATG	TGA	
47	rbcL	+	57 681	59 120	1 440	43.13	479	ATG	TAG	
48	accD	+	59 860	61 326	1 467	34.70	488	ATG	TAA	
49	psaI	+	62 313	62 423	111	37.84	36	ATG	TAG	
50	ycf4	+	62 734	63 288	555	39.82	184	ATG	TGA	
51	cemA	+	64 108	64 797	690	33.77	229	ATG	TGA	
52	petA	+	65 028	65 990	963	39.46	320	ATG	TAG	
53	psbJ	−	66 793	66 915	123	41.46	40	ATG	TAG	
54	psbL	−	67 041	67 157	117	31.62	38	ATG	TGA	
55	psbF	−	67 180	67 299	120	43.33	39	ATG	TAA	
56	psbE	−	67 310	67 561	252	42.46	83	ATG	TAG	
57	petL	+	69 116	69 211	96	32.29	31	ATG	TGA	
58	petG	+	69 387	69 500	114	35.09	37	ATG	TGA	
59	trnW	−	69 623	69 696	74	52.70				CCA
60	trnP	−	69 844	69 914	71	50.70				UGG
61	psaJ	+	70 271	70 405	135	39.26	44	ATG	TAG	
62	rpl33	+	70 914	71 114	201	37.81	66	ATG	TAG	
63	rps18	+	71 345	71 650	306	34.97	101	ATG	TAG	
64	rpl20	−	71 919	72 272	354	35.59	117	ATG	TAA	

编号	基因名称	链正负	起始位点	终止位点	大小（bp）	GC含量（%）	氨基酸数（个）	起始密码子	终止密码子	反密码子
			73 236	73 487						
65	clpP	−	74 157	74 447	612	42.65	203	ATG	TAA	
			75 324	75 392						
66	psbB	+	75 842	77 368	1 527	42.76	508	ATG	TGA	
67	psbT	+	77 549	77 656	108	33.33	35	ATG	TAA	
68	psbN	−	77 713	77 844	132	46.21	43	ATG	TAG	
69	psbH	+	77 956	78 177	222	40.54	73	ATG	TAG	
70	petB	+	78 303	78 308	648	40.28	215	ATG	TAG	
			79 092	79 733						
71	petD	+	80 637	81 200	564	39.18	187	ATG	TAG	
72	rpoA	−	81 366	82 385	1 020	35.78	339	ATG	TAA	
73	rps11	−	82 454	82 870	417	43.17	138	ATG	TAG	
74	rpl36	−	83 020	83 133	114	39.47	37	ATG	TAA	
75	infA	−	83 243	83 476	234	38.46	77	ATG	TAG	
76	rps8	−	83 593	83 997	405	34.81	134	ATG	TAA	
77	rpl14	−	84 165	84 533	369	37.94	122	ATG	TAA	
78	rpl16	−	84 665	85 066	411	44.04	136	ATG	TAG	
			86 117	86 125						
79	rps3	−	86 270	86 926	657	34.25	218	ATG	TAA	
80	rpl22	−	86 970	87 356	387	34.88	128	ATG	TAG	
81	rps19	−	87 473	87 751	279	37.28	92	GTG	TAA	
82	trnH	+	87 890	87 964	75	57.33				GUG
83	rpl2	−	88 008	88 439	825	44.36	274	ACG	TAG	
			89 106	89 498						
84	rpl23	−	89 517	89 798	282	37.59	93	ATG	TAA	
85	trnI	−	89 964	90 037	74	45.95				CAU
86	ycf2	+	90 106	96 960	6 855	37.84	2 284	ATG	TAG	
87	trnL	−	98 015	98 095	81	50.62				CAA
88	ndhB	−	98 659	99 414	1 533	37.57	510	ATG	TAG	
			100 115	100 891						
89	rps7	−	101 204	101 671	468	39.96	155	ATG	TAA	
90	trnV	+	104 242	104 313	72	48.61				GAC
91	rrn16	+	104 545	106 035	1 491	56.27				
92	trnI	+	106 352	106 393	77	59.74				GAU
			107 331	107 365						
93	trnA	+	107 430	107 467	73	56.16				UGC
			108 269	108 303						

编号	基因名称	链正负	起始位点	终止位点	大小（bp）	GC含量（%）	氨基酸数（个）	起始密码子	终止密码子	反密码子
94	rrn23	+	108 449	111 258	2 810	55.02				
95	rrn4.5	+	111 358	111 460	103	48.54				
96	rrn5	+	111 685	111 805	121	51.24				
97	trnR	+	112 061	112 134	74	62.16				ACG
98	trnN	−	112 724	112 795	72	52.78				GUU
99	ndhF	−	114 199	116 409	2 211	32.16	736	ATG	TAA	
100	rpl32	+	117 530	117 703	174	31.61	57	ATG	TAA	
101	trnL	+	118 468	118 547	80	57.50				UAG
102	ccsA	+	118 623	119 582	960	32.60	319	ATG	TAA	
103	ndhD	−	119 848	121 353	1 506	35.79	501	ATC	TAG	
104	psaC	−	121 479	121 724	246	43.50	81	ATG	TGA	
105	ndhE	−	122 115	122 420	306	32.68	101	ATG	TAG	
106	ndhG	−	122 622	123 152	531	35.03	176	ATG	TAA	
107	ndhI	−	123 558	124 100	543	32.78	180	ATG	TAA	
108	ndhA	−	124 189 125 797	124 728 126 345	1 089	35.26	362	ATG	TAA	
109	ndhH	−	126 347	127 528	1 182	37.99	393	ATG	TGA	
110	rps15	−	127 627	127 899	273	32.97	90	ATG	TAA	
111	ycf1	−	128 295	133 895	5 601	31.33	1 866	ATG	TAA	
112	trnN	+	134 212	134 283	72	52.78				GUU
113	trnR	−	134 873	134 946	74	62.16				ACG
114	rrn5	−	135 202	135 322	121	51.24				
115	rrn4.5	−	135 547	135 649	103	48.54				
116	rrn23	−	135 748	138 557	2 810	55.02				
117	trnA	−	138 704 139 540	138 738 139 577	73	56.16				UGC
118	trnI	−	139 642 140 614	139 676 140 655	77	59.74				GAU
119	rrn16	−	140 972	142 462	1 491	56.27				
120	trnV	−	142 694	142 765	72	48.61				GAC
121	rps7	+	145 281	145 748	468	39.96	155	ATG	TAA	
122	ndhB	+	146 061 147 538	146 837 148 293	1 533	37.57	510	ATG	TAG	
123	trnL	+	148 851	148 931	81	50.62				CAA
124	ycf2	−	149 986	156 840	6 855	37.84	2 284	ATG	TAG	
125	trnI	+	156 909	156 982	74	45.95				CAU
126	rpl23	+	157 148	157 429	282	37.59	93	ATG	TAA	

编号	基因名称	链正负	起始位点	终止位点	大小（bp）	GC含量（%）	氨基酸数（个）	起始密码子	终止密码子	反密码子
127	rpl2	+	157 448	157 840	399	41.60	132	ACG	TAG	
			158 538	158 543						
128	trnH	−	158 984	159 058	75	57.33				GUG
129	rps19	+	159 197	159 475	279	37.28	92	GTG	TAA	

表 14　菠萝叶绿体基因组碱基组成

项目	A	T	G	C	N
合计（个）	49 495	50 410	29 247	30 369	0
占比（%）	31.03	31.60	18.33	19.04	0.00

备注：N代表未知碱基。

表 15　菠萝叶绿体基因组概况

项目	长度（bp）	位置	含量（%）
合计	159 521		37.40
大单拷贝区（LSC）	87 426	1～87 426	35.36
反向重复（IRa）	26 758	87 427～114 184	42.73
小单拷贝区（SSC）	18 622	114 185～132 806	31.42
反向重复（IRb）	26 715	132 807～159 521	42.73

表 16　菠萝叶绿体基因组基因数量

项目	基因数（个）
合计	129
蛋白质编码基因	84
tRNA	37
rRNA	8

5. 芭蕉 *Musa basjoo*

芭蕉（*Musa basjoo*，图 21～图 24）为芭蕉科（Musaceae）芭蕉属植物。别名芭苴、板蕉、芭蕉头、大头芭蕉、甘蕉、天苴、水蕉、牙蕉等。多年生草本植物。植株高 2.5～4.0 米。叶片长圆形，长 2～3 米，宽 25～30 厘米，先端钝，基部圆形或不对称，叶面鲜绿色，有光泽；叶柄粗壮，长达 30 厘米。花序顶生，下垂；苞片红褐色或紫色；雄花生于花序上部，雌花生于花序下部；雌花在每一苞片内有 10～16 朵，排成 2 列；合生花被片长 4.0～4.5 厘米，具 5（3+2）齿裂，离生花被片几与合生花被片等长，顶端具小尖头。浆果呈三棱状，长圆形，长 5～7 厘米，具 3～5 棱，近无柄，肉质，内具多数种子。种子黑色，具疣突及不规则棱角，宽 6～8 毫米[1, 8]。

芭蕉与香蕉的一个明显外形区别是香蕉的果柄略短，而芭蕉的果柄稍长；香蕉果棱一般为 4～5 个，芭蕉果棱为 3～5 个，但成熟后果棱不明显，因此果棱并不作为区别的唯一标准；味道上，成熟的香蕉果肉松软、味道浓甜，而芭蕉回味中则略带一些酸涩，香味也比较淡[2]。芭蕉清甜爽口，具有开胃消食的功效，而且芭蕉的叶、花、茎、根皆可入药。苗医认为芭蕉的花和根味甘、性寒，归胃、脾、肝经，具有清热解毒、止渴利尿等功效，可用于风热头痛、水肿脚气、血淋、肌肤肿痛、丹毒等疾病[3]。有研究认为，芭蕉根的主要有效成分为皂苷、多糖和鞣质类化合物，可治疗暑疖、乳糜尿、阑尾周围脓肿，防治胃溃疡[4]。芭蕉茎中提取的总生物碱能显著降低麻醉犬的血压。以芭蕉为主要原料的制剂如骨康胶囊、肿痛舒喷雾剂等广泛应用于临床。芭蕉中含有挥发油类、酚类、phenalenone 类、生物碱类、苞的衍生物等成分，具有抗炎镇痛、促进骨形成、抑菌、抗肿瘤、降血糖、降血压等药理作用[5]。

芭蕉原产于东亚热带，中国主要分布在贵州、广东、广西、海南、四川、云南和台湾等地。芭蕉性喜温暖，不耐寒，适合种植在肥沃之地。1947 年，Cheesman 和 Simmonds 依据形态学和染色体数目等条件，将芭蕉属野生种分为五个组，即真蕉组（Eumusa）（2n=22）、观赏蕉组（Rhodochlamys）（2n=22）、红花蕉组（Callimusa）（2n=20）、澳蕉组（Australimusa）（2n=20）和 Incertae sedis 组[6]。中国已报道有 12 种芭蕉，分属于不同的三个组，即真蕉组、观赏蕉组和红花蕉组[7]。

芭蕉叶绿体基因组情况见图 25、表 17～表 20。

参考文献

［1］中国科学院中国植物志编辑委员会 . 中国植物志：第十六卷第二分册［M］. 北京：科学出版社，1981：12.

［2］佚名 . 香蕉与芭蕉的区别［J］. 世界热带农业信息，2015（6）：8-9.

［3］刘洋，卢群，周志远，等. 芭蕉植物的研究及开发进展［J］. 广东药学院学报，2013（6）：4.

［4］钱海兵，孙宜春，黄婕，等. 芭蕉根不同提取物的抗炎镇痛作用研究［J］. 时珍国医国药，2010，21（4）：780-781.

［5］魏金凤，张倩，赵琳，等. 苗药芭蕉体外抗菌活性研究［J］. 中国实验方剂学杂志，2010（17）：3.

［6］Cheesman E. Classification of the Bananas: The Genus *Musa* L. ［J］. Kew Bulletin, 1947, 2(2): 106-117.

［7］冯慧敏，陈友，李博，等. 中国芭蕉属野生种表型性状和 SSR 多样性分析［J］. 热带作物学报，2011，32（4）：708-714.

［8］Liu F X, Movahedi A, Yang W G, et al. The Complete Chloroplast Genome and Characteristics Analysis of *Musa basjoo* Siebold［J］. Mol Biol Rep, 2021, 48: 7113-7125.

图 21　芭蕉　植株

图 22　芭蕉　叶片

图 23　芭蕉　花

图 24　芭蕉　果实

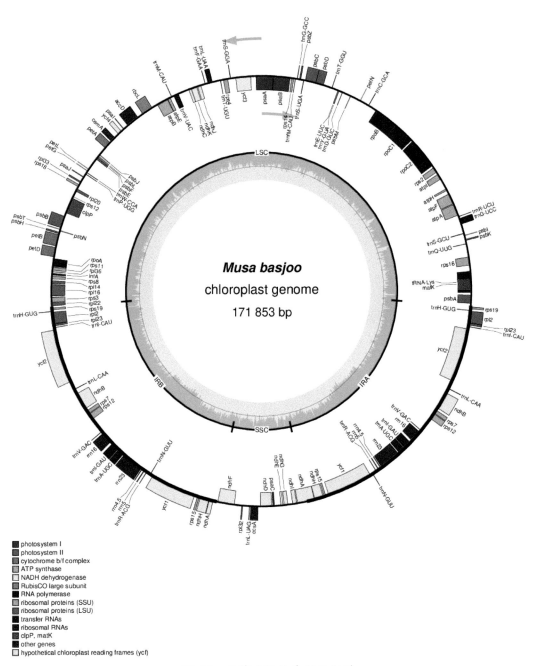

图 25　芭蕉叶绿体基因组图谱

表 17 芭蕉叶绿体基因组注释结果

编号	基因名称	链正负	起始位点	终止位点	大小（bp）	GC含量（%）	氨基酸数（个）	起始密码子	终止密码子	反密码子
			75 254	75 367						
1	rps12	−	104 400	104 423	375	41.87	124	ATC	TAT	
			104 959	105 195						
2	psbA	−	302	1 363	1 062	42.09	353	ATG	TAA	
3	tRNA–Lys	−	1 653	1 687	72	55.56				UUU
			4 373	4 409						
4	matK	−	1 998	3 533	1 536	31.58	511	ATG	TAA	
5	rps16	−	5 155	5 366	252	35.71	83	ATG	TAA	
			6 203	6 242						
6	trnQ–UUG	−	7 891	7 963	73	60.27				UUG
7	psbK	+	8 333	8 518	186	34.95	61	ATG	TAA	
8	psbI	+	8 958	9 068	111	36.94	36	ATG	TAA	
9	trnS–GCU	−	9 224	9 311	88	53.41				GCU
10	trnG–UCC	+	10 491	10 513	71	53.52				UCC
			11 212	11 259						
11	trnR–UCU	+	11 492	11 563	72	43.06				UCU
12	atpA	−	11 697	13 220	1 524	40.35	507	ATG	TAA	
13	atpF	−	13 293	13 703	579	38.00	192	ATG	TAG	
			14 524	14 691						
14	atpH	−	15 184	15 429	246	45.53	81	ATG	TAA	
15	atpI	−	16 832	17 575	744	38.17	247	ATG	TGA	
16	rps2	−	17 864	18 574	711	39.80	236	ATG	TGA	
17	rpoC2	−	18 861	22 955	4 095	36.92	1 364	ATG	TGA	
18	rpoC1	−	23 145	24 782	2 070	38.65	689	ATG	TAA	
			25 487	25 918						
19	rpoB	−	25 945	29 169	3 225	38.70	1 074	ATG	TGA	
20	trnC–GCA	+	30 270	30 350	81	53.09				GCA
21	petN	+	31 510	31 599	90	44.44	29	ATG	TAG	
22	psbM	−	32 872	32 976	105	32.38	34	ATG	TAA	
23	trnD–GUC	−	34 043	34 116	74	62.16				GUC
24	trnY–GUA	−	34 532	34 615	84	55.95				GUA
25	trnE–UUC	−	34 670	34 742	73	57.53				UUC
26	trnT–GGU	+	35 532	35 603	72	48.61				GGU
27	psbD	+	36 762	37 823	1 062	42.37	353	ATG	TAA	
28	psbC	+	37 771	39 192	1 422	44.23	473	ATG	TGA	
29	trnS–UGA	−	39 336	39 427	92	47.83				UGA
30	psbZ	+	39 769	39 957	189	34.39	62	ATG	TGA	

续表

编号	基因名称	链正负	起始位点	终止位点	大小（bp）	GC含量（%）	氨基酸数（个）	起始密码子	终止密码子	反密码子
31	trnG–GCC	+	40 195	40 265	71	49.30				GCC
32	trnfM–CA	–	40 431	40 504	74	54.05				CAU
33	rps14	–	40 670	40 972	303	39.60	100	ATG	TAA	
34	psaB	–	41 144	43 348	2 205	40.50	734	ATG	TAA	
35	psaA	–	43 374	45 626	2 253	42.96	750	ATG	TAA	
			46 278	46 430						
36	ycf3	–	47 164	47 409	525	40.00	174	ATG	TAA	
			48 140	48 265						
37	trnS–GGA	+	48 893	48 979	87	50.57				GGA
38	rps4	–	49 278	49 883	606	37.62	201	ATG	TGA	
39	trnT–UGU	–	50 218	50 290	73	54.79				UGU
40	trnL–UAA	+	51 312	51 346	85	48.24				UAA
			51 867	51 916						
41	trnF–GAA	+	52 233	52 305	73	49.32				GAA
42	ndhJ	–	52 858	53 337	480	38.75	159	ATG	TAA	
43	ndhK	–	53 438	54 301	864	37.04	287	ATG	TAA	
44	ndhC	–	54 181	54 543	363	38.02	120	ATG	TAA	
45	trnV–UAC	–	55 983	56 019	75	52.00				UAC
			56 608	56 645						
46	trnM–CAU	+	56 889	56 961	73	41.10				CAU
47	atpE	–	57 138	57 545	408	41.67	135	ATG	TAG	
48	atpB	–	57 542	59 038	1 497	42.28	498	ATG	TGA	
49	rbcL	+	59 828	61 291	1 464	43.37	487	ATG	TAA	
50	accD	+	62 032	63 735	1 704	34.27	567	ATG	TAA	
51	psaI	+	64 351	64 461	111	37.84	36	ATG	TAG	
52	ycf4	+	64 813	65 367	555	40.18	184	ATG	TGA	
53	cemA	+	66 007	66 696	690	33.48	229	ATG	TAA	
54	petA	+	66 904	67 866	963	39.77	320	ATG	TAG	
55	psbJ	–	68 920	69 042	123	43.09	40	ATG	TAG	
56	psbL	–	69 168	69 284	117	30.77	38	ATG	TGA	
57	psbF	–	69 307	69 426	120	43.33	39	ATG	TAA	
58	psbE	–	69 437	69 688	252	41.67	83	ATG	TAG	
59	petL	+	71 245	71 340	96	33.33	31	ATG	TGA	
60	petG	+	71 513	71 626	114	34.21	37	ATG	TGA	
61	trnW–CCA	–	71 751	71 824	74	52.70				CCA
62	trnP–UGG	–	71 989	72 062	74	48.65				UGG
63	psaJ	+	72 432	72 560	129	39.53	42	ATG	TAA	

编号	基因名称	链正负	起始位点	终止位点	大小（bp）	GC含量（%）	氨基酸数（个）	起始密码子	终止密码子	反密码子
64	rpl33	+	73 141	73 341	201	35.82	66	ATG	TAG	
65	rps18	+	73 606	73 911	306	35.95	101	ATG	TAG	
66	rpl20	−	74 193	74 546	354	37.01	117	ATG	TAA	
			75 254	75 367						
67	rps12	−	156 405	156 633	369	41.19	122	TTA	TAT	
			157 175	157 200						
			75 518	75 769						
68	clpP	−	76 420	76 710	612	41.83	203	ATG	TAA	
			77 520	77 588						
69	psbB	+	78 052	79 578	1 527	44.07	508	ATG	TGA	
70	psbT	+	79 755	79 856	102	34.31	33	ATG	TGA	
71	psbN	−	79 921	80 052	132	45.45	43	ATG	TAG	
72	psbH	+	80 164	80 385	222	39.19	73	ATG	TAA	
73	petB	+	80 507	80 512	651	39.48	216	ATG	TAG	
			81 329	81 973						
74	petD	+	82 166	82 173	483	38.30	160	ATG	TAA	
			82 903	83 377						
75	rpoA	−	83 585	84 604	1 020	35.59	339	ATG	TAA	
76	rps11	−	84 678	85 094	417	44.36	138	ATG	TAG	
77	rpl36	−	85 219	85 332	114	38.60	37	ATG	TAA	
78	infA	−	85 475	85 708	234	36.32	77	ATG	TAG	
79	rps8	−	85 825	86 223	399	35.34	132	ATG	TGA	
80	rpl14	−	86 431	86 799	369	38.75	122	ATG	TAA	
81	rpl16	−	86 917	87 318	411	45.26	136	ATG	TAG	
			88 369	88 377						
82	rps3	−	88 528	89 184	657	35.62	218	ATG	TAA	
83	rpl22	−	89 248	89 637	390	33.85	129	ATG	TAG	
84	rps19	−	89 891	90 169	279	36.56	92	ATG	TAA	
85	trnH–GUG	+	90 321	90 394	74	56.76				GUG
86	rpl2	−	90 438	90 869	825	44.12	274	ACG	TAG	
			91 529	91 921						
87	rpl23	−	91 940	92 221	282	37.59	93	ATG	TAA	
88	trnI–CAU	−	92 386	92 459	74	45.95				CAU
89	ycf2	+	92 711	99 640	6 930	37.39	2 309	ATG	TAG	
90	trnL–CAA	−	100 689	100 769	81	50.62				CAA
91	ndhB	−	101 337	102 092	1 533	37.64	510	ATG	TAG	
			102 793	103 569						

编号	基因名称	链正负	起始位点	终止位点	大小（bp）	GC含量（%）	氨基酸数（个）	起始密码子	终止密码子	反密码子
92	rps7	−	103 874	104 341	468	40.17	155	ATG	TAA	
93	trnV-GAC	+	107 145	107 216	72	48.61				GAC
94	rrn16	+	107 444	108 934	1 491	56.27				
95	trnI-GAU	+	109 240 110 240	109 281 110 274	77	58.44				GAU
96	trnA-UGC	+	110 339 111 178	110 376 111 212	73	56.16				UGC
97	rrn23	+	111 349	114 161	2 813	54.99				
98	rrn4.5	+	114 262	114 364	103	48.54				
99	rrn5	+	114 593	114 713	121	50.41				
100	trnR-ACG	+	114 984	115 057	74	62.16				ACG
101	trnN-GUU	−	115 549	115 620	72	54.17				GUU
102	ycf1	+	115 936	121 965	6 030	30.81	2 009	ATG	TAA	
103	rps15	+	122 343	122 615	273	32.97	90	ATG	TAA	
104	ndhH	+	122 719	123 900	1 182	38.49	393	ATG	TGA	
105	ndhF	−	125 044	127 254	2 211	32.97	736	ATG	TAA	
106	rpl32	+	128 192	128 365	174	32.76	57	ATG	TAA	
107	trnL-UAG	+	129 176	129 255	80	57.50				UAG
108	ccsA	+	129 354	130 343	990	32.32	329	ATG	TGA	
109	ndhD	−	130 615	132 120	1 506	36.85	501	ATC	TAG	
110	psaC	−	132 244	132 489	246	42.68	81	ATG	TGA	
111	ndhE	−	133 266	133 571	306	32.35	101	ATG	TAG	
112	ndhG	−	133 695	134 225	531	35.22	176	ATG	TAA	
113	ndhI	−	134 802	135 344	543	33.70	180	ATG	TAA	
114	ndhA	−	135 433 137 147	135 972 137 698	1 092	35.62	363	ATG	TAA	
115	ndhH	−	137 700	138 881	1 182	38.49	393	ATG	TGA	
116	rps15	−	138 985	139 257	273	32.97	90	ATG	TAA	
117	ycf1	−	139 635	145 664	6 030	30.81	2 009	ATG	TAA	
118	trnN-GUU	+	145 980	146 051	72	54.17				GUU
119	trnR-ACG	−	146 543	146 616	74	62.16				ACG
120	rrn5	−	146 887	147 007	121	50.41				
121	rrn4.5	−	147 236	147 338	103	48.54				
122	rrn23	−	147 439	150 251	2 813	54.99				
123	trnA-UGC	−	150 388 151 224	150 422 151 261	73	56.16				UGC

续表

编号	基因名称	链正负	起始位点	终止位点	大小（bp）	GC含量（%）	氨基酸数（个）	起始密码子	终止密码子	反密码子
124	trnI–GAU	–	151 326 152 319	151 360 152 360	77	58.44				GAU
125	rrn16	–	152 666	154 156	1 491	56.27				
126	trnV–GAC	–	154 384	154 455	72	48.61				GAC
127	rps7	+	157 259	157 726	468	40.17	155	ATG	TAA	
128	ndhB	+	158 031 159 508	158 807 160 263	1 533	37.64	510	ATG	TAG	
129	trnL–CAA	+	160 831	160 911	81	50.62				CAA
130	ycf2	–	161 960	168 889	6 930	37.39	2 309	ATG	TAG	
131	trnI–CAU	+	169 141	169 214	74	45.95				CAU
132	rpl23	+	169 379	169 660	282	37.59	93	ATG	TAA	
133	rpl2	+	169 679 170 731	170 071 171 162	825	44.12	274	ACG	TAG	
134	trnH–GUG	–	171 206	171 279	74	56.76				GUG
135	rps19	+	171 431	171 709	279	36.56	92	ATG	TAA	

表 18　芭蕉叶绿体基因组碱基组成

项目	A	T	G	C	N
合计（个）	54 194	54 944	30 940	31 775	0
占比（%）	31.54	31.97	18.00	18.49	0.00

备注：N 代表未知碱基。

表 19　芭蕉叶绿体基因组概况

项目	长度（bp）	位置	含量（%）
合计	171 853		36.50
大单拷贝区（LSC）	89 746	1～89 746	34.78
反向重复（IRa）	35 184	89 747～124 930	39.73
小单拷贝区（SSC）	11 739	124 931～136 669	30.21
反向重复（IRb）	35 184	136 670～171 853	39.73

表 20　芭蕉叶绿体基因组基因数量

项目	基因数（个）
合计	135
蛋白质编码基因	89
tRNA	38
rRNA	8

6. 莲雾 *Syzygium samarangense*

　　莲雾（*Syzygium samarangense*，图 26 ～图 29）为桃金娘科（Myrtaceae）蒲桃属植物。别名天桃、洋蒲桃、琏雾、爪哇蒲桃等。莲雾是热带常绿乔木，树高约 12 米，嫩枝压扁。叶对生，叶柄极短，叶片薄革质，锥圆形至长圆形，长 10 ～ 22 厘米，宽 6 ～ 8 厘米。先端钝或稍尖，基部变狭，圆形或微心形，上面干后变黄褐色，下面多细小腺点，侧脉 14 ～ 19 对，以 45° 开角斜行向上，离边缘 5 毫米处互相结合成明显边脉，另在靠近边缘 1.5 毫米处有 1 条附加边脉，侧脉间相隔 6 ～ 10 毫米，有明显网脉；叶柄极短，长过 4 毫米，有时近于无柄。聚伞花序顶生或腋生，长 5 ～ 6 厘米，有花数朵；花白色，花梗长约 5 毫米；萼管倒圆锥形，长 7 ～ 8 毫米，宽 6 ～ 7 毫米，萼齿 4 枚，半圆形，长 4 毫米，宽加倍；雄蕊极多，长约 1.5 厘米；花柱长 2.5 ～ 3.0 厘米。果实梨形或圆锥形，肉质，洋红色，发亮，长 4 ～ 5 厘米，顶部凹陷，有宿存的肉质萼片；种子 1 颗。花期 3—4 月，果实 5—6 月成熟。莲雾果实鲜食生津解渴，也可作为酿酒、榨汁、腌渍蜜饯或烹调料理材料等使用[1, 6]。

　　莲雾果实具有较高的营养价值，营养成分含蛋白质、膳食纤维、糖类、维生素 B 和维生素 C 等，而且莲雾果实水分含量高，在食疗上有解热、利尿、宁心安神的作用[2]。莲雾果实香气独特，其香气成分主要由顺 –3– 壬烯 –1– 醇、(-)-α - 荜澄茄油萜和反式石竹烯等醇类和萜烯类组成[3]。此外，莲雾果、花、叶也富含黄酮类和多酚类等活性成分，有良好的抗氧化和护肝作用。叶、花和果具有共同的香气成分：石竹烯、香叶烯、杜松烯等挥发性成分，也有丰富的熊果醛、齐墩果酸等三萜化合物及多种查尔酮化合物。在莲雾树枝和树皮中也发现多酚和黄酮类，莲雾可谓全身都是宝，具有极高的医疗保健开发潜力[4]。

　　莲雾原产于马来西亚及印度。中国台湾、福建、广东、广西、海南、云南有栽种。根据果实色泽将莲雾分为 5 种：①大（深）红色小果品种，果形小，近果柄端稍长，果色好，耐贮存，稍有涩味，为本地种，是台湾栽培最早的品种；②粉红色品种，称南洋莲雾，其果形大，早熟，果色和果形都很好看，甜度、口感都佳，产量较高，是目前台湾栽培的主要品种，常见的几个粉红色改良品种有黑珍珠、黑金刚、黑钻石等；③白色品种，果皮乳白色，果形小，近果柄一端稍长，品质优，但果形小，产量低，为晚熟品种；④绿色品种，果皮翠绿色，为台湾培育的新型品种，俗称 20 世纪莲雾，甜味高，并且具有独特香味；⑤大果品系，从粉红种变异的品系中筛选，其叶片较大，枝条与主干的角度较大，较柔软，单果重 100 ～ 300 克，果脊明显，开花时花穗数较南洋种多，果皮着色较红，常见的改良大果品种有泰国红钻石、红宝石和印度红等。

　　莲雾性喜温暖怕寒，最适温度在 25 ～ 30℃，果实发育期最适温度则为 15 ～ 25℃，从花蕾发育至果实成熟过程中，遇 10℃以下的低温，极易造成裂果落果。果实成熟期遇连续下雨则易发生裂果，在 28 ～ 30℃高温下，果实着色偏白青、含糖量偏低[5]。

莲雾叶绿体基因组情况见图 30、表 21 ～表 24。

参考文献

［1］中国科学院中国植物志编辑委员会.中国植物志：第五十三卷第一分册［M］.北京：科学出版社，1981：69.

［2］王晓红.莲雾的营养成分分析［J］.中国食物与营养，2006（4）：53–54.

［3］张丽梅，许玲，陈志峰，等.莲雾果实香气成分 GC–MS 分析［J］.福建农业学报，2012，27（1）：109–112.

［4］杨红文.莲雾果实和叶片活性成分的功效及其综合利用研究进展［J］.食品科技，2022，47（2）：262–267.

［5］杨光华，杨小锋，李劲松，等.莲雾种质资源分类研究进展［J］.中国南方果树，2013，42（1）：40–42.

［6］Wei X Q, Li L, Xu L, et al. Complete Chloroplast Genome Sequence of *Syzygium samarangense*（Myrtaceae）and Phylogenetic Analysis［J］. Mitochondrial DNA Part B, 2022, 7（6）：977–979.

图 26 莲雾 植株

图 27 莲雾 叶片

图 28 莲雾 花

图 29 莲雾 果实

中国热带果树叶绿体基因组

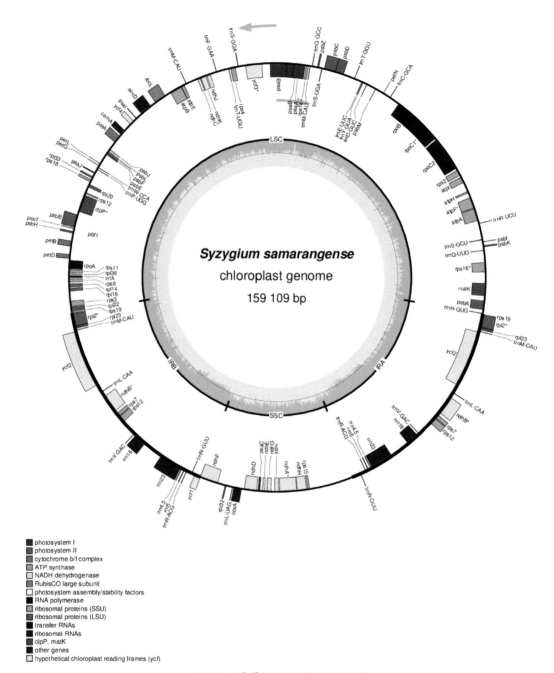

图 30　莲雾叶绿体基因组图谱

48

表 21 莲雾叶绿体基因组注释结果

编号	基因名称	链正负	起始位点	终止位点	大小（bp）	GC含量（%）	氨基酸数（个）	起始密码子	终止密码子	反密码子
			99 587	99 769						
1	rps12	–	127 903	127 929	441	42.63	146	ACT	TAC	
			128 476	128 706						
2	Ycf1	–	154 203	159 109	5 607	29.12	1 868	ATG	TAA	
			1	700						
3	trnN–GUU	+	1 029	1 100	72	54.17				GUU
4	trnR–ACG	–	1 719	1 797	79	64.56				ACG
5	rrn5	–	2 048	2 168	121	52.07				
6	rrn4.5	–	2 393	2 495	103	49.51				
7	rrn23	–	2 594	5 406	2 813	54.78				
8	rrn16	–	7 851	9 341	1 491	56.61				
9	trnV–GAC	–	9 569	9 640	72	48.61				GAC
			11 508	11 738						
10	rps12	–	12 285	12 311	441	42.63	146	ATG	AGT	
			99 587	99 769						
11	rps7	+	12 365	12 832	468	40.81	155	ATG	TAA	
12	ndhB*	+	13 151	13 927	1 539	37.43	512	ATG	TAG	
			14 609	15 370						
13	trnL–CAA	+	15 953	16 033	81	51.85				CAA
14	ycf2	–	16 982	23 815	6 834	37.49	2 277	ATG	TAA	
15	trnM–CAU	+	23 904	23 977	74	45.95				CAU
16	rpl23	+	24 147	24 428	282	37.23	93	ATG	TAA	
17	rpl2*	+	24 453	24 843	825	43.64	274	ATG	TAG	
			25 508	25 941						
18	trnH–GUG	–	26 040	26 113	74	56.76				GUG
19	psbA	–	26 523	27 584	1 062	41.81	353	ATG	TAA	
20	matK	–	28 157	29 674	1 518	33.33	505	ATG	TGA	
21	trnQ–UUG	–	33 535	33 606	72	58.33				UUG
22	psbK	+	33 957	34 142	186	37.63	61	ATG	TGA	
23	psbI	+	34 531	34 641	111	35.14	36	ATG	TAA	
24	trnS–GCU	–	34 796	34 883	88	52.27				GCU
25	trnR–UCU	+	36 743	36 814	72	43.06				UCU
26	atpA	–	37 146	38 669	1 524	40.55	507	ATG	TAG	
27	atpF*	–	38 726	39 136	555	38.38	184	ATG	TAG	
			39 920	40 063						
28	atpH	–	40 615	40 860	246	46.34	81	ATG	TAA	
29	atpI	–	41 977	42 720	744	37.37	247	ATG	TGA	

编号	基因名称	链正负	起始位点	终止位点	大小（bp）	GC含量（%）	氨基酸数（个）	起始密码子	终止密码子	反密码子
30	rps2	−	42 931	43 641	711	38.26	236	ATG	TGA	
31	rpoC2	−	43 881	48 065	4 185	36.89	1 394	ATG	TAA	
32	rpoC1*	−	48 243	49 861	2 049	38.21	682	ATG	TAA	
			50 594	51 023						
33	rpoB	−	51 050	54 268	3 219	38.46	1 072	ATG	TAA	
34	trnC–GCA	+	55 514	55 584	71	61.97				GCA
35	petN	+	56 469	56 558	90	40.00	29	ATG	TAG	
36	psbM	−	57 537	57 641	105	30.48	34	ATG	TAA	
37	trnD–GUC	−	58 747	58 820	74	60.81				GUC
38	trnY–GUA	−	59 261	59 344	84	54.76				GUA
39	trnE–UUC	−	59 404	59 476	73	58.90				UUC
40	trnT–GGU	+	60 389	60 460	72	48.61				GGU
41	psbD	+	61 861	62 922	1 062	42.66	353	ATG	TAA	
42	psbC	+	62 906	64 291	1 386	43.65	461	GTG	TGA	
43	trnS–UGA	−	64 530	64 622	93	49.46				UGA
44	psbZ	+	64 964	65 152	189	35.98	62	ATG	TGA	
45	trnG–GCC	+	65 714	65 784	71	50.70				GCC
46	trnM–CAU	−	65 967	66 040	74	58.11				CAU
47	rps14	−	66 191	66 493	303	41.91	100	ATG	TAA	
48	psaB	−	66 621	68 825	2 205	40.54	734	ATG	TAA	
49	ycf3*	−	71 852	72 006	507	39.64	168	ATG	TAA	
			72 739	72 966						
			73 720	73 843						
50	trnS–GGA	+	74 682	74 768	87	51.72				GGA
51	rps4	−	75 068	75 673	606	37.62	201	ATG	TAA	
52	trnT–UGU	−	75 864	75 936	73	53.42				UGU
53	trnF–GAA	+	77 409	77 481	73	52.05				GAA
54	ndhJ	−	78 240	78 716	477	39.41	158	ATG	TGA	
55	ndhK	−	78 829	79 506	678	37.91	225	ATG	TAG	
56	ndhC	−	79 561	79 923	363	34.99	120	ATG	TAG	
57	trnM–CAU	+	81 358	81 430	73	41.10				CAU
58	atpE	−	81 696	82 097	402	39.05	133	ATG	TAA	
59	atpB	−	82 094	83 590	1 497	42.15	498	ATG	TGA	
60	rbcL	+	84 368	85 795	1 428	43.49	475	ATG	TAA	
61	accD	+	86 503	87 975	1 473	35.91	490	ATG	TAA	
62	psaI	+	88 740	88 853	114	36.84	37	ATG	TAG	
63	ycf4	+	89 264	89 818	555	40.00	184	ATG	TGA	

编号	基因名称	链正负	起始位点	终止位点	大小（bp）	GC含量（%）	氨基酸数（个）	起始密码子	终止密码子	反密码子
64	petA	+	91 700	92 662	963	40.39	320	ATG	TAG	
65	psbJ	−	93 678	93 800	123	39.84	40	ATG	TAA	
66	psbL	−	93 948	94 064	117	32.48	38	ATG	TAA	
67	psbF	−	94 087	94 206	120	40.00	39	ATG	TAA	
68	psbE	−	94 216	94 467	252	40.48	83	ATG	TAG	
69	petL	+	95 744	95 839	96	34.38	31	ATG	TGA	
70	petG	+	96 017	96 130	114	32.46	37	ATG	TGA	
71	trnW-CCA	−	96 259	96 332	74	51.35				CCA
72	trnP-UGG	−	96 528	96 601	74	48.65				UGG
73	psaJ	+	97 021	97 155	135	40.74	44	ATG	TAG	
74	rpl33	+	97 562	97 762	201	37.31	66	ATG	TAA	
75	rps18	+	97 963	98 268	306	34.64	101	ATG	TAA	
76	rpl20	−	98 548 99 936	98 901 100 163	354	33.90	117	ATG	TAA	
77	clpP*	−	100 786 101 946	101 077 102 016	591	41.96	196	ATG	TAA	
78	psbB	+	102 428	103 954	1 527	43.29	508	ATG	TGA	
79	psbT	+	104 061	104 168	108	35.19	35	ATG	TGA	
80	pbf1	−	104 234	104 365	132	42.42	43	ATG	TAG	
81	psbH	+	104 470	104 691	222	38.29	73	ATG	TAG	
82	rpoA	−	107 896	108 909	1 014	34.91	337	ATG	TAA	
83	rps11	−	108 975	109 391	417	44.12	138	ATG	TAG	
84	rpl36	−	109 507	109 620	114	35.96	37	ATG	TAA	
85	rps8	−	110 096	110 500	405	37.04	134	ATG	TAA	
86	rpl14	−	110 680	111 048	369	38.21	122	ATG	TAA	
87	rps3	−	112 758	113 408	651	35.79	216	ATG	TAA	
88	rps19	−	113 937	114 215	279	34.41	92	GTG	TAA	
89	rpl2*	−	114 273 115 371	114 706 115 761	825	43.64	274	ATG	TAG	
90	rpl23	−	115 786	116 067	282	37.23	93	ATG	TAA	
91	trnM-CAU	−	116 237	116 310	74	45.95				CAU
92	ycf2	+	116 399	123 232	6 834	37.49	2 277	ATG	TAA	
93	trnL-CAA	−	124 181	124 261	81	51.85				CAA
94	ndhB*	−	124 844 126 287	125 605 127 063	1 539	37.43	512	ATG	TAG	
95	rps7	−	127 382	127 849	468	40.81	155	ATG	TAA	
96	trnV-GAC	+	130 574	130 645	72	48.61				GAC

续表

编号	基因名称	链正负	起始位点	终止位点	大小（bp）	GC含量（%）	氨基酸数（个）	起始密码子	终止密码子	反密码子
97	rrn16	+	130 873	132 363	1 491	56.61				
98	rrn23	+	134 808	137 620	2 813	54.78				
99	rrn4.5	+	137 719	137 821	103	49.51				
100	rrn5	+	138 046	138 166	121	52.07				
101	trnR–ACG	+	138 417	138 495	79	64.56				ACG
102	trnN–GUU	–	139 114	139 185	72	54.17				GUU
103	ndhF	–	140 237	142 501	2 265	31.57	754	ATG	TGA	
104	rpl32	+	143 438	143 611	174	35.06	57	ATG	TAA	
105	trnL–UAG	+	144 349	144 428	80	57.50				UAG
106	ccsA	+	144 542	145 501	960	32.60	319	ATG	TAA	
107	psaC	–	147 461	147 706	246	41.46	81	ATG	TAA	
108	ndhE	–	147 978	148 283	306	33.01	101	ATG	TGA	
109	ndhG	–	148 520	149 050	531	34.65	176	ATG	TGA	
110	ndhI	–	149 456	149 950	495	34.95	164	ATG	TAA	
111	ndhA*	–	150 051 151 664	150 590 152 215	1 092	33.61	363	ATG	TAA	
112	ndhH	–	152 217	153 398	1 182	37.39	393	ATG	TAA	
113	rps15	–	153 505	153 777	273	33.33	90	ATG	TAA	

表 22　莲雾叶绿体基因组碱基组成

项目	A	T	G	C	N
合计（个）	49 520	50 804	28 806	29 979	0
占比（%）	31.12	31.93	18.11	18.84	0.00

备注：N 代表未知碱基。

表 23　莲雾叶绿体基因组概况

项目	长度（bp）	位置	含量（%）
合计	159 109		36.90
大单拷贝区（LSC）	88 155	26 030～114 184	34.81
反向重复（IRa）	26 029	114 185～140 213	42.77
小单拷贝区（SSC）	18 896	140 214～159 109	30.84
反向重复（IRb）	26 029	1～26 029	42.77

表 24　莲雾叶绿体基因组基因数量

项目	基因数（个）
合计	113
蛋白质编码基因	76
tRNA	29
rRNA	8

7. 人心果 *Manikara zapota*

人心果（*Manikara zapota*，图 31 ～图 34）为山榄科（Sapotaceae）铁线子属植物。别名吴凤柿、沙漠吉拉。乔木，高 15 ～ 20 米（栽培种常较矮，且常呈灌木状），小枝茶褐色，具明显的叶痕。叶互生，密聚于枝顶，革质，长圆形或卵状椭圆形，长 6 ～ 19 厘米，宽 2.5 ～ 4.0 厘米，先端急尖或钝，基部楔形，全缘或稀微波状，两面无毛，具光泽，中脉在上面凹入，下面很凸起，侧脉纤细，多且相互平行，网脉极细密，两面均不明显；叶柄长 1.5 ～ 3.0 厘米。花 1 ～ 2 朵生于枝顶叶腋，长约 1 厘米；花梗长 2.0 ～ 2.5 厘米，密被黄褐色或锈色绒毛；花萼外轮 3 裂片长圆状卵形，长 6 ～ 7 毫米，内轮 3 裂片卵形，略短，外面密被黄褐色绒毛，内面仅沿边缘被绒毛；花冠白色，长 6 ～ 8 毫米，冠管长 3.5 ～ 4.5 毫米，花冠裂片卵形，长 2.5 ～ 3.5 毫米，先端具有不规则的细齿，背部两侧具有 2 枚等大的花瓣状附属物，其长 2.5 ～ 3.5 毫米；能育雄蕊着生于冠管的喉部，花丝丝状，长约 1 毫米，基部加粗，花药长卵形，长约 1 毫米；退化雄蕊花瓣状，长约 4 毫米；子房圆锥形，长约 4 毫米，密被黄褐色绒毛；花柱圆柱形，基部略加粗，长 6 ～ 7 毫米，径 1.0 ～ 1.5 毫米。浆果纺锤形、卵形或球形，长 4 厘米以上，褐色，果肉黄褐色；种子扁。花果期 4—9 月[1, 7]。

人心果果实富含水分、蛋白质、糖类和 17 种氨基酸，营养丰富，生食味道甜美，芳香爽口，也可加工成果酱和饮料。人心果果实成熟后果皮为棕褐色，果肉为黄褐色或浅棕褐色，口感非常甜腻，甜度比大多数常见的热带水果都高，也被部分商家称之为"糖心果"。人心果的树体能分泌乳胶，称为"奇可胶"（Chick），是制造生态口香糖的胶基原料，具有天然安全、易被生物降解、不污染环境等优良特性[2]。

人心果原产于墨西哥南部与中美洲、西印度群岛一带，现在世界大部分热带、亚热带国家都有栽培。人心果 20 世纪初引种至中国，在中国海南、广东、广西、福建、台湾、云南等省（区）均有分布和栽培[3]。从世界范围而言，已命名的人心果优良栽培品种有 50 余个，其中美国佛罗里达州 13 个，墨西哥 5 个，印度 20 余个，菲律宾、马来西亚等国家 10 余个。原产于美洲地区的人心果品种果大、品质优、高产，树形高大；而原产泰国的人心果品种果小、果形长、品质优，树形矮小，易于管理[4, 5]。

人心果属热带果树，在年平均温度 21 ～ 23℃生长最为适宜，年降水量 1 500 毫米、年平均相对湿度 70% 以上的地区生长旺盛，高温地区果实风味尤佳。但人心果并非严格意义上的热带树种，在亚热带地区也能正常生长，成年树能抵抗 -3.33 ～ -2.20℃的低温几小时，幼树在 -1.11℃容易被冻死。人心果对土壤适应性较强，红壤、沙壤、黏质沙壤、海边沙土都可种植[6]。

人心果叶绿体基因组情况见图 35、表 25 ～表 28。

参考文献

［1］中国科学院中国植物志编辑委员会. 中国植物志：第六十卷第一分册［M］. 北京：科学出版社，1988：50.

［2］谢碧霞，王森. 人心果经济价值及在我国的开发前景［J］. 林业工程学报，2005，19（1）：10-12.

［3］谢碧霞，文亚峰，何钢，等. 我国人心果的品种资源、生产现状及发展对策［J］. 经济林研究，2005，23（1）：1-3.

［4］文亚峰，谢碧霞，何钢. 人心果研究现状与进展［J］. 经济林研究，2005，23（4）：84-88.

［5］Campbell R J, Richard N. The Sapodilla and Green Sapote's Potential in Tropical America［J］. Proceedings of the Interamerican Society for Tropical Horticulture, 2002, 46: 55-56.

［6］邓伟江，冯文星. 人心果的栽培技术［J］. 农业研究与应用，2004，（5）：35-36.

［7］Liu J, Ren S N, Li K X, et al. The Complete Chloroplast Genome Sequence of *Manilkara zapota*（Linn.）Van Royen［J］. Mitochondrial DNA Part B, 2019, 4（2）：2127-2128.

图 31　人心果　植株

图 32　人心果　叶片

图 33　人心果　花

图 34　人心果　果实

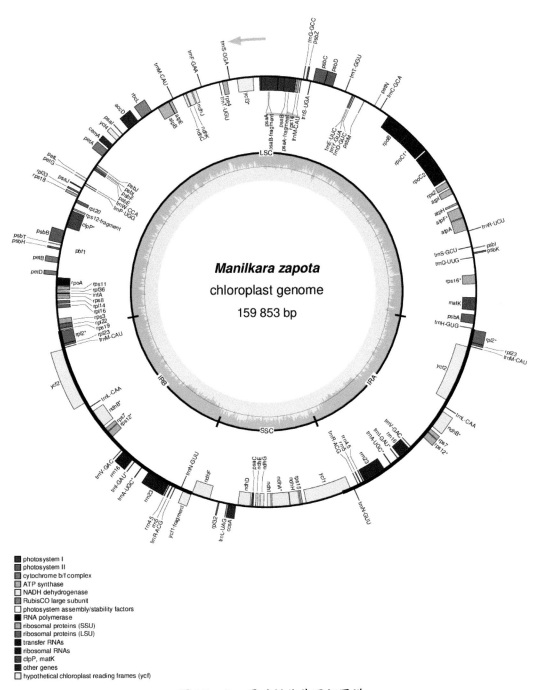

图 35　人心果叶绿体基因组图谱

表 25　人心果叶绿体基因组注释结果

编号	基因名称	链正负	起始位点	终止位点	大小（bp）	GC含量（%）	氨基酸数（个）	起始密码子	终止密码子	反密码子
1	trnH–GUG	–	1	74	74	54.05				GUG
2	psbA	–	605	1 666	1 062	42.18	353	ATG	TAA	
3	matK	–	2 193	3 719	1 527	32.42	508	ATG	TGA	
4	rps16	–	5 322 6 412	5 550 6 455	273	35.53	90	ATG	TAA	
5	trnQ–UUG	–	8 466	8 537	72	58.33				UUG
6	psbK	+	8 887	9 072	186	37.10	61	ATG	TGA	
7	psbI	+	9 491	9 601	111	36.04	36	ATG	TAA	
8	trnS–GCU	–	9 743	9 830	88	48.86				GCU
9	trnR–UCU	+	11 629	11 700	72	43.06				UCU
10	atpA	–	11 822	13 345	1 524	39.50	507	ATG	TAA	
11	atpF	–	13 409 14 542	13 819 14 685	555	38.02	184	ATG	TAG	
12	atpH	–	15 062	15 307	246	45.93	81	ATG	TAA	
13	atpI	–	16 449	17 192	744	37.9	247	ATG	TGA	
14	rps2	–	17 405	18 115	711	37.69	236	ATG	TGA	
15	rpoC2	–	18 363	22 517	4 155	37.52	1 384	ATG	TAA	
16	rpoC1	–	22 687 25 057	24 303 25 488	2 049	38.70	682	ATG	TAA	
17	rpoB	–	25 515	28 727	3 213	38.69	1 070	ATG	TAA	
18	trnC–GCA	+	29 961	30 031	71	57.75				GCA
19	petN	+	30 799	30 888	90	41.11	29	ATG	TAG	
20	psbM	–	32 117	32 221	105	28.57	34	ATG	TAA	
21	trnD–GUC	–	33 385	33 458	74	62.16				GUC
22	trnY–GUA	–	33 567	33 650	84	54.76				GUA
23	trnE–UUC	–	33 710	33 782	73	60.27				UUC
24	trnT–GGU	+	34 653	34 724	72	48.61				GGU
25	psbD	+	36 327	37 388	1 062	42.09	353	ATG	TAA	
26	psbC	+	37 372	38 757	1 386	43.43	461	GTG	TGA	
27	trnS–UGA	–	38 998	39 090	93	49.46				UGA
28	psbZ	+	39 443	39 631	189	35.98	62	ATG	TGA	
29	trnG–GCC	+	39 914	39 987	74	52.70				GCC
30	trnM–CAU	–	40 150	40 223	74	56.76				CAU
31	rps14	–	40 372	40 674	303	42.24	100	ATG	TAA	
32	psaB	–	40 797	43 001	2 205	41.27	734	ATG	TAA	
33	psaA–fragment	–	40 797 42 078	41 633 42 239	999	40.44	332	CTA	TAA	

编号	基因 名称	链正负	起始 位点	终止 位点	大小 （bp）	GC含 量（%）	氨基酸 数（个）	起始 密码子	终止 密码子	反密 码子
34	psaA	−	43 027	45 279	2 253	42.74	750	ATG	TAA	
			43 027	43 692						
35	psaB−fragment	−	44 302	44 463	945	42.65	314	CAT	TAA	
			44 944	45 060						
			46 028	46 182						
36	ycf3	−	46 929	47 156	507	37.67	168	ATG	TAA	
			47 877	48 000						
37	trnS−GGA	+	48 866	48 952	87	50.57				GGA
38	rps4	−	49 240	49 845	606	38.61	201	ATG	TAA	
39	trnT−UGU	−	50 193	50 265	73	52.05				UGU
40	trnF−GAA	+	52 392	52 464	73	52.05				GAA
41	ndhJ	−	53 171	53 647	477	38.36	158	ATG	TGA	
42	ndhK	−	53 752	54 429	678	36.87	225	ATG	TAG	
43	ndhC	−	54 483	54 845	363	34.99	120	ATG	TAG	
44	trnM−CAU	+	56 081	56 153	73	41.10				CAU
45	atpE	−	56 358	56 759	402	39.55	133	ATG	TAA	
46	atpB	−	56 756	58 252	1 497	41.35	498	ATG	TGA	
47	rbcL	+	59 060	60 487	1 428	43.77	475	ATG	TAA	
48	accD	+	61 076	62 569	1 494	35.41	497	ATG	TAA	
49	psaI	+	63 470	63 568	99	33.33	32	AAC	TAG	
50	ycf4	+	64 008	64 562	555	38.74	184	ATG	TGA	
51	cemA	+	65 232	65 921	690	32.03	229	ATG	TAA	
52	petA	+	66 140	67 102	963	39.88	320	ATG	TAG	
53	psbJ	−	68 202	68 324	123	39.02	40	ATG	TAG	
54	psbL	−	68 462	68 578	117	32.48	38	ATG	TAA	
55	psbF	−	68 601	68 720	120	43.33	39	ATG	TAA	
56	psbE	−	68 730	68 981	252	41.27	83	ATG	TAG	
57	petL	+	70 295	70 390	96	33.33	31	ATG	TGA	
58	petG	+	70 576	70 689	114	35.96	37	ATG	TGA	
59	trnW−CCA	−	70 821	70 894	74	51.35				CCA
60	trnP−UGG	−	71 055	71 128	74	50.00				UGG
61	psaJ	+	71 531	71 665	135	39.26	44	ATG	TAG	
62	rpl33	+	72 121	72 321	201	38.31	66	ATG	TAG	
63	rps18	+	72 501	72 806	306	33.99	101	ATG	TAG	
64	rpl20	−	73 070	73 423	354	35.88	117	ATG	TAA	
65	rps12−fragment	−	74 133	74 327	195	41.54	64	ATG	TAG	

编号	基因名称	链正负	起始位点	终止位点	大小（bp）	GC含量（%）	氨基酸数（个）	起始密码子	终止密码子	反密码子
			74 466	74 693						
66	clpP	−	75 357	75 648	591	39.76	196	ATG	TGA	
			76 495	76 565						
67	psbB	+	77 025	78 551	1 527	43.55	508	ATG	TGA	
68	psbT	+	78 737	78 844	108	34.26	35	ATG	TGA	
69	pbf1	−	78 905	79 036	132	42.42	43	ATG	TAA	
70	psbH	+	79 139	79 360	222	36.94	73	ATG	TAG	
71	petB	+	80 256	80 903	648	39.66	215	CTC	TAG	
72	petD	+	81 880	82 359	480	38.33	159	CCA	TAA	
73	rpoA	−	82 606	83 589	984	34.55	327	ATG	TGA	
74	rps11	−	83 655	84 071	417	43.17	138	ATG	TAA	
75	rpl36	−	84 175	84 288	114	35.96	37	ATG	TAA	
76	infA	−	84 404	84 637	234	38.03	77	ATG	TAG	
77	rps8	−	84 753	85 157	405	36.05	134	ATG	TAA	
78	rpl14	−	85 363	85 731	369	40.92	122	ATG	TAA	
79	rpl16	−	85 858	86 262	405	40.99	134	TAT	TAA	
80	rps3	−	87 518	88 174	657	34.86	218	ATG	TAA	
81	rpl22	−	88 273	88 647	375	32.53	124	ATG	TAG	
82	rps19	−	88 693	88 971	279	35.13	92	GTG	TAA	
83	rpl2	−	89 034 / 90 133	89 467 / 90 523	825	43.64	274	ATG	TAG	
84	rpl23	−	90 542	90 823	282	37.59	93	ATG	TAA	
85	trnM–CAU	−	90 995	91 068	74	45.95				CAU
86	ycf2	+	91 157	98 029	6 873	37.76	2 290	ATG	TAA	
87	trnL–CAA	−	98 739	98 819	81	51.85				CAA
88	ndhB	−	99 374 / 100 809	100 129 / 101 585	1 533	37.05	510	ATG	TAG	
89	rps7	−	101 931	102 398	468	39.96	155	ATG	TAA	
90	rps12	−	102 452 / 103 021	102 478 / 103 251	258	42.25	85	ACG	TAA	
91	trnV–GAC	+	105 103	105 174	72	48.61				GAC
92	rrn16	+	105 402	106 892	1 491	56.54				
93	trnI–GAU	+	107 186	107 273	88	56.82				GAU
94	trnA–UGC	+	108 265	108 369	105	48.57				UGC
95	rrn23	+	109 297	112 111	2 815	54.78				
96	rrn4.5	+	112 210	112 312	103	50.49				
97	rrn5	+	112 569	112 689	121	52.07				

编号	基因名称	链正负	起始位点	终止位点	大小（bp）	GC含量（%）	氨基酸数（个）	起始密码子	终止密码子	反密码子
98	trnR–ACG	+	112 946	113 019	74	62.16				ACG
99	trnN–GUU	−	113 616	113 687	72	52.78				GUU
100	ycf1–fragment	+	113 999	115 066	1 068	35.30	355	ATG	TAA	
101	ndhF	−	115 106	117 352	2 247	31.73	748	ATG	TGA	
102	rpl32	+	118 420	118 581	162	29.63	53	ATG	TAA	
103	trnL–UAG	+	119 491	119 570	80	57.50				UAG
104	ccsA	+	119 666	120 631	966	31.47	321	ATG	TGA	
105	ndhD	−	120 830	122 341	1 512	33.80	503	ACG	TGA	
106	psaC	−	122 469	122 714	246	42.28	81	ATG	TGA	
107	ndhE	−	122 962	123 267	306	31.37	101	ATG	TAA	
108	ndhG	−	123 497	124 027	531	32.39	176	ATG	TAA	
109	ndhI	−	124 418	124 921	504	34.13	167	ATG	TAA	
110	ndhA	−	125 016 126 652	125 554 127 204	1 092	33.70	363	ATG	TAA	
111	ndhH	−	127 206	128 384	1 179	37.74	392	ATT	TGA	
112	rps15	−	128 479	128 751	273	30.77	90	ATG	TAA	
113	ycf1	−	129 149	134 800	5 652	29.56	1 883	ATG	TGA	
114	trnN–GUU	+	135 112	135 183	72	52.78				GUU
115	trnR–ACG	−	135 780	135 853	74	62.16				ACG
116	rrn5	−	136 110	136 230	121	52.07				
117	rrn4.5	−	136 487	136 589	103	50.49				
118	rrn23	−	136 688	139 502	2 815	54.78				
119	trnA–UGC	−	140 430	140 534	105	48.57				UGC
120	trnI–GAU	−	141 526	141 613	88	56.82				GAU
121	rrn16	−	141 907	143 397	1 491	56.54				
122	trnV–GAC	−	143 625	143 696	72	48.61				GAC
123	rps12	+	145 545 146 321	145 778 146 347	261	42.53	86	TCC	TAA	
124	rps7	+	146 401	146 868	468	39.96	155	ATG	TAA	
125	ndhB	+	147 214 148 670	147 990 149 425	1 533	37.05	510	ATG	TAG	
126	trnL–CAA	+	149 980	150 060	81	51.85				CAA
127	ycf2	−	150 770	157 642	6 873	37.76	2 290	ATG	TAA	
128	trnM–CAU	+	157 731	157 804	74	45.95				CAU
129	rpl23	+	157 976	158 257	282	37.59	93	ATG	TAA	
130	rpl2	+	158 276 159 332	158 666 159 765	825	43.64	274	ATG	TAG	

表 26　人心果叶绿体基因组碱基组成

项目	A	T	G	C	N
合计（个）	50 029	51 097	28 749	29 978	0
占比（%）	31.30	31.97	17.98	18.75	0.00

注：N 代表未知碱基。

表 27　人心果叶绿体基因组概况

项目	长度（bp）	位置	含量（%）
合计	159 853		36.70
大单拷贝区（LSC）	88 965	1 ～ 88 965	34.57
反向重复（IRa）	26 098	88 966 ～ 115 063	42.84
小单拷贝区（SSC）	18 672	115 064 ～ 133 735	30.04
反向重复（IRb）	26 098	133 736 ～ 159 833	42.84

表 28　人心果叶绿体基因组基因数量

项目	基因数（个）
合计	130
蛋白质编码基因	89
tRNA	33
rRNA	8

8. 蛋黄果 *Lucuma nervosa*

蛋黄果（*Lucuma nervosa*，图 36 ～图 39）为山榄科（Sapotaceae）蛋黄果属植物。别名鸡蛋果、狮头果、蛋果、桃榄、仙桃等。多年生常绿乔木果树。果树树冠半圆形，主干灰褐色，树皮纵裂，嫩枝被褐色柔毛。叶互生螺旋状排列，厚革质，长椭圆形，长 26 ～ 35 厘米，宽 6 ～ 7 厘米，叶缘微浅波状，先端渐尖，基部楔形。花聚生于枝顶的叶腋，每叶腋有花 1 ～ 3 朵，花细小，雄蕊 5 ～ 7 枚，着生在花瓣内，花瓣多为 5 瓣。开花时雌蕊柱头先出（柱头不易脱落，随着果实的生长干枯在果实的顶端），然后花瓣抽出，花瓣开放 12 ～ 24 小时之后带雄蕊自然脱落，未见授粉昆虫，为自花授粉。果实形状变化大，多为球形、桃形、纺锤形，果蒂短，有五星鳞片，果顶有乳头状突起。未熟果青绿色，成熟果黄色[1, 6]。种壳红褐色至黑褐色、骨质、光滑、坚硬，具光泽，外种皮和种仁均为白色，种子重 3 ～ 15 克；种子一侧有弧形沟，子叶肥厚，胚根短，向下。果实成熟后与种子易剥离，每果有种子 1 ～ 8 枚。成熟果果肉呈黄色，质地松软，水分少，口感似煮熟的蛋黄，故名蛋黄果。果实除生食外，可制成果酱、冰奶油、饮料或果酒。蛋黄果果肉富含碳水化合物和膳食纤维，含有少量的脂肪和蛋白质，同时还含有丰富的维生素 C 及少量的叶酸、维生素 B 和类胡萝卜素等，营养丰富，具有帮助消化、化痰、提神醒脑、减压降脂等功效[2]。Elsayed 等从蛋黄果叶和种子中分离出原儿茶酸、没食子酸、槲皮素、杨梅素、杨梅素 –3–O– β – 半乳糖苷和杨梅素 –3–O– α –L– 鼠李糖苷六种化合物，从分子角度为传统医学使用蛋黄果治疗炎症、疼痛和溃疡等相关病症提供了科学证据[3]。

蛋黄果原产于南美州，而马来西亚、印度、泰国等一些热带国家对蛋黄果的研究与开发处于领先地位。中国在 20 世纪 30 年代开始引进蛋黄果，已在海南、广东、广西、云南等地种植。其中海南、广东、云南以优良水果进行栽种，而广西主要以绿化观赏进行栽种。王美存等根据蛋黄果的果实外形，把引进的蛋黄果分为 5 个类型：大桃形、小桃形、球形、纺锤形和倒卵形，其中大桃形蛋黄果是引种试种的 5 个类型中表现最稳定，值得推广和开发的类型[4]。蛋黄果的野生种多存在果小、核大、可食率低等情况，难以在市场上进行推广。经过多年选育，云南省农业科学院热带亚热带经济作物研究所选育出云热 –205，该品种具有果大、产量高、成熟期长等特点。广西南亚热带农业科学研究所经过无性繁殖品种试验后，选育出仙桃 1 号和仙桃 2 号。仙桃 1 号有树势强壮、早实、果大、果肉粉质香甜、风味佳、耐贮存等特点；仙桃 2 号各性状稳定，高产优质、果实迟熟、抗逆性和抗病虫性强，适用性和适应性广，易推广[5]。

蛋黄果叶绿体基因组情况见图 40、表 29 ～表 32。

参考文献

[1] 罗心平，尼章光，王跃全，等. 蛋黄果引种试种初报 [J]. 热带农业科技，2004，27（1）：47-48，50.

[2] 蒋边，李卫锦，李东娜，等. 蛋黄果营养成分测定及其多糖提取工艺 [J]. 食品工业，2021，42（1）：15-19.

[3] Elsayed A M, EI-Tanbouly N D, Moustafa S F, et al. Chemical Composition and Biological Activities of *Pouteria campechiana*（Künth) Baehni [J]. Journal of Medicinal Plants Research, 2016, 10（16）：209-215.

[4] 王美存，尼章光，罗心平，等. 干热河谷区几种类型蛋黄果表现及开发利用建议 [J]. 中国南方果树，2006，35（4）：38-40.

[5] 刘少凤，顾振红，钟敏柳. 蛋黄果栽培在我国的发展状况及潜力分析 [J]. 安徽农业科学，2013，41（12）：5249-5251.

[6] Niu Y F, Ni S B, Liu Z Y, et al. The Complete Chloroplast Genome of Tropical and Sub-tropical Fruit Tree *Lucuma nervosa*（Sapotaceae）[J]. Mitochondrial DNA Part B, 2018, 3（1）：440-441.

图 36　蛋黄果　植株

图 37　蛋黄果　叶片

图 38　蛋黄果　花

图 39　蛋黄果　果实

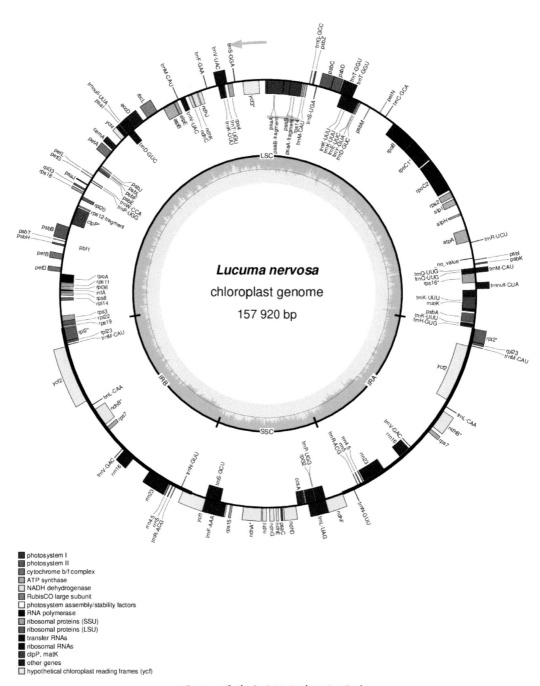

图 40 蛋黄果叶绿体基因组图谱

表 29　蛋黄果叶绿体基因组注释结果

编号	基因名称	链正负	起始位点	终止位点	大小（bp）	GC含量（%）	氨基酸数（个）	起始密码子	终止密码子	反密码子
1	trnN-GUU	+	1 341	1 412	72	52.78				GUU
2	trnR-ACG	−	2 008	2 081	74	62.16				ACG
3	rrn5	−	2 338	2 458	121	52.07				
4	rrn4.5	−	2 715	2 817	103	50.49				
5	rrn23	−	2 916	5 725	2 810	54.88				
6	rrn16	−	8 132	9 622	1 491	56.54				
7	trnV-GAC	−	9 850	9 921	72	48.61				GAC
8	rps7	+	12 627	13 094	468	39.96	155	ATG	TAA	
9	ndhB	+	13 440 14 896	14 216 15 651	1 533	36.99	510	ATG	TAG	
10	trnL-CAA	+	16 206	16 286	81	51.85				CAA
11	ycf2	−	16 996	23 868	6 873	37.74	2 290	ATG	TAA	
12	trnM-CAU	+	23 957	24 030	74	45.95				CAU
13	rpl23	+	24 202	24 483	282	37.59	93	ATG	TAA	
14	rpl2	+	24 502 25 558	24 892 25 991	825	43.52	274	ATG	TAG	
15	trnH-GUG	−	26 084	26 157	74	52.70				GUG
16	trnK-UUU	−	26 180	26 598	419	16.47				UUU
17	psbA	−	26 707	27 768	1 062	42.00	353	ATG	TAA	
18	trnK-UUU	−	27 988	30 599	2 612	32.85				UUU
19	trnK-UUU	−	28 295	29 815	1 521	32.41	506	ATG	TGA	
20	trnnull-	+	30 691	31 468	778	24.29				CUA
21	rps16	−	31 441 32 537	31 669 32 580	273	35.53	90	ATG	TAA	
22	trnQ-UUG	−	32 595	33 186	592	20.78				UUG
23	trnM-CAU	+	32 598	33 168	571	19.09				CAU
24	trnQ-UUG	−	33 115	33 186	72	58.33				UUG
25	psbK	+	33 531	33 716	186	37.63	61	ATG	TGA	
26	psbI	+	34 047	34 157	111	36.04	36	ATG	TAA	
27	trnS-GCU	−	34 300	34 387	88	48.86				GCU
28	trnG-UCC	+	35 113 35 835	35 135 35 882	71	53.52				UCC
29	trnR-UCU	+	36 153	36 224	72	43.06				UCU
30	atpA	−	36 349	37 872	1 524	39.30	507	ATG	TAA	
31	atpH	−	39 594	39 839	246	45.93	81	ATG	TAA	
32	atpI	−	40 975	41 718	744	37.50	247	ATG	TGA	
33	rps2	−	41 931	42 641	711	37.55	236	ATG	TGA	

编号	基因名称	链正负	起始位点	终止位点	大小（bp）	GC含量（%）	氨基酸数（个）	起始密码子	终止密码子	反密码子
34	rpoC2	−	42 885	47 045	4 161	37.01	1 386	ATG	TAA	
35	rpoC1	−	47 215 49 594	48 831 50 025	2 049	38.65	682	ATG	TAA	
36	rpoB	−	50 052	53 264	3 213	38.62	1 070	ATG	TAA	
37	trnC–GCA	+	54 483	54 553	71	57.75				GCA
38	petN	+	55 321	55 410	90	41.11	29	ATG	TAG	
39	psbM	−	56 640	56 744	105	28.57	34	ATG	TAA	
40	trnD–GUC	−	57 908	57 981	74	62.16				GUC
41	trnY–GUA	−	58 090	58 173	84	54.76				GUA
42	trnE–UUC	−	58 233	58 305	73	58.90				UUC
43	trnK–UUU	−	58 321	60 447	2 127	26.28				UUU
44	trnT–GGU	+	59 136	60 771	1 636	27.14				GGU
45	trnT–GGU	+	59 136	59 207	72	48.61				GGU
46	trnK–UUU	+	59 193	60 449	1 257	24.50				UUU
47	psbD	+	60 872	61 933	1 062	42.09	353	ATG	TAA	
48	psbC	+	61 917	63 302	1 386	43.36	461	GTG	TGA	
49	trnS–UGA	−	63 546	63 638	93	49.46				UGA
50	psbZ	+	63 995	64 183	189	36.51	62	ATG	TGA	
51	trnG–GCC	+	64 455	64 525	71	52.11				GCC
52	trnM–CAU	−	64 695	64 768	74	56.76				CAU
53	rps14	−	64 917	65 219	303	41.91	100	ATG	TAA	
54	psaB	−	65 342	67 546	2 205	41.27	734	ATG	TAA	
55	psaA–fragment	−	65 342 66 623	66 178 66 784	999	40.64	332	CTA	TAA	
56	psaA	−	67 572 67 572	69 824 68 237	2 253	42.57	750	ATG	TAA	
57	psaB–fragment	−	68 847 69 489 70 568	69 008 69 605 70 722	945	42.43	314	CAT	TAA	
58	ycf3	−	71 476 72 419	71 703 72 542	507	37.87	168	ATG	TAA	
59	trnS–GGA	+	73 402	73 488	87	50.57				GGA
60	rps4	−	73 776	74 381	606	38.12	201	ATG	TAA	
61	trnV–UAC	+	74 399	75 751	1 353	20.55				UAC
62	trnT–UGU	−	74 734	74 806	73	52.05				UGU
63	trnK–UUU	−	74 846	75 547	702	13.68				UUU
64	trnF–GAA	+	76 906	76 978	73	50.68				GAA

编号	基因名称	链正负	起始位点	终止位点	大小（bp）	GC含量（%）	氨基酸数（个）	起始密码子	终止密码子	反密码子
65	ndhJ	–	77 697	78 173	477	38.57	158	ATG	TGA	
66	ndhK	–	78 278	78 955	678	36.73	225	ATG	TAG	
67	ndhC	–	79 012	79 374	363	34.16	120	ATG	TAG	
68	trnV–UAC	–	79 804	80 456	653	38.44				UAC
69	trnM–CAU	+	80 622	80 694	73	41.10				CAU
70	atpE	–	80 899	81 300	402	39.05	133	ATG	TAA	
71	atpB	–	81 297	82 793	1 497	41.68	498	ATG	TGA	
72	rbcL	+	83 580	85 007	1 428	43.77	475	ATG	TAA	
73	accD	+	85 597	87 090	1 494	35.07	497	ATG	TAA	
74	trnnull–	+	86 987	88 516	1 530	25.03				UUA
75	trnD–GUC	–	87 182	88 000	819	21.49				GUC
76	psaI	+	87 981	88 079	99	34.34	32	AAC	TAG	
77	ycf4	+	88 529	89 083	555	38.38	184	ATG	TGA	
78	cemA	+	89 991	90 680	690	32.03	229	ATG	TAA	
79	petA	+	90 899	91 861	963	39.56	320	ATG	TAG	
80	psbJ	–	92 932	93 054	123	39.84	40	ATG	TAG	
81	psbL	–	93 192	93 308	117	32.48	38	ATG	TAA	
82	psbF	–	93 331	93 450	120	43.33	39	ATG	TAA	
83	psbE	–	93 460	93 711	252	41.67	83	ATG	TAG	
84	petL	+	94 501	94 596	96	34.38	31	ATG	TGA	
85	petG	+	94 781	94 894	114	35.96	37	ATG	TGA	
86	trnW–CCA	–	95 025	95 098	74	51.35				CCA
87	trnP–UGG	–	95 259	95 332	74	50.00				UGG
88	psaJ	+	95 741	95 875	135	40.00	44	ATG	TAG	
89	rpl33	+	96 341	96 547	207	37.68	68	ATG	TAG	
90	rps18	+	96 727	97 032	306	33.66	101	ATG	TAG	
91	rpl20	–	97 296	97 649	354	35.59	117	ATG	TAA	
92	rps12–fragment	+	98 379 98 694	98 555 98 921	177	42.37	58	ATG	TGA	
93	clpP	–	99 584 100 705	99 875 100 775	591	40.10	196	ATG	TGA	
94	psbB	+	101 231	102 757	1 527	43.61	508	ATG	TGA	
95	psbT	+	102 943	103 050	108	34.26	35	ATG	TGA	
96	pbf1	–	103 116	103 247	132	42.42	43	ATG	TAA	
97	psbH	+	103 350	103 571	222	36.49	73	ATG	TAG	
98	petB	+	104 442	105 122	681	40.09	226	ATA	TAG	
99	petD	+	106 047	106 571	525	39.05	174	ATG	TAA	

编号	基因名称	链正负	起始位点	终止位点	大小（bp）	GC含量（%）	氨基酸数（个）	起始密码子	终止密码子	反密码子
100	rpoA	–	106 821	107 804	984	34.35	327	ATG	TGA	
101	rps11	–	107 870	108 286	417	42.93	138	ATG	TAA	
102	rpl36	–	108 398	108 511	114	35.96	37	ATG	TAA	
103	infA	–	108 627	108 860	234	38.46	77	ATG	TAG	
104	rps8	–	108 976	109 380	405	36.30	134	ATG	TAA	
105	rpl14	–	109 596	109 964	369	40.92	122	ATG	TAA	
106	rps3	–	111 751	112 407	657	35.01	218	ATG	TAA	
107	rpl22	–	112 510	112 884	375	32.27	124	ATG	TAG	
108	rps19	–	112 930	113 208	279	34.77	92	GTG	TAA	
109	rpl2	–	113 270 / 114 369	113 703 / 114 759	825	43.52	274	ATG	TAG	
110	rpl23	–	114 778	115 059	282	37.59	93	ATG	TAA	
111	trnM–CAU	–	115 231	115 304	74	45.95				CAU
112	ycf2	+	115 393	122 265	6 873	37.74	2 290	ATG	TAA	
113	trnL–CAA	–	122 975	123 055	81	51.85				CAA
114	ndhB	–	123 610 / 125 045	124 365 / 125 821	1 533	36.99	510	ATG	TAG	
115	rps7	–	126 167	126 634	468	39.96	155	ATG	TAA	
116	trnV–GAC	+	129 340	129 411	72	48.61				GAC
117	rrn16	+	129 639	131 129	1 491	56.54				
118	rrn23	+	133 536	136 345	2 810	54.88				
119	rrn4.5	+	136 444	136 546	103	50.49				
120	rrn5	+	136 803	136 923	121	52.07				
121	trnR–ACG	+	137 180	137 253	74	62.16				ACG
122	trnN–GUU	–	137 849	137 920	72	52.78				GUU
123	ycf1	+	138 232	143 859	5 628	29.53	1 875	ATG	TGA	
124	trnS–GCU	–	141 060	142 965	1 906	24.55				GCU
125	trnF–AAA	+	141 133	143 704	2 572	26.21				AAA
126	rps15	+	144 240	144 512	273	30.77	90	ATG	TAA	
127	ndhA	+	145 787 / 147 434	146 337 / 147 974	1 092	33.61	363	ATG	TAA	
128	ndhI	+	148 069	148 572	504	34.13	167	ATG	TAA	
129	ndhG	+	148 923	149 453	531	32.02	176	ATG	TAA	
130	ndhE	+	149 683	149 988	306	31.37	101	ATG	TAA	
131	psaC	+	150 236	150 481	246	42.68	81	ATG	TGA	
132	ndhD	+	150 611	152 110	1 500	34.07	499	ACG	TAG	
133	ccsA	–	152 319	153 284	966	30.95	321	ATG	TGA	

续表

编号	基因名称	链正负	起始位点	终止位点	大小（bp）	GC含量（%）	氨基酸数（个）	起始密码子	终止密码子	反密码子
134	trnP–UGG	–	153 380	155 749	2 370	25.70				UGG
135	trnL–UAG	+	153 582	155 635	2 054	23.32				UAG
136	rpl32	–	154 408	154 569	162	30.86	53	ATG	TAA	
137	ndhF	+	155 628	157 175	1 548	32.88	515	ATG	TGA	

表30 蛋黄果叶绿体基因组碱基组成

项目	A	T	G	C	N
合计（个）	49 305	50 439	28 808	29 368	0
占比（%）	31.22	31.94	18.24	18.60	0.00

注：N代表未知碱基。

表31 蛋黄果叶绿体基因组概况

项目	长度（bp）	位置	含量（%）
合计	157 920		36.80
大单拷贝区（LSC）	87 144	26 059 ~ 113 202	34.66
反向重复（IRa）	26 058	113 203 ~ 139 260	42.89
小单拷贝区（SSC）	18 660	139 261 ~ 157 920	30.09
反向重复（IRb）	26 058	1 ~ 26 058	42.89

表32 蛋黄果叶绿体基因组基因数量

项目	基因数（个）
合计	137
蛋白质编码基因	84
tRNA	45
rRNA	8

9. 油梨 *Persea americana*

油梨（*Persea americana*，图41～图44）为樟科（Lauraceae）鳄梨属植物。别名鳄梨、牛油果、樟梨、酪梨。常绿乔木，高约10米；树皮灰绿色，纵裂。叶互生，长椭圆形、椭圆形、卵形或倒卵形，长8～20厘米，宽5～12厘米，先端急尖，基部楔形、急尖至近圆形，革质，上面绿色，下面通常稍苍白色，幼时上面疏被、下面极密被黄褐色短柔毛，老时上面变无毛、下面疏被微柔毛，羽状脉，中脉在上面下部凹陷上部平坦、下面明显凸出，侧脉每边5～7条，在上面微隆起、下面却十分凸出，横脉及细脉在上面明显、下面凸出；叶柄长2～5厘米，腹面略具沟槽，略被短柔毛。聚伞状圆锥花序长8～14厘米，多数生于小枝的下部，具梗，总梗长4.5～7.0厘米，与各级序轴被黄褐色短柔毛；苞片及小苞片线形，长约2毫米，密被黄褐色短柔毛。花淡绿带黄色，长5～6毫米，花梗长达6毫米，密被黄褐色短柔毛。花被两面密被黄褐色短柔毛，花被筒倒锥形，长约1毫米，花被裂片长圆形，长4～5毫米，先端钝，外轮3枚略小，均花后增厚而早落。能育雄蕊，长约4毫米，花丝丝状，扁平，密被疏柔毛，花药长圆形，先端钝，4室，第一、第二轮雄蕊花丝无腺体，花药药室内向，第三轮雄蕊花丝基部有一对扁平橙色卵形腺体，花药药室外向。退化雄蕊，位于最内轮，箭头状心形，长约0.6毫米，无毛，具柄，柄长约1.4毫米，被疏柔毛。子房卵球形，长约1.5毫米，密被疏柔毛，花柱长2.5毫米，密被疏柔毛，柱头略增大，盘状。果大，通常梨形，有时卵形或球形，长8～18厘米，黄绿色或红棕色，外果皮木栓质，中果皮肉质，可食。花期2—3月，果期8—9月[1, 7]。

油梨果实和种子富含脂肪酸，含量达到果实重量的3%～30%，其中以亚麻酸、油酸等单不饱和脂肪酸为主[2]，还含有蛋白质、维生素及各种矿物质[3]。油梨果实以鲜食为主，具有健胃清肠、降糖降脂、降血压、抗癌及保护心血管和肝脏系统等功效[4]，也可以用于制作沙拉、果汁等。油梨果实以前主要是欧美等国家人群食用，近年来国内的消费群体也越来越大，对油梨果实的需求量也在逐年增长。

油梨起源于南美洲，现已遍及全球热带和亚热带地区，并以墨西哥、智利、多米尼加、美国南部、哥伦比亚、秘鲁、危地马拉、古巴及印度尼西亚等地栽培为主。中国自19世纪初引进，已在广西、广东、福建、云南、四川和海南等地推广栽培[5]。世界油梨有2个种3个亚种或变种，俗称墨西哥系（*P. americaua* var. *drymifolia*）、西印度系（*P. americana* var. *americana*）和危地马拉系（*P. nubigena* var. *guatemalensis*），另还有一杂交种系（Cross race）。中国商业引进品种70余个，主要推广品种包括哈斯、路拉、波洛克、博思7、博思8等[6]。云南省孟连傣族拉祜族佤族自治县油梨种植面积已近10万亩，已将油梨产业打造成一张特色的农业产业名片。

油梨叶绿体基因组情况见图45、表33～表36。

参考文献

［1］中国科学院中国植物志编辑委员会. 中国植物志：第三十一卷［M］. 北京：科学出版社，1982：5.

［2］Ge Y, Si X Y, Cao J Q, et al. Morphological Characteristics, Nutritional Quality, and Bioactive Constituents in Fruits of Two Avocado（*Persea americana*）Varieties from Hainan Province, China［J］. Journal of Agricultural Science，2017, 9（2）: 8–17.

［3］徐丹，刘远征，张贺，等. 不同油梨品系果实品质特征的综合评价［J］. 热带作物学报，2022，43（4）：722–728.

［4］唐妮，朱宏涛，李雅芝，等. 牛油果果实发育过程中营养物质含量变化研究［J］. 广西植物，2023，43（5）：960–971.

［5］中国热带农业科学院，华南热带农业大学. 中国热带作物栽培学［M］. 北京：中国农业出版社，1998.

［6］徐丹，李艳霞，张贺，等. 不同产区"Fuerte"油梨果实品质分析与比较［J］. 中国南方果树，2022，51（3）：88–92.

［7］Song Y, Yao X, Tan Y H, et al. Complete Chloroplast Genome Sequence of the Avocado: Gene Organization, Comparative Analysis, and Phylogenetic Relationships with Other Lauraceae［J］. Canadian Journal of Forest Research, 2016, 46（11）: 1293–1301.

图 41　油梨　植株

图 42　油梨　叶片

图 43　油梨　花

图 44　油梨　果实

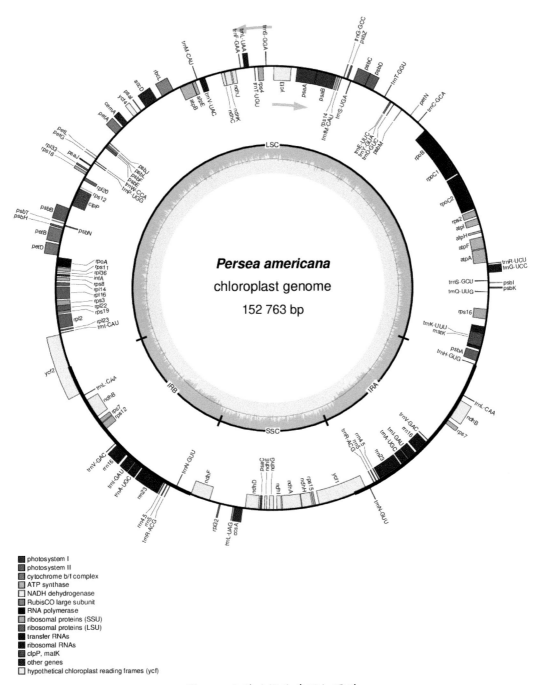

图 45　油梨叶绿体基因组图谱

表 33 油梨叶绿体基因组注释结果

编号	基因名称	链正负	起始位点	终止位点	大小（bp）	GC含量（%）	氨基酸数（个）	起始密码子	终止密码子	反密码子
1	rps12	−	73 449 101 066 101 628	73 562 101 091 101 859	372	41.94	123	ACT	TAT	
2	trnH–GUG	−	22	95	74	56.76				GUG
3	psbA	−	493	1 554	1 062	42.18	353	ATG	TAA	
4	trnK–UUU	−	1 789 4 337	1 823 4 373	72	55.56				UUU
5	matK	−	2 096	3 625	1 530	36.01	509	ATG	TGA	
6	rps16	−	5 197 6 269	5 426 6 308	270	35.93	89	ATG	TAA	
7	trnQ–UUG	−	8 203	8 274	72	59.72				UUG
8	psbK	+	8 610	8 789	180	38.89	59	ATG	TGA	
9	psbI	+	9 173	9 283	111	37.84	36	ATG	TAA	
10	trnS–GCU	−	9 422	9 509	88	53.41				GCU
11	trnG–UCC	+	10 328 11 109	10 350 11 156	71	52.11				UCC
12	trnR–UCU	+	11 280	11 351	72	43.06				UCU
13	atpA	−	11 464	12 987	1 524	42.39	507	ATG	TAA	
14	atpF	−	13 055 14 205	13 465 14 348	555	38.74	184	ATG	TAG	
15	atpH	−	14 808	15 053	246	46.34	81	ATG	TAA	
16	atpI	−	15 718	16 461	744	39.25	247	ATG	TGA	
17	rps2	−	16 684	17 394	711	39.24	236	ATG	TGA	
18	rpoC2	−	17 566	21 723	4 158	38.77	1 385	ATG	TAA	
19	rpoC1	−	21 885 24 234	23 504 24 686	2 073	39.36	690	ATG	TAA	
20	rpoB	−	24 692	27 898	3 207	40.54	1 068	ATG	TGA	
21	trnC–GCA	+	29 023	29 093	71	61.97				GCA
22	petN	+	30 151	30 240	90	42.22	29	ATG	TAG	
23	psbM	−	31 303	31 407	105	31.43	34	ATG	TAA	
24	trnD–GUC	−	32 388	32 461	74	63.51				GUC
25	trnY–GUA	−	32 772	32 855	84	55.95				GUA
26	trnE–UUC	−	32 910	32 982	73	57.53				UUC
27	trnT–GGU	+	33 716	33 787	72	47.22				GGU
28	psbD	+	35 230	36 291	1 062	42.94	353	ATG	TAA	
29	psbC	+	36 239	37 660	1 422	44.87	473	ATG	TGA	
30	trnS–UGA	−	37 876	37 968	93	47.31				UGA

续表

编号	基因名称	链正负	起始位点	终止位点	大小（bp）	GC含量（%）	氨基酸数（个）	起始密码子	终止密码子	反密码子
31	psbZ	+	38 290	38 478	189	34.39	62	ATG	TGA	
32	trnG–GCC	+	38 754	38 824	71	52.11				GCC
33	trnfM–CA	–	38 979	39 052	74	55.41				CAU
34	rps14	–	39 207	39 509	303	41.91	100	ATG	TAA	
35	psaB	–	39 641	41 845	2 205	42.36	734	ATG	TAA	
36	psaA	–	41 871	44 123	2 253	43.63	750	ATG	TAA	
37	ycf3	–	44 762	44 914						
			45 645	45 872	507	39.05	168	ATG	TAA	
			46 626	46 751						
38	trnS–GGA	+	47 561	47 647	87	50.57				GGA
39	rps4	–	47 930	48 535	606	39.11	201	ATG	TGA	
40	trnT–UGU	–	48 877	48 949	73	53.42				UGU
41	trnL–UAA	+	49 514	49 548	85	48.24				UAA
			50 028	50 077						
42	trnF–GAA	+	50 425	50 497	73	50.68				GAA
43	ndhJ	–	51 047	51 523	477	41.93	158	ATG	TGA	
44	ndhK	–	51 623	52 390	768	38.93	255	ATG	TAG	
45	ndhC	–	52 360	52 722	363	38.02	120	ATG	TAG	
46	trnV–UAC	–	54 582	54 616	74	51.35				UAC
			55 206	55 244						
47	trnM–CAU	+	55 423	55 495	73	42.47				CAU
48	atpE	–	55 726	56 130	405	41.73	134	ATG	TAG	
49	atpB	–	56 127	57 623	1 497	42.95	498	ATG	TGA	
50	rbcL	+	58 378	59 805	1 428	45.38	475	ATG	TAA	
51	accD	+	60 485	61 996	1 512	37.04	503	ATG	TAG	
52	psaI	+	62 598	62 708	111	34.23	36	ATG	TAG	
53	ycf4	+	63 146	63 700	555	40.54	184	ATG	TGA	
54	cemA	+	64 615	65 304	690	35.22	229	GTG	TGA	
55	petA	+	65 527	66 489	963	41.43	320	ATG	TAG	
56	psbJ	–	67 615	67 737	123	42.28	40	ATG	TAG	
57	psbL	–	67 864	67 980	117	35.04	38	ACG	TGA	
58	psbF	–	68 003	68 122	120	41.67	39	ATG	TAA	
59	psbE	–	68 132	68 383	252	42.06	83	ATG	TAG	
60	petL	+	69 690	69 785	96	36.46	31	ATG	TGA	
61	petG	+	69 960	70 073	114	36.84	37	ATG	TAA	
62	trnW–CCA	–	70 193	70 266	74	51.35				CCA
63	trnP–UGG	–	70 420	70 493	74	48.65				UGG
64	psaJ	+	70 869	71 003	135	42.22	44	ATG	TAG	

续表

编号	基因名称	链正负	起始位点	终止位点	大小（bp）	GC含量（%）	氨基酸数（个）	起始密码子	终止密码子	反密码子
65	rpl33	+	71 433	71 633	201	35.82	66	ATG	TAA	
66	rps18	+	71 780	72 085	306	34.64	101	ATG	TAA	
67	rpl20	−	72 340 73 709	72 693 73 954	354	40.11	117	ATG	TAA	
68	clpP	−	74 614 75 682	74 905 75 752	609	43.02	202	ATG	TAA	
69	psbB	+	76 181	77 707	1 527	44.86	508	ATG	TGA	
70	psbT	+	77 885	77 992	108	37.04	35	ATG	TGA	
71	psbN	−	78 051	78 182	132	45.45	43	ATG	TAA	
72	psbH	+	78 290	78 511	222	39.64	73	ATG	TAG	
73	petB	+	78 630 79 424	78 635 80 065	648	40.59	215	ATG	TAG	
74	petD	+	80 263 80 992	80 270 81 466	483	40.17	160	ATG	TAA	
75	rpoA	−	81 654	82 673	1 020	36.67	339	ATG	TAA	
76	rps11	−	82 742	83 134	393	44.78	130	ATG	TAG	
77	rpl36	−	83 247	83 360	114	38.60	37	ATG	TAA	
78	infA	−	83 476	83 709	234	38.03	77	ATG	TAG	
79	rps8	−	83 826	84 224	399	35.84	132	ATG	TGA	
80	rpl14	−	84 404	84 772	369	40.38	122	ATG	TAA	
81	rpl16	−	84 901 86 268	85 296 86 276	405	44.44	134	ATG	TGA	
82	rps3	−	86 431	87 093	663	37.10	220	ATG	TAA	
83	rpl22	−	86 984	87 592	609	38.26	202	ATG	TGA	
84	rps19	−	87 649	87 858	210	40.48	69	ATG	TAA	
85	rpl2	−	88 001 89 101	88 428 89 494	822	44.53	273	ATA	TAG	
86	rpl23	−	89 653	89 823	171	35.67	56	ATG	TGA	
87	trnI–CAU	−	89 993	90 066	74	47.30				CAU
88	ycf2	+	90 150	97 007	6 858	37.65	2 285	ATG	TAA	
89	trnL–CAA	−	97 341	97 421	81	50.62				CAA
90	ndhB	−	97 982 99 440	98 737 100 162	1 479	38.07	492	ATG	TAG	
91	rps7	−	100 540	101 007	468	39.96	155	ATG	TAA	
92	trnV–GAC	+	103 675	103 746	72	48.61				GAC
93	rrn16	+	103 975	105 465	1 491	56.74				

编号	基因名称	链正负	起始位点	终止位点	大小（bp）	GC含量（%）	氨基酸数（个）	起始密码子	终止密码子	反密码子
94	trnI–GAU	+	105 715 106 696	105 751 106 730	72	59.72				GAU
95	trnA–UGC	+	106 795 107 631	106 832 107 665	73	56.16				UGC
96	rrn23	+	107 818	110 626	2 809	54.68				
97	rrn4.5	+	110 727	110 829	103	49.51				
98	rrn5	+	111 050	111 171	122	53.28				
99	trnR–ACG	+	111 403	111 476	74	62.16				ACG
100	trnN–GUU	–	112 072	112 143	72	52.78				GUU
101	ndhF	–	113 918	116 140	2 223	34.95	740	ATG	TGA	
102	rpl32	+	117 267	117 440	174	37.93	57	ATG	TGA	
103	trnL–UAG	+	118 832	118 911	80	57.50				UAG
104	ccsA	+	119 000	119 950	951	34.60	316	ATG	TGA	
105	ndhD	–	120 185	121 693	1 509	37.44	502	ACG	TAG	
106	psaC	–	121 811	122 056	246	43.09	81	ATG	TGA	
107	ndhE	–	122 324	122 626	303	33.99	100	ATG	TAG	
108	ndhG	–	122 877	123 407	531	37.29	176	ATG	TAA	
109	ndhI	–	123 739	124 281	543	35.54	180	ATG	TAA	
110	ndhA	–	124 360 126 021	124 899 126 572	1 092	37.73	363	ATG	TAA	
111	ndhH	–	126 574	127 755	1 182	39.42	393	ATG	TGA	
112	rps15	–	127 863	128 129	267	31.84	88	ATG	TAA	
113	ycf1	–	128 518	134 088	5 571	32.71	1 856	ATG	TGA	
114	trnN–GUU	+	134 466	134 537	72	52.78				GUU
115	trnR–ACG	–	135 133	135 206	74	62.16				ACG
116	rrn5	–	135 438	135 559	122	53.28				
117	rrn4.5	–	135 780	135 882	103	49.51				
118	rrn23	–	135 983	138 791	2 809	54.68				
119	trnA–UGC	–	138 944 139 777	138 978 139 814	73	56.16				UGC
120	trnI–GAU	–	139 879 140 858	139 913 140 894	72	59.72				GAU
121	rrn16	–	141 144	142 634	1 491	56.74				
122	trnV–GAC	–	142 863	142 934	72	48.61				GAC
123	rps7	+	145 602	146 069	468	39.96	155	ATG	TAA	
124	ndhB	+	146 447 147 872	147 169 148 627	1 479	38.07	492	ATG	TAG	
125	trnL–CAA	+	149 188	149 268	81	50.62				CAA

表 34　油梨叶绿体基因组碱基组成

项目	A	T	G	C	N
合计（个）	45 903	47 110	29 309	30 441	0
占比（%）	30.05	30.84	19.19	19.92	0.00

注：N 代表未知碱基。

表 35　油梨叶绿体基因组概况

项目	长度（bp）	位置	含量（%）
合计	152 763		39.10
大单拷贝区（LSC）	93 845	1 ～ 93 845	37.87
反向重复（IRa）	20 052	9 384 ～ 113 897	44.45
小单拷贝区（SSC）	18 814	113 898 ～ 132 711	33.92
反向重复（IRb）	20 052	132 712 ～ 152 763	44.45

表 36　油梨叶绿体基因组基因数量

项目	基因数（个）
合计	125
蛋白质编码基因	81
tRNA	36
rRNA	8

10. 菠萝蜜 *Artocarpus heterophyllus*

菠萝蜜（*Artocarpus heterophyllus*，图 46～图 49）为桑科（Moraceae）波罗蜜属植物。别名波罗蜜、苞萝、树菠萝、大树菠萝、蜜冬瓜、牛肚子果、木菠萝。常绿乔木，高 10～20 米，胸径达 30～50 厘米；老树具板状根；树皮厚，黑褐色；小枝粗 2～6 毫米，具纵皱纹至平滑，无毛；托叶抱茎环状，遗痕明显。叶革质，螺旋状排列，椭圆形或倒卵形，长 7～15 厘米或更长，宽 3～7 厘米，先端钝或渐尖，基部楔形，成熟叶全缘，幼树和萌发枝上的叶常分裂，表面墨绿色，干后浅绿或淡褐色，无毛，有光泽，背面浅绿色，略粗糙，叶肉细胞具长臂，组织中有球形或椭圆形树脂细胞，侧脉羽状，每边 6～8 条，中脉在背面显著凸起；叶柄长 1～3 厘米；托叶抱茎，卵形，长 1.5～8.0 厘米，外面被贴伏柔毛或无毛，脱落。花雌雄同株，花序生老茎或短枝上，雄花序有时着生于枝端叶腋或短枝叶腋，圆柱形或棒状椭圆形，长 2～7 厘米，花多数，其中有些花不发育，总花梗长 10～50 毫米；雄花花被管状，长 1.0～1.5 毫米，上部 2 裂，被微柔毛，雄蕊 1 枚，花丝在蕾中直立，花药椭圆形，无退化雌蕊；雌花花被管状，顶部齿裂，基部陷于肉质球形花序轴内，子房 1 室。聚花果椭圆形至球形，或不规则形状，长 30～100 厘米，直径 25～50 厘米，幼时浅黄色，成熟时黄褐色，表面有坚硬六角形瘤状凸体和粗毛；核果长椭圆形，长约 3 厘米，直径 1.5～2.0 厘米。花期 2—3 月[1, 2, 7]。

菠萝蜜果肉富含纤维、矿物质和多种维生素（维生素 A、维生素 B_1 等），与橙子、香蕉、芒果、菠萝和木瓜等其他热带水果相比，菠萝蜜果肉具有更多的蛋白质、钙、铁和维生素 B_1[3]。嫩果可作蔬菜，成熟果除鲜食外可制备薯片、果干等产品。菠萝蜜全身是宝，除可食用的果肉，种子也可煮熟或烤熟后食用，也可以加到面粉中烘焙，或者做成菜。树叶和果实废料可作为牛、猪和山羊的饲料。菠萝蜜木屑可以生产染料，常用于给佛教僧侣的长袍染成橙色。此外，该植物的许多部分，包括树皮、根、叶和果实都有药用价值[4]。

菠萝蜜原产于印度西高止山，尼泊尔、印度（锡金）、不丹和马来西亚有引种栽培。隋唐时期引入中国，至今已有 1 000 多年的种植历史。现海南、广东、广西、云南、福建和四川等地均有种植，以海南种植最多[5]。中国菠萝蜜品种分为干包和湿包两大类。干包的果肉爽而脆，香甜，口感较好；湿包的果肉柔软多汁而甜滑。因湿包品种不耐储运，因此除了海南、云南等原产地，国内消费者食用的大都是干包品种。但在干包的果实中因肉质的水分含量不同，可以再分为干脆和湿脆两种类型。干脆型果包肉干爽硬脆；湿脆型（半干湿包）则肉质爽脆而湿润，甚至果包内有液滴，清香甜美，口感最好。目前推广较多的品种为马来西亚 1 号（琼引 1 号），从四季菠萝蜜和常有菠萝蜜中选育而成。此外，秋红、香蜜 17 号、泰八等也是优质单株或优质品种[6]。

菠萝蜜叶绿体基因组情况见图 50、表 37～表 40。

参考文献

［1］中国科学院中国植物志编辑委员会.中国植物志：第二十三卷第一分册［M］.北京：科学出版社，1998：44.

［2］梁元冈.中国热带南亚热带果树［M］.北京：中国农业出版社，1998：241-245.

［3］张涛，潘永贵.菠萝蜜营养成分及药理作用研究进展［J］.广东农业科学，2013，40（4）：88-90+103.

［4］Gayatri, Kavya K, Shyamalamma S. Characterization of Selected Jackfruit Germplasm Accessions for Fruit Shape Through Morphological and Marker Based Assay［J］. Indian Journal of Agricultural Research, 2020（54）：599-604.

［5］宋奇琦，朱鹏锦，何江，等.低温对不同菠萝蜜种质资源光合生理特性的影响［J］.农业研究与应用，2021，34（6）：7-13.

［6］叶春海，吴钿，丰锋，等.菠萝蜜种质资源调查及果实性状的相关分析［J］.热带作物学报，2006（1）：28-32.

［7］Liu J, Niu Y F, Ni S B, et al. The Complete Chloroplast Genome of *Artocarpus heterophyllus*（Moraceae）［J］. Mitochondrial DNA Part B, 2017, 3（1）: 13-14.

图 46　菠萝蜜　植株

图 47　菠萝蜜　叶片

图 48　菠萝蜜　花

图 49　菠萝蜜　果实

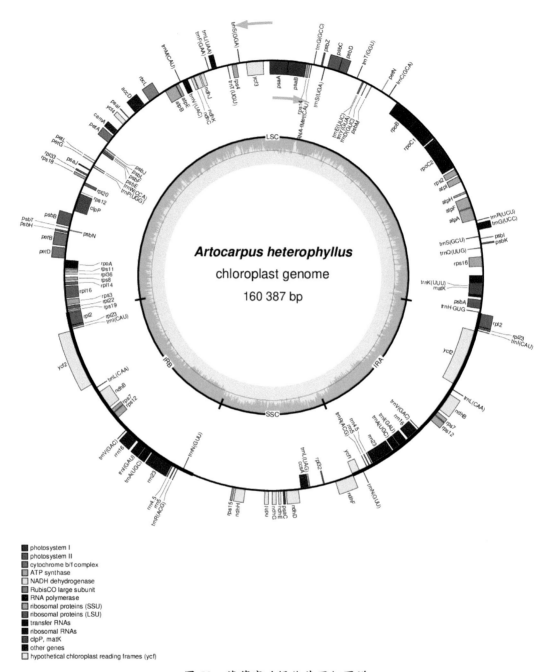

图 50　菠萝蜜叶绿体基因组图谱

表 37　菠萝蜜叶绿体基因组注释结果

编号	基因名称	链正负	起始位点	终止位点	大小（bp）	GC含量（%）	氨基酸数（个）	起始密码子	终止密码子	反密码子
			74 410	74 523						
1	rps12	–	102 437	102 462	372	42.47	123	ATG	TAA	
			102 999	103 230						
2	trnH–GUG	–	36	110	75	57.33				GUG
3	psbA	–	489	1 550	1 062	41.24	353	ATG	TAA	
4	trnK–UUU	–	1 839	1 873	72	55.56				UUU
			4 456	4 492						
5	matK	–	2 137	3 654	1 518	32.28	505	ATG	TGA	
6	rps16	–	5 554	5 772	261	37.16	86	ATG	TAA	
			6 708	6 749						
7	trnQ–UUG	–	7 740	7 809	70	60.00				UUG
8	psbK	+	8 162	8 347	186	34.41	61	ATG	TGA	
9	psbI	+	8 809	8 919	111	36.94	36	ATG	TAA	
10	trnS–GCU	–	9 102	9 189	88	51.14				GCU
11	trnG–UCC	+	9 905	9 927	71	52.11				UCC
			10 664	10 711						
12	trnR–UCU	+	10 996	11 067	72	43.06				UCU
13	atpA	–	11 204	12 727	1 524	39.76	507	ATG	TAA	
14	atpF	–	12 787	13 197	570	36.49	189	ATG	TAG	
			13 915	14 073						
15	atpH	–	14 521	14 766	246	45.53	81	ATG	TAA	
16	atpI	–	16 010	16 753	744	37.77	247	ATG	TGA	
17	rps2	–	16 977	17 687	711	37.55	236	ATG	TGA	
18	rpoC2	–	17 924	22 093	4 170	36.69	1 389	ATG	TAA	
19	rpoC1	–	22 259	23 890	2 067	37.93	688	ATG	TAA	
			24 680	25 114						
20	rpoB	–	25 141	28 353	3 213	38.78	1 070	ATG	TAA	
21	trnC–GCA	+	29 556	29 636	81	55.56				GCA
22	petN	+	30 627	30 716	90	41.11	29	ATG	TAG	
23	psbM	–	31 972	32 076	105	28.57	34	ATG	TAA	
24	trnD–GUC	–	32 603	32 676	74	62.16				GUC
25	trnY–GUA	–	33 071	33 154	84	55.95				GUA
26	trnE–UUC	–	33 213	33 285	73	60.27				UUC
27	trnT–GGU	+	34 005	34 076	72	48.61				GGU
28	psbD	+	35 423	36 484	1 062	42.00	353	ATG	TAA	
29	psbC	+	36 402	37 853	1 452	44.15	483	GTG	TAA	
30	trnS–UGA	–	38 104	38 196	93	49.46				UGA

编号	基因名称	链正负	起始位点	终止位点	大小（bp）	GC含量（%）	氨基酸数（个）	起始密码子	终止密码子	反密码子
31	psbZ	+	38 474	38 662	189	33.86	62	ATG	TGA	
32	trnG–GCC	+	39 491	39 561	71	47.89				GCC
33	tRNA–fMe	–	39 739	39 812	74	58.11				CAU
34	rps14	–	39 976	40 278	303	41.25	100	ATG	TAA	
35	psaB	–	40 409	42 613	2 205	40.77	734	ATG	TAA	
36	psaA	–	42 639	44 891	2 253	42.52	750	ATG	TAA	
37	ycf3	–	45 665	45 817	507	39.05	168	ATG	TAA	
			46 577	46 804						
			47 651	47 776						
38	trnS–GGA	+	48 495	48 581	87	51.72				GGA
39	rps4	–	48 921	49 526	606	36.63	201	ATG	TAA	
40	trnT–UGU	–	50 003	50 075	73	53.42				UGU
41	trnL–UAA	+	51 378	51 412	85	47.06				UAA
			51 934	51 983						
42	trnF–GAA	+	52 356	52 428	73	52.05				GAA
43	ndhJ	–	53 103	53 579	477	38.57	158	ATG	TGA	
44	ndhK	–	53 713	54 405	693	39.39	230	ATT	TAG	
45	ndhC	–	54 446	54 808	363	33.88	120	ATG	TAG	
46	trnV–UAC	–	55 236	55 270	74	51.35				UAC
			55 888	55 926						
47	trnM–CAU	+	56 101	56 173	73	39.73				CAU
48	atpE	–	56 439	56 840	402	41.04	133	ATG	TAA	
49	atpB	–	56 837	58 333	1 497	41.88	498	ATG	TGA	
50	rbcL	+	59 129	60 577	1 449	42.17	482	ATG	TAA	
51	accD	+	61 345	62 829	1 485	35.22	494	ATG	TAG	
52	psaI	+	63 778	63 891	114	33.33	37	ATG	TAG	
53	ycf4	+	64 315	64 869	555	38.74	184	ATG	TGA	
54	cemA	+	65 821	66 516	696	31.75	231	ATG	TGA	
55	petA	+	66 726	67 688	963	41.02	320	ATG	TAG	
56	psbJ	–	68 361	68 483	123	38.21	40	ATG	TAG	
57	psbL	–	68 621	68 737	117	32.48	38	ACG	TAA	
58	psbF	–	68 760	68 879	120	40.00	39	ATG	TAA	
59	psbE	–	68 889	69 140	252	40.87	83	ATG	TAG	
60	petL	+	70 369	70 464	96	35.42	31	ATG	TGA	
61	petG	+	70 636	70 749	114	33.33	37	ATG	TGA	
62	trnW–CCA	–	70 887	70 960	74	48.65				CCA
63	trnP–UGG	–	71 108	71 181	74	50.00				UGG

编号	基因名称	链正负	起始位点	终止位点	大小（bp）	GC含量（%）	氨基酸数（个）	起始密码子	终止密码子	反密码子
64	psaJ	+	71 599	71 739	141	36.88	46	ATG	TGA	
65	rpl33	+	72 234	72 434	201	40.30	66	ATG	TAG	
66	rps18	+	72 621	72 926	306	33.66	101	ATG	TAG	
67	rpl20	−	73 225	73 578	354	34.46	117	ATG	TAA	
			74 410	74 523						
68	rps12	−	146 233	146 464	372	42.47	123	ATG	TAA	
			147 001	147 026						
			74 677	74 904						
69	clpP	−	75 599	75 892	591	41.46	196	ATG	TAA	
			76 778	76 846						
70	psbB	+	77 286	78 812	1 527	43.88	508	ATG	TGA	
71	psbT	+	78 996	79 103	108	33.33	35	ATG	TGA	
72	psbN	−	79 172	79 303	132	43.18	43	ATG	TAG	
73	psbH	+	79 408	79 629	222	38.29	73	ATG	TAG	
74	petB	+	79 751	79 756	648	39.35	215	ATG	TAG	
			80 555	81 196						
75	petD	+	81 402	81 410	483	37.27	160	ATG	TAA	
			82 156	82 629						
76	rpoA	−	82 821	83 792	972	34.67	323	ATG	TAA	
77	rps11	−	83 858	84 274	417	43.65	138	ATG	TAA	
78	rpl36	−	84 429	84 542	114	38.60	37	ATG	TAA	
79	rps8	−	84 830	85 240	411	34.31	136	ATG	TAA	
80	rpl14	−	85 417	85 785	369	37.94	122	ATG	TAA	
81	rpl16	−	85 927	86 324	408	42.16	135	ATG	TAG	
			87 363	87 372						
82	rps3	−	87 528	88 175	648	34.1	215	ATG	TAA	
83	rpl22	−	88 317	88 694	378	37.04	125	ATG	TAA	
84	rps19	−	88 797	89 075	279	34.77	92	GTG	TAA	
85	rpl2	−	89 143	89 577	825	44.36	274	ATG	TAG	
			90 263	90 652						
86	rpl23	−	90 671	90 952	282	36.52	93	ATG	TAA	
87	trnI–CAU	−	91 114	91 187	74	45.95				CAU
88	ycf2	+	91 282	98 127	6 846	37.45	2 281	ATG	TAA	
89	trnL–CAA	−	98 716	98 796	81	51.85				CAA
90	ndhB	−	99 377	100 132	1 533	37.51	510	ATG	TAG	
			100 818	101 594						
91	rps7	−	101 916	102 383	468	40.81	155	ATG	TAA	

续表

编号	基因名称	链正负	起始位点	终止位点	大小（bp）	GC含量（%）	氨基酸数（个）	起始密码子	终止密码子	反密码子
92	hypotheticalchloroplast RF15	-	104 048	104 239	192	46.35	63	ATG	TAA	
93	trnV–GAC	+	104 933	105 004	72	48.61				GAC
94	rrn16	+	105 232	106 723	1 492	56.43				
95	trnI–GAU	+	107 020 108 001	107 056 108 035	72	59.72				GAU
96	trnA–UGC	+	108 100 108 940	108 137 108 974	73	56.16				UGC
97	rrn23	+	109 134	111 943	2 810	54.91				
98	rrn4.5	+	112 042	112 144	103	50.49				
99	rrn5	+	112 406	112 526	121	52.07				
100	trnR–ACG	+	112 765	112 838	74	62.16				ACG
101	trnN–GUU	-	113 406	113 477	72	54.17				GUU
102	rps15	+	119 856	120 128	273	33.33	90	ATG	TAA	
103	ndhH	+	120 260	121 441	1 182	38.07	393	ATG	TAA	
104	ndhI	+	123 788	124 291	504	35.71	167	ATG	TAA	
105	ndhG	+	124 675	125 205	531	33.52	176	ATG	TAA	
106	ndhE	+	125 451	125 756	306	33.66	101	ATG	TAG	
107	psaC	+	126 025	126 270	246	41.06	81	ATG	TGA	
108	ndhD	+	126 411	127 907	1 497	34.94	498	ACG	TAG	
109	ccsA	-	128 196	129 167	972	32.30	323	ATG	TGA	
110	trnL–UAG	-	129 269	129 348	80	57.50				UAG
111	rpl32	-	130 952	131 125	174	29.89	57	ATG	TAA	
112	ndhF	+	132 442	134 721	2 280	30.35	759	ATG	TGA	
113	ycf1	-	134 676	135 662	987	34.95	328	ATG	TAA	
114	trnN–GUU	+	135 986	136 057	72	54.17				GUU
115	trnR–ACG	-	136 625	136 698	74	62.16				ACG
116	rrn5	-	136 937	137 057	121	52.07				
117	rrn4.5	-	137 319	137 421	103	50.49				
118	rrn23	-	137 520	140 329	2 810	54.91				
119	trnA–UGC	-	140 489 141 326	140 523 141 363	73	56.16				UGC
120	trnI–GAU	-	141 428 142 407	141 462 142 443	72	59.72				GAU
121	rrn16	-	142 740	144 231	1 492	56.43				
122	trnV–GAC	-	144 459	144 530	72	48.61				GAC
123	hypotheticalchloroplast RF15	+	145 224	145 415	192	46.35	63	ATG	TAA	

编号	基因名称	链正负	起始位点	终止位点	大小（bp）	GC含量（%）	氨基酸数（个）	起始密码子	终止密码子	反密码子
124	rps7	+	147 080	147 547	468	40.81	155	ATG	TAA	
125	ndhB	+	147 869	148 645	1 533	37.51	510	ATG	TAG	
			149 331	150 086						
126	trnL–CAA	+	150 667	150 747	81	51.85				CAA
127	ycf2	–	151 336	158 181	6 846	37.45	2 281	ATG	TAA	
128	trnI–CAU	+	158 276	158 349	74	45.95				CAU
129	rpl23	+	158 511	158 792	282	36.52	93	ATG	TAA	
130	rpl2	+	158 811	159 200	825	44.36	274	ATG	TAG	
			159 886	160 320						

表 38　菠萝蜜叶绿体基因组碱基组成

项目	A	T	G	C	N
合计（个）	50,450	52,111	28,608	29,218	0
占比（%）	31.46	32.49	17.83	18.22	0.00

注：N代表未知碱基。

表 39　菠萝蜜叶绿体基因组概况

项目	长度（bp）	位置	含量（%）
合计	160 387		36.10
大单拷贝区（LSC）	89 075	25 659～114 733	33.70
反向重复（IRa）	25 658	114 734～140 391	42.83
小单拷贝区（SSC）	19 996	140 392～160 387	29.16
反向重复（IRb）	25 658	1～25 658	42.83

表 40　菠萝蜜叶绿体基因组基因数量

项目	基因数（个）
合计	130
蛋白质编码基因	85
tRNA	37
rRNA	8

11. 羊奶果 *Elaeagnus conferta*

羊奶果（*Elaeagnus conferta*，图51～图54）为胡颓子科（Elaeagnaceae）胡颓子属植物。别名密花胡颓子、南胡颓子、大果胡颓子、藤胡颓子、牛虱子果、羊山咪树、羊奶头。常绿援缘灌木，无刺；幼枝略扁，银白色或灰黄色，密被鳞片，老枝灰黑色。叶纸质，椭圆形或阔椭圆形，长6～16厘米，宽3～6厘米，顶端钝尖或骤渐尖，尖头三角形，基部圆形或楔形，全缘，上面幼时被银白色鳞片，成熟后脱落，干燥后深绿色，下面密被银白色和散生淡褐色鳞片，侧脉5～7对，弧形向上弯曲，两面均明显，细脉不甚明显；叶柄淡黄色，长8～10毫米。花银白色，外面密被鳞片或鳞毛，多花簇生叶腋短小枝上成伞形短总状花序；花枝极短，长1～3毫米，花序比叶柄短；每花基部具一小苞片，苞片线形，黄色，比花梗长，长2～3毫米；花梗极短，长约1毫米；萼筒短小，坛状钟形，长3～4毫米，在裂片下面急收缩，子房上先膨大后明显骤收缩，裂片卵形，开展，长2.5～3.0毫米，顶端钝尖，内面散生白色星状柔毛，包围子房的萼管细小，卵形，长约1毫米；雄蕊的花丝与花药等长或稍长，花药细小，矩圆形，长约1毫米，花柱直立，疏生白色星状柔毛，稍超过雄蕊，达裂片中部，向上渐细小，柱头顶端弯曲。果实大，长椭圆形或矩圆形，长达20～40毫米，直立，成熟时红色；果梗粗短。花期10—11月，果期翌年2—3月[1, 8]。

羊奶果营养丰富，富含人体必需的8种氨基酸和营养元素，果实内锌、锰、铜、铁等微量元素较为丰富，维生素、糖和其他有机物等含量较高。既可鲜食亦可加工成果脯、果干、罐头等膳食材料[2, 3]。羊奶果的根、叶、果、皮均可供药用，因含生物碱、挥发油、脂肪酸、黄酮、萜类、甾体、芳香族、酚类、有机酸类等成分，可用于祛风除湿、行瘀止血、降血糖、降血脂、抗氧化等，并对糖尿病具有保健功能，具有抗炎、镇痛、收敛、止泻、镇咳、解毒、止咳、平喘的效果，长期食用能够提高人体免疫力[4]。

羊奶果原产于中国温带和亚热带地区，约45种，分布于亚洲、东欧和北美，中国有40种，主要分布于长江流域诸省，多为野生状态，偶有庭院栽培[5]。2008年，德宏州经济作物技术推广站成功筛选出1个纯甜羊奶果品系，该品系果实纯甜，口感极佳，是优质的鲜食品系。野生羊奶果抗逆力极强，根系发达，耐旱、耐寒、耐土壤贫瘠、抗病虫害，营养生长和生殖生长特别旺盛，管理粗放也有较好的收成。每个结果小枝除顶端的几个叶片外，其他叶腋都能孕育出数朵花，坐果率甚高，有的1个叶腋会簇生3～5个果实。有的种植嫁接苗当年即可结果，实生苗可在种植后2～3年结果，盛果期一般株产100千克，高的可达150千克[6, 7]。

羊奶果叶绿体基因组情况见图55、表41～表44。

参考文献

［1］中国科学院中国植物志编辑委员会 . 中国植物志：第五十二卷第二分册［M］. 北京：科学出版社，1983：15.

［2］张丽康，刘忠颖 . 羊奶果的经济价值及培育措施［J］. 种子科技，2021，39（20）：55–56.

［3］李振华，陈燕玉 . 羊奶果果实加工技术［J］. 亚热带植物科学，1993，22（2）：17–19.

［4］Gill N S, Gupta M. Elaeagnus Conferta：A Comprehensive Review［J］. Research Journal of Pharmacy and Technology, 2018, 11（6）：2667–2671.

［5］刘俊华，程双红，米方佃 . 野生羊奶果的栽培管理及应用［J］. 中国园艺文摘，2012，28（10）：103–104.

［6］余海星 . 德宏州特色水果羊奶果发展前景［J］. 云南农业科技，2009（S2）：195–197.

［7］番汝昌，余海星，朗关富，等 . 德甜羊奶果选育［J］. 热带农业科学，2011，31（5）：20–23.

［8］Liu J, Gong L D, Qi L, et al. The Complete Chloroplast Genome of *Elaeagnus conferta* Roxb.（Elaeagnaceae）［J］. Mitochondrial DNA Part B, 2019, 4（1）：2035–2036.

图 51　羊奶果　植株　　　　　　图 52　羊奶果　叶片

图 53　羊奶果　花　　　　　　图 54　羊奶果　果实

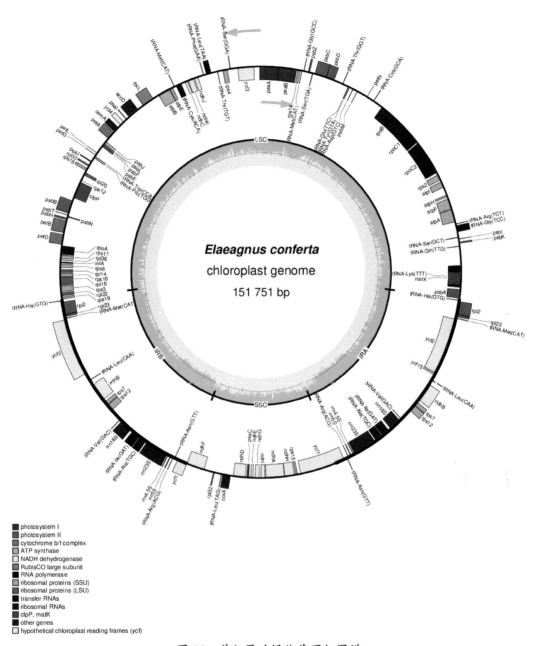

图 55　羊奶果叶绿体基因组图谱

表 41　羊奶果叶绿体基因组注释结果

编号	基因名称	链正负	起始位点	终止位点	大小（bp）	GC含量（%）	氨基酸数（个）	起始密码子	终止密码子	反密码子
			67 814	67 927						
1	rps12	–	96 035	96 060	372	42.20	123	ATG	TAA	
			96 601	96 832						
2	psbA	–	73	1 134	1 062	41.71	353	ATG	TAA	
3	tRNA–Lys	–	1 390	1 424	72	55.56				TTT
			3 917	3 953						
4	matK	–	1 699	3 222	1 524	31.63	507	ATG	TGA	
5	tRNA–Gln	–	6 177	6 248	72	59.72				TTG
6	psbK	+	6 550	6 735	186	33.87	61	ATG	TAA	
7	psbI	+	7 027	7 137	111	36.04	36	ATG	TAA	
8	tRNA–Ser	–	7 217	7 304	88	52.27				GCT
9	tRNA–Gly	+	7 917	7 937	71	54.93				TCC
			8 630	8 679						
10	tRNA–Arg	+	8 843	8 914	72	43.06				TCT
11	atpA	–	9 141	10 664	1 524	40.09	507	ATG	TAA	
12	atpF	–	10 728	11 137	555	37.30	184	ATG	TAG	
			11 861	12 005						
13	atpH	–	12 236	12 481	246	45.53	81	ATG	TAA	
14	atpI	–	13 435	14 178	744	38.04	247	ATG	TGA	
15	rps2	–	14 381	15 091	711	38.68	236	ATG	TGA	
16	rpoC2	–	15 357	19 508	4 152	37.09	1 383	ATG	TAA	
17	rpoC1	–	19 657	21 250	2 028	39.15	675	ATG	TAG	
			21 965	22 398						
18	rpoB	–	22 425	25 637	3 213	38.53	1 070	ATG	TAA	
19	tRNA–Cys	+	26 831	26 902	72	65.28				GCA
20	petN	+	27 756	27 845	90	40.00	29	ATG	TAG	
21	psbM	–	29 030	29 134	105	30.48	34	ATG	TAA	
22	tRNA–Asp	–	29 621	29 694	74	62.16				GTC
23	tRNA–Tyr	–	30 094	30 177	84	54.76				GTA
24	tRNA–Glu	–	30 237	30 309	73	60.27				TTC
25	tRNA–Thr	+	30 997	31 068	72	48.61				GGT
26	psbD	+	32 175	33 236	1 062	42.66	353	ATG	TAA	
27	psbC	+	33 184	34 599	1 416	44.28	471	ATG	TGA	
28	tRNA–Ser	–	34 834	34 920	87	51.72				TGA
29	psbZ	+	35 256	35 444	189	39.68	62	ATG	TGA	
30	tRNA–Gly	+	35 913	35 983	71	49.30				GCC
31	tRNA–Met	–	36 166	36 239	74	58.11				CAT

续表

编号	基因名称	链正负	起始位点	终止位点	大小（bp）	GC含量（%）	氨基酸数（个）	起始密码子	终止密码子	反密码子
32	rps14	-	36 387	36 689	303	41.91	100	ATG	TAA	
33	psaB	-	36 816	39 020	2 205	40.32	734	ATG	TAA	
34	psaA	-	39 046	41 298	2 253	42.61	750	ATG	TAA	
35	ycf3	-	41 945	42 095						
			42 800	43 031	507	39.05	168	ATG	TAA	
			43 805	43 928						
36	tRNA-Ser	+	44 792	44 878	87	52.87				GGA
37	rps4	-	45 167	45 772	606	37.95	201	ATG	TAA	
38	tRNA-Thr	-	46 372	46 444	73	53.42				TGT
39	tRNA-Leu	+	47 192	47 226	85	48.24				TAA
			47 750	47 799						
40	tRNA-Phe	+	48 094	48 166	73	50.68				GAA
41	ndhJ	-	48 836	49 312	477	39.20	158	ATG	TGA	
42	ndhK	-	49 428	50 108	681	38.18	226	ATG	TAG	
43	ndhC	-	50 159	50 521	363	34.16	120	ATG	TAG	
44	tRNA-Cys	-	51 024	51 060	76	51.32				ACA
			51 650	51 688						
45	tRNA-Met	+	51 865	51 937	73	41.10				CAT
46	atpE	-	52 143	52 544	402	42.04	133	ATG	TAA	
47	atpB	-	52 541	54 037	1 497	41.75	498	ATG	TGA	
48	rbcL	+	54 813	56 240	1 428	43.49	475	ATG	TGA	
49	accD	+	57 015	58 418	1 404	35.04	467	ATG	TAA	
50	psaI	+	58 768	58 881	114	34.21	37	ATG	TAG	
51	ycf4	+	59 266	59 823	558	38.35	185	ATG	TGA	
52	cemA	+	60 208	60 903	696	33.05	231	ATG	TGA	
53	petA	+	61 002	61 964	963	38.94	320	ATG	TAG	
54	psbJ	-	62 374	62 496	123	37.40	40	ATG	TAG	
55	psbL	-	62 631	62 747	117	33.33	38	ATG	TAA	
56	psbF	-	62 770	62 889	120	40.83	39	ATG	TAA	
57	psbE	-	62 899	63 150	252	40.08	83	ATG	TAG	
58	petL	+	64 083	64 178	96	35.42	31	ATG	TGA	
59	petG	+	64 362	64 475	114	32.46	37	ATG	TGA	
60	tRNA-Trp	-	64 572	64 645	74	55.41				CCA
61	tRNA-Pro	-	64 757	64 830	74	48.65				TGG
62	psaJ	+	65 307	65 435	129	40.31	42	ATG	TAG	
63	rpl33	+	65 828	66 019	192	39.06	63	ATG	TAG	
64	rps18	+	66 290	66 595	306	34.31	101	ATG	TAG	

编号	基因名称	链正负	起始位点	终止位点	大小（bp）	GC含量（%）	氨基酸数（个）	起始密码子	终止密码子	反密码子
65	rpl20	−	66 807	67 160	354	34.75	117	ATG	TAA	
			67 814	67 927						
66	rps12	−	137 173	137 404	372	42.20	123	ATG	TAA	
			137 945	137 970						
			68 089	68 316						
67	clpP	−	68 913	69 201	588	41.50	195	ATG	TAA	
			70 028	70 098						
68	psbB	+	70 488	72 014	1 527	43.22	508	ATG	TAA	
69	psbT	+	72 194	72 295	102	35.29	33	ATG	TGA	
70	psbN	−	72 368	72 499	132	42.42	43	ATG	TAG	
71	psbH	+	72 600	72 821	222	39.64	73	ATG	TAG	
72	petB	+	72 950	72 955	648	38.89	215	ATG	TAA	
			73 744	74 385						
73	petD	+	74 599	74 606	483	39.34	160	ATG	TAA	
			75 295	75 769						
74	rpoA	−	75 926	76 924	999	34.53	332	ATG	TAA	
75	rps11	−	76 997	77 413	417	44.12	138	ATG	TAA	
76	rpl36	−	77 536	77 649	114	36.84	37	ATG	TAA	
77	infA	−	77 807	77 971	165	30.91	54	ATG	TGA	
78	rps8	−	78 099	78 503	405	34.57	134	ATG	TAA	
79	rpl14	−	78 700	79 068	369	38.48	122	ATG	TAA	
80	rpl16	−	79 183	79 581	408	40.93	135	ATG	TAG	
			80 565	80 573						
81	rps16	−	79 183	79 593	411	40.63	136	ATC	TAG	
82	rps3	−	80 657	81 310	654	34.25	217	ATG	TAG	
83	rpl22	−	81 429	81 833	405	36.05	134	ATG	TAG	
84	rps19	−	81 952	82 230	279	36.20	92	GTG	TAA	
85	tRNA-His	+	82 380	82 453	74	56.76				GTG
86	rpl2	−	82 561	82 995	825	43.52	274	ATG	TAG	
			83 648	84 037						
87	rpl23	−	84 056	84 337	282	37.94	93	ATG	TAA	
88	tRNA-Met	−	84 495	84 568	74	45.95				CAT
89	ycf2	+	84 657	91 487	6 831	37.75	2 276	ATG	TAA	
90	tRNA-Leu	−	92 371	92 451	81	51.85				CAA
91	ndhB	−	92 998	93 755	1 533	37.12	510	ATG	TAG	
			94 432	95 206						
92	rps7	−	95 514	95 981	468	40.38	155	ATG	TAA	

编号	基因名称	链正负	起始位点	终止位点	大小（bp）	GC含量（%）	氨基酸数（个）	起始密码子	终止密码子	反密码子
93	tRNA-Val	+	98 259	98 330	72	48.61				GAC
94	rrn16S	+	98 557	100 047	1 491	56.20				
95	tRNA-Ile	+	100 348 / 101 344	100 389 / 101 378	77	59.74				GAT
96	tRNA-Ala	+	101 444 / 102 283	101 480 / 102 318	73	56.16				TGC
97	rrn23S	+	102 477	105 285	2 809	55.04				
98	rrn4.5S	+	105 383	105 485	103	50.49				
99	rrn5S	+	105 710	105 830	121	52.07				
100	tRNA-Arg	+	106 075	106 148	74	62.16				ACG
101	tRNA-Asn	−	106 274	106 345	72	54.17				GTT
102	ycf1	+	106 682	107 908	1 227	34.39	408	ATG	TAA	
103	ndhF	−	107 886	110 093	2 208	31.52	735	ATG	TGA	
104	rpl32	+	111 243	111 398	156	33.33	51	ATG	TAA	
105	tRNA-Leu	+	112 207	112 286	80	57.50				TAG
106	ccsA	+	112 395	113 360	966	32.09	321	ATG	TGA	
107	ndhD	−	113 675	115 177	1 503	34.13	500	ACG	TAG	
108	psaC	−	115 325	115 570	246	41.46	81	ATG	TGA	
109	ndhE	−	115 777	116 082	306	33.01	101	ATG	TAG	
110	ndhG	−	116 311	116 841	531	32.96	176	ATG	TAA	
111	ndhI	−	117 032	117 532	501	35.13	166	ATG	TAA	
112	ndhA	−	117 603 / 119 331	118 141 / 119 883	1 092	34.62	363	ATG	TAA	
113	ndhH	−	119 885	121 066	1 182	37.73	393	ATG	TAA	
114	rps15	−	121 173	121 445	273	35.16	90	ATG	TAA	
115	ycf1	−	121 804	127 323	5 520	29.06	1 839	ATG	TAA	
116	tRNA-Asn	+	127 660	127 731	72	54.17				GTT
117	tRNA-Arg	−	127 857	127 930	74	62.16				ACG
118	rrn5S	−	128 175	128 295	121	52.07				
119	rrn4.5S	−	128 520	128 622	103	50.49				
120	rrn23S	−	128 720	131 528	2 809	55.04				
121	tRNA-Ala	−	131 687 / 132 525	131 722 / 132 561	73	56.16				TGC
122	tRNA-Ile	−	132 627 / 133 616	132 661 / 133 657	77	59.74				GAT
123	rrn16S	−	133 958	135 448	1 491	56.20				
124	tRNA-Val	−	135 675	135 746	72	48.61				GAC

编号	基因名称	链正负	起始位点	终止位点	大小（bp）	GC含量（%）	氨基酸数（个）	起始密码子	终止密码子	反密码子
125	rps7	+	138 024	138 491	468	40.38	155	ATG	TAA	
126	ndhB	+	138 799	139 573	1 533	37.12	510	ATG	TAG	
			140 250	141 007						
127	tRNA-Leu	+	141 554	141 634	81	51.85				CAA
128	ycf15	−	142 233	142 421	189	33.86	62	GTG	TAA	
129	ycf2	−	142 518	149 348	6 831	37.75	2 276	ATG	TAA	
130	tRNA-Met	+	149 437	149 510	74	45.95				CAT
131	rpl23	+	149 668	149 949	282	37.94	93	ATG	TAA	
132	rpl2	+	149 968	150 357	825	43.52	274	ATG	TAG	
			151 010	151 444						
133	tRNA-His	−	151 552	151 625	74	56.76				GTG

表 42　羊奶果叶绿体基因组碱基组成

项目	A	T	G	C	N
合计（个）	47 044	48 425	27 669	28 613	0
占比（%）	31.00	31.91	18.23	18.86	0.00

注：N 代表未知碱基。

表 43　羊奶果叶绿体基因组概况

项目	长度（bp）	位置	含量（%）
合计	151 751		37.10
大单拷贝区（LSC）	82 653	1～82 653	35.04
反向重复（IRa）	25 444	82 654～108 097	42.77
小单拷贝区（SSC）	18 210	108 098～126 307	30.53
反向重复（IRb）	25 444	126 308～151 751	42.77

表 44　羊奶果叶绿体基因组基因数量

项目	基因数（个）
合计	133
蛋白质编码基因	87
tRNA	38
rRNA	8

12. 龙眼 *Dimocarpus longan*

龙眼（*Dimocarpus longan* Lour.，图 56 ～图 59）为无患子科（Sapindaceae）龙眼属植物。别名桂圆、三尺农味、龙目、比目、荔枝奴、益智、亚荔枝、圆眼、川弹子、骊珠、燕卵、蜜脾、鲛泪、木弹、绣木团等。常绿乔木，高通常 10 余米，间有高达 40 米、胸径达 1 米、具板根的大乔木；小枝粗壮，被微柔毛，散生苍白色皮孔。叶连柄长 15 ～ 30 厘米或更长；小叶 4 ～ 5 对，很少 3 对或 6 对，薄革质，长圆状椭圆形至长圆状披针形，两侧常不对称，长 6 ～ 15 厘米，宽 2.5 ～ 5.0 厘米，顶端短尖，有时稍钝头，基部极不对称，上侧阔楔形至截平，几与叶轴平行，下侧窄楔尖，腹面深绿色，有光泽，背面粉绿色，两面无毛；侧脉 12 ～ 15 对，仅在背面凸起；小叶柄长通常不超过 5 毫米。花序大型，多分枝，顶生和近枝顶腋生，密被星状毛；花梗短；萼片近革质，三角状卵形，长约 2.5 毫米，两面均被褐黄色绒毛和成束的星状毛；花瓣乳白色，披针形，与萼片近等长，仅外面被微柔毛；花丝被短硬毛。果近球形，直径 1.2 ～ 2.5 厘米，通常黄褐色或有时灰黄色，外面稍粗糙，或少有微凸的小瘤体；种子茶褐色，光亮，全部被肉质的假种皮包裹。花期春夏间，果期夏季[1, 8]。

龙眼果肉富含糖、蛋白质、微生素及磷、钙、铁等微量元素，鲜食甜嫩爽口，亦可加工成果脯、干果、罐头、酒等[2]。龙眼有重要的现代药用价值，有研究人员从龙眼果肉中分离到几种结构活性多糖，如 (1 → 6)-α-D-Glcp、(1 → 3,4)-α-Rhap 等组成的多糖，这些多糖有促进脾淋巴细胞增殖，巨噬细胞 NO、IL-1β 和 IL-6 分泌，抑制 LPS 诱导的巨噬细胞 TNF-α、IL-6、NO 和 PGE2 分泌和免疫活性调节的作用[3-5]。

经柯冠武等研究论证了中国龙眼品种从原始类型向进化类型的演变，认为海南为龙眼的原产地，龙眼栽培起源于中国的南部和西南部，指出中国云南为龙眼起源的初生中心，广东、广西和海南为龙眼起源的次生中心[6]。中国龙眼种质资源丰富，种类多、分布广，主要分布在福建、广西、广东、云南、四川、贵州和台湾等地。2016 年，中国龙眼栽培面积达 37.6 万公顷，占世界的 54.8%，产量 191.4 万吨，占世界的 54.7%；其面积是 1978 年的 17.9 倍，产量是 20 世纪 70 年代大年的 16.4 倍、小年的 29.9 倍。福州龙眼种质资源圃保存龙眼种质 2 个种 364 份，分别来源于中国 9 个省（区、市）及泰国、印度尼西亚、越南等 4 个国家[7]。

龙眼叶绿体基因组情况见图 60、表 45 ～表 47。

参考文献

[1] 中国科学院中国植物志编辑委员会. 中国植物志：第四十七卷第一分册［M］. 北京：科学出版社，1985：28.

[2] 蔡长河，唐小浪，张爱玉，等. 龙眼肉的食疗价值及其开发利用前景［J］. 食品科

学，2002，23（8）：328-330.

[3] Gan T S, Feng C, Lan H B, et al. Comparison of the Structure and Immunomodulatory Activity of Polysaccharides from Fresh and Dried Longan [J]. Journal of Functional Foods，2021（76）：104323.

[4] Rong Y, Yang R L, Yang Y Z, et al. Structural Characterization of an Active Polysaccharide of Longan and Evaluation of Immunological Activity [J]. Carbohydrate Polymers，2019，213: 247-256.

[5] Bai Y J, Jia X C, Huang F, et al. Structural Elucidation, Anti-inflammatory Activity and Intestinal Barrier Protection of Longan Pulp Polysaccharide LPIIa [J]. Carbohydrate Polymers，2020，246: 116532.

[6] 柯冠武，王长春，唐自法，龙眼栽培起源的胞粉学研究 [J]. 园艺学报，1994，21（4）：323-328.

[7] 郑少泉，曾黎辉，张积森，等. 新中国果树科学研究 70 年——龙眼 [J]. 果树学报，2019，36（10）：1414-1420.

[8] Wang K Y, Li L, Zhao M Z, et al. Characterization of the Complete Chloroplast Genome of Longan (*Dimocarpus longan* Lour.) Using Illumina Paired-end Sequencing [J]. Mitochondrial DNA Part B，2017，2（2）：904-906.

图 56　龙眼　植株

图 57　龙眼　叶片

图 58　龙眼　花

图 59　龙眼　果实

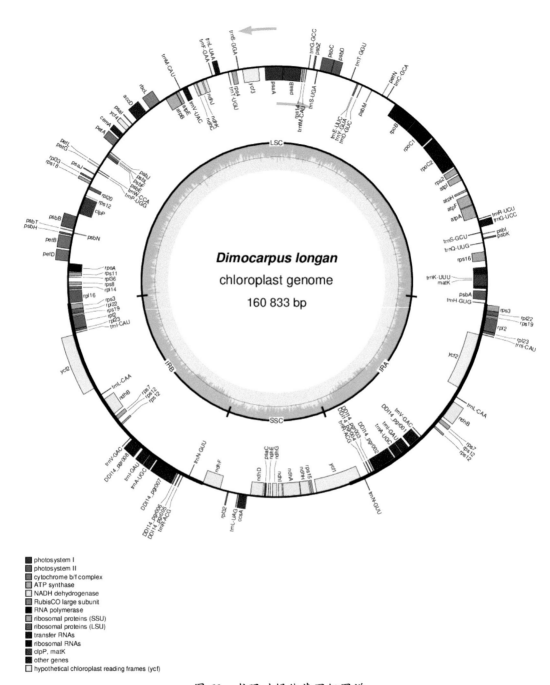

图 60　龙眼叶绿体基因组图谱

表 45   龙眼叶绿体基因组注释结果

编号	基因名称	链正负	起始位点	终止位点	大小（bp）	GC含量（%）	氨基酸数（个）	起始密码子	终止密码子	反密码子
1	rps12	–	72 483 101 052 101 619	72 596 101 077 101 850	372	44.35	123	ACT	TAT	
2	trnH–GUG	–	43	117	75	56.00				GUG
3	psbA	–	499	1 560	1 062	42.28	353	ATG	TAA	
4	trnK–UUU	–	1 823 4 369	1 857 4 405	72	55.56				UUU
5	matK	–	2 108	3 631	1 524	34.58	507	ATG	TAA	
6	rps16	–	5 164 6 230	5 390 6 269	267	37.08	88	ATG	TAA	
7	trnQ–UUG	–	7 295	7 366	72	59.72				UUG
8	psbK	+	7 720	7 905	186	33.33	61	ATG	TAA	
9	psbI	+	8 284	8 394	111	39.64	36	ATG	TAA	
10	trnS–GCU	–	8 539	8 626	88	50.00				GCU
11	trnG–UCC	+	9 195 9 948	9 217 9 996	72	54.17				UCC
12	trnR–UCU	+	10 173	10 244	72	43.06				UCU
13	atpA	–	10 494	12 017	1 524	40.94	507	ATG	TAA	
14	atpF	–	12 073 13 237	12 482 13 381	555	39.64	184	ATG	TAG	
15	atpH	–	13 797	14 042	246	47.15	81	ATG	TAA	
16	atpI	–	15 247	15 990	744	37.50	247	ATG	TGA	
17	rps2	–	16 211	16 921	711	38.40	236	ATG	TGA	
18	rpoC2	–	17 131	21 306	4 176	38.58	1 391	ATG	TAA	
19	rpoC1	–	21 484 23 812	23 094 24 243	2 043	38.67	680	ATG	TAA	
20	rpoB	–	24 270	27 482	3 213	39.78	1 070	ATG	TAA	
21	trnC–GCA	+	28 698	28 768	71	59.15				GCA
22	petN	+	29 366	29 455	90	43.33	29	ATG	TAG	
23	psbM	–	30 742	30 846	105	31.43	34	ATG	TAA	
24	trnD–GUC	–	32 045	32 118	74	62.16				GUC
25	trnY–GUA	–	32 569	32 652	84	54.76				GUA
26	trnE–UUC	–	32 712	32 784	73	60.27				UUC
27	trnT–GGU	+	33 574	33 645	72	48.61				GGU
28	psbD	+	35 144	36 205	1 062	42.56	353	ATG	TAA	
29	psbC	+	36 153	37 574	1 422	44.51	473	ATG	TGA	
30	trnS–UGA	–	37 806	37 898	93	50.54				UGA

编号	基因名称	链正负	起始位点	终止位点	大小（bp）	GC含量（%）	氨基酸数（个）	起始密码子	终止密码子	反密码子
31	psbZ	+	38 250	38 438	189	35.98	62	ATG	TGA	
32	trnG–GCC	+	38 925	38 995	71	50.70				GCC
33	trnfM–CA	–	39 139	39 212	74	56.76				CAU
34	rps14	–	39 375	39 677	303	40.92	100	ATG	TAA	
35	psaB	–	39 817	42 021	2 205	41.63	734	ATG	TAA	
36	psaA	–	42 047	44 299	2 253	43.36	750	ATG	TAA	
			45 045	45 197						
37	ycf3	–	45 943	46 172	507	40.43	168	ATG	TAA	
			46 903	47 026						
38	trnS–GGA	+	47 417	47 503	87	50.57				GGA
39	rps4	–	47 752	48 357	606	37.79	201	ATG	TAA	
40	trnT–UGU	–	48 713	48 785	73	53.42				UGU
41	trnL–UAA	+	49 730	49 764	85	48.24				UAA
			50 301	50 350						
42	trnF–GAA	+	50 712	50 784	73	53.42				GAA
43	ndhJ	–	51 586	52 062	477	40.67	158	ATG	TGA	
44	ndhK	–	52 180	52 869	690	38.99	229	ATG	TAG	
45	ndhC	–	52 929	53 291	363	35.54	120	ATG	TAG	
46	trnV–UAC	–	54 105	54 139	74	51.35				UAC
			54 741	54 779						
47	trnM–CAU	+	54 956	55 028	73	42.47				CAU
48	atpE	–	55 254	55 655	402	41.04	133	ATG	TAA	
49	atpB	–	55 652	57 148	1 497	43.89	498	ATG	TGA	
50	rbcL	+	57 950	59 377	1 428	44.61	475	ATG	TAA	
51	accD	+	59 971	61 455	1 485	34.68	494	ATG	TAG	
52	psaI	+	62 166	62 279	114	33.33	37	ATG	TAA	
53	ycf4	+	62 715	63 269	555	38.20	184	ATG	TGA	
54	cemA	+	63 819	64 517	699	33.62	232	ATG	TGA	
55	petA	+	64 737	65 699	963	40.08	320	ATG	TAG	
56	psbJ	–	66 451	66 573	123	39.02	40	ATG	TAA	
57	psbL	–	66 723	66 839	117	33.33	38	ATG	TAA	
58	psbF	–	66 862	66 981	120	40.83	39	ATG	TAA	
59	psbE	–	66 991	67 242	252	41.67	83	ATG	TAG	
60	petL	+	68 562	68 657	96	35.42	31	ATG	TGA	
61	petG	+	68 847	68 960	114	36.84	37	ATG	TGA	
62	trnW–CCA	–	69 096	69 169	74	50.00				CCA
63	trnP–UGG	–	69 359	69 432	74	48.65				UGG

编号	基因名称	链正负	起始位点	终止位点	大小（bp）	GC含量（%）	氨基酸数（个）	起始密码子	终止密码子	反密码子
64	psaJ	+	69 777	69 911	135	38.52	44	ATG	TAG	
65	rpl33	+	70 408	70 614	207	36.71	68	ATG	TAG	
66	rps18	+	70 814	71 149	336	33.04	111	ATG	TAA	
67	rpl20	−	71 359	71 745	387	37.21	128	ATG	TAA	
68	rps12	−	72 483	72 596	372	44.35	123	TTA	TAT	
			144 692	144 923						
			145 465	145 490						
69	clpP	−	72 748	72 975	591	42.64	196	ATG	TAA	
			73 631	73 922						
			74 797	74 867						
70	psbB	+	75 307	76 833	1 527	43.48	508	ATG	TGA	
71	psbT	+	77 026	77 133	108	37.04	35	ATG	TGA	
72	psbN	−	77 194	77 325	132	44.70	43	ATG	TAG	
73	psbH	+	77 430	77 651	222	41.89	73	ATG	TAG	
74	petB	+	77 794	77 799	648	40.43	215	ATG	TAA	
			78 598	79 239						
75	petD	+	79 448	79 455	483	39.13	160	ATG	TAA	
			80 222	80 696						
76	rpoA	−	80 938	81 921	984	36.18	327	ATG	TAG	
77	rps11	−	81 987	82 403	417	47.24	138	ATG	TAG	
78	rpl36	−	82 519	82 632	114	40.35	37	ATG	TAA	
79	rps8	−	83 123	83 527	405	37.04	134	ATG	TAA	
80	rpl14	−	83 679	84 047	369	40.11	122	ATG	TAA	
81	rpl16	−	84 171	84 569	408	42.40	135	ATG	TAG	
			85 633	85 641						
82	rps3	−	85 816	86 478	663	34.39	220	ATG	TAA	
83	rpl22	−	86 463	86 951	489	35.79	162	ATG	TAA	
84	rps19	−	86 997	87 275	279	35.48	92	GTG	TAA	
85	rpl2	−	87 345	87 778	825	44.00	274	ATG	TAA	
			88 442	88 832						
86	rpl23	−	88 851	89 132	282	37.94	93	ATG	TAA	
87	trnI−CAU	−	89 294	89 367	74	45.95				CAU
88	ycf2	+	89 456	96 310	6 855	37.87	2 284	ATG	TAA	
89	trnL−CAA	−	97 335	97 415	81	51.85				CAA
90	ndhB	−	98 012	98 758	1 524	37.60	507	ATG	TAG	
			99 431	100 207						
91	rps7	−	100 531	100 998	468	41.03	155	ATG	TAA	

编号	基因名称	链正负	起始位点	终止位点	大小（bp）	GC含量（%）	氨基酸数（个）	起始密码子	终止密码子	反密码子
92	trnV-GAC	+	103 641	103 712	72	48.61				GAC
93	16S	+	103 947	105 437	1 491	56.74				
94	trnI-GAU	+	105 732 / 106 725	105 768 / 106 759	72	58.33				GAU
95	trnA-UGC	+	106 824 / 107 701	106 861 / 107 735	73	56.16				UGC
96	23S	+	107 905	110 714	2 810	55.20				
97	4.5S	+	110 813	110 915	103	49.51				
98	5S	+	111 140	111 260	121	52.07				
99	trnR-ACG	+	111 510	111 583	74	62.16				ACG
100	trnN-GUU	−	112 212	112 283	72	54.17				GUU
101	ndhF	−	114 120	116 363	2 244	32.58	747	ATG	TGA	
102	rpl32	+	117 309	117 470	162	32.10	53	ATG	TAA	
103	trnL-UAG	+	118 596	118 675	80	57.50				UAG
104	ccsA	+	118 780	119 751	972	33.54	323	ATG	TAA	
105	ndhD	−	120 097	121 617	1 521	36.55	506	ATG	TAA	
106	psaC	−	121 749	121 994	246	40.65	81	ATG	TGA	
107	ndhE	−	122 227	122 532	306	33.66	101	ATG	TAA	
108	ndhG	−	122 764	123 300	537	35.38	178	ATG	TAA	
109	ndhI	−	123 515	124 018	504	37.10	167	ATG	TAA	
110	ndhA	−	124 106 / 125 727	124 644 / 126 279	1 092	34.98	363	ATG	TAA	
111	ndhH	−	126 281	127 462	1 182	38.83	393	ATG	TGA	
112	rps15	−	127 579	127 860	282	32.27	93	ATG	TAA	
113	ycf1	−	128 224	133 923	5 700	30.35	1 899	ATG	TAG	
114	trnN-GUU	+	134 259	134 330	72	54.17				GUU
115	trnR-ACG	−	134 959	135 032	74	62.16				ACG
116	5S	−	135 282	135 402	121	52.07				
117	4.5S	−	135 627	135 729	103	49.51				
118	23S	−	135 828	138 637	2 810	55.20				
119	trnA-UGC	−	138 807 / 139 681	138 841 / 139 718	73	56.16				UGC
120	trnI-GAU	−	139 783 / 140 774	139 817 / 140 810	72	58.33				GAU
121	16S	−	141 105	142 595	1 491	56.74				
122	trnV-GAC	−	142 830	142 901	72	48.61				GAC
123	rps7	+	145 544	146 011	468	41.03	155	ATG	TAA	

编号	基因名称	链正负	起始位点	终止位点	大小（bp）	GC含量（%）	氨基酸数（个）	起始密码子	终止密码子	反密码子
124	ndhB	+	146 335 147 784	147 111 148 530	1 524	37.60	507	ATG	TAG	
125	trnL–CAA	+	149 127	149 207	81	51.85				CAA
126	ycf2	–	150 232	157 086	6 855	37.87	2 284	ATG	TAA	
127	trnI–CAU	+	157 175	157 248	74	45.95				CAU
128	rpl23	+	157 410	157 691	282	37.94	93	ATG	TAA	
129	rpl2	+	157 710 158 764	158 100 159 197	825	44.00	274	ATG	TAA	
130	rps19	+	159 267	159 545	279	35.48	92	GTG	TAA	
131	rpl22	+	159 591	160 079	489	35.79	162	ATG	TAA	
132	rps3	+	160 064	160 726	663	34.39	220	ATG	TAA	

表 46　龙眼叶绿体基因组碱基组成

项目	A	T	G	C	N
合计（个）	49 472	50 589	29 745	31 027	0
占比（%）	30.76	31.46	18.49	19.29	0.00

注：N 代表未知碱基。

表 47　龙眼叶绿体基因组概况

项目	长度（bp）	位置	含量（%）
合计	160 833		37.80
大单拷贝区（LSC）	85 708	1 ～ 85 708	36.04
反向重复（IRa）	28 428	85 709 ～ 114 136	42.34
小单拷贝区（SSC）	18 269	114 137 ～ 132 405	31.82
反向重复（IRb）	28 428	132 406 ～ 160 833	42.34

表 48　龙眼叶绿体基因组基因数量

项目	基因数（个）
合计	132
蛋白质编码基因	87
tRNA	37
rRNA	8

13. 荔枝 *litchi chinensis*

荔枝（*litchi chinensis* Soon.，图61～图64）为无患子科（Sapindaceae）荔枝属植物。别名离枝。常绿乔木，高通常不超过10米，有时可达15米或更高，树皮灰黑色；小枝圆柱状，褐红色，密生白色皮孔。叶连柄长10～25厘米或过之；小叶2或3对，较少4对，薄革质或革质，披针形或卵状披针形，有时长椭圆状披针形，长6～15厘米，宽2～4厘米，顶端骤尖或尾状短渐尖，全缘，腹面深绿色，有光泽，背面粉绿色，两面无毛；侧脉常纤细，在腹面不很明显，在背面明显或稍凸起；小叶柄长7～8毫米。花序顶生，阔大，多分枝；花梗纤细，长2～4毫米，有时粗而短；萼被金黄色短绒毛；雄蕊6～7枚，有时8枚，花丝长约4毫米；子房密覆小瘤体和硬毛。果卵圆形至近球形，长2.0～3.5厘米，成熟时通常暗红色至鲜红色；种子全部被肉质假种皮包裹。花期春季，果期夏季[1, 8]。

荔枝果实除鲜食外，还可加工成多种制品，如荔枝汁、荔枝酒、荔枝干、荔枝罐头、荔枝蜜饯和冷冻荔枝等，其中以荔枝罐头、荔枝干为主[2]。研究鉴定出荔枝果肉中含有多种初生代谢物：糖和多元醇25种（其中糖类18种、多元醇7种），59种有机酸，20种基础氨基酸及8种必需氨基酸，53种核苷酸及其衍生物，61种脂类物质（其中脂肪酸14种、甘油酯14种、甘油磷脂31种），19种维生素（大多数为水溶性维生素，占相对含量的99.54%，脂溶性维生素A、D_3、K_2等仅占0.46%）[3]。荔枝是多糖、多酚、维生素和矿物质等营养物质的良好来源[4]。

荔枝起源于中国，栽培历史可追溯到汉代，距今已有2 300多年的种植历史。中国现拥有国内外荔枝种质资源220多份，著名的品种有桂味、糯米糍、妃子笑、白糖罂、增城挂绿、新兴香荔等。中国可种植区主要分布在北纬18°～31°，经济栽培区域主要在北纬19°～24°的地带，包括广东、广西、福建、海南、云南、四川、贵州、台湾等地[5]。荔枝在17世纪末期传入缅甸，在之后100年内又传入印度，之后又陆续传入其他国家。现在非洲、南美、亚洲都有分布，主要出产国是中国、印度、毛里求斯等。2018年，中国荔枝种植总面积55.17万公顷，产量255.35万吨，其中黑叶11.57万公顷、怀枝4.66万公顷，两个品种面积规模占荔枝总面积的29.42%，在两广主产区面积占比约60%[6, 7]。

荔枝叶绿体基因组情况见图65、表49～表52。

参考文献

［1］中国科学院中国植物志编辑委员会. 中国植物志：第四十七卷第一分册［M］. 北京：科学出版社，1985：32.

［2］庞新华，张继，张宇. 我国荔枝产业的研究进展及对策［J］. 农业研究与应用，

2014（4）：58-61，66.

［3］蒋侬辉，朱慧莉，刘伟，等.基于广泛代谢组学的荔枝果肉营养代谢物综合解析
    ［J］.食品科学，23（6）：269-278.

［4］Cabral T A, Cardoso L, Pinheiro-Sant'Ana H M. Chemical Composition, Vitamins and
    Minerals of A New Cultivar of Lychee (*Litchi chinensis* cv. Tailandes) Grown in Brazil
    ［J］. Fruits, 2014, 69（6）：425-434.

［5］曾小红，张慧坚，谢龙莲，等.荔枝遗传基础研究进展［J］.北方园艺，2016（6）：
    189-194.

［6］张思伟.荔枝种质资源的研究现状与展望［J］.江西农业，2018（6）：45.

［7］黄川，李叶清，陈艳艳，等.国内荔枝新品种果实性状综合评价筛选［J］.中国南
    方果树，2021，50（2）：79-83.

［8］Yao P F, Gao Y, Simal-Gandara J, et al. Litchi (*Litchi chinensis* Sonn.): A Comprehensive
    Review of Phytochemistry, Medicinal Properties, and Product Development［J］. Food
    & Function, 2021, 12（20）：9527-9548.

图 61　荔枝　植株

图 62　荔枝　叶片

图 63　荔枝　花

图 64　荔枝　果实

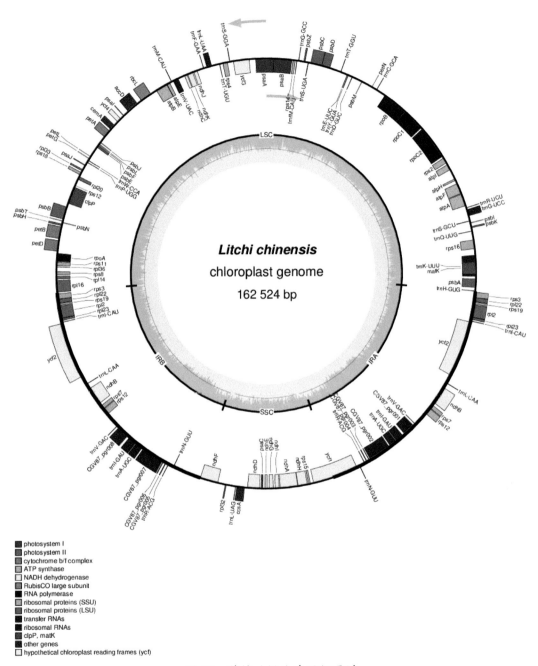

图 65　荔枝叶绿体基因组图谱

中国热带果树叶绿体基因组

表 49　荔枝叶绿体基因组注释结果

编号	基因名称	链正负	起始位点	终止位点	大小（bp）	GC含量（%）	氨基酸数（个）	起始密码子	终止密码子	反密码子
1	rps12	−	72 458 / 101 110 / 101 677	72 571 / 101 135 / 101 908	372	44.62	123	ACT	TAT	
2	trnH–GUG	−	3	77	75	56.00				GUG
3	psbA	−	453	1 514	1 062	42.28	353	ATG	TAA	
4	trnK–UUU	−	1 777 / 4 323	1 811 / 4 359	72	55.56				UUU
5	matK	−	2 034	3 584	1 551	34.69	516	ATG	TAG	
6	rps16	−	5 113 / 6 177	5 339 / 6 216	267	37.08	88	ATG	TAA	
7	trnQ–UUG	−	7 248	7 319	72	59.72				UUG
8	psbK	+	7 673	7 858	186	32.80	61	ATG	TAA	
9	psbI	+	8 237	8 347	111	37.84	36	ATG	TAA	
10	trnS–GCU	−	8 492	8 579	88	50.00				GCU
11	trnG–UCC	+	9 151 / 9 904	9 173 / 9 952	72	54.17				UCC
12	trnR–UCU	+	10 129	10 200	72	43.06				UCU
13	atpA	−	10 424	11 947	1 524	40.68	507	ATG	TAA	
14	atpF	−	12 002 / 13 168	12 411 / 13 312	555	39.82	184	ATG	TAG	
15	atpH	−	13 713	13 958	246	47.15	81	ATG	TAA	
16	atpI	−	15 162	15 905	744	37.63	247	ATG	TGA	
17	rps2	−	16 121	16 831	711	38.68	236	ATG	TGA	
18	rpoC2	−	17 046	21 221	4 176	38.72	1 391	ATG	TAA	
19	rpoC1	−	21 399 / 23 724	23 009 / 24 155	2 043	38.67	680	ATG	TAA	
20	rpoB	−	24 182	27 394	3 213	39.93	1 070	ATG	TAA	
21	trnC–GCA	+	28 593	28 663	71	59.15				GCA
22	petN	+	29 255	29 344	90	43.33	29	ATG	TAG	
23	psbM	−	30 629	30 733	105	31.43	34	ATG	TAA	
24	trnD–GUC	−	31 935	32 008	74	62.16				GUC
25	trnY–GUA	−	32 459	32 542	84	54.76				GUA
26	trnE–UUC	−	32 602	32 674	73	60.27				UUC
27	trnT–GGU	+	33 473	33 544	72	48.61				GGU
28	psbD	+	34 963	36 024	1 062	42.37	353	ATG	TAA	
29	psbC	+	35 972	37 393	1 422	44.37	473	ATG	TGA	
30	trnS–UGA	−	37 632	37 724	93	50.54				UGA

112

续表

编号	基因名称	链正负	起始位点	终止位点	大小（bp）	GC含量（%）	氨基酸数（个）	起始密码子	终止密码子	反密码子
31	psbZ	+	38 075	38 263	189	35.98	62	ATG	TGA	
32	trnG-GCC	+	38 828	38 898	71	50.70				GCC
33	trnfM-CA	−	39 042	39 115	74	56.76				CAU
34	rps14	−	39 278	39 580	303	41.25	100	ATG	TAA	
35	psaB	−	39 719	41 923	2 205	41.54	734	ATG	TAA	
36	psaA	−	41 949 44 955	44 201 45 107	2 253	43.23	750	ATG	TAA	
37	ycf3	−	45 853 46 818	46 082 46 941	507	40.43	168	ATG	TAA	
38	trnS-GGA	+	47 338	47 424	87	50.57				GGA
39	rps4	−	47 674	48 279	606	37.95	201	ATG	TAA	
40	trnT-UGU	−	48 634	48 706	73	53.42				UGU
41	trnL-UAA	+	49 652 50 223	49 686 50 272	85	48.24				UAA
42	trnF-GAA	+	50 635	50 707	73	53.42				GAA
43	ndhJ	−	51 508	51 984	477	40.67	158	ATG	TGA	
44	ndhK	−	52 100	52 789	690	38.84	229	ATG	TAG	
45	ndhC	−	52 849	53 211	363	35.54	120	ATG	TAG	
46	trnV-UAC	−	54 045 54 680	54 079 54 718	74	51.35				UAC
47	trnM-CAU	+	54 894	54 966	73	42.47				CAU
48	atpE	−	55 192	55 593	402	41.29	133	ATG	TAA	
49	atpB	−	55 590	57 086	1 497	44.02	498	ATG	TGA	
50	rbcL	+	57 887	59 314	1 428	44.54	475	ATG	TAA	
51	accD	+	59 910	61 400	1 491	34.74	496	ATG	TAG	
52	psaI	+	62 111	62 224	114	34.21	37	ATG	TAA	
53	ycf4	+	62 669	63 223	555	37.84	184	ATG	TGA	
54	cemA	+	63 769	64 467	699	33.91	232	ATG	TGA	
55	petA	+	64 686	65 648	963	40.71	320	ATG	TAG	
56	psbJ	−	66 404	66 526	123	39.84	40	ATG	TAA	
57	psbL	−	66 676	66 792	117	33.33	38	ATG	TAA	
58	psbF	−	66 815	66 934	120	40.00	39	ATG	TAA	
59	psbE	−	66 944	67 195	252	41.67	83	ATG	TAG	
60	petL	+	68 521	68 616	96	35.42	31	ATG	TGA	
61	petG	+	68 806	68 919	114	36.84	37	ATG	TGA	
62	trnW-CCA	−	69 057	69 130	74	50.00				CCA
63	trnP-UGG	−	69 319	69 392	74	48.65				UGG

编号	基因名称	链正负	起始位点	终止位点	大小（bp）	GC含量（%）	氨基酸数（个）	起始密码子	终止密码子	反密码子
64	psaJ	+	69 736	69 870	135	38.52	44	ATG	TAG	
65	rpl33	+	70 381	70 587	207	36.71	68	ATG	TAG	
66	rps18	+	70 788	71 123	336	33.04	111	ATG	TAA	
67	rpl20	−	71 330	71 716	387	37.21	128	ATG	TAA	
68	rps12	−	72 458 146 367 147 140	72 571 146 598 147 165	372	44.62	123	TTA	TAT	
69	clpP	−	72 725 73 608 74 767	72 952 73 899 74 837	591	42.30	196	ATG	TAA	
70	psbB	+	75 285	76 811	1 527	43.81	508	ATG	TGA	
71	psbT	+	77 004	77 111	108	36.11	35	ATG	TGA	
72	psbN	−	77 172	77 303	132	43.94	43	ATG	TAG	
73	psbH	+	77 408	77 629	222	41.89	73	ATG	TAG	
74	petB	+	77 773 78 577	77 778 79 218	648	40.43	215	ATG	TAA	
75	petD	+	79 450 80 270	79 457 80 744	483	38.72	160	ATG	TAA	
76	rpoA	−	80 994	81 977	984	36.28	327	ATG	TAG	
77	rps11	−	82 043	82 459	417	48.20	138	ATG	TAG	
78	rpl36	−	82 576	82 689	114	40.35	37	ATG	TAA	
79	rps8	−	83 180	83 584	405	36.54	134	ATG	TAA	
80	rpl14	−	83 737	84 105	369	39.84	122	ATG	TAA	
81	rpl16	−	84 234 85 675	84 632 85 683	408	42.40	135	ATG	TAG	
82	rps3	−	85 858	86 520	663	34.39	220	ATG	TAA	
83	rpl22	−	86 505	86 993	489	35.79	162	ATG	TAA	
84	rps19	−	87 039	87 317	279	35.48	92	GTG	TAA	
85	rpl2	−	87 387 88 484	87 820 88 874	825	44.00	274	ATG	TAA	
86	rpl23	−	88 893	89 174	282	37.94	93	ATG	TAA	
87	trnI–CAU	−	89 336	89 409	74	45.95				CAU
88	ycf2	+	89 498	96 358	6 861	37.87	2 286	ATG	TAA	
89	trnL–CAA	−	97 391	97 471	81	51.85				CAA
90	ndhB	−	98 070 99 489	98 816 100 265	1 524	37.60	507	ATG	TAG	
91	rps7	−	100 589	101 056	468	41.03	155	ATG	TAA	

编号	基因名称	链正负	起始位点	终止位点	大小（bp）	GC含量（%）	氨基酸数（个）	起始密码子	终止密码子	反密码子
92	trnV–GAC	+	103 698	103 769	72	48.61				GAC
93	16S	+	104 004	105 494	1 491	56.81				
94	trnI–GAU	+	105 789 106 782	105 825 106 816	72	58.33				GAU
95	trnA–UGC	+	106 881 107 759	106 918 107 793	73	56.16				UGC
96	23S	+	107 963	110 772	2 810	55.20				
97	4.5S	+	110 871	110 973	103	49.51				
98	5S	+	111 198	111 318	121	52.07				
99	trnR–ACG	+	111 568	111 641	74	62.16				ACG
100	trnN–GUU	–	112 269	112 340	72	54.17				GUU
101	ndhF	–	115 826	118 063	2 238	32.62	745	ATG	TGA	
102	rpl32	+	118 997	119 158	162	32.72	53	ATG	TAA	
103	trnL–UAG	+	120 273	120 352	80	57.50				UAG
104	ccsA	+	120 457	121 428	972	33.95	323	ATG	TAA	
105	ndhD	–	121 747	123 261	1 515	36.77	504	ACG	TAA	
106	psaC	–	123 411	123 656	246	40.65	81	ATG	TGA	
107	ndhE	–	123 883	124 188	306	33.66	101	ATG	TAA	
108	ndhG	–	124 417	124 953	537	35.01	178	ATG	TAA	
109	ndhI	–	125 168	125 671	504	37.50	167	ATG	TAA	
110	ndhA	–	125 759 127 408	126 297 127 960	1 092	35.44	363	ATG	TAA	
111	ndhH	–	127 962	129 143	1 182	39.00	393	ATG	TGA	
112	rps15	–	129 260	129 541	282	31.91	93	ATG	TAA	
113	ycf1	–	129 906	135 602	5 697	30.60	1 898	GTG	TAG	
114	trnN–GUU	+	135 935	136 006	72	54.17				GUU
115	trnR–ACG	–	136 634	136 707	74	62.16				ACG
116	5S	–	136 957	137 077	121	52.07				
117	4.5S	–	137 302	137 404	103	49.51				
118	23S	–	137 503	140 312	2 810	55.20				
119	trnA–UGC	–	140 482 141 357	140 516 141 394	73	56.16				UGC
120	trnI–GAU	–	141 459 142 450	141 493 142 486	72	58.33				GAU
121	16S	–	142 781	144 271	1 491	56.81				
122	trnV–GAC	–	144 506	144 577	72	48.61				GAC
123	rps7	+	147 219	147 686	468	41.03	155	ATG	TAA	

続表

編号	基因名称	链正负	起始位点	终止位点	大小(bp)	GC含量(%)	氨基酸数(个)	起始密码子	终止密码子	反密码子
124	ndhB	+	148 010 / 149 459	148 786 / 150 205	1 524	37.60	507	ATG	TAG	
125	trnL–CAA	+	150 804	150 884	81	51.85				CAA
126	ycf2	–	151 917	158 777	6 861	37.87	2 286	ATG	TAA	
127	trnI–CAU	+	158 866	158 939	74	45.95				CAU
128	rpl23	+	159 101	159 382	282	37.94	93	ATG	TAA	
129	rpl2	+	159 401 / 160 455	159 791 / 160 888	825	44.00	274	ATG	TAA	
130	rps19	+	160 958	161 236	279	35.48	92	GTG	TAA	
131	rpl22	+	161 282	161 770	489	35.79	162	ATG	TAA	
132	rps3	+	161 755	162 417	663	34.39	220	ATG	TAA	

表50 荔枝叶绿体基因组碱基组成

项目	A	T	G	C	N
合计(个)	50 114	50 977	30 088	31 345	0
占比(%)	30.83	31.37	18.51	19.29	0.00

注:N代表未知碱基。

表51 荔枝叶绿体基因组概况

项目	长度(bp)	位置	含量(%)
合计	162 524		37.80
大单拷贝区(LSC)	85 750	1～85 750	36.12
反向重复(IRa)	30 103	85 751～115 853	41.77
小单拷贝区(SSC)	16 568	115 854～132 421	32.09
反向重复(IRb)	30 103	132 422～162 524	41.77

表52 荔枝叶绿体基因组基因数量

项目	基因数(个)
合计	132
蛋白质编码基因	87
tRNA	37
rRNA	8

116

14. 黄皮 *Clausena lansium*

黄皮（*Clausena lansium*，图 66～图 69）为芸香科（Rutaceae）柑橘亚科（Aurantioideae）黄皮属植物。别名黄弹、黄弹子、黄段。常绿小乔木，高可达 12 米。小枝、叶轴、花序轴、未张开的小叶背脉上散生甚多明显凸起的细油点且密被短直毛。叶有小叶 5～11 片，小叶卵形或卵状椭圆形，常一侧偏斜，长 6～14 厘米，宽 3～6 厘米，基部近圆形或宽楔形，两侧不对称，边缘波浪状或具浅的圆裂齿，叶面中脉常被短细毛；小叶柄长 4～8 毫米。圆锥花序顶生；花蕾圆球形，有 5 条稍凸起的纵脊棱；花萼裂片阔卵形，长约 1 毫米，外面被短柔毛，花瓣长圆形，长约 5 毫米，两面被短毛或内面无毛；雄蕊 10 枚，长短相间，长的与花瓣等长，花丝线状，下部稍增宽，不呈曲膝状；子房密被直长毛，花盘细小，子房柄短。果圆形、椭圆形或阔卵形，长 1.5～3.0 厘米，宽 1～2 厘米，淡黄至暗黄色，被细毛，果肉乳白色，半透明，有种子 1～4 粒；子叶深绿色。花期 4—5 月，果期 7—8 月。海南的黄皮花期、果期均提早 1～2 个月[1, 7]。

黄皮果风味独特，全身皆宝，深受消费者喜爱，其富含维生素 C、糖、有机酸及果胶，具有很高的营养价值。黄皮食用率很高，果实可鲜食可加工，叶可入膳，果皮及果核皆可入药。黄皮深加工产业主要集中于果脯、蜜饯和果酱等鲜果加工领域，对于果酒饮料等方面加工与开发较为不成熟[2]。有研究发现，可滴定酸含量可能是导致黄皮口味酸甜之间味道差异的主要因素，而黄皮果实中可滴定酸的含量可能与酚类和类黄酮的含量有关[3]。黄皮几乎所有部分，包括叶子、种子、根和果实，都含有丰富的咔唑生物碱、三萜类化合物和酰胺类，表现出很强的抗氧化、抗癌和抗炎活性，是具有重要经济意义的植物[4]。

中国是黄皮的原产地，已有 1 500 多年的栽培历史，长期的自然进化、人工选择和栽培驯化形成了极其丰富的种质资源，由于缺乏系统研究，对黄皮种质资源间的亲缘关系尚不清楚[5]。黄皮属植物全球约有 30 种，黄皮为该属的栽培种，约有 23 种，在中国规模化商业栽培 11 种，种植区主要在广东、广西、福建和海南等地。在斯里兰卡、澳大利亚、印度、美洲和南亚偶有种植[6]。

黄皮叶绿体基因组情况见图 70、表 53～表 56。

参考文献

［1］中国科学院中国植物志编辑委员会. 中国植物志：第四十三卷第二分册［M］. 北京：科学出版社，1997：132.

［2］赵凯丽，李福龙，罗灿，等. 儋州市黄皮产业现状及发展前景［J］. 中国农学通

报，2022，38（33）：52-59.

［3］Chang X, Ye Y T, Pan J P, et al. Comparative Analysis of Phytochemical Profiles and Antioxidant Activities between Sweet and Sour Wampee（ *Clausena lansium* ）Fruits［J］. Foods, 2022, 11（9）：1230.

［4］Huang H, Wang L, Qiu D Y, et al. Chemical Composition of Cuticle and Barrier Properties to Transpiration in the Fruit of *Clausena lansium* （Lour.）Skeels［J］. Frontiers in Plant Science, 2022, 13: 840061.

［5］陆育生，林志雄，邱继水，等 . 黄皮种质资源果实性状多样性分析及其数量分类研究［J］. 园艺学报，2016，43（10）：1903-1915.

［6］Lim T K. Edible medicinal and Non-medicinal Plants［M］. New York: Springer Science & Business Media, 2012（3）：871-883.

［7］Niu Y F, Ni S B, Liu Z Y, et al. Chloroplast Genome of Tropical and Sub-tropical Fruit Tree *Clausena lansium* (Rutaceae)［J］. Mitochondrial DNA Part B，2018，3（2）：519-520.

图 66　黄皮　植株

图 67　黄皮　叶片

图 68　黄皮　花

图 69　黄皮　果实

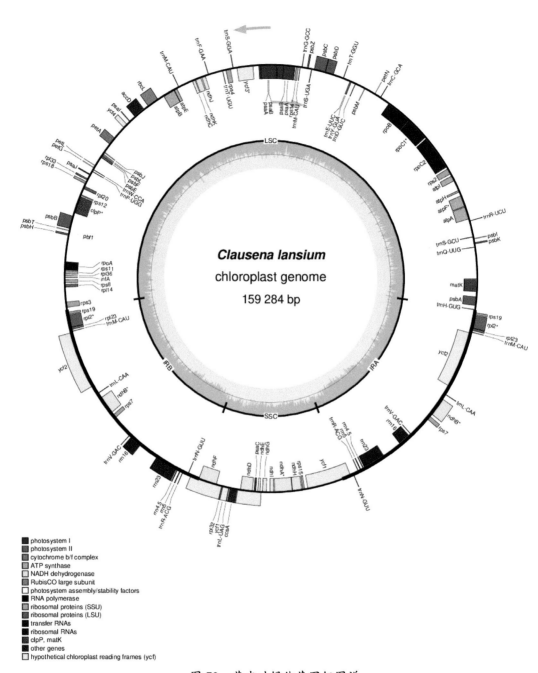

图 70　黄皮叶绿体基因组图谱

表 53　黄皮叶绿体基因组注释结果

编号	基因名称	链正负	起始位点	终止位点	大小（bp）	GC含量（%）	氨基酸数（个）	起始密码子	终止密码子	反密码子
1	rrn16	−	1 964	3 454	1 491	56.94				
2	trnV–GAC	−	3 697	3 768	72	48.61				GAC
3	rps7	+	6 426	6 893	468	40.60	155	ATG	TAA	
4	ndhB	+	7 216 / 8 674	7 992 / 9 429	1 533	37.64	510	ATG	TAG	
5	trnL–CAA	+	10 027	10 107	81	53.09				CAA
6	ycf2	−	11 137	18 003	6 867	38.21	2 288	ATG	TAA	
7	trnM–CAU	+	18 092	18 165	74	45.95				CAU
8	rpl23	+	18 331	18 612	282	37.23	93	ATG	TAA	
9	rpl2	+	18 631 / 19 715	19 021 / 20 148	825	44.61	274	ATG	TAG	
10	rps19	+	20 223	20 501	279	36.20	92	GTG	TAA	
11	trnH–GUG	−	20 795	20 868	74	56.76				GUG
12	psbA	−	21 311	22 372	1 062	42.75	353	ATG	TAA	
13	matK	−	22 956	24 503	1 548	35.92	515	ATG	TGA	
14	trnQ–UUG	−	28 229	28 300	72	61.11				UUG
15	psbK	+	28 652	28 837	186	34.41	61	ATG	TGA	
16	psbI	+	29 236	29 346	111	42.34	36	ATG	TAA	
17	trnS–GCU	−	29 477	29 564	88	51.14				GCU
18	trnR–UCU	+	31 405	31 476	72	43.06				UCU
19	atpA	−	31 697	33 220	1 524	41.27	507	ATG	TAA	
20	atpF	−	33 284 / 34 493	33 694 / 34 636	555	37.48	184	ATG	TAG	
21	atpH	−	35 100	35 345	246	47.15	81	ATG	TAA	
22	atpI	−	36 577	37 263	687	39.16	228	GTG	TGA	
23	rps2	−	37 532	38 242	711	41.21	236	ATG	TGA	
24	rpoC2	−	38 478	42 689	4 212	39.32	1 403	ATG	TAA	
25	rpoC1	−	42 859 / 45 225	44 469 / 45 656	2 043	39.75	680	ATG	TAA	
26	rpoB	−	45 683	48 895	3 213	39.81	1 070	ATG	TAA	
27	trnC–GCA	+	50 110	50 180	71	60.56				GCA
28	petN	+	50 930	51 019	90	42.22	29	ATG	TAG	
29	psbM	−	52 319	52 423	105	33.33	34	ATG	TAA	
30	trnD–GUC	−	53 602	53 675	74	62.16				GUC
31	trnY–GUA	−	54 165	54 248	84	54.76				GUA
32	trnE–UUC	−	54 308	54 380	73	60.27				UUC
33	trnT–GGU	+	55 224	55 295	72	47.22				GGU

编号	基因名称	链正负	起始位点	终止位点	大小（bp）	GC含量（%）	氨基酸数（个）	起始密码子	终止密码子	反密码子
34	psbD	+	56 562	57 623	1 062	43.60	353	ATG	TAA	
35	psbC	+	57 607	58 992	1 386	44.30	461	GTG	TGA	
36	trnS–UGA	–	59 241	59 333	93	50.54				UGA
37	psbZ	+	59 689	59 877	189	37.04	62	ATG	TAA	
38	trnG–GCC	+	60 440	60 510	71	50.70				GCC
39	trnM–CAU	–	60 684	60 757	74	56.76				CAU
40	rps14	–	60 930	61 232	303	42.24	100	ATG	TAA	
41	psaB	–	61 370	63 574	2 205	42.13	734	ATG	TAA	
42	psaA	–	61 370 62 651	62 206 62 812	999	41.14	332	CTA	TAA	
43	psaA	–	63 600	65 852	2 253	43.99	750	ATG	TAA	
44	psaB	–	63 600 64 875 65 517 66 545	64 265 65 036 65 633 66 699	945	43.70	314	CAT	TAA	
45	ycf3	–	67 482 68 440	67 709 68 563	507	39.84	168	ATG	TAA	
46	trnS–GGA	+	68 974	69 060	87	51.72				GGA
47	rps4	–	69 343	69 948	606	38.61	201	ATG	TAA	
48	trnT–UGU	–	70 306	70 378	73	53.42				UGU
49	trnF–GAA	+	72 090	72 162	73	52.05				GAA
50	ndhJ	–	72 542	73 018	477	40.67	158	ATG	TGA	
51	ndhK	–	73 135	73 818	684	39.62	227	ATG	TAG	
52	ndhC	–	73 880	74 242	363	36.36	120	ATG	TAG	
53	trnM–CAU	+	76 028	76 100	73	41.10				CAU
54	atpE	–	76 334	76 735	402	38.81	133	ATG	TAA	
55	atpB	–	76 732	78 228	1 497	43.62	498	ATG	TGA	
56	rbcL	+	79 021	80 448	1 428	44.89	475	ATG	TAA	
57	accD	+	81 054	82 505	1 452	35.47	483	GAA	TAA	
58	psaI	+	83 278	83 391	114	35.09	37	ATG	TAA	
59	ycf4	+	83 827	84 381	555	40.18	184	ATG	TGA	
60	petA	+	86 057	87 019	963	40.91	320	ATG	TAG	
61	psbJ	–	88 113	88 235	123	40.65	40	ATG	TAG	
62	psbL	–	88 389	88 505	117	33.33	38	ATG	TAA	
63	psbF	–	88 528	88 647	120	42.50	39	ATG	TAA	
64	psbE	–	88 657	88 908	252	42.06	83	ATG	TAG	
65	petL	+	90 063	90 158	96	34.38	31	ATG	TGA	

续表

编号	基因名称	链正负	起始位点	终止位点	大小（bp）	GC含量（%）	氨基酸数（个）	起始密码子	终止密码子	反密码子
66	petG	+	90 342	90 455	114	37.72	37	ATG	TGA	
67	trnW-CCA	-	90 598	90 671	74	50.00				CCA
68	trnP-UGG	-	90 845	90 918	74	48.65				UGG
69	psaJ	+	91 282	91 416	135	40.00	44	ATG	TAG	
70	rpl33	+	91 902	92 102	201	37.31	66	ATG	TAG	
71	rps18	+	92 301	92 606	306	36.27	101	ATG	TAG	
72	rpl20	-	92 868	93 221	354	36.44	117	ATG	TAA	
73	rps12	-	93 954	94 094	141	48.94	46	ATG	TGA	
			94 206	94 430						
74	clpP	-	95 085	95 378	588	44.05	195	ATG	TAA	
			96 227	96 295						
75	psbB	+	96 718	98 244	1 527	44.27	508	ATG	TGA	
76	psbT	+	98 441	98 548	108	35.19	35	ATG	TGA	
77	pbf1	-	98 615	98 746	132	46.21	43	ATG	TAG	
78	psbH	+	98 851	99 072	222	42.34	73	ATG	TAG	
79	rpoA	-	102 224	103 210	987	36.68	328	ATG	TAG	
80	rps11	-	103 275	103 691	417	48.44	138	ATG	TAG	
81	rpl36	-	103 809	103 922	114	38.60	37	ATG	TAA	
82	infA	-	104 041	104 142	102	35.29	33	TTA	TGA	
83	rps8	-	104 344	104 748	405	39.01	134	ATG	TAA	
84	rpl14	-	104 889	105 257	369	40.11	122	ATG	TAA	
85	rps3	-	107 006	107 665	660	34.55	219	ATG	TAA	
86	rps19	-	108 215	108 493	279	36.20	92	GTG	TAA	
87	rpl2	-	108 568	109 001	825	44.61	274	ATG	TAG	
			109 695	110 085						
88	rpl23	-	110 104	110 385	282	37.23	93	ATG	TAA	
89	trnM-CAU	-	110 551	110 624	74	45.95				CAU
90	ycf2	+	110 713	117 579	6 867	38.21	2 288	ATG	TAA	
91	trnL-CAA	-	118 609	118 689	81	53.09				CAA
92	ndhB	-	119 287	120 042	1 533	37.64	510	ATG	TAG	
			120 724	121 500						
93	rps7	-	121 823	122 290	468	40.60	155	ATG	TAA	
94	trnV-GAC	+	124 948	125 019	72	48.61				GAC
95	rrn16	+	125 262	126 752	1 491	56.94				
96	rrn23	+	129 183	131 991	2 809	55.32				
97	rrn4.5	+	132 090	132 192	103	50.49				
98	rrn5	+	132 449	132 569	121	52.07				

续表

编号	基因名称	链正负	起始位点	终止位点	大小（bp）	GC含量（%）	氨基酸数（个）	起始密码子	终止密码子	反密码子
99	trnR–ACG	+	132 827	132 905	79	64.56				ACG
100	trnN–GUU	–	133 512	133 583	72	54.17				GUU
101	ndhF	–	134 978	137 230	2 253	33.87	750	ATG	TAA	
102	rpl32	+	137 886	138 059	174	32.18	57	ATG	TAA	
103	trnL–UAG	+	138 774	138 853	80	56.25				UAG
104	ccsA	+	138 960	139 913	954	34.38	317	ATG	TAA	
105	ndhD	–	140 227	141 726	1 500	37.73	499	ACG	TAG	
106	psaC	–	141 902	142 147	246	42.68	81	ATG	TGA	
107	ndhE	–	142 379	142 684	306	35.95	101	ATG	TAG	
108	ndhG	–	142 951	143 487	537	36.31	178	ATG	TAA	
109	ndhI	–	143 864	144 367	504	34.72	167	ATG	TAA	
110	ndhA	–	144 449 / 146 124	144 989 / 146 674	1 092	36.36	363	ATG	TAA	
111	ndhH	–	146 676	147 857	1 182	38.92	393	ATG	TGA	
112	rps15	–	147 959	148 231	273	32.97	90	ATG	TAA	
113	ycf1	–	148 595	154 081	5 487	32.62	1 828	ATG	TAA	
114	trnN–GUU	+	154 417	154 488	72	54.17				GUU
115	trnR–ACG	–	155 095	155 173	79	64.56				ACG
116	rrn5	–	155 431	155 551	121	52.07				
117	rrn4.5	–	155 808	155 910	103	50.49				
118	rrn23	–	156 009	158 817	2 809	55.32				

表 54　黄皮叶绿体基因组碱基组成

项目	A	T	G	C	N
合计（个）	48 365	49 313	30 211	31 392	0
占比（%）	30.36	30.96	18.97	19.71	0.00

注：N代表未知碱基。

表 55　黄皮叶绿体基因组概况

项目	长度（bp）	位置	含量（%）
合计	159 284		38.70
大单拷贝区（LSC）	87 161	20 778～107 938	37.08
反向重复（IRa）	27 070	107 939～135 008	42.97
小单拷贝区（SSC）	17 983	135 009～152 991	33.44
反向重复（IRb）	27 070	152 992～159 284 / 1～20 777	42.97

表 56　黄皮叶绿体基因组基因数量

项目	基因数（个）
合计	118
蛋白质编码基因	81
tRNA	29
rRNA	8

15. 嘉宝果 *Plinia cauliflora*

嘉宝果（*Plinia cauliflora*，图 71～图 74）为桃金娘科（Myrtaceae）树番樱属植物。别名珍宝果、树葡萄、小硕果。常绿灌木，生长缓慢，树冠为自然圆头形或椭圆形，引种地树高常为 3～5 米，原产地树高可达 10 米以上。树梢的分枝和成枝力较强，树干光滑，树皮细薄，表皮易脱落。叶对生，革质，具茸毛，叶长 2.5～10.0 厘米，宽 1.25～2.00 厘米。花瓣较小，花瓣带绒毛，呈白色。其花和果实均长在树干上，一年四季均可开花结果，花果同树。果实的外表和质地像葡萄，皮较厚且硬，果肉白色，单果生于枝干上[1, 7]。嘉宝果果实呈半透晶状态，果肉多汁。

嘉宝果富含花青素、蛋白质、糖类、脂肪、纤维、灰分、维生素和酚酸等酚类物质，具有很强的抗氧化活性、抗菌活性及抗细胞增殖活性，具有优良的食用价值和潜在的药用开发价值。嘉宝果的全果营养丰富，果实各部位中，果皮营养较丰富，其粗蛋白、维生素 C 及硒含量较高，氨基酸含量略低于种子；果肉水分及还原糖含量较高；种子氨基酸含量较高[2]。除可鲜食外，嘉宝果果实还可制成果酒、果汁、果冻、果干、酵素等加工产品[3]。

嘉宝果原产于南美洲，中国于 20 世纪 60 年代在台湾引进种植，近 20 年在福建、浙江、广东等省份推广，成为中国的新兴热带水果，栽培面积约为 3 300 公顷，每年果实产量约为 2 500 吨[4]。

嘉宝果有四个原种，分别是 *P. cauliflora* Berg、*P. jaboticaba* Berg、*P. tenella* Berg、*P. trunciflora* Berg。国内引进的嘉宝果品种较少，主要有以下 8 种：*P. cauliflora*（沙巴嘉宝果）、Red Jabacutica（早生嘉宝果）、Sao Paulo Jabacutica（阿根廷嘉宝果）、Paulista Jabacutica（日本福冈嘉宝果）、*P. aureana*（白果嘉宝果）、*P. dubium*（卡姆嘉宝果）、*P. spribbed*（菱果嘉宝果）、*P. floribunda*（佛罗里嘉宝果）[5]。

嘉宝果树形较小、根系较浅，生长相对缓慢，抗病性强，是较耐粗放管理的树种，适合生长在较为湿润的凉爽热带和亚热带地区。植株耐高温，大部分品种亦能耐 –2.8℃低温，个别品种能耐 –4.4℃低温。嘉宝果属阳生树种，需要全日照。秋季至春季是生长的盛期，生长最适温度为 22～35℃。嘉宝果适合生长在中性偏酸（pH 值 5.5～6.5）砂质壤土上，在石灰质土壤上生长差，对盐分敏感，不可种植在海滨盐碱地。能耐短期干旱，但忌积水，栽种在排水不良的地段不利于生长。嘉宝果较喜肥，通常可施用水溶性肥料或长效性肥料，施肥量要根据树龄和树木生长具体情况而定。幼树要勤施薄肥，每隔半个月或 1 个月施 1 次肥，结果的树每年需要施肥 3～4 次[6]。

嘉宝果叶绿体基因组情况见图 75、表 57～表 60。

参考文献

［1］王维威. 福州市晋安区嘉宝果的引种及栽培技术要点［J］. 南方农业，2016（10）：
29-30.

［2］邱珊莲，林宝妹，张少平，等. 嘉宝果果实不同部位营养成分分析［J］. 福建农业
科技，2018（1）：1-3.

［3］张敏，冯慧敏，陈伦英，等. 我国嘉宝果产业概况及发展前景［J］. 热带农业科
技，2021，44（4）：45-48.

［4］徐绍丝，陈正信，黄鹭强. 嘉宝果的营养功效及加工研究进展［J］. 保鲜与加工，
2022，22（2）：94-98.

［5］朱壬扬. 嘉宝果引种栽培及专类园规划研究［D］. 福州：福建农林大学，2017.

［6］陈学锋，任海英. 嘉宝果在嘉兴引种试验［J］. 浙江农业科学，2020，61（8）：
1571-1574.

［7］Machado L, Stefenon V M, Vieira L, et al. Structural and Evolutive Features of the *Plinia phitrantha* and *P. cauliflora* Plastid Genomes and Evolutionary Relationships within Tribe Myrteae（Myrtaceae）［J/OL］. Genetics and Molecular Biology, 2022, 45（1）: e20210193.

图71 嘉宝果 植株

图72 嘉宝果 叶片

图73 嘉宝果 花

图74 嘉宝果 果实

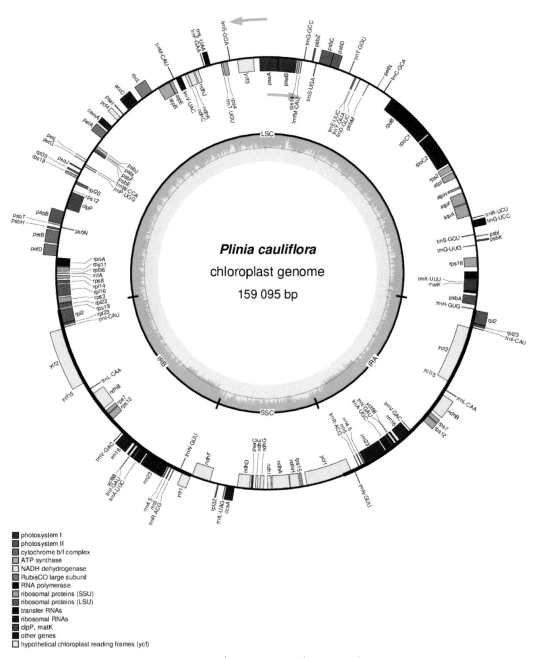

图 75　嘉宝果叶绿体基因组图谱

表 57　嘉宝果叶绿体基因组注释结果

编号	基因名称	链正负	起始位点	终止位点	大小（bp）	GC含量（%）	氨基酸数（个）	起始密码子	终止密码子	反密码子
			73 764	73 877						
1	rps12	–	101 912	101 938	351	42.45	116	ACT	TAT	
			102 506	102 715						
2	trnH–GUG	–	12	86	75	57.33				GUG
3	psbA	–	550	1 611	1 062	42.09	353	ATG	TAA	
4	trnK–UUU	–	1 893	1 927	72	55.56				UUU
			4 458	4 494						
5	matK	–	2 196	3 710	1 515	33.07	504	ATG	TGA	
6	rps16	–	5 056	5 262	246	35.37	81	ATG	TAA	
			6 141	6 179						
7	trnQ–UUG	–	7 549	7 620	72	59.72				UUG
8	psbK	+	7 984	8 169	186	34.95	61	ATG	TGA	
9	psbI	+	8 536	8 646	111	35.14	36	ATG	TAA	
10	trnS–GCU	–	8 800	8 887	88	52.27				GCU
11	trnG–UCC	+	9 679	9 701	69	53.62				UCC
			10 437	10 482						
12	trnR–UCU	+	10 728	10 799	72	43.06				UCU
13	atpA	–	11 116	12 639	1 524	40.35	507	ATG	TAG	
14	atpF	–	12 696	13 106	555	38.74	184	ATG	TAG	
			13 859	14 002						
15	atpH	–	14 540	14 785	246	46.75	81	ATG	TAA	
16	atpI	–	15 904	16 647	744	36.96	247	ATG	TGA	
17	rps2	–	16 858	17 568	711	38.26	236	ATG	TGA	
18	rpoC2	–	17 806	21 939	4 134	37.11	1 377	ATG	TAA	
19	rpoC1	–	22 105	23 721	2 049	38.41	682	ATG	TAA	
			24 452	24 883						
20	rpoB	–	24 910	28 128	3 219	38.99	1 072	ATG	TAA	
21	trnC–GCA	+	29 297	29 377	81	58.02				GCA
22	petN	+	30 252	30 347	96	38.54	31	ATT	TAG	
23	psbM	–	31 338	31 442	105	30.48	34	ATG	TAA	
24	trnD–GUC	–	32 513	32 586	74	60.81				GUC
25	trnY–GUA	–	33 018	33 101	84	54.76				GUA
26	trnE–UUC	–	33 161	33 233	73	60.27				UUC
27	trnT–GGU	+	33 998	34 069	72	48.61				GGU
28	psbD	+	35 454	36 515	1 062	42.37	353	ATG	TAA	
29	psbC	+	36 463	37 884	1 422	43.60	473	ATG	TGA	
30	trnS–UGA	–	38 129	38 221	93	49.46				UGA

编号	基因名称	链正负	起始位点	终止位点	大小（bp）	GC含量（%）	氨基酸数（个）	起始密码子	终止密码子	反密码子
31	psbZ	+	38 571	38 759	189	35.45	62	ATG	TGA	
32	trnG-GCC	+	39 638	39 708	71	50.70				GCC
33	trnfM-CA	–	39 876	39 949	74	58.11				CAU
34	rps14	–	40 109	40 411	303	42.24	100	ATG	TAA	
35	psaB	–	40 539	42 743	2 205	40.59	734	ATG	TAA	
36	psaA	–	42 769	45 021	2 253	42.48	750	ATG	TAA	
37	ycf3	–	45 715	45 867						
			46 598	46 825	507	39.84	168	ATG	TAA	
			47 584	47 709						
38	trnS-GGA	+	48 538	48 624	87	51.72				GGA
39	rps4	–	48 913	49 518	606	37.95	201	ATG	TAA	
40	trnT-UGU	–	49 637	49 709	73	53.42				UGU
41	trnL-UAA	+	50 932	50 968	87	45.98				UAA
			51 472	51 521						
42	trnF-GAA	+	51 692	51 764	73	52.05				GAA
43	ndhJ	–	52 531	53 007	477	39.20	158	ATG	TGA	
44	ndhK	–	53 128	53 988	861	36.82	286	ATG	TAG	
45	ndhC	–	53 868	54 230	363	35.54	120	ATG	TAG	
46	trnV-UAC	–	54 742	54 778	76	51.32				UAC
			55 374	55 412						
47	trnM-CAU	+	55 586	55 657	72	41.67				CAU
48	atpE	–	55 917	56 318	402	39.05	133	ATG	TAA	
49	atpB	–	56 315	57 811	1 497	42.28	498	ATG	TGA	
50	rbcL	+	58 606	60 048	1 443	42.97	480	ATG	TAA	
51	accD	+	60 723	62 201	1 479	35.77	492	ATG	TAA	
52	psaI	+	62 953	63 066	114	35.09	37	ATG	TAG	
53	ycf4	+	63 471	64 025	555	39.64	184	ATG	TGA	
54	cemA	+	64 966	65 655	690	31.45	229	ATG	TGA	
55	petA	+	65 874	66 836	963	40.29	320	ATG	TAG	
56	psbJ	–	67 835	67 957	123	39.84	40	ATG	TAA	
57	psbL	–	68 106	68 222	117	33.33	38	ACG	TAA	
58	psbF	–	68 245	68 364	120	40.00	39	ATG	TAA	
59	psbE	–	68 374	68 625	252	40.08	83	ATG	TAG	
60	petL	+	69 884	69 979	96	34.38	31	ATG	TGA	
61	petG	+	70 153	70 266	114	32.46	37	ATG	TGA	
62	trnW-CCA	–	70 396	70 467	72	51.39				CCA
63	trnP-UGG	–	70 638	70 712	75	46.67				UGG

编号	基因名称	链正负	起始位点	终止位点	大小（bp）	GC含量（%）	氨基酸数（个）	起始密码子	终止密码子	反密码子
64	psaJ	+	71 134	71 268	135	40.00	44	ATG	TAG	
65	rpl33	+	71 668	71 868	201	38.31	66	ATG	TAA	
66	rps18	+	72 066	72 371	306	33.99	101	ATG	TAA	
67	rpl20	−	72 654	73 007	354	33.33	117	ATG	TAA	
68	rps12	−	73 764	73 877	351	42.45	116	TTA	TAT	
			144 543	144 752						
			145 320	145 346						
69	clpP	−	74 044	74 271	588	41.84	195	ATG	TAA	
			74 887	75 177						
			76 047	76 115						
70	psbB	+	76 521	78 047	1 527	43.29	508	ATG	TGA	
71	psbT	+	78 154	78 261	108	35.19	35	ATG	TGA	
72	psbN	−	78 327	78 458	132	43.94	43	ATG	TAG	
73	psbH	+	78 563	78 784	222	38.29	73	ATG	TAG	
74	petB	+	78 933	78 938	648	38.89	215	ATG	TAG	
			79 719	80 360						
75	petD	+	80 554	80 562	483	37.89	160	ATG	TAA	
			81 316	81 789						
76	rpoA	−	81 986	82 999	1 014	34.91	337	ATG	TAA	
77	rps11	−	83 065	83 481	417	44.36	138	ATG	TAG	
78	rpl36	−	83 597	83 710	114	36.84	37	ATG	TAA	
79	rps8	−	84 054	84 458	405	37.04	134	ATG	TAA	
80	rpl14	−	84 650	85 018	369	38.75	122	ATG	TAA	
81	rpl16	−	85 151	85 549	408	41.18	135	ATG	TAG	
			86 555	86 563						
82	rps3	−	86 724	87 374	651	35.64	216	ATG	TAA	
83	rpl22	−	87 406	87 834	429	34.50	142	ATG	TGA	
84	rps19	−	87 914	88 192	279	34.77	92	GTG	TAA	
85	rpl2	−	88 249	88 683	828	43.96	275	ATG	TAG	
			89 345	89 737						
86	rpl23	−	89 762	90 043	282	37.23	93	ATG	TAA	
87	trnI–CAU	−	90 213	90 286	74	45.95				CAU
88	ycf2	+	90 375	97 235	6 861	37.55	2 286	ATG	TAA	
89	trnL–CAA	−	98 184	98 264	81	51.85				CAA
90	ndhB	−	98 852	99 607	1 533	37.38	510	ATG	TAG	
			100 289	101 065						
91	rps7	−	101 391	101 858	468	40.81	155	ATG	TAA	

续表

编号	基因名称	链正负	起始位点	终止位点	大小（bp）	GC含量（%）	氨基酸数（个）	起始密码子	终止密码子	反密码子
92	trnV-GAC	+	104 559	104 630	72	48.61				GAC
93	rrn16	+	104 858	106 348	1 491	56.54				
94	trnI-GAU	+	106 643 / 107 406	106 684 / 107 440	77	59.74				GAU
95	trnA-UGC	+	107 505 / 108 346	107 542 / 108 380	73	56.16				UGC
96	rrn23	+	108 533	111 342	2 810	54.80				
97	rrn4.5	+	111 444	111 546	103	49.51				
98	rrn5	+	111 777	111 897	121	52.07				
99	trnR-ACG	+	112 156	112 229	74	62.16				ACG
100	trnN-GUU	–	112 841	112 912	72	54.17				GUU
101	ndhF	–	114 460	116 724	2 265	31.57	754	ATG	TAA	
102	rpl32	+	117 661	117 813	153	34.64	50	ATG	TGA	
103	trnL-UAG	+	118 556	118 635	80	57.50				UAG
104	ccsA	+	118 749	119 708	960	33.33	319	ATG	TAA	
105	ndhD	–	120 010	121 512	1 503	34.73	500	ACG	TAG	
106	psaC	–	121 661	121 906	246	41.06	81	ATG	TAA	
107	ndhE	–	122 173	122 478	306	32.35	101	ATG	TGA	
108	ndhG	–	122 716	123 246	531	34.27	176	ATG	TGA	
109	ndhI	–	123 666	124 151	486	34.98	161	ATG	TAA	
110	ndhA	–	124 252 / 125 846	124 791 / 126 397	1 092	33.33	363	ATG	TAA	
111	ndhH	–	126 399	127 580	1 182	38.24	393	ATG	TAA	
112	rps15	–	127 688	127 960	273	32.97	90	ATG	TAA	
113	ycf1	–	128 395	134 016	5 622	30.11	1 873	ATG	TAA	
114	trnN-GUU	+	134 346	134 417	72	54.17				GUU
115	trnR-ACG	–	135 029	135 102	74	62.16				ACG
116	rrn5	–	135 361	135 481	121	52.07				
117	rrn4.5	–	135 712	135 814	103	49.51				
118	rrn23	–	135 913	138 722	2 810	54.84				
119	trnA-UGC	–	138 878 / 139 716	138 912 / 139 753	73	56.16				UGC
120	trnI-GAU	–	139 818 / 140 574	139 852 / 140 615	77	59.74				GAU
121	rrn16	–	140 910	142 400	1 491	56.54				
122	trnV-GAC	–	142 628	142 699	72	48.61				GAC
123	rps7	+	145 400	145 867	468	40.81	155		TAA	

编号	基因名称	链正负	起始位点	终止位点	大小（bp）	GC含量（%）	氨基酸数（个）	起始密码子	终止密码子	反密码子
124	ndhB	+	146 193 147 651	146 969 148 406	1 533	37.38	510		TAG	
125	trnL–CAA	+	148 994	149 074	81	51.85				CAA
126	ycf2	–	150 023	156 883	6 861	37.55	2 286		TAA	
127	trnI–CAU	+	156 972	157 045	74	45.95				CAU
128	rpl23	+	157 215	157 496	282	37.23	93		TAA	
129	rpl2	+	157 521 158 575	157 913 159 009	828	43.96	275		TAG	

表 58　嘉宝果叶绿体基因组碱基组成

项目	A	T	G	C	N
合计（个）	49 556	50 724	28 891	29 924	0
占比（%）	31.15	31.88	18.16	18.81	0.00

注：N 代表未知碱基。

表 59　嘉宝果叶绿体基因组概况

项目	长度（bp）	位置	含量（%）
合计	159 095		37.00
大单拷贝区（LSC）	88 162	1～88 162	34.84
反向重复（IRa）	26 159	88 163～114 321	42.73
小单拷贝区（SSC）	18 615	114 322～132 936	30.85
反向重复（IRb）	26 159	132 937～159 095	42.73

表 60　嘉宝果叶绿体基因组基因数量

项目	基因数（个）
合计	129
蛋白质编码基因	84
tRNA	37
rRNA	8

16. 余甘子 *Phyllanthus emblica*

余甘子（*Phyllanthus emblica* L.，图 76 ～图 79）为大戟科（Euphorbiaceae）叶下珠属植物。别名油甘、牛甘果、滇橄榄、橄榄、庵摩勒。乔木，株高可达 20 米以上；树皮浅褐色；枝条具纵细条纹，被黄褐色短柔毛。叶片纸质至革质，二列，线状长圆形，长 8 ～ 20 毫米，宽 2 ～ 6 毫米，顶端截平或钝圆，有锐尖头或微凹，基部浅心形而稍偏斜，上面绿色，下面浅绿色，干后带红色或淡褐色，边缘略背卷；侧脉每边 4 ～ 7 条；叶柄长 0.3 ～ 0.7 毫米；托叶三角形，长 0.8 ～ 1.5 毫米，褐红色，边缘有睫毛。多朵雄花和 1 朵雌花或全为雄花组成腋生的聚伞花序；萼片 6 枚；雄花花梗长 1.0 ～ 2.5 毫米；萼片膜质，黄色，长倒卵形或匙形，近相等，长 1.2 ～ 2.5 毫米，宽 0.5 ～ 1.0 毫米，顶端钝或圆，边缘全缘或有浅齿；雄蕊 3 枚，花丝合生成长 0.3 ～ 0.7 毫米的柱，花药直立，长圆形，长 0.5 ～ 0.9 毫米，顶端具短尖头，药室平行，纵裂；花粉近球形，直径 17.5 ～ 19.0 微米，具 4 ～ 6 孔沟，内孔多长椭圆形；花盘腺体 6，近三角形。雌花花梗长约 0.5 毫米；萼片长圆形或匙形，长 1.6 ～ 2.5 毫米，宽 0.7 ～ 1.3 毫米，顶端钝或圆，较厚，边缘膜质，多少具浅齿；花盘杯状，包藏子房达 1/2 以上，边缘撕裂；子房卵圆形，长约 1.5 毫米，3 室，花柱 3 枚，长 2.5 ～ 4.0 毫米，基部合生，顶端 2 裂，裂片顶端再 2 裂。蒴果呈核果状，圆球形，直径 1.0 ～ 1.3 厘米，外果皮肉质，绿白色或淡黄白色，内果皮硬壳质；种子略带红色，长 5 ～ 6 毫米，宽 2 ～ 3 毫米。花期 4—6 月，果期 7—9 月[1, 9]。

新鲜的余甘子入口酸涩，短暂的酸涩过后又很快回甘，且口舌生津。中国对余甘子的利用开发研究较少，仅发现有部分资源可以作为药用、鲜食和加工成果汁、果脯、蜜饯等。余甘子鲜果的水分含量达 80%，富含多种氨基酸、16 种矿物质与多种维生素，如维生素 B$_1$、维生素 B$_2$、维生素 C、胡萝卜素等，其中 100 克果肉维生素 C 的含量高达 500 毫克。此外，还鉴定出余甘子含有鞣质、黄酮类化合物、酚酸、多糖和超氧化物歧化酶等多种成分，具有健胃消食、化痰止咳、收敛止泻、清热生津、解除疲劳、保肝解毒等功效[2]。在现代药理学研究证明，余甘子具有抗肿瘤、降血脂、降血压、抗衰老、保肝、抑菌、消炎等功效[3, 4]。已从余甘子中分离得到 194 种化合物，主要包括鞣质类、酚酸类、黄酮类、萜类、甾醇类、维生素、挥发油类[5]。

余甘子原产于中国、印度、泰国、马来西亚等热带和亚热带的国家和地区，其中以中国和印度分布面积较大，产量较多。中国余甘子主要分布在福建、广东、广西、云南、海南、台湾等地，其中福建产量最多[6]。野生和人工栽培的有近百种，如福建省的粉甘、秋白、枣甘、六月白、扁甘、人面、山甘（野生种）、赤皮等[7]。余甘子种植适宜区域的年平均温度在 20℃以上，夏、秋两季温度较高，成年树移栽不易成活，因此常选在冬、春两季移栽[8]。

余甘子叶绿体基因组情况见图80、表61～表64。

参考文献

［1］中国科学院中国植物志编辑委员会.中国植物志：第四十四卷第一分册［M］.北京：科学出版社，1994：87.

［2］李雪冬，潘烨华，田雨闪，等.余甘子的本草考证及其现代研究中若干问题的探讨［J］.中草药，2022，53（18）：5873-5883.

［3］Wang H M, Fu L, Cheng C C, et al. Inhibition of LPS-induced Oxidative Damages and Potential Anti-inflammatory Effects of *Phyllanthus emblica* Extract Via Down-regulating NF-κB, COX-2, and iNOS in RAW 264.7 Cells［J］. Antioxidants, 2019, 8（8）：270.

［4］Li P H, Wang C, W Lu W C, et al. Antioxidant, Anti-Inflammatory Activities, and Neuroprotective Behaviors of *Phyllanthus emblica* L. Fruit Extracts［J］. Agriculture, 2022, 12（5）：1-12.

［5］刘晓晖，吕乔，吉雄，等.余甘子化学成分研究［J］.中成药，2023，45（2）：458-462.

［6］Gantait S, Mahanta M, Bera S, et al. Advances in Biotechnology of *Emblica officinalis* Gaertn. syn. *Phyllanthus emblica* L.: A Nutraceuticals-rich Fruit Tree with Multifaceted Ethnomedicinal Uses［J］. Biotech, 2021, 11（2）：62.

［7］蔡英卿，张新文.余甘子的生物学特性及其应用［J］.三明师专学报，2000（1）：72-74.

［8］沈朝贵，王建超，郭林榕.成年余甘子树的移栽及栽后管理［J］.东南园艺，2022，10（1）：60-62.

［9］Rehman U, Sultana N, Abdullah J A, et al. Comparative Chloroplast Genomics in *Phyllanthaceae* Species［J］. Diversity, 2021, 13（9）：403.

图 76　余甘子　植株

图 77　余甘子　叶片

图 78　余甘子　花

图 79　余甘子　果实

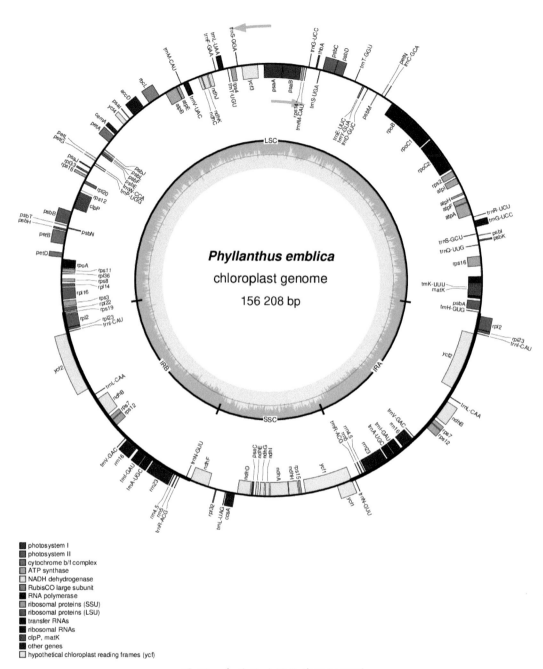

图80　余甘子叶绿体基因组图谱

表 61　余甘子叶绿体基因组注释结果

编号	基因名称	链正负	起始位点	终止位点	大小（bp）	GC含量（%）	氨基酸数（个）	起始密码子	终止密码子	反密码子
			73 764	73 877						
1	rps12	−	101 912	101 938	351	42.45	116	ACT	TAT	
			102 506	102 715						
2	trnH–GUG	−	12	86	75	57.33				GUG
3	psbA	−	550	1 611	1 062	42.09	353	ATG	TAA	
4	trnK–UUU	−	1 893	1 927	72	55.56				UUU
			4 458	4 494						
5	matK	−	2 196	3 710	1 515	33.07	504	ATG	TGA	
6	rps16	−	5 056	5 262	246	35.37	81	ATG	TAA	
			6 141	6 179						
7	trnQ–UUG	−	7 549	7 620	72	59.72				UUG
8	psbK	+	7 984	8 169	186	34.95	61	ATG	TGA	
9	psbI	+	8 536	8 646	111	35.14	36	ATG	TAA	
10	trnS–GCU	−	8 800	8 887	88	52.27				GCU
11	trnG–UCC	+	9 679	9 701	69	53.62				UCC
			10 437	10 482						
12	trnR–UCU	+	10 728	10 799	72	43.06				UCU
13	atpA	−	11 116	12 639	1 524	40.35	507	ATG	TAG	
14	atpF	−	12 696	13 106	555	38.74	184	ATG	TAG	
			13 859	14 002						
15	atpH	−	14 540	14 785	246	46.75	81	ATG	TAA	
16	atpI	−	15 904	16 647	744	36.96	247	ATG	TGA	
17	rps2	−	16 858	17 568	711	38.26	236	ATG	TGA	
18	rpoC2	−	17 806	21 939	4 134	37.11	1 377	ATG	TAA	
19	rpoC1	−	22 105	23 721	2 049	38.41	682	ATG	TAA	
			24 452	24 883						
20	rpoB	−	24 910	28 128	3 219	38.99	1 072	ATG	TAA	
21	trnC–GCA	+	29 297	29 377	81	58.02				GCA
22	petN	+	30 252	30 347	96	38.54	31	ATT	TAG	
23	psbM	−	31 338	31 442	105	30.48	34	ATG	TAA	
24	trnD–GUC	−	32 513	32 586	74	60.81				GUC
25	trnY–GUA	−	33 018	33 101	84	54.76				GUA
26	trnE–UUC	−	33 161	33 233	73	60.27				UUC
27	trnT–GGU	+	33 998	34 069	72	48.61				GGU
28	psbD	+	35 454	36 515	1 062	42.37	353	ATG	TAA	
29	psbC	+	36 463	37 884	1 422	43.60	473	ATG	TGA	
30	trnS–UGA	−	38 129	38 221	93	49.46				UGA

编号	基因名称	链正负	起始位点	终止位点	大小（bp）	GC含量（%）	氨基酸数（个）	起始密码子	终止密码子	反密码子
31	psbZ	+	38 571	38 759	189	35.45	62	ATG	TGA	
32	trnG-GCC	+	39 638	39 708	71	50.70				GCC
33	trnfM-CA	−	39 876	39 949	74	58.11				CAU
34	rps14	−	40 109	40 411	303	42.24	100	ATG	TAA	
35	psaB	−	40 539	42 743	2 205	40.59	734	ATG	TAA	
36	psaA	−	42 769	45 021	2 253	42.48	750	ATG	TAA	
37	ycf3	−	45 715	45 867						
			46 598	46 825	507	39.84	168	ATG	TAA	
			47 584	47 709						
38	trnS-GGA	+	48 538	48 624	87	51.72				GGA
39	rps4	−	48 913	49 518	606	37.95	201	ATG	TAA	
40	trnT-UGU	−	49 637	49 709	73	53.42				UGU
41	trnL-UAA	+	50 932	50 968	87	45.98				UAA
			51 472	51 521						
42	trnF-GAA	+	51 692	51 764	73	52.05				GAA
43	ndhJ	−	52 531	53 007	477	39.20	158	ATG	TGA	
44	ndhK	−	53 128	53 988	861	36.82	286	ATG	TAG	
45	ndhC	−	53 868	54 230	363	35.54	120	ATG	TAG	
46	trnV-UAC	−	54 742	54 778	76	51.32				UAC
			55 374	55 412						
47	trnM-CAU	+	55 586	55 657	72	41.67				CAU
48	atpE	−	55 917	56 318	402	39.05	133	ATG	TAA	
49	atpB	−	56 315	57 811	1 497	42.28	498	ATG	TGA	
50	rbcL	+	58 606	60 048	1 443	42.97	480	ATG	TAA	
51	accD	+	60 723	62 201	1 479	35.77	492	ATG	TAA	
52	psaI	+	62 953	63 066	114	35.09	37	ATG	TAG	
53	ycf4	+	63 471	64 025	555	39.64	184	ATG	TGA	
54	cemA	+	64 966	65 655	690	31.45	229	ATG	TGA	
55	petA	+	65 874	66 836	963	40.29	320	ATG	TAG	
56	psbJ	−	67 835	67 957	123	39.84	40	ATG	TAA	
57	psbL	−	68 106	68 222	117	33.33	38	ACG	TAA	
58	psbF	−	68 245	68 364	120	40.00	39	ATG	TAA	
59	psbE	−	68 374	68 625	252	40.08	83	ATG	TAG	
60	petL	+	69 884	69 979	96	34.38	31	ATG	TGA	
61	petG	+	70 153	70 266	114	32.46	37	ATG	TGA	
62	trnW-CCA	−	70 396	70 467	72	51.39				CCA
63	trnP-UGG	−	70 638	70 712	75	46.67				UGG

编号	基因名称	链正负	起始位点	终止位点	大小（bp）	GC含量（%）	氨基酸数（个）	起始密码子	终止密码子	反密码子
64	psaJ	+	71 134	71 268	135	40.00	44	ATG	TAG	
65	rpl33	+	71 668	71 868	201	38.31	66	ATG	TAA	
66	rps18	+	72 066	72 371	306	33.99	101	ATG	TAA	
67	rpl20	−	72 654	73 007	354	33.33	117	ATG	TAA	
68	rps12	−	73 764 144 543 145 320	73 877 144 752 145 346	351	42.45	116	TTA	TAT	
69	clpP	−	74 044 74 887 76 047	74 271 75 177 76 115	588	41.84	195	ATG	TAA	
70	psbB	+	76 521	78 047	1 527	43.29	508	ATG	TGA	
71	psbT	+	78 154	78 261	108	35.19	35	ATG	TGA	
72	psbN	−	78 327	78 458	132	43.94	43	ATG	TAG	
73	psbH	+	78 563	78 784	222	38.29	73	ATG	TAG	
74	petB	+	78 933 79 719	78 938 80 360	648	38.89	215	ATG	TAG	
75	petD	+	80 554 81 316	80 562 81 789	483	37.89	160	ATG	TAA	
76	rpoA	−	81 986	82 999	1 014	34.91	337	ATG	TAA	
77	rps11	−	83 065	83 481	417	44.36	138	ATG	TAG	
78	rpl36	−	83 597	83 710	114	36.84	37	ATG	TAA	
79	rps8	−	84 054	84 458	405	37.04	134	ATG	TAA	
80	rpl14	−	84 650	85 018	369	38.75	122	ATG	TAA	
81	rpl16	−	85 151 86 555	85 549 86 563	408	41.18	135	ATG	TAG	
82	rps3	−	86 724	87 374	651	35.64	216	ATG	TAA	
83	rpl22	−	87 406	87 834	429	34.50	142	ATG	TGA	
84	rps19	−	87 914	88 192	279	34.77	92	GTG	TAA	
85	rpl2	−	88 249 89 345	88 683 89 737	828	43.96	275	ATG	TAG	
86	rpl23	−	89 762	90 043	282	37.23	93	ATG	TAA	
87	trnI–CAU	−	90 213	90 286	74	45.95				CAU
88	ycf2	+	90 375	97 235	6 861	37.55	2 286	ATG	TAA	
89	trnL–CAA	−	98 184	98 264	81	51.85				CAA
90	ndhB	−	98 852 100 289	99 607 101 065	1 533	37.38	510	ATG	TAG	
91	rps7	−	101 391	101 858	468	40.81	155	ATG	TAA	

编号	基因名称	链正负	起始位点	终止位点	大小（bp）	GC含量（%）	氨基酸数（个）	起始密码子	终止密码子	反密码子
92	trnV-GAC	+	104 559	104 630	72	48.61				GAC
93	rrn16	+	104 858	106 348	1 491	56.54				
94	trnI-GAU	+	106 643 107 406	106 684 107 440	77	59.74				GAU
95	trnA-UGC	+	107 505 108 346	107 542 108 380	73	56.16				UGC
96	rrn23	+	108 533	111 342	2 810	54.80				
97	rrn4.5	+	111 444	111 546	103	49.51				
98	rrn5	+	111 777	111 897	121	52.07				
99	trnR-ACG	+	112 156	112 229	74	62.16				ACG
100	trnN-GUU	−	112 841	112 912	72	54.17				GUU
101	ndhF	−	114 460	116 724	2 265	31.57	754	ATG	TAA	
102	rpl32	+	117 661	117 813	153	34.64	50	ATG	TGA	
103	trnL-UAG	+	118 556	118 635	80	57.50				UAG
104	ccsA	+	118 749	119 708	960	33.33	319	ATG	TAA	
105	ndhD	−	120 010	121 512	1 503	34.73	500	ACG	TAG	
106	psaC	−	121 661	121 906	246	41.06	81	ATG	TAA	
107	ndhE	−	122 173	122 478	306	32.35	101	ATG	TGA	
108	ndhG	−	122 716	123 246	531	34.27	176	ATG	TGA	
109	ndhI	−	123 666	124 151	486	34.98	161	ATG	TAA	
110	ndhA	−	124 252 125 846	124 791 126 397	1 092	33.33	363	ATG	TAA	
111	ndhH	−	126 399	127 580	1 182	38.24	393	ATG	TAA	
112	rps15	−	127 688	127 960	273	32.97	90	ATG	TAA	
113	ycf1	−	128 395	134 016	5 622	30.11	1 873	ATG	TAA	
114	trnN-GUU	+	134 346	134 417	72	54.17				GUU
115	trnR-ACG	−	135 029	135 102	74	62.16				ACG
116	rrn5	−	135 361	135 481	121	52.07				
117	rrn4.5	−	135 712	135 814	103	49.51				
118	rrn23	−	135 913	138 722	2 810	54.84				
119	trnA-UGC	−	138 878 139 716	138 912 139 753	73	56.16				UGC
120	trnI-GAU	−	139 818 140 574	139 852 140 615	77	59.74				GAU
121	rrn16	−	140 910	142 400	1 491	56.54				
122	trnV-GAC	−	142 628	142 699	72	48.61				GAC
123	rps7	+	145 400	145 867	468	40.81	155		TAA	

续表

编号	基因名称	链正负	起始位点	终止位点	大小（bp）	GC含量（%）	氨基酸数（个）	起始密码子	终止密码子	反密码子
124	ndhB	+	146 193 147 651	146 969 148 406	1 533	37.38	510		TAG	
125	trnL–CAA	+	148 994	149 074	81	51.85				CAA
126	ycf2	–	150 023	156 883	6 861	37.55	2 286		TAA	
127	trnI–CAU	+	156 972	157 045	74	45.95				CAU
128	rpl23	+	157 215	157 496	282	37.23	93		TAA	
129	rpl2	+	157 521 158 575	157 913 159 009	828	43.96	275		TAG	

表 62　余甘子叶绿体基因组碱基组成

项目	A	T	G	C	N
合计（个）	49 556	50 724	28 891	29 924	0
占比（%）	31.15	31.88	18.16	18.81	0.00

注：N 代表未知碱基。

表 63　余甘子叶绿体基因组概况

项目	长度（bp）	位置	含量（%）
合计	159 095		37.00
大单拷贝区（LSC）	88 162	1～88 162	34.84
反向重复（IRa）	26 159	88 163～114 321	42.73
小单拷贝区（SSC）	18 615	114 322～132 936	30.85
反向重复（IRb）	26 159	132 937～159 095	42.73

表 64　余甘子叶绿体基因组基因数量

项目	基因数（个）
合计	129
蛋白质编码基因	84
tRNA	37
rRNA	8

17. 杨桃 *Averrhoa carambola*

杨桃（*Averrhoa carambola* L.，图81～图84）为酢浆草科（Oxalidaceae）阳桃属植物。别名洋桃、五稔、五棱果、五敛子、阳桃。常绿乔木，数羽状复叶，互生，长10～20厘米；小叶5～13片，全缘，卵形或椭圆形，长3～7厘米，宽2.0～3.5厘米，顶端渐尖，基部圆，一侧歪斜，表面深绿色，背面淡绿色，疏被柔毛或无毛，小叶柄甚短；花小，微香，数朵至多朵组成聚伞花序或圆锥花序，自叶腋出或着生于枝干上，花枝和花蕾深红色；萼片5枚，长约5毫米，覆瓦状排列，基部合成细杯状，花瓣略向背面弯卷，长8～10毫米，宽3～4毫米，背面淡紫红色，边缘色较淡，有时为粉红色或白色；雄蕊5～10枚；子房5室，每室有多数胚珠，花柱5枚。浆果肉质，下垂，有5棱，很少6棱或3棱，横切面呈星芒状，长5～8厘米，淡绿色或蜡黄色，有时带暗红色。种子黑褐色。花期4—12月，果期7—12月[1, 8]。

成熟的杨桃果实质地松脆，多汁，味甜，略带酸味。杨桃可鲜食，也可加工成蜜饯、果冻等。杨桃被认为是矿物质、蛋白质和维生素等各种营养素的丰富来源，并且还富含天然植物化学物质，如类黄酮、萜烯、皂苷、生物碱、原花青素、维生素、α-酮戊二酸、胡萝卜素、果胶、没食子酸、表儿茶素、脂肪酸、纤维、多糖和甾醇等[2]。有学者从杨桃中分离出132种化合物，其中，类黄酮、苯醌及其苷类物质被认为是生物活性物质。研究表明，杨桃的粗提取物或单体化合物表现出多种生物活性，例如抗氧化、治疗高血糖、治疗肥胖、治疗高血脂、抗肿瘤、消炎、护肝、保护心脏、预防高血压、保护神经等[3, 4]。杨桃除了作为水果之外，还具有相当高的药用价值。

杨桃原产于东南亚热带和亚热带地区，分布仅限于南北纬30°之间，主要分布在中国、印度、马来西亚、印度尼西亚、菲律宾、越南、泰国、缅甸、柬埔寨、巴西以及美国的夏威夷和佛罗里达州。中国种植杨桃已有2 000多年的历史，主要分布在广东、广西、福建、云南和台湾等地。杨桃品种依照用途可以分为甜味种与酸味种两大类，甜味种花瓣呈淡紫色，果实大，成熟时果皮呈黄白、橘红或橘黄色，味甜供鲜食；酸味种花瓣深紫色，果实较小，成熟时果皮呈深黄色，味酸供加工。按果形大小，甜杨桃可分为普通甜杨桃和大果甜杨桃。常见的商业化种植品种包括甜味种的 Arkin（美国佛罗里达州）、Ma Fueng（泰国）、Maha（马来西亚）和 Demak（印度尼西亚）和酸味种的 Golden Star、Newcomb、Star King 和 Thayer（美国佛罗里达州）[5, 6]。

杨桃对土壤要求不高，植株生命力强，育苗半年即可移栽，但对气候条件有一定要求，喜高温湿润，怕烈日暴晒且具有一定耐阴性，不耐寒。幼树0℃以下会冻死，结果树0℃以下会影响开花结果。一般气温20℃左右开花结果最为理想。杨桃主要分布于年均温21℃，≥10℃年积温7 500℃以上和没有或少霜冻的地区[7]。

杨桃叶绿体基因组情况见图85、表65～表68。

参考文献

［1］中国科学院中国植物志编辑委员会 . 中国植物志：第四十三卷第一分册［M］. 北京：科学出版社 , 1998：4.

［2］Muthu N, Lee S Y, Phua K K, et al. Nutritional, Medicinal and Toxicological Attributes of Star−Fruits（*Averrhoa carambola* L. ）: A Review［J］. Bioinformation, 2016, 12(12)：420−424.

［3］Luan F, Peng L X, Lei Z Q, et al. Traditional Uses, Phytochemical Constituents and Pharmacological Properties of *Averrhoa carambola* L.: A Review［J］. Frontiers in Pharmacology, 2021, 12: 1−27.

［4］王乐，姚默，崔超，等 . 杨桃药学研究综述［J］. 安徽农业科学，2012，40（11）：6431−6432，6434.

［5］吴越，李赓 . 台湾杨桃的栽培现状及其产业发展方向［J］. 台湾农业探索，2004（4）：28−30.

［6］马小卫，苏穆清，李栋梁，等 . 杨桃种质果实品质性状遗传多样性分析［J］. 食品科学，2020，41（17）：68−74.

［7］马锞，谢佩吾，罗诗，等 . 杨桃种质资源及栽培技术研究进展［J］. 中国南方果树，2017，46（1）：156−160.

［8］Jo S, Kim H W, Kim Y K, et al. Complete Plastome Sequence of *Averrhoa carambola* L.（Oxalidaceae）［J］. Mitochondrial DNA Part B, 2016, 1（1）：609−611.

图 81　杨桃　植株

图 82　杨桃　叶片

图 83　杨桃　花

图 84　杨桃　果实

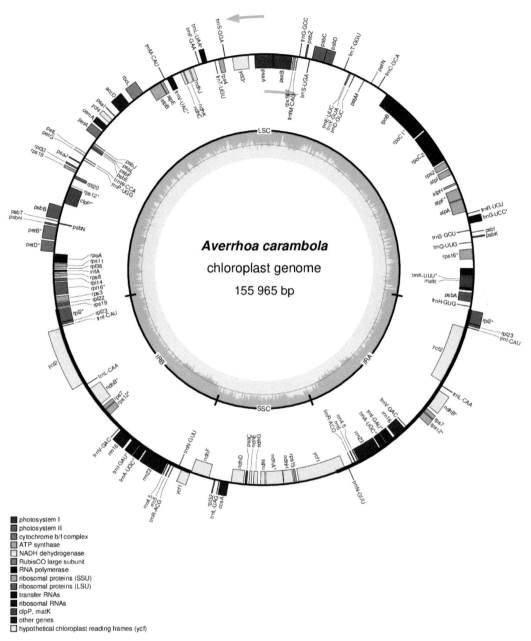

图 85　杨桃叶绿体基因组图谱

表 65　杨桃叶绿体基因组注释结果

编号	基因名称	链正负	起始位点	终止位点	大小（bp）	GC含量（%）	氨基酸数（个）	起始密码子	终止密码子	反密码子
			72 509	72 622						
1	rps12*	−	100 298	100 323	372	43.01	123	ACT	TAT	
			100 865	101 096						
2	trnH–GUG	−	289	362	74	56.76				GUG
3	psbA	−	844	1 905	1 062	41.34	353	ATG	TAA	
4	trnK–UUU	−	2 170	2 204	72	55.56				UUU
			4 750	4 786						
5	matK	−	2 507	4 027	1 521	32.35	506	ATG	TGA	
6	rps16*	−	5 838	6 061	264	37.12	87	ATG	TAA	
			6 997	7 036						
7	trnQ–UUG	−	7 759	7 830	72	61.11				UUG
8	psbK	+	8 247	8 432	186	36.56	61	ATG	TGA	
9	psbI	+	8 841	8 951	111	32.43	36	ATG	TAA	
10	trnS–GCU	−	9 141	9 228	88	50.00				GCU
11	trnG–UCC	+	9 932	9 954	71	53.52				UCC
			10 696	10 743						
12	trnR–UCU	+	11 079	11 150	72	43.06				UCU
13	atpA	−	11 399	12 922	1 524	40.88	507	ATG	TAA	
14	atpF*	−	12 978	13 387	555	36.58	184	ATG	TAG	
			14 102	14 246						
15	atpH	−	14 704	14 949	246	45.12	81	ATG	TAA	
16	atpI	−	16 000	16 743	744	36.29	247	ATG	TGA	
17	rps2	−	16 966	17 676	711	39.24	236	ATG	TGA	
18	rpoC2	−	17 862	21 983	4 122	37.17	1 373	ATG	TAA	
19	rpoC1*	−	22 168	23 775	2 061	38.48	686	ATG	TAA	
			24 527	24 979						
20	rpoB	−	24 985	28 200	3 216	38.50	1 071	ATG	TAA	
21	trnC–GCA	+	29 443	29 513	71	61.97				GCA
22	petN	+	30 436	30 525	90	41.11	29	ATG	TAG	
23	psbM	−	31 278	31 382	105	29.52	34	ATG	TAA	
24	trnD–GUC	−	32 550	32 623	74	62.16				GUC
25	trnY–GUA	−	33 069	33 152	84	54.76				GUA
26	trnE–UUC	−	33 211	33 283	73	58.90				UUC
27	trnT–GGU	+	33 934	34 005	72	48.61				GGU
28	psbD	+	35 560	36 621	1 062	42.75	353	ATG	TAA	
29	psbC	+	36 569	37 990	1 422	43.81	473	ATG	TGA	
30	trnS–UGA	−	38 181	38 273	93	50.54				UGA

编号	基因名称	链正负	起始位点	终止位点	大小（bp）	GC含量（%）	氨基酸数（个）	起始密码子	终止密码子	反密码子
31	psbZ	+	38 651	38 839	189	33.86	62	ATG	TGA	
32	trnG–GCC	+	39 426	39 496	71	49.30				GCC
33	trnfM–CA	–	39 641	39 714	74	56.76				CAU
34	rps14	–	39 875	40 177	303	39.93	100	ATG	TAA	
35	psaB	–	40 303	42 507	2 205	40.73	734	ATG	TAA	
36	psaA	–	42 533	44 785	2 253	43.23	750	ATG	TAA	
37	ycf3*	–	45 499	45 651	507	38.86	168	ATG	TAA	
			46 337	46 564						
			47 283	47 408						
38	trnS–GGA	+	48 202	48 288	87	51.72				GGA
39	rps4	–	48 467	49 072	606	37.13	201	ATG	TAA	
40	trnT–UGU	–	49 473	49 545	73	53.42				UGU
41	trnL–UAA	+	50 385	50 419	85	48.24				UAA
			50 927	50 976						
42	trnF–GAA	+	51 335	51 407	73	52.05				GAA
43	ndhJ	–	52 117	52 593	477	39.41	158	ATG	TGA	
44	ndhK	–	52 698	53 375	678	38.35	225	ATG	TAG	
45	ndhC	–	53 437	53 799	363	34.99	120	ATG	TAG	
46	trnV–UAC	–	54 836	54 870	74	50.00				UAC
			55 488	55 526						
47	trnM–CAU	+	55 731	55 803	73	39.73				CAU
48	atpE	–	56 059	56 457	399	40.85	132	ATG	TGA	
49	atpB	–	56 454	57 950	1 497	42.22	498	ATG	TGA	
50	rbcL	+	58 769	60 196	1 428	43.84	475	ATG	TAA	
51	accD	+	60 823	62 295	1 473	34.22	490	ATG	TAA	
52	psaI	+	63 033	63 146	114	33.33	37	ATG	TAG	
53	ycf4	+	63 556	64 110	555	39.46	184	ATG	TGA	
54	cemA	+	64 490	65 179	690	32.32	229	ATG	TGA	
55	petA	+	65 410	66 372	963	39.77	320	ATG	TAG	
56	psbJ	–	66 930	67 052	123	40.65	40	ATG	TAG	
57	psbL	–	67 187	67 303	117	32.48	38	ACG	TAA	
58	psbF	–	67 326	67 445	120	42.50	39	ATG	TAA	
59	psbE	–	67 455	67 706	252	37.70	83	ATG	TAG	
60	petL	+	68 509	68 604	96	32.29	31	ATG	TGA	
61	petG	+	68 778	68 891	114	35.09	37	ATG	TGA	
62	trnW–CCA	–	68 989	69 062	74	50.00				CCA
63	trnP–UGG	–	69 262	69 335	74	48.65				UGG

续表

编号	基因名称	链正负	起始位点	终止位点	大小（bp）	GC含量（%）	氨基酸数（个）	起始密码子	终止密码子	反密码子
64	psaJ	+	69 775	69 909	135	39.26	44	ATG	TAG	
65	rpl33	+	70 420	70 620	201	34.83	66	ATG	TAG	
66	rps18	+	70 793	71 098	306	34.97	101	ATG	TAG	
67	rpl20	−	71 350	71 703	354	34.75	117	ATG	TAA	
68	rps12*	−	142 087 142 860 72 768	142 318 142 885 72 995	372	43.01	123	TTA	TAT	
69	clpP*	−	73 608 74 732	73 898 74 800	588	40.65	195	ATG	TAA	
70	psbB	+	75 261	76 787	1 527	43.75	508	ATG	TGA	
71	psbT	+	76 972	77 079	108	34.26	35	ATG	TGA	
72	psbN	−	77 140	77 271	132	43.94	43	ATG	TAG	
73	psbH	+	77 376	77 597	222	37.84	73	ATG	TAG	
74	petB*	+	77 739 78 530	77 744 79 171	648	40.28	215	ATG	TAG	
75	petD*	+	79 371 80 085	79 377 80 557	480	36.04	159	ATG	TAA	
76	rpoA	−	80 751	81 779	1 029	33.82	342	ATG	TAA	
77	rps11	−	81 857	82 273	417	44.12	138	ATG	TAA	
78	rpl36	−	82 376	82 489	114	36.84	37	ATG	TAA	
79	rps8	−	82 974	83 384	411	34.79	136	ATG	TAA	
80	rpl14	−	83 579	83 947	369	38.75	122	ATG	TAA	
81	rpl16*	−	84 075 85 554	84 473 85 562	408	42.16	135	ATG	TAG	
82	rps3	−	85 738	86 397	660	34.24	219	ATG	TAA	
83	rpl22	−	86 491	86 877	387	32.56	128	ATG	TAG	
84	rps19	−	86 939	87 217	279	31.54	92	GTG	TAA	
85	rpl2*	−	87 295 88 388	87 728 88 778	825	43.52	274	ATG	TAG	
86	rpl23	−	88 797	89 078	282	37.59	93	ATG	TAA	
87	trnI-CAU	−	89 244	89 317	74	45.95				CAU
88	ycf2	+	89 406	96 278	6 873	37.45	2 290	ATG	TAA	
89	trnL-CAA	−	96 583	96 663	81	51.85				CAA
90	ndhB*	−	97 228 98 669	97 983 99 445	1 533	37.44	510	ATG	TAG	
91	rps7	−	99 777	100 244	468	39.96	155	ATG	TAA	

编号	基因名称	链正负	起始位点	终止位点	大小（bp）	GC含量（%）	氨基酸数（个）	起始密码子	终止密码子	反密码子
92	trnV-GAC	+	102 930	103 001	72	48.61				GAC
93	rrn16	+	103 238	104 728	1 491	56.47				
94	trnI-GAU	+	105 012 / 105 981	105 048 / 106 015	72	59.72				GAU
95	trnA-UGC	+	106 080 / 106 881	106 117 / 106 915	73	56.16				UGC
96	rrn23	+	107 080	109 887	2 808	55.24				
97	rrn4.5	+	109 985	110 087	103	50.49				
98	rrn5	+	110 303	110 423	121	52.89				
99	trnR-ACG	+	110 674	110 747	74	62.16				ACG
100	trnN-GUU	−	111 293	111 364	72	54.17				GUU
101	ndhF	−	112 899	115 109	2 211	30.57	736	ATG	TAA	
102	trnL-UAG	+	116 316	116 395	80	57.50				UAG
103	ccsA	+	116 508	117 473	966	31.88	321	ATG	TGA	
104	ndhD	−	117 729	119 225	1 497	35.20	498	ACG	TAG	
105	psaC	−	119 370	119 615	246	41.87	81	ATG	TGA	
106	ndhE	−	119 825	120 130	306	33.33	101	ATG	TAG	
107	ndhG	−	120 352	120 882	531	32.02	176	ATG	TAA	
108	ndhI	−	121 245	121 748	504	34.13	167	ATG	TAA	
109	ndhA*	−	121 849 / 123 425	122 387 / 123 983	1 098	35.43	365	ATG	TAA	
110	ndhH	−	123 985	125 166	1 182	37.48	393	ATG	TGA	
111	rps15	−	125 271	125 534	264	32.95	87	ATG	TAA	
112	ycf1	−	125 748	131 465	5 718	28.26	1 905	ATG	TAA	
113	trnN-GUU	+	131 819	131 890	72	54.17				GUU
114	trnR-ACG	−	132 436	132 509	74	62.16				ACG
115	rrn5	−	132 760	132 880	121	52.89				
116	rrn4.5	−	133 096	133 198	103	50.49				
117	rrn23	−	133 296	136 103	2 808	55.24				
118	trnA-UGC	−	136 268 / 137 066	136 302 / 137 103	73	56.16				UGC
119	trnI-GAU	−	137 168 / 138 135	137 202 / 138 171	72	59.72				GAU
120	rrn16	−	138 455	139 945	1 491	56.47				
121	trnV-GAC	−	140 182	140 253	72	48.61				GAC
122	rps7	+	142 939	143 406	468	39.96	155	ATG	TAA	

编号	基因名称	链正负	起始位点	终止位点	大小（bp）	GC含量（%）	氨基酸数（个）	起始密码子	终止密码子	反密码子
123	ndhB*	+	143 738 145 200	144 514 145 955	1 533	37.44	510	ATG	TAG	
124	trnL–CAA	+	146 520	146 600	81	51.85				CAA
125	ycf2	−	146 905	153 777	6 873	37.45	2 290	ATG	TAA	
126	trnI–CAU	+	153 866	153 939	74	45.95				CAU
127	rpl23	+	154 105	154 386	282	37.59	93	ATG	TAA	
128	rpl2*	+	154 405 155 455	154 795 155 888	825	43.52	274	ATG	TAG	

表 66 杨桃叶绿体基因组碱基组成

项目	A	T	G	C	N
合计（个）	48 815	50 163	28 015	28 972	0
占比（%）	31.30	32.16	17.96	18.58	0.00

注：N 代表未知碱基。

表 67 杨桃叶绿体基因组概况

项目	长度（bp）	位置	含量（%）
合计	155 965		36.50
大单拷贝区（LSC）	87 217	1 ～ 87 217	34.29
反向重复（IRa）	25 626	87 218 ～ 112 843	42.52
小单拷贝区（SSC）	17 496	112 844 ～ 130 339	30.24
反向重复（IRb）	25 626	130 340 ～ 155 965	42.52

表 68 杨桃叶绿体基因组基因数量

项目	基因数（个）
合计	128
蛋白质编码基因	83
tRNA	37
rRNA	8

18. 山竹 *Garcinia mangostana*

山竹（*Garcinia mangostana* L.，图 86 ～图 89）为藤黄科（Clusiaceae）藤黄属植物。别名倒捻子、风果、山竹子、莽吉柿、山竺、山竺子。小乔木，高 12 ～ 20 米，分枝多而密集，交互对生，小枝具明显的纵棱条。叶片厚革质，具光泽，椭圆形或椭圆状矩圆形，长 14 ～ 25 厘米，宽 5 ～ 10 厘米，顶端短渐尖，基部宽楔形或近圆形，中脉两面隆起，侧脉密集，多达 40 ～ 50 对，在边缘内联结；叶柄粗壮，长约 2 厘米，干时具密的横皱纹。雄花 2 ～ 9 簇生枝条顶端，花梗短，雄蕊合生成 4 束，退化雌蕊圆锥形；雌花单生或成对，着生于枝条顶端，比雄花稍大，直径 4.5 ～ 5.0 厘米，花梗长 1.2 厘米；子房 5 ～ 8 室，几无花柱，柱头 5 ～ 6 深裂。果成熟时紫红色，间有黄褐色斑块，光滑，有种子 4 ～ 5 枚，假种皮瓢状多汁，白色。花期 9—10 月，果期 11—12 月 [1, 8]。

山竹果肉雪白嫩软，味清甜甘香，带微酸性凉，润滑可口，解乏止渴，为热带果树中的珍品，有"果后"之称。山竹果肉营养丰富，富含灰分、粗蛋白、粗脂肪、氨基酸（17 种氨基酸，其中 7 种人体必需氨基酸）和碳水化合物等成分 [2]。经研究鉴定，果肉还富含多种生物活性物质，包括儿茶素、多酚化合物（如类黄酮、单宁和花青素）、维生素 B_1、维生素 B_2、维生素 B_6 和维生素 C，以及具有抗炎和抗氧化特性的矿物质（钾、磷、钙和铁）和黄酮 [3, 4]。山竹被认为是功能性水果，在东南亚各国的民间常用于治疗痢疾、泌尿系统疾病、淋病、炎症性皮肤病和伤口 [5]。山竹以鲜食为主，但果肉仅占果实的 30%，剩余的果皮和种子被视为废物，对山竹果皮和种子提取物的研究显得很重要。已有研究人员鉴定出山竹果皮提取物含有生物碱、糖苷、类固醇、类黄酮、多酚、单宁、萜类化合物和蒽醌等物质，这些物质具有重要的生物学功能 [6]。

山竹原产于马来半岛和马来群岛，在亚洲和非洲热带地区广泛栽培。1919 年中国台湾进行引种，1930—1950 年在海南的文昌、琼海、万宁、保亭等县进行引种。中国有藤黄科藤黄属（山竹子属）植物 21 种，主要分布在广东、云南、贵州、湖南、福建、台湾等亚热带地区，多生于低海拔至中海拔的山地林中。云南省西双版纳傣族自治州的西双版纳热带花卉园内栽有一棵树龄 20 余年的山竹树，且每年都能正常开花和结果，其果实品质也不亚于市场上的进口山竹。岭南山竹（*Garcinia oblongifolia* Champ.）和多花山竹（*G. multiflora* Champ.）是中国可食用的种类 [7]。此外，山竹的种子是单性繁殖，所以山竹的繁殖为无性繁殖。

山竹叶绿体基因组情况见图 90、表 69 ～表 72。

参考文献

[1] 中国科学院中国植物志编辑委员会 . 中国植物志：第五十卷第二分册 [M]. 北京：

科学出版社，1990：98.

［2］戴聪杰, 黄雅琼. 榴莲和山竹果肉的营养分析［J］. 食品与机械, 2012, 28（1）：65-67.

［3］Masullo M, Cerulli A, Cannavacciuolo C, et al. *Garcinia mangostana* L. Fruits and Derived Food Supplements: Identification and Quantitative Determination of Bioactive Xanthones by NMR Analysis［J］. Journal of Pharmaceutical and Biomedical Analysis, 2022, 218（5）：114835.

［4］Saraswathy S U P, Lalitha L C P, Rahim S, et al. A Review on Synthetic and Pharmacological Potential of Compounds Isolated from *Garcinia mangostana* Linn［J/OL］. Phytomedicine Plus, 2022(prepublish). https://doi.org/10.1016/j.phyplu.2022.100253.

［5］Sowmya V, Faizan K, Kratika K, et al. Foods and Dietary Supplements in the Prevention and Treatment of Disease in Older Adults［M］. Academic Press, 2015: 105-109.

［6］Guntarti A, Annisa J, Mughniy M, et al. Effect of Regional Variation on the Total Flavonoid Level of Ethanol Extract of Mangosteen (*Garcinia mangostana*) Peels［J］. Jurnal Kedokteran dan Kesehatan Indonesia, 2017, 8（2）：136-143.

［7］周全光, 甘卫堂, 杨祥燕, 等. 广西野生山竹资源调查与分析［J］. 中国南方果树, 2014, 43（1）：57-59.

［8］Jo S, Kim H W, Kim Y K, et al. The Complete Plastome of Tropical Fruit *Garcinia mangostana*（Clusiaceae）［J］. Mitochondrial DNA Part B, 2017, 2（2）：722-724.

图 86　山竹　植株

图 87　山竹　叶片

图 88　山竹　花

图 89　山竹　果实

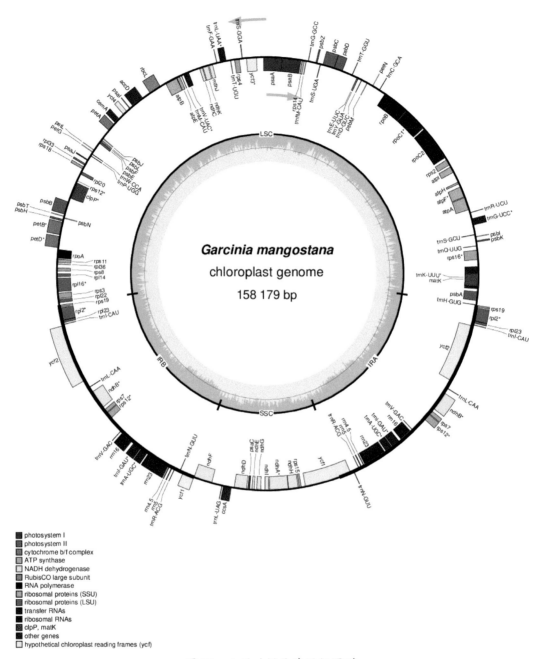

图 90　山竹叶绿体基因组图谱

156

表 69　山竹叶绿体基因组注释结果

编号	基因名称	链正负	起始位点	终止位点	大小（bp）	GC含量（%）	氨基酸数（个）	起始密码子	终止密码子	反密码子
			71 563	71 676						
1	rps12*	–	100 461	100 486	372	41.67	123	ACT	TAT	
			101 025	101 256						
2	trnH–GUG	–	158 173	158 246	74	71.43				GUG
3	psbA	–	528	1 589	1 062	41.53	353	ATG	TAA	
4	trnK–UUU	–	1 895	1 929	72	55.56				UUU
			4 490	4 526						
5	matK	–	2 206	3 753	1 548	30.04	515	ATG	TAG	
6	rps16*	–	5 299	5 477	219	34.70	72	ATG	TAA	
			6 401	6 440						
7	trnQ–UUG	–	6 884	6 955	72	58.33				UUG
8	psbK	+	7 346	7 531	186	32.26	61	ATG	TAA	
9	psbI	+	7 927	8 037	111	36.94	36	ATG	TAA	
10	trnS–GCU	–	8 190	8 277	88	52.27				GCU
11	trnG–UCC	+	9 359	9 381	71	53.52				UCC
			10 078	10 125						
12	trnR–UCU	+	10 806	10 877	72	41.67				UCU
13	atpA	–	11 213	12 745	1 533	39.60	510	ATG	TGA	
14	atpF*	–	12 809	13 206	543	35.73	180	ATG	TAA	
			13 950	14 094						
15	atpH	–	14 465	14 710	246	42.68	81	ATG	TAA	
16	atpI	–	15 944	16 687	744	37.37	247	ATG	TGA	
17	rps2	–	16 925	17 635	711	37.55	236	ATG	TGA	
18	rpoC2	–	17 923	22 101	4 179	36.09	1 392	ATG	TAA	
19	rpoC1*	–	22 267	23 898	2 064	37.26	687	ATG	TAA	
			24 652	25 083						
20	rpoB	–	25 121	28 333	3 213	38.06	1 070	ATG	TAA	
21	trnC–GCA	+	29 086	29 156	71	60.56				GCA
22	petN	+	30 023	30 112	90	44.44	29	ATG	TAG	
23	psbM	–	30 751	30 855	105	32.38	34	ATG	TAA	
24	trnD–GUC	–	31 493	31 566	74	62.16				GUC
25	trnY–GUA	–	31 946	32 029	84	53.57				GUA
26	trnE–UUC	–	32 089	32 161	73	58.90				UUC
27	trnT–GGU	+	32 754	32 825	72	50.00				GGU
28	psbD	+	34 040	35 101	1 062	41.71	353	ATG	TAA	
29	psbC	+	35 049	36 470	1 422	43.18	473	ATG	TAA	
30	trnS–UGA	–	36 704	36 793	90	52.22				UGA

编号	基因名称	链正负	起始位点	终止位点	大小（bp）	GC含量（%）	氨基酸数（个）	起始密码子	终止密码子	反密码子
31	psbZ	+	37 154	37 342	189	33.33	62	ATG	TAA	
32	trnG-GCC	+	38 208	38 278	71	49.30				GCC
33	trnfM-CA	−	38 450	38 523	74	55.41				CAU
34	rps14	−	38 693	38 995	303	40.59	100	ATG	TAA	
35	psaB	−	39 113	41 317	2 205	40.36	734	ATG	TAA	
36	psaA	−	41 347	43 599	2 253	41.68	750	ATG	TAG	
37	ycf3*	−	44 399 45 511	44 785 45 636	513	36.65	170	ATG	TAA	
38	trnS-GGA	+	46 073	46 159	87	50.57				GGA
39	rps4	−	46 445	47 050	606	38.28	201	ATG	TAA	
40	trnT-UGU	−	47 461	47 533	73	53.42				UGU
41	trnL-UAA	+	48 006 48 699	48 040 48 748	85	47.06				UAA
42	trnF-GAA	+	49 131	49 203	73	50.68				GAA
43	ndhJ	−	49 717	50 193	477	38.99	158	ATG	TGA	
44	ndhK	−	50 290	50 967	678	39.97	225	ATG	TAG	
45	ndhC	−	51 021	51 383	363	34.16	120	ATG	TAG	
46	trnV-UAC	−	52 771 53 402	52 805 53 440	74	52.70				UAC
47	trnM-CAU	−	53 683	53 755	73	38.36				CAU
48	atpE	−	53 927	54 334	408	39.95	135	ATG	TAA	
49	atpB	−	54 331	55 827	1 497	41.22	498	ATG	TGA	
50	rbcL	+	56 569	58 005	1 437	43.70	478	ATG	TAA	
51	accD	+	59 028	60 533	1 506	34.93	501	ATG	TAA	
52	psaI	+	60 919	61 032	114	31.58	37	ATG	TAG	
53	ycf4	+	61 467	62 021	555	39.64	184	ATG	TGA	
54	cemA	+	62 739	63 428	690	30.72	229	ATG	TGA	
55	petA	+	63 659	64 621	963	39.77	320	ATG	TAG	
56	psbJ	−	65 748	65 870	123	38.21	40	ATG	TAG	
57	psbL	−	66 001	66 117	117	28.21	38	ATG	TAA	
58	psbF	−	66 144	66 263	120	45.83	39	ATG	TAA	
59	psbE	−	66 273	66 524	252	38.89	83	ATG	TAG	
60	petL	+	67 485	67 586	102	34.31	33	ATG	TGA	
61	petG	+	67 766	67 879	114	34.21	37	ATG	TGA	
62	trnW-CCA	−	68 014	68 087	74	51.35				CCA
63	trnP-UGG	−	68 267	68 340	74	48.65				UGG
64	psaJ	+	68 852	68 986	135	37.78	44	ATG	TAG	

编号	基因名称	链正负	起始位点	终止位点	大小（bp）	GC含量（%）	氨基酸数（个）	起始密码子	终止密码子	反密码子
65	rpl33	+	69 413	69 613	201	37.31	66	GTG	TAG	
66	rps18	+	69 821	70 126	306	33.01	101	ATG	TAG	
67	rpl20	−	70 413	70 766	354	33.33	117	ATG	TAA	
68	rps12*	−	71 563	71 676	372	41.67	123	TTA	TAT	
			143 382	143 613						
			144 152	144 177						
69	clpP*	−	71 848	72 075	588	40.99	195	ATG	TAA	
			72 713	73 003						
			73 743	73 811						
70	psbB	+	74 283	75 809	1 527	43.03	508	ATG	TGA	
71	psbT	+	76 009	76 116	108	34.26	35	ATG	TGA	
72	psbN	−	76 178	76 309	132	43.94	43	ATG	TAG	
73	psbH	+	76 421	76 642	222	38.29	73	ATG	TAG	
74	petB*	+	76 770	76 775	648	39.35	215	ATG	TAG	
			77 605	78 246						
75	petD*	+	78 432	78 438	501	37.33	166	ATG	TAA	
			79 255	79 748						
76	rpoA	−	79 958	80 977	1 020	34.02	339	ATG	TAA	
77	rps11	−	81 066	81 482	417	46.52	138	ATG	TAA	
78	rpl36	−	81 607	81 720	114	38.60	37	ATG	TAA	
79	rps8	−	82 095	82 499	405	35.56	134	ATG	TAA	
80	rpl14	−	82 788	83 156	369	34.69	122	ATG	TAA	
81	rpl16*	−	83 303	83 701	408	41.91	135	ATG	TAG	
			84 890	84 898						
82	rps3	−	85 056	85 712	657	31.96	218	ATG	TAA	
83	rpl22	−	85 809	86 201	393	34.10	130	ATG	TAA	
84	rps19	−	86 451	86 678	228	31.14	75	GTG	TGA	
85	rpl2*	−	86 770	87 203	834	44.24	277	ATG	TAG	
			87 865	88 264						
86	rpl23	−	88 283	88 564	282	37.23	93	ATG	TAA	
87	trnI–CAU	−	88 726	88 799	74	45.95				CAU
88	ycf2	+	88 888	95 784	6 897	37.20	2 298	ATG	TAG	
89	trnL–CAA	−	96 704	96 784	81	51.85				CAA
90	ndhB*	−	97 371	98 126	1 533	37.44	510	ATG	TAG	
			98 825	99 601						
91	rps7	−	99 933	100 400	468	40.38	155	ATG	TAA	
92	trnV–GAC	+	103 112	103 183	72	48.61				GAC

编号	基因名称	链正负	起始位点	终止位点	大小（bp）	GC含量（%）	氨基酸数（个）	起始密码子	终止密码子	反密码子
93	rrn16	+	103 416	104 906	1 491	57.14				
94	trnI-GAU	+	105 214 106 195	105 250 106 229	72	59.72				GAU
95	trnA-UGC	+	106 299 107 132	106 336 107 166	73	56.16				UGC
96	rrn23	+	107 319	110 128	2 810	55.09				
97	rrn4.5	+	110 225	110 327	103	52.43				
98	rrn5	+	110 557	110 677	121	52.07				
99	trnR-ACG	+	110 925	110 998	74	62.16				ACG
100	trnN-GUU	−	111 613	111 684	72	55.56				GUU
101	ndhF	−	113 472	115 745	2 274	31.93	757	ATG	TAA	
102	trnL-UAG	+	116 990	117 069	80	57.50				UAG
103	ccsA	+	117 196	118 167	972	31.28	323	ATG	TGA	
104	ndhD	−	118 462	119 964	1 503	34.60	500	ACG	TAA	
105	psaC	−	120 089	120 334	246	41.06	81	ATG	TGA	
106	ndhE	−	120 577	120 882	306	32.68	101	ATG	TAA	
107	ndhG	−	121 146	121 676	531	33.15	176	ATG	TAA	
108	ndhI	−	122 139	122 615	477	33.75	158	ATG	TGA	
109	ndhA*	−	122 700 124 390	123 232 124 951	1 095	33.61	364	ATG	TAA	
110	ndhH	−	124 959	126 134	1 176	37.76	391	ATG	TGA	
111	rps15	−	126 235	126 507	273	28.94	90	ATG	TAA	
112	ycf1	−	126 967	132 591	5 625	29.14	1 874	ATG	TGA	
113	trnN-GUU	+	132 954	133 025	72	55.56				GUU
114	trnR-ACG	−	133 640	133 713	74	62.16				ACG
115	rrn5	−	133 961	134 081	121	52.07				
116	rrn4.5	−	134 311	134 413	103	52.43				
117	rrn23	−	134 510	137 319	2 810	55.09				
118	trnA-UGC	−	137 472 138 302	137 506 138 339	73	56.16				UGC
119	trnI-GAU	−	138 409 139 388	138 443 139 424	72	59.72				GAU
120	rrn16	−	139 732	141 222	1 491	57.14				
121	trnV-GAC	−	141 455	141 526	72	48.61				GAC
122	rps7	+	144 238	144 705	468	40.38	155	ATG	TAA	
123	ndhB*	+	145 037 146 512	145 813 147 267	1 533	37.44	510	ATG	TAG	

续表

编号	基因名称	链正负	起始位点	终止位点	大小（bp）	GC含量（%）	氨基酸数（个）	起始密码子	终止密码子	反密码子
124	trnL–CAA	+	147 854	147 934	81	51.85				CAA
125	ycf2	–	148 854	155 750	6 897	37.20	2 298	ATG	TAG	
126	trnI–CAU	+	155 839	155 912	74	45.95				CAU
127	rpl23	+	156 074	156 355	282	37.23	93	ATG	TAA	
128	rpl2*	+	156 374 157 435	156 773 157 868	834	44.24	277	ATG	TAG	

表 70 山竹叶绿体基因组碱基组成

项目	A	T	G	C	N
合计（个）	50 076	51 042	28 018	29 043	0
占比（%）	31.66	32.27	17.71	18.36	0.00

注：N代表未知碱基。

表 71 山竹叶绿体基因组概况

项目	长度（bp）	位置	含量（%）
合计	158 179		36.10
大单拷贝区（LSC）	86 458	1～86 458	33.49
反向重复（IRa）	27 009	86 459～113 467	42.16
小单拷贝区（SSC）	17 703	113 468～131 170	30.10
反向重复（IRb）	27 009	131 171～158 179	42.16

表 72 山竹叶绿体基因组基因数量

项目	基因数（个）
合计	128
蛋白质编码基因	83
tRNA	37
rRNA	8

19. 罗望子 *Tamarindus indica*

罗望子（*Tamarindus indica*，图 91～图 94）为豆科（Fabaceae）酸豆属植物。别名酸角、酸子、木罕、印度枣、泰国甜角、酸梅树、酸荚。常绿乔木，高 10～15米，胸径 30～50 厘米；树皮暗灰色，不规则纵裂。小叶小，长圆形，长 1.3～2.8厘米，宽 5～9 毫米，先端圆钝或微凹，基部圆而偏斜，无毛。花黄色或杂以紫红色条纹，少数；总花梗和花梗被黄绿色短柔毛；小苞片 2 枚，长约 1 厘米，开花前紧包着花蕾；萼管长约 7 毫米，檐部裂片披针状长圆形，长约 1.2 厘米，花后反折；花瓣倒卵形，与萼裂片近等长，边缘波状，皱褶；雄蕊长 1.2～1.5 厘米，近基部被柔毛，花丝分离部分长约 7 毫米，花药椭圆形，长 2.5 毫米；子房圆柱形，长约 8 毫米，微弯，被毛。荚果圆柱状长圆形，肿胀，棕褐色，长 5～14 厘米，直或弯拱，常不规则地缢缩；种子 3～14 颗，褐色，有光泽。花期 5—8 月；果期 12 月至翌年 5 月。罗望子树干粗，树冠大，抗风力强，且材质重而坚硬，纹理细致，用于制作建筑材料、农具、车辆和高级家具[1, 8]。

通常把罗望子的果实称为酸角。酸角果肉为红棕色黏稠状固体，果肉中糖含量较高，约占干果肉质量的 50%，其中还原糖占总糖比例较高，主要由果糖和葡萄糖组成。依品种不同，有的酸角果肉甜腻，有的酸角果肉酸爽可口。果肉中总酸含量也高，酒石酸是酸角中含量最多的酸，占干果肉质量 8%～18%，而其他酸含量甚微。蛋白质含量为 2.0%～8.8%，含有 18 种氨基酸，其中有 8 种人体必需氨基酸，脯氨酸含量较高。果肉含多种矿物质元素，其中钾、钙、磷、镁四种元素含量较高，且钙磷比约为1∶1，是其营养特性之一。含有多种维生素，如维生素 B_1、维生素 B_2、维生素 B_6 等，但是维生素 C 含量并不高。酸角中色素因品种而异，多为花黄素、菊胺和无色花青素。酸角果肉中也有果胶，约占 2.5%[2]。酸角除鲜食外，还可加工成以酸角为主料或辅料的酸角食品，如酸角糖、酸角糕、酸角酱、酸角浓缩果汁、酸角调味品、酸角冰淇淋、酸角复合饮料等[3]。酸角各部位中不仅含有丰富的营养成分，还在传统医学中广泛应用。研究证明，酸角叶、果肉、籽及根皮提取物具有较好的抗菌、抗炎、解毒、止痛、降血糖及降血脂等生物活性[4]。

酸角原产于非洲热带，经苏丹引入印度后开始大规模种植。现在，该植物在全世界热带、南亚热带地区都有引种和栽培，尤以苏丹、印度、印度尼西亚、越南、巴西、泰国、巴基斯坦等国种植较为普遍。中国云南、四川、海南、广东、广西、福建、台湾等区域也广为种植[5]。酸角从品种资源上分为酸型（酸豆或酸角）、甜酸型、甜型（甜角）3 个群体品种类型[6]。酸型酸角约占全球酸角总量的 95%，全球的甜型酸角产量不高，泰国是甜型酸角最大生产国，其产量约占全球甜型酸角生产总量的 30%。国内保存的酸角种质有 130 余份。中国培育出的甜角新品种红鳅、翠玉、金月具有果荚大、果肉厚且含糖量高、产量高等特性；酸角优良家系银丰、月栗具有坐果率高、果实大、单株产量高、植株抗旱性强、病虫害少等特性[7]。

罗望子叶绿体基因组情况见图 95、表 75 ～表 76。

参考文献

[1] 中国科学院中国植物志编辑委员会 . 中国植物志：第三十九卷［M］. 北京 : 科学出版社，1988：217.

[2] 吴领风 . 酸角果肉成分和功能性质分析及发酵饮料工艺研究［D］. 海口：海南大学，2020.

[3] 代建菊，袁理春，李茂富，等 . 酸角在食品上的应用研究概述［J］. 食品研究与开发，2015，36（16）：17-20.

[4] 李维熙，王葳，杨柏荣，等 . 酸角的化学成分及生物活性研究现状［J］. 国际药学研究杂志，2016，43（4）：697-704.

[5] 廖礼彬 . 甜酸角谱系地理学研究［D］. 北京：中国林业科学研究院，2016.

[6] 马天晓，姚顺阳，刘震 , 等 . 酸角研究进展［J］. 中国野生植物资源,2012,31（6）：6-11.

[7] 瞿文林，马开华，宋子波，等 . 酸角种质资源的保护和利用研究进展［J］. 热带作物学报，2020，41（1）：202-209.

[8] Kanupriya C, Karunakaran G, Singh P, et al. Genetic Diversity and Population Structure Analysis in Tamarind（*Tamarindus indica* L.）Using SCoT and SRAP Markers［J］. Genet Resour Crop Evol, 2013（1）：27-36.

图91　罗望子　植株　　　　　　　　图92　罗望子　叶片

图93　罗望子　花　　　　　　　　　图94　罗望子　果实

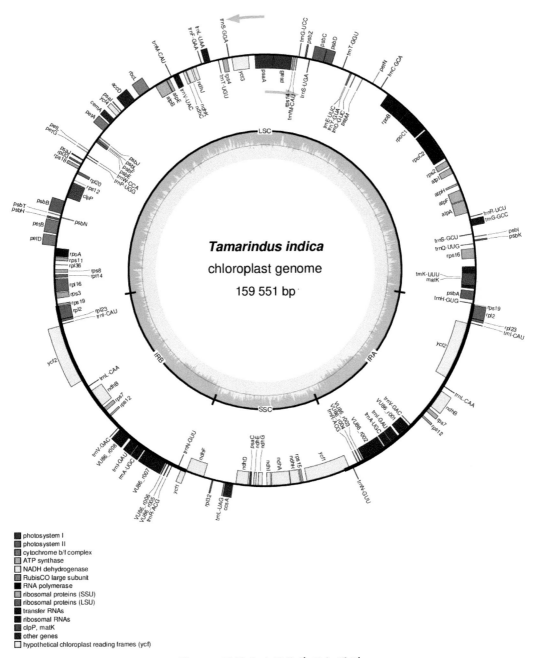

图 95 罗望子叶绿体基因组图谱

表 73 罗望子叶绿体基因组注释结果

编号	基因名称	链正负	起始位点	终止位点	大小（bp）	GC含量（%）	氨基酸数（个）	起始密码子	终止密码子	反密码子
1	rps12	–	72 743 / 102 516	72 856 / 102 758	357	44.26	118	ACT	TAT	
2	trnH–GUG	–	13	87	75	57.33				GUG
3	psbA	–	469	1 530	1 062	41.62	353	ATG	TAA	
4	trnK–UUU	–	1 790 / 4 407	1 818 / 4 443	66	53.03				UUU
5	matK	–	2 140	3 657	1 518	31.36	505	ATG	TGA	
6	rps16	–	5 396 / 6 560	5 625 / 6 599	270	37.78	89	ATG	TAA	
7	trnQ–UUG	–	7 078	7 149	72	61.11				UUG
8	psbK	+	7 392	7 577	186	32.80	61	ATG	TAA	
9	psbI	+	7 857	7 967	111	36.94	36	ATG	TAA	
10	trnS–GCU	–	8 237	8 324	88	50.00				GCU
11	trnG–GCC	+	9 208 / 9 953	9 230 / 10 001	72	54.17				GCC
12	trnR–UCU	+	10 271	10 342	72	43.06				UCU
13	atpA	–	10 848	12 380	1 533	40.38	510	ATG	TGA	
14	atpF	–	12 448 / 13 589	12 854 / 13 733	552	36.96	183	ATG	TAA	
15	atpH	–	14 317	14 562	246	45.53	81	ATG	TAA	
16	atpI	–	15 821	16 564	744	35.75	247	ATG	TGA	
17	rps2	–	16 836	17 546	711	37.27	236	ATG	TGA	
18	rpoC2	–	17 878	21 924	4 047	37.14	1 348	ATG	TGA	
19	rpoC1	–	22 117 / 24 523	23 727 / 24 954	2 043	38.18	680	ATG	TAA	
20	rpoB	–	24 981	28 205	3 225	38.57	1 074	ATA	TAA	
21	trnC–GCA	+	29 285	29 364	80	60.00				GCA
22	petN	+	30 414	30 503	90	41.11	29	ATG	TAA	
23	psbM	–	31 701	31 805	105	31.43	34	ATG	TAA	
24	trnD–GUC	–	32 639	32 712	74	63.51				GUC
25	trnY–GUA	–	33 167	33 250	84	54.76				GUA
26	trnE–UUC	–	33 312	33 384	73	57.53				UUC
27	trnT–GGU	+	34 379	34 450	72	48.61				GGU
28	psbD	+	35 821	36 882	1 062	42.66	353	ATG	TAA	
29	psbC	+	36 830	38 251	1 422	43.39	473	ATG	TAA	
30	trnS–UGA	–	38 481	38 573	93	48.39				UGA
31	psbZ	+	38 964	39 152	189	34.92	62	ATG	TGA	

编号	基因名称	链正负	起始位点	终止位点	大小（bp）	GC含量（%）	氨基酸数（个）	起始密码子	终止密码子	反密码子
32	trnG–UCC	+	39 804	39 874	71	47.89				UCC
33	trnfM–CA	–	40 007	40 080	74	58.11				CAU
34	rps14	–	40 243	40 545	303	39.27	100	ATG	TAA	
35	psaB	–	40 674	42 878	2 205	41.36	734	ATG	TAA	
36	psaA	–	42 910	45 162	2 253	42.48	750	ATG	TAA	
			45 925	46 077						
37	ycf3	–	46 917	47 144	510	39.41	169	ATG	TAA	
			47 857	47 985						
38	trnS–GGA	+	48 250	48 336	87	51.72				GGA
39	rps4	–	48 531	49 136	606	37.46	201	ATG	TAA	
40	trnT–UGU	–	49 580	49 652	73	53.42				UGU
41	trnL–UAA	+	50 571	50 607	87	48.28				UAA
			51 247	51 296						
42	trnF–GAA	+	51 623	51 695	73	52.05				GAA
43	ndhJ	–	52 399	52 875	477	38.16	158	ATG	TAA	
44	ndhK	–	53 044	53 721	678	37.46	225	ATG	TAG	
45	ndhC	–	53 763	54 125	363	35.26	120	ATG	TAA	
46	trnV–UAC	–	54 690	54 726	76	52.63				UAC
			55 356	55 394						
47	trnM–CAU	+	55 564	55 636	73	39.73				CAU
48	atpE	–	55 913	56 314	402	39.30	133	ATG	TAA	
49	atpB	–	56 311	57 810	1 500	41.93	499	ATG	TGA	
50	rbcL	+	58 575	60 002	1 428	43.84	475	ATG	TAA	
51	accD	+	60 742	62 250	1 509	34.86	502	ATG	TAG	
52	psaI	+	62 798	62 911	114	35.09	37	ATG	TAG	
53	ycf4	+	63 105	63 659	555	39.28	184	ATG	TGA	
54	cemA	+	64 124	64 816	693	32.76	230	ATG	TGA	
55	petA	+	65 032	65 994	963	40.91	320	ATG	TAG	
56	psbJ	–	66 809	66 931	123	39.02	40	ATG	TAG	
57	psbL	–	67 077	67 193	117	34.19	38	ACG	TAA	
58	psbF	–	67 216	67 335	120	43.33	39	ATG	TAA	
59	psbE	–	67 345	67 596	252	39.68	83	ATG	TAG	
60	petL	+	68 868	68 963	96	36.46	31	ATG	TGA	
61	petG	+	69 152	69 265	114	35.09	37	ATG	TGA	
62	trnW–CCA	–	69 398	69 471	74	52.70				CCA
63	trnP–UGG	–	69 700	69 773	74	48.65				UGG
64	psaJ	+	70 176	70 310	135	42.22	44	ATG	TAG	

编号	基因名称	链正负	起始位点	终止位点	大小（bp）	GC含量（%）	氨基酸数（个）	起始密码子	终止密码子	反密码子
65	rpl33	+	70 654	70 860	207	34.30	68	ATG	TAG	
66	rps18	+	71 089	71 436	348	31.61	115	ATG	TGA	
67	rpl20	−	71 637	71 981	345	31.30	114	ATG	TAA	
68	rps12	−	72 743 144 761	72 856 145 003	357	44.26	118	CTA	TAT	
69	clpP	−	73 101 73 928 74 950	73 328 74 218 75 018	588	41.84	195	ATG	TAA	
70	psbB	+	75 543	77 069	1 527	43.68	508	ATG	TGA	
71	psbT	+	77 264	77 371	108	32.41	35	ATG	TGA	
72	psbN	−	77 433	77 564	132	43.18	43	ATG	TAG	
73	psbH	+	77 669	77 890	222	36.94	73	ATG	TAG	
74	petB	+	78 014 78 857	78 019 79 498	648	39.35	215	ATG	TAG	
75	petD	+	79 703 80 444	79 710 80 918	483	40.37	160	ATG	TAA	
76	rpoA	−	81 135	82 130	996	34.54	331	ATG	TAA	
77	rps11	−	82 209	82 619	411	44.77	136	ATG	TAA	
78	rpl36	−	83 043	83 156	114	36.84	37	ATG	TAA	
79	rps8	−	83 676	84 080	405	36.54	134	ATG	TAA	
80	rpl14	−	84 289	84 657	369	37.13	122	ATG	TAA	
81	rpl16	−	84 806 86 329	85 204 86 337	408	41.91	135	ATG	TAA	
82	rps3	−	86 443	87 105	663	33.48	220	ATG	TAA	
83	rps19	−	87 762	88 040	279	34.05	92	GTG	TAA	
84	rpl2	−	88 105 89 231	88 539 89 620	825	44.12	274	ATG	TAG	
85	rpl23	−	89 639	89 920	282	37.23	93	ATG	TAA	
86	trnI–CAU	−	90 172	90 245	74	45.95				CAU
87	ycf2	+	90 340	97 293	6 954	37.43	2 317	ATG	TAA	
88	trnL–CAA	−	98 248	98 328	81	51.85				CAA
89	ndhB	−	98 910 100 345	99 665 101 121	1 533	37.44	510	ATG	TAG	
90	rps7	−	101 431	101 898	468	40.60	155	ATG	TAA	
91	trnV–GAC	+	104 334	104 405	72	47.22				GAC
92	16S	+	104 633	106 123	1 491	56.27				

编号	基因名称	链正负	起始位点	终止位点	大小（bp）	GC含量（%）	氨基酸数（个）	起始密码子	终止密码子	反密码子
93	trnI–GAU	+	106 424 107 422	106 465 107 456	77	59.74				GAU
94	trnA–UGC	+	107 521 108 363	107 558 108 397	73	56.16				UGC
95	23S	+	108 556	111 365	2 810	55.30				
96	4.5S	+	111 466	111 569	104	50.00				
97	5S	+	111 793	111 913	121	52.89				
98	trnR–ACG	+	112 172	112 245	74	62.16				ACG
99	trnN–GUU	–	112 910	112 981	72	52.78				GUU
100	ndhF	–	114 017	116 233	2 217	32.07	738	ATG	TAA	
101	rpl32	+	117 273	117 440	168	30.95	55	ATG	TAA	
102	trnL–UAG	+	118 732	118 811	80	57.50				UAG
103	ccsA	+	118 899	119 864	966	31.47	321	ATG	TGA	
104	ndhD	–	120 147	121 640	1 494	35.07	497	AAT	TAG	
105	psaC	–	121 771	122 016	246	40.65	81	ATG	TGA	
106	ndhE	–	122 302	122 607	306	32.35	101	ATG	TAA	
107	ndhG	–	122 848	123 378	531	34.09	176	ATG	TAA	
108	ndhI	–	123 924	124 421	498	34.14	165	ATG	TAA	
109	ndhA	–	124 501 126 247	125 040 126 798	1 092	33.97	363	ATG	TAA	
110	ndhH	–	126 800	127 987	1 188	37.54	395	ATG	TGA	
111	rps15	–	128 084	128 356	273	30.77	90	ATG	TAA	
112	ycf1	–	128 792	134 173	5 382	28.93	1 793	ATG	TAA	
113	trnN–GUU	+	134 538	134 609	72	52.78				GUU
114	trnR–ACG	–	135 274	135 347	74	62.16				ACG
115	5S	–	135 606	135 726	121	52.89				
116	4.5S	–	135 950	136 053	104	50.00				
117	23S	–	136 152	138 961	2 810	55.34				
118	trnA–UGC	–	139 122 139 961	139 156 139 998	73	56.16				UGC
119	trnI–GAU	–	140 063 141 054	140 097 141 095	77	59.74				GAU
120	16S	–	141 396	142 886	1 491	56.27				
121	trnV–GAC	–	143 114	143 185	72	47.22				GAC
122	rps7	+	145 621	146 088	468	40.60	155	ATG	TAA	
123	ndhB	+	146 398 147 854	147 174 148 609	1 533	37.44	510	ATG	TAG	

续表

编号	基因名称	链正负	起始位点	终止位点	大小（bp）	GC含量（%）	氨基酸数（个）	起始密码子	终止密码子	反密码子
124	trnL-CAA	+	149 191	149 271	81	51.85				CAA
125	ycf2	−	150 226	157 179	6 954	37.43	2 317	ATG	TAA	
126	trnI-CAU	+	157 274	157 347	74	45.95				CAU
127	rpl23	+	157 599	157 880	282	37.23	93	ATG	TAA	
128	rpl2	+	157 899 158 980	158 288 159 414	825	44.12	274	ATG	TAG	

表 74　罗望子叶绿体基因组碱基组成

项目	A	T	G	C	N
合计（个）	50 123	51 606	28 408	29 414	0
占比（%）	31.42	32.34	17.80	18.44	0.00

注：N代表未知碱基。

表 75　罗望子叶绿体基因组概况

项目	长度（bp）	位置	含量（%）
合计	159 551		36.20
大单拷贝区（LSC）	87 967	1 ～ 87 967	33.89
反向重复（IRa）	26 019	87 968 ～ 113 986	42.55
小单拷贝区（SSC）	19 546	113 987 ～ 133 532	30.01
反向重复（IRb）	26 019	133 533 ～ 159 551	42.55

表 76　罗望子叶绿体基因组基因数量

项目	基因数（个）
合计	128
蛋白质编码基因	83
tRNA	37
rRNA	8

20. 椰子 *Cocos nucifera*

椰子（*Cocos nucifera*，图 96 ~ 图 99）为棕榈科（Arecaceae）椰子属植物。别名椰树。植株高大，乔木状，高 15 ~ 30 米，茎粗壮，有环状叶痕，基部增粗，常有簇生小根。叶羽状全裂，长 3 ~ 4 米；裂片多数，外向折叠，革质，线状披针形，长 65 ~ 100 厘米或更长，宽 3 ~ 4 厘米，顶端渐尖；叶柄粗壮，长达 1 米以上。花序腋生，长 1.5 ~ 2.0 米，多分枝；佛焰苞纺锤形，厚木质，最下部的长 60 ~ 100 厘米或更长，老时脱落；雄花萼片 3 片，鳞片状，长 3 ~ 4 毫米，花瓣 3 枚，卵状长圆形，长 1.0 ~ 1.5 厘米，雄蕊 6 枚，花丝长 1 毫米，花药长 3 毫米；雌花基部有小苞片数枚；萼片阔圆形，宽约 2.5 厘米，花瓣与萼片相似，但较小。果卵球状或近球形，顶端微具三棱，长 15 ~ 25 厘米，外果皮薄，中果皮厚纤维质，内果皮木质坚硬，基部有 3 孔，其中的 1 孔与胚相对，萌发时即由此孔穿出，其余 2 孔坚实，果腔含有胚乳（即"果肉"或种仁）、胚和汁液（椰子水）。花果期主要在秋季[1, 8]。

椰子的果肉和椰子水均可食用。天然椰子水中不仅含有葡萄糖、果糖、半乳糖、木糖和甘露醇等糖类，为糖尿病人饮用含糖饮品提供了新的选择，还富含维生素，如烟酸、泛酸、叶酸、维生素 A、维生素 B 族（B_1、B_2、B_6）等，能维持人体正常生理功能，有利于促进人体新陈代谢，预防癌症。此外，普通水果中的风味物质多以酯类、醛类为主，而天然椰子水则以醇类、酸类等挥发性物质协同构成，风味清香微甜[2]。椰子综合利用率高，其可食部分（椰子肉、椰子水）和非可食部分（椰衣、椰壳）均具有较高的开发价值。其中，占椰果质量 33% ~ 35% 的椰衣，材质坚韧且透气性良好，是优良的环保材料。椰壳质地坚实，呈黑褐色，可制作椰壳活性炭。椰肉不仅可用于菜肴烹饪，而且又可加工成椰子汁、椰子油（成熟的椰肉含脂肪量可达 33%）、椰子糖、椰子酱等 300 余种特色食品。其中，存在椰子果腔内的天然椰子水可直接食用，因其富含营养素，日益成为开发健康营养植物蛋白饮品的重要原料[3]。

椰子原产于印度尼西亚至南太平洋群岛和亚洲东南部，主要分布在赤道两侧 20° 之内的亚洲、非洲和拉丁美洲等热带滨海地区[4]。中国的椰子 98% 种植在海南省，广东、广西和云南西双版纳也有少量分布[5]。在全球范围内，共计保存椰子种质 401 份，中国从 20 世纪 80 年代开始椰子种质资源的收集保存工作，保存有 205 份椰子种质[6]。椰子在长期的自然选择和人工选择中逐渐形成了三种类型，高种椰子、矮种椰子以及介于高种和矮种之间的中间类型。矮种椰子较高种椰子营养生长的时间短，需 4 ~ 6 年才能开花结果[7]。

椰子叶绿体基因组情况见图 100、表 77 ~ 表 80。

参考文献

［1］中国科学院中国植物志编辑委员会 . 中国植物志：第十三卷第一分册［M］. 北京：科学出版社，1991：144.

［2］邓福明，陈卫军，王挥，等 . 利用固相微萃取 – 气质联用技术分析中国主栽品种椰子水的挥发性成分［J］. 热带作物学报，2017，38（7）：1353–1358.

［3］Ignacio I F, Miguel T S. Research Opportunities on the Coconut (*Cocos nucifera* L.) Using New Technologies［J］. South African Journal of Botany, 2021, 141: 414–420.

［4］卢琨，侯媛媛 . 海南省椰子产业分析与发展路径研究［J］. 广东农业科学，2020，47（6）：145–151.

［5］许丽菁，范海阔，杨耀东，等 . 发展中国椰子科技国际合作交流的探析［J］. 热带农业科学，2014，34（1）：103–106.

［6］卢丽兰，刘蕊，肖勇，等 . 椰子种质资源、栽培与利用研究进展［J］. 热带作物学报，2021，42（6）：1795–1803.

［7］张璐璐，李静，吴翼，等 . 椰子分子标记的研究和应用进展［J］. 热带农业科学，2017，37（5）：37–41.

［8］Huang Y Y, Matzke A J, Matzke M. Complete Sequence and Comparative Analysis of the Chloroplast Genome of Coconut Palm (*Cocos nucifera*)［J/OL］. PloS one, 2013, 8（8）：e74736

图 96　椰子　植株

图 97　椰子　叶片

图 98　椰子　花

图 99　椰子　果实

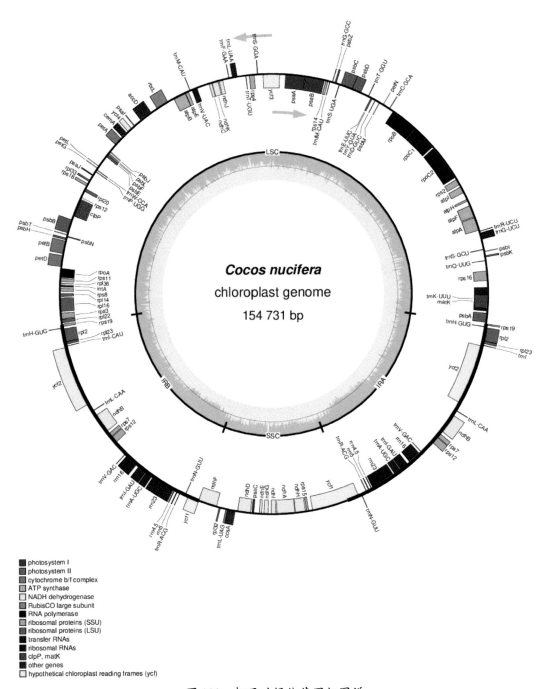

图 100　椰子叶绿体基因组图谱

表 77　椰子叶绿体基因组注释结果

编号	基因名称	链正负	起始位点	终止位点	大小（bp）	GC含量（%）	氨基酸数（个）	起始密码子	终止密码子	反密码子
			69 353	69 466						
1	rps12	–	98 096	98 151	399	41.10	132	ATC	TAT	
			98 663	98 891						
2	psbA	–	1	1 062	1 062	42.66	353	ATG	TAA	
3	trnK–UUU	–	1 281	1 315	72	55.56				UUU
			3 949	3 985						
4	matK	–	1 588	3 129	1 542	32.36	513	ATG	TAA	
5	rps16	–	4 700	4 920	261	34.87	86	ATG	TAA	
			5 780	5 819						
6	trnQ–UUG	–	6 928	6 999	72	62.5				UUG
7	psbK	+	7 342	7 527	186	34.95	61	ATG	TGA	
8	psbI	+	7 929	8 039	111	35.14	36	ATG	TAA	
9	trnS–GCU	–	8 178	8 265	88	53.41				GCU
10	trnG–UCU	+	9 360	9 382	71	53.52				UCU
			10 069	10 116						
11	trnR–UCU	+	10 272	10 343	72	43.06				UCU
12	atpA	–	10 436	11 980	1 545	40.91	514	ATG	TAG	
13	atpF	–	12 060	12 469	555	38.38	184	ATG	TAG	
			13 274	13 418						
14	atpH	–	13 941	14 186	246	45.12	81	ATG	TAA	
15	atpI	–	15 008	15 751	744	37.50	247	ATG	TGA	
16	rps2	–	16 005	16 715	711	38.40	236	ATG	TGA	
17	rpoC2	–	16 952	21 073	4 122	36.97	1 373	ATG	TAA	
18	rpoC1	–	21 253	22 869	2 049	38.41	682	ATG	TAA	
			23 635	24 066						
19	rpoB	–	24 093	27 299	3 207	38.91	1 068	ATG	TGA	
20	trnC–GCA	+	27 783	27 853	71	59.15				GCA
21	petN	+	28 624	28 713	90	42.22	29	ATG	TAG	
22	psbM	–	29 111	29 215	105	31.43	34	ATG	TAA	
23	trnD–GUC	–	29 680	29 753	74	63.51				GUC
24	trnY–GUA	–	30 096	30 179	84	54.76				GUA
25	trnE–UUC	–	30 230	30 302	73	57.53				UUC
26	trnT–GGU	+	30 587	30 658	72	48.61				GGU
27	psbD	+	31 576	32 637	1 062	43.69	353	ATG	TAA	
28	psbC	+	32 585	34 006	1 422	44.44	473	ATG	TGA	
29	trnS–UGA	–	34 144	34 236	93	50.54				UGA
30	psbZ	+	34 572	34 760	189	34.92	62	ATG	TGA	

编号	基因名称	链正负	起始位点	终止位点	大小（bp）	GC含量（%）	氨基酸数（个）	起始密码子	终止密码子	反密码子
31	trnG-GCC	+	34 985	35 055	71	50.70				GCC
32	trnfM-CA	−	35 277	35 350	74	54.05				CAU
33	rps14	−	35 513	35 815	303	39.93	100	ATG	TAA	
34	psaB	−	35 958	38 162	2 205	41.09	734	ATG	TAA	
35	psaA	−	38 188	40 440	2 253	43.23	750	ATG	TAA	
			41 084	41 242						
36	ycf3	−	41 978	42 207	513	39.18	170	ATG	TAA	
			42 928	43 051						
37	trnS-GGA	+	43 609	43 695	87	51.72				GGA
38	rps4	−	44 004	44 609	606	37.79	201	ATG	TGA	
39	trnT-UGU	−	44 938	45 010	73	52.05				UGU
40	trnL-UAA	+	45 944	45 958	65	47.69				UAA
			46 475	46 524						
41	trnF-GAA	+	46 879	46 951	73	49.32				GAA
42	ndhJ	−	47 668	48 147	480	38.54	159	ATG	TGA	
43	ndhK	−	48 238	49 005	768	37.89	255	ATG	TAA	
44	ndhC	−	48 996	49 358	363	38.57	120	ATG	TAA	
45	trnV-UAC	−	50 795	50 831	76	51.32				UAC
			51 419	51 457						
46	trnM-CAU	+	51 623	51 695	73	41.10				CAU
47	atpE	−	51 875	52 279	405	42.47	134	ATG	TAG	
48	atpB	−	52 276	53 772	1 497	42.75	498	ATG	TGA	
49	rbcL	+	54 542	55 996	1 455	44.05	484	ATG	TGA	
50	accD	+	56 796	58 271	1 476	34.69	491	ATG	TAA	
51	psaI	+	59 190	59 300	111	37.84	36	ATG	TAG	
52	ycf4	+	59 661	60 215	555	38.92	184	ATG	TGA	
53	cemA	+	60 418	61 116	699	32.62	232	AAA	TGA	
54	petA	+	61 338	62 300	963	40.60	320	ATG	TAG	
55	psbJ	−	63 235	63 357	123	42.28	40	ATG	TAG	
56	psbL	−	63 483	63 599	117	30.77	38	ATG	TGA	
57	psbF	−	63 622	63 741	120	40.83	39	ATG	TAA	
58	psbE	−	63 753	64 004	252	42.06	83	ATG	TAG	
59	petL	+	65 333	65 428	96	34.38	31	ATG	TGA	
60	petG	+	65 599	65 712	114	35.09	37	ATG	TGA	
61	trnW-CCA	−	65 819	65 892	74	54.05				CCA
62	trnP-UGG	−	66 050	66 123	74	48.65				UGG
63	psaJ	+	66 534	66 668	135	37.78	44	ATG	TAG	

编号	基因名称	链正负	起始位点	终止位点	大小（bp）	GC含量（%）	氨基酸数（个）	起始密码子	终止密码子	反密码子
64	rpl33	+	67 241	67 441	201	36.82	66	ATG	TAG	
65	rps18	+	67 712	68 017	306	34.64	101	ATG	TAA	
66	rpl20	–	68 289	68 642	354	34.75	117	ATG	TAA	
			69 353	69 466						
67	rps12	–	139 795	140 023	399	41.10	132	TTA	TAT	
			140 535	140 590						
			69 604	69 855						
68	clpP	–	70 515	70 806	615	41.63	204	ATG	TAA	
			71 625	71 695						
69	psbB	+	72 158	73 684	1 527	43.16	508	ATG	TGA	
70	psbT	+	73 861	73 974	114	32.46	37	ATG	TAA	
71	psbN	–	74 034	74 165	132	46.21	43	ATG	TAG	
72	psbH	+	74 274	74 495	222	40.99	73	ATG	TAG	
73	petB	+	74 622	74 627	648	39.35	215	ATG	TAG	
			75 421	76 062						
74	petD	+	76 276	76 283	522	37.93	173	ATG	TAG	
			77 016	77 529						
75	rpoA	–	77 703	78 728	1 026	35.58	341	ATG	TAA	
76	rps11	–	78 808	79 224	417	44.84	138	ATG	TAG	
77	rpl36	–	79 361	79 474	114	37.72	37	ATG	TAA	
78	infA	–	79 592	79 825	234	37.18	77	ATG	TAG	
79	rps8	–	79 939	80 337	399	34.59	132	ATG	TGA	
80	rpl14	–	80 519	80 887	369	39.57	122	ATG	TAA	
81	rpl16	–	81 019	81 417	408	45.10	135	ATG	TAG	
			82 569	82 577						
82	rps3	–	82 739	83 404	666	34.38	221	ATG	TAA	
83	rpl22	–	83 457	83 852	396	34.60	131	ATG	TAA	
84	rps19	–	83 989	84 267	279	36.56	92	GTG	TAA	
85	trnH–GUG	+	84 404	84 477	74	56.76				GUG
86	rpl2	–	84 524	84 954	822	44.16	273	ACG	TAG	
			85 617	86 007						
87	rpl23	–	86 026	86 307	282	37.59	93	ATG	TAA	
88	trnI–CAU	–	86 468	86 541	74	45.95				CAU
89	ycf2	+	86 610	93 494	6 885	37.66	2 294	ATG	TAG	
90	trnL–CAA	–	94 379	94 459	81	50.62				CAA
91	ndhB	–	95 023	95 778	1 533	37.70	510	ATG	TAG	
			96 482	97 258						

续表

编号	基因名称	链正负	起始位点	终止位点	大小（bp）	GC含量（%）	氨基酸数（个）	起始密码子	终止密码子	反密码子
92	rps7	−	97 570	98 037	468	39.74	155	ATG	TAA	
93	trnV-GAC	+	100 518	100 589	72	48.61				GAC
94	rrn16	+	100 817	102 307	1 491	56.54				
95	trnI-GAU	+	102 624 103 603	102 665 103 637	77	59.74				GAU
96	trnA-UGC	+	103 702 104 449	103 739 104 483	73	56.16				UGC
97	rrn23	+	104 640	107 444	2 805	55.08				
98	rrn4.5	+	107 549	107 651	103	48.54				
99	rrn5	+	107 882	108 002	121	51.24				
100	trnR-ACG	+	108 254	108 327	74	62.16				ACG
101	trnN-GUU	−	108 914	108 985	72	52.78				GUU
102	ndhF	−	110 592	112 829	2 238	31.99	745	ATG	TAA	
103	rpl32	+	113 126	113 299	174	29.89	57	ATG	TAA	
104	trnL-UAG	+	113 913	113 992	80	58.75				UAG
105	ccsA	+	114 069	115 037	969	31.89	322	ATG	TGA	
106	ndhD	−	115 254	116 756	1 503	35.40	500	ACG	TAG	
107	psaC	−	116 878	117 123	246	42.28	81	ATG	TGA	
108	ndhE	−	117 744	118 049	306	35.29	101	ATG	TAG	
109	ndhG	−	118 274	118 804	531	34.27	176	ATG	TAA	
110	ndhI	−	119 137	119 679	543	33.33	180	ATG	TAA	
111	ndhA	−	119 767 121 346	120 305 121 898	1 092	34.71	363	ATG	TAA	
112	ndhH	−	121 900	123 081	1 182	38.07	393	ATG	TGA	
113	rps15	−	123 187	123 459	273	33.33	90	ATG	TAA	
114	ycf1	−	123 865	129 384	5 520	30.45	1 839	ATG	TAA	
115	trnN-GUU	+	129 701	129 772	72	52.78				GUU
116	trnR-ACG	−	130 359	130 432	74	62.16				ACG
117	rrn5	−	130 684	130 804	121	51.24				
118	rrn4.5	−	131 035	131 137	103	48.54				
119	rrn23	−	131 242	134 046	2 805	55.08				
120	trnA-UGC	−	134 203 134 947	134 237 134 984	73	56.16				UGC
121	trnI-GAU	−	135 049 136 021	135 083 136 062	77	59.74				GAU
122	rrn16	−	136 379	137 869	1 491	56.54				
123	trnV-GAC	−	138 097	138 168	72	48.61				GAC

续表

编号	基因名称	链正负	起始位点	终止位点	大小（bp）	GC含量（%）	氨基酸数（个）	起始密码子	终止密码子	反密码子
124	rps7	+	140 649	141 116	468	39.74	155	ATG	TAA	
125	ndhB	+	141 428 142 908	142 204 143 663	1 533	37.70	510	ATG	TAG	
126	trnL–CAA	+	144 227	144 307	81	50.62				CAA
127	ycf2	–	145 192	152 076	6 885	37.66	2 294	ATG	TAG	
128	trnI–CAU	+	152 145	152 218	74	45.95				CAU
129	rpl23	+	152 379	152 660	282	37.59	93	ATG	TAA	
130	rpl2	+	152 679 153 732	153 069 154 162	822	44.16	273	ACG	TAG	
131	trnH–GUG	–	154 209	154 282	74	56.76				GUG

表 78　椰子叶绿体基因组碱基组成

项目	A	T	G	C	N
合计（个）	47 937	48 864	28 427	29 503	0
占比（%）	30.98	31.58	18.37	19.07	0.00

注：N 代表未知碱基。

表 79　椰子叶绿体基因组概况

项目	长度（bp）	位置	含量（%）
合计	154 731		37.40
大单拷贝区（LSC）	84 092	1 ～ 84 092	35.52
反向重复（IRa）	26 555	84 093 ～ 110 647	42.58
小单拷贝区（SSC）	17 391	110 648 ～ 128 038	31.07
反向重复（IRb）	26 555	128 039 ～ 154 593	42.58

表 80　椰子叶绿体基因组基因数量

项目	基因数（个）
合计	131
蛋白质编码基因	85
tRNA	38
rRNA	8

21. 青枣 *Ziziphus mauritiana*

　　青枣（*Ziziphus mauritiana*，图 101～图 104）为鼠李科（Rhamnaceae）枣属植物。别名台湾青枣、毛叶枣、印度枣、缅枣、酸枣、滇刺枣。常绿乔木或灌木，高达 15米；幼枝被黄灰色密绒毛，小枝被短柔毛，老枝紫红色，有 2 个托叶刺，1 个斜上，另 1 个钩状下弯。叶纸质至厚纸质，卵形、矩圆状椭圆形，稀近圆形，长 2.5～6.0 厘米，宽 1.5～4.5 厘米，顶端圆形，稀锐尖，基部近圆形，稍偏斜，不等侧，边缘具细锯齿，上面深绿色，无毛，有光泽，下面被黄色或灰白色绒毛，基生 3 出脉，叶脉在上面下陷或多少凸起，下面有明显的网脉；叶柄长 5～13 毫米，被灰黄色密绒毛。花绿黄色，两性，5 基数，数个或 10 余个密集成近无总花梗或具短总花梗的腋生二歧聚伞花序，花梗长 2～4 毫米，被灰黄色绒毛；萼片卵状三角形，顶端尖，外面被毛；花瓣矩圆状匙形，基部具爪；雄蕊与花瓣近等长，花盘厚，肉质，10 裂，中央凹陷，子房球形，无毛，2 室，每室有 1 胚珠，花柱 2 浅裂或半裂。核果矩圆形或球形，长 1.0～1.2 厘米，直径约 1 厘米，橙色或红色，成熟时变黑色，基部有宿存的萼筒；果梗长 5～8毫米，被短柔毛，2 室，具 1 枚或 2 枚种子；中果皮薄，木栓质，内果皮厚，硬革质；种子宽而扁，长 6～7 毫米，宽 5～6 毫米，红褐色，有光泽。花期 8—11 月，果期9—12 月[1, 7]。

　　青枣果形优美，果实可食率高，皮薄肉厚，鲜食肉质脆嫩、多汁、清甜。果肉富含果糖、葡萄糖、维生素 B、维生素 C，钙、磷、烟酸等营养物质，因此，享有"热带小苹果""维生素丸"的美称[2]。青枣加工性能好，可加工成罐头、蜜饯、饮料、果脯、果酱、果冻及果丹皮等；干果、种仁、根可入药，具有健脾壮身、清凉解毒和镇静安神等功效；青枣树是紫胶虫的优良寄生植物，可用来放养紫胶虫；树皮含大量单宁，可提取栲胶；树叶可作牲畜饲料，可消化性好；花期长，蜜量大，是很好的蜜源植物；青枣耐旱瘠，生长迅速，枝叶量大，是防止水土流失、改善生态环境的优良树种[3]。

　　青枣主要分布在热带和亚热带地区。关于青枣的原产地有两种不同的说法。一种说法认为它起源于中国的云南省和印度，然后传到阿富汗、马来西亚和澳大利亚的昆士兰，大约在 1850 年前后被引种到关岛，经夏威夷再到美洲。另一种说法认为它起源于小亚细亚南部、北非、毛里求斯、印度东部一带。青枣已广泛分布于印度、越南、缅甸、斯里兰卡、马来西亚、泰国、印度尼西亚、澳大利亚、美国的南部和非洲。青枣在中国的台湾、云南、海南、广东、福建、广西、四川、重庆等地有种植[4]。青枣的原生种是滇刺枣，其价值不大。而台湾青枣是毛叶枣经过印度和中国台湾省科学家数代遗传改良和选择、驯化而培育成的果树品种群[5]。

　　青枣是典型的热带果树，喜干热气候，喜光怕阴，喜温怕高湿，适宜在阳光充足，年平均气温≥ 19℃，极端低温≥ 0℃，≥ 10℃年积温在 5 000℃以上，全年基本无霜，海拔 1 200 米以下，年降水量 500 ~ 1 200 毫米，相对湿度在 50% 以上，土层深厚、土壤肥沃疏松的热带亚热带地区种植[6]。

青枣叶绿体基因组情况见图 105、表 81 ~ 表 84。

参考文献

［1］中国科学院中国植物志编辑委员会 . 中国植物志：第四十八卷第一分册［M］. 北京：科学出版社，1982：141.

［2］陈佳瑛 . 毛叶枣种质资源果实品质性状评价及 ISSR 初步分析［D］. 湛江：广东海洋大学，2009.

［3］黄雪莲 . 一种有开发价值的热带珍稀果树：毛叶枣［J］. 云南热作科技，2000（2）：41-42.

［4］卢琨 . 毛叶枣的生产与研究概况［J］. 世界热带农业信息，2007（8）：4-7.

［5］孙浩元 . 中国枣树优良品种资源的保存, 繁殖技术及毛叶枣引种研究［D］. 北京：北京林业大学，2001.

［6］李向宏，罗志文，张史才 . 海南毛叶枣产业发展现状、问题及对策［J］. 中国果业信息，2014，31（7）：27-30.

［7］Huang J, Chen R H, Li X G. Comparative Analysis of the Complete Chloroplast Genome of Four Known *Ziziphus* Species［J］. Genes，2017，8（12）：340.

图 101　青枣　植株

图 102　青枣　叶片

图 103　青枣　花

图 104　青枣　果实

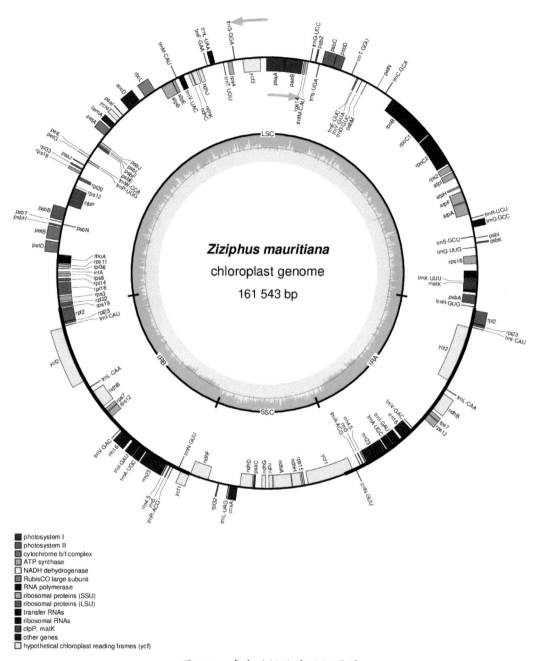

图 105　青枣叶绿体基因组图谱

表 81　青枣叶绿体基因组注释结果

编号	基因名称	链正负	起始位点	终止位点	大小（bp）	GC含量（%）	氨基酸数（个）	起始密码子	终止密码子	反密码子
1	rps12	–	74 180 103 052 103 614	74 293 103 077 103 845	372	41.67	123	ACT	TAT	
2	trnH–GUG	–	88	162	75	57.33				GUG
3	psbA	–	478	1 539	1 062	42.09	353	ATG	TAA	
4	trnK–UUU	–	1 835 4 419	1 869 4 455	72	55.56				UUU
5	matK	–	2 143	3 663	1 521	33.53	506	ATG	TGA	
6	rps16	–	5 315 6 281	5 396 6 321	123	39.02	40	ATG	TAA	
7	trnQ–UUG	–	7 264	7 335	72	59.72				UUG
8	psbK	+	7 702	7 887	186	37.10	61	ATG	TGA	
9	psbI	+	8 329	8 439	111	36.94	36	ATG	TAA	
10	trnS–GCU	–	8 568	8 655	88	52.27				GCU
11	trnG–GCC	+	9 657 10 381	9 679 10 428	71	54.93				GCC
12	trnR–UCU	+	10 744	10 815	72	43.06				UCU
13	atpA	–	11 324	12 847	1 524	41.40	507	ATG	TAA	
14	atpF	–	12 907 14 069	13 317 14 212	555	38.02	184	ATG	TAG	
15	atpH	–	14 677	14 922	246	47.97	81	ATG	TAA	
16	atpI	–	16 005	16 748	744	37.37	247	ATG	TGA	
17	rps2	–	16 959	17 669	711	38.54	236	ATG	TGA	
18	rpoC2	–	17 892	22 061	4 170	36.79	1 389	ATG	TAA	
19	rpoC1	–	22 203 24 615	23 837 25 049	2 070	39.66	689	ATG	TAA	
20	rpoB	–	25 076	28 288	3 213	38.81	1 070	ATG	TAA	
21	trnC–GCA	+	29 352	29 430	79	58.23				GCA
22	petN	+	30 601	30 690	90	43.33	29	ATG	TAG	
23	psbM	–	31 933	32 037	105	31.43	34	ATG	TAA	
24	trnD–GUC	–	32 596	32 669	74	62.16				GUC
25	trnY–GUA	–	33 128	33 211	84	54.76				GUA
26	trnE–UUC	–	33 271	33 343	73	58.90				UUC
27	trnT–GGU	+	34 039	34 110	72	48.61				GGU
28	psbD	+	35 491	36 552	1 062	43.13	353	ATG	TAA	
29	psbC	+	36 500	37 921	1 422	44.80	473	ATG	TGA	
30	trns–UGA	–	38 161	38 253	93	49.46				UGA

编号	基因名称	链正负	起始位点	终止位点	大小（bp）	GC含量（%）	氨基酸数（个）	起始密码子	终止密码子	反密码子
31	psbZ	+	38 606	38 794	189	37.57	62	ATG	TGA	
32	trnG–UCC	+	39 304	39 374	71	49.30				UCC
33	trnfM–CA	–	39 552	39 625	74	58.11				CAU
34	rps14	–	39 788	40 090	303	41.58	100	ATG	TAA	
35	psaB	–	40 222	42 426	2 205	41.18	734	ATG	TAA	
36	psaA	–	42 452 45 420	44 704 45 572	2 253	42.92	750	ATG	TAA	
37	ycf3	–	46 299 47 505	46 526 47 630	507	40.63	168	ATG	TAA	
38	trnS–GGA	+	48 549	48 635	87	51.72				GGA
39	rps4	–	48 930	49 535	606	38.45	201	ATG	TAA	
40	trnT–UGU	–	50 004	50 076	73	52.05				UGU
41	trnL–UAA	+	51 028 51 585	51 064 51 634	87	47.13				UAA
42	trnF–GAA	+	51 977	52 049	73	52.05				GAA
43	ndhJ	–	52 791	53 267	477	39.41	158	ATG	TGA	
44	ndhK	–	53 435	54 115	681	39.21	226	ATG	TAG	
45	ndhC	–	54 170	54 532	363	35.26	120	ATG	TAG	
46	trnV–UAC	–	55 143 55 776	55 179 55 814	76	51.32				UAC
47	trnM–CAU	+	55 989	56 060	72	41.67				CAU
48	atpE	–	56 317	56 718	402	41.04	133	ATG	TAA	
49	atpB	–	56 715	58 211	1 497	42.75	498	ATG	TGA	
50	rbcL	+	59 040	60 467	1 428	43.84	475	ATG	TAA	
51	accD	+	61 256	62 959	1 704	34.15	567	ATG	TAA	
52	psaI	+	63 890	64 003	114	32.46	37	ATG	TAA	
53	ycf4	+	64 417	64 971	555	38.92	184	ATG	TGA	
54	cemA	+	65 364	66 053	690	31.88	229	ATG	TGA	
55	petA	+	66 266	67 228	963	41.02	320	ATG	TAG	
56	psbJ	–	68 045	68 167	123	39.02	40	ATG	TAG	
57	psbL	–	68 303	68 383	81	30.86	26	TTG	TAA	
58	psbF	–	68 442	68 561	120	40.00	39	ATG	TAA	
59	psbE	–	68 571	68 822	252	39.68	83	ATG	TAG	
60	petL	+	70 209	70 304	96	33.33	31	ATG	TGA	
61	petG	+	70 476	70 589	114	33.33	37	ATG	TGA	
62	trnW–CCA	–	70 726	70 799	74	51.35				CCA
63	trnP–UGG	–	70 947	71 020	74	48.65				UGG

编号	基因名称	链正负	起始位点	终止位点	大小（bp）	GC含量（%）	氨基酸数（个）	起始密码子	终止密码子	反密码子
64	psaJ	+	71 504	71 638	135	40.00	44	ATG	TAG	
65	rpl33	+	72 007	72 207	201	36.32	66	ATG	TAG	
66	rps18	+	72 439	72 744	306	35.62	101	ATG	TAA	
67	rpl20	−	73 020	73 373	354	35.03	117	ATG	TAA	
68	rps12	−	74 180 146 780 147 548	74 293 147 011 147 573	372	41.67	123	TTA	TAT	
69	clpP	−	74 479 75 426 76 643	74 721 75 714 76 713	603	41.63	200	ATG	TAA	
70	psbB	+	77 154	78 680	1 527	43.88	508	ATG	TGA	
71	psbT	+	78 851	78 958	108	32.41	35	ATG	TGA	
72	psbN	−	79 019	79 150	132	43.18	43	ATG	TAG	
73	psbH	+	79 255	79 476	222	40.54	73	ATG	TAG	
74	petB	+	79 598 80 406	79 603 81 047	648	40.43	215	ATG	TAA	
75	petD	+	81 291 82 065	81 298 82 539	483	40.58	160	ATG	TAA	
76	rpoA	−	82 733	83 728	996	35.24	331	ATG	TAA	
77	rps11	−	83 794	84 210	417	44.36	138	ATG	TAA	
78	rpl36	−	84 348	84 461	114	38.60	37	ATG	TAA	
79	infA	−	84 753	84 812	60	35.00	19	ATG	TAG	
80	rps8	−	84 939	85 349	411	34.31	136	ATG	TAA	
81	rpl14	−	85 591	85 959	369	39.30	122	ATG	TAA	
82	rpl16	−	86 098 87 581	86 496 87 589	408	42.65	135	ATG	TAG	
83	rps3	−	87 748	88 398	651	33.79	216	ATG	TAA	
84	rpl22	−	88 535	88 951	417	36.21	138	ATG	TAA	
85	rps19	−	89 020	89 298	279	34.77	92	GTG	TAA	
86	rpl2	−	89 348 90 468	89 782 90 857	825	44.00	274	ATG	TAG	
87	rpl23	−	90 876	91 157	282	36.88	93	ATG	TAA	
88	trnI–CAU	−	91 328	91 401	74	45.95				CAU
89	ycf2	+	91 490	98 377	6 888	37.50	2 295	ATG	TAA	
90	trnL–CAA	−	99 330	99 410	81	51.85				CAA
91	ndhB	−	99 996 101 432	100 751 102 208	1 533	37.12	510	ATG	TAG	

编号	基因名称	链正负	起始位点	终止位点	大小（bp）	GC含量（%）	氨基酸数（个）	起始密码子	终止密码子	反密码子
92	rps7	–	102 531	102 998	468	40.81	155	ATG	TAA	
93	trnV-GAC	+	105 575	105 646	72	48.61				GAC
94	rrn16	+	105 890	107 380	1 491	56.41				
95	trnI-GAU	+	107 677 108 661	107 718 108 695	77	59.74				GAU
96	trnA-UGC	+	108 760 109 600	108 797 109 634	73	56.16				UGC
97	rrn23	+	109 794	112 602	2 809	55.00				
98	rrn4.5	+	112 701	112 803	103	50.49				
99	rrn5	+	113 060	113 180	121	52.07				
100	trnR-ACG	+	113 436	113 509	74	62.16				ACG
101	trnN-GUU	–	114 114	114 185	72	54.17				GUU
102	ndhF	–	115 728	117 986	2 259	31.65	752	ATG	TAA	
103	rpl32	+	119 251	119 409	159	35.22	52	ATG	TAA	
104	trnL-UAG	+	120 543	120 622	80	57.50				UAG
105	ccsA	+	120 717	121 682	966	33.44	321	ATG	TGA	
106	ndhD	–	121 938	123 476	1 539	35.28	512	CTG	TAG	
107	psaC	–	123 583	123 828	246	43.09	81	ATG	TGA	
108	ndhG	–	124 625	125 155	531	34.65	176	ATG	TAA	
109	ndhI	–	125 514	126 017	504	35.32	167	ATG	TAA	
110	ndhA	–	126 100 127 865	126 639 128 416	1 092	35.81	363	ATG	TAA	
111	ndhH	–	128 418	129 599	1 182	38.83	393	ATG	TGA	
112	rps15	–	129 714	129 986	273	34.80	90	ATG	TAA	
113	ycf1	–	130 365	136 112	5 748	30.34	1 915	ATG	TAG	
114	trnN-GUU	+	136 440	136 511	72	54.17				GUU
115	trnR-ACG	–	137 116	137 189	74	62.16				ACG
116	rrn5	–	137 445	137 565	121	52.07				
117	rrn4.5	–	137 822	137 924	103	50.49				
118	rrn23	–	138 023	140 831	2 809	55.00				
119	trnA-UGC	–	140 991 141 828	141 025 141 865	73	56.16				UGC
120	trnI-GAU	–	141 930 142 907	141 964 142 948	77	59.74				GAU
121	rrn16	–	143 245	144 735	1 491	56.41				
122	trnV-GAC	–	144 979	145 050	72	48.61				GAC
123	rps7	+	147 627	148 094	468	40.81	155	ATG	TAA	

续表

编号	基因名称	链正负	起始位点	终止位点	大小（bp）	GC含量（%）	氨基酸数（个）	起始密码子	终止密码子	反密码子
124	ndhB	+	148 417 149 874	149 193 150 629	1 533	37.12	510	ATG	TAG	
125	trnL–CAA	+	151 215	151 295	81	51.85				CAA
126	ycf2	–	152 248	159 135	6 888	37.50	2 295	ATG	TAA	
127	trnI–CAU	+	159 224	159 297	74	45.95				CAU
128	rpl23	+	159 468	159 749	282	36.88	93	ATG	TAA	
129	rpl2	+	159 768 160 843	160 157 161 277	825	44.00	274	ATG	TAG	

表 82　青枣叶绿体基因组碱基组成

项目	A	T	G	C	N
合计（个）	50 378	51 668	29 273	30 224	0
占比（%）	31.19	31.98	18.12	18.71	0.00

注：N 代表未知碱基。

表 83　青枣叶绿体基因组概况

项目	长度（bp）	位置	含量（%）
合计	161 543		36.80
大单拷贝区（LSC）	89 081	1～89 081	34.60
反向重复（IRa）	26 558	89 082～115 639	42.70
小单拷贝区（SSC）	19 346	115 640～134 985	31.00
反向重复（IRb）	26 558	134 986～161 543	42.70

表 84　青枣叶绿体基因组基因数量

项目	基因数（个）
合计	129
蛋白质编码基因	84
tRNA	37
rRNA	8

22. 番石榴 *Psidium guajava*

番石榴（*Psidium guajava* L., 图 106 ～ 图 109）为桃金娘科（Myrtaceae）番石榴属植物。别名芭乐、鸡屎果、拔子、喇叭番石榴等。乔木，高达 13 米；树皮平滑，灰色，片状剥落；嫩枝有棱，被毛。叶片革质，长圆形至椭圆形，长 6 ～ 12 厘米，宽 3.5 ～ 6.0 厘米，先端急尖或钝，基部近于圆形，上面稍粗糙，下面有毛，侧脉 12 ～ 15 对，常下陷，网脉明显；叶柄长 5 毫米。花单生或 2 ～ 3 朵排成聚伞花序；萼管钟形，长 5 毫米，有毛，萼帽近圆形，长 7 ～ 8 毫米，不规则裂开；花瓣长 1.0 ～ 1.4 厘米，白色；雄蕊长 6 ～ 9 毫米；子房下位，与萼合生，花柱与雄蕊同长。浆果球形、卵圆形或梨形，长 3 ～ 8 厘米，顶端有宿存萼片，果肉白色及黄色，胎座肥大，肉质，淡红色；种子多数[1, 9]。

番石榴果实不但可鲜食，还可加工成果酒、果醋、果汁、果酱等[2]。番石榴果实富含维生素 C、维生素 A，以及微量元素钙、磷、铁和镁等人体所需营养成分，营养价值高[3]。番石榴果实味道独特，其坚硬的种子散布在果肉中不好剥离，故部分人群不喜欢食用番石榴。番石榴植株的其他部位如根、茎皮、种子和叶也具有一定的药用价值。番石榴根水提取物中的单宁对金黄色葡萄球菌、芽孢杆菌和大肠杆菌具有良好的抑菌作用，效果优于庆大霉素和氯霉素。番石榴茎皮水提取物对机械或化学诱导疼痛的白化大小鼠均具有镇痛效果。番石榴种子多糖通过诱导细胞凋亡抑制 PC-3 前列腺癌细胞增殖。番石榴叶含有挥发油、多酚类化合物和多糖等活性成分，具有抗癌、抗糖尿病、抗氧化、止泻、抗菌、降脂和保肝等多种功效[4]。番石榴具有较高的综合应用价值。

番石榴原产于热带美洲，17 世纪随西班牙、葡萄牙殖民者传至全球热带和亚热带各个角落[5]。中国广西、福建、海南、广东等地从台湾地区引种种植[6]。世界范围内，巴西种植的番石榴约有 70% 属于品种 Paluma，巴基斯坦番石榴主要有两种，分别为 Gola（圆形番石榴）和 Surahi（梨形番石榴），中国多年来则以珍珠番石榴为主栽品种[7]。中国热带农业科学院的国家热带果树品种改良中心有包括珍珠番石榴、红番石榴等在内的 18 个品种。番石榴历经传统型番石榴、大果型番石榴、泰国番石榴到新世纪番石榴、珍珠番石榴、水晶番石榴等品种更替过程，部分原有品种或被淘汰，或沦为野生品种。广泛种植的番石榴品种主要有吕宋、新世纪、珍珠、梨仔、八月、水晶、红番等[8]。

番石榴叶绿体基因组情况见图 110、表 85 ～ 表 88。

参考文献

[1] 中国科学院中国植物志编辑委员会 . 中国植物志：第五十三卷第一分册 [M]. 北

京：科学出版社，1984：123.

［2］邱珊莲，林宝妹，张少平，等 . 不同成熟期番石榴果实品质特征与评价［J］. 食品安全质量检测学报，2020，11（24）：9230–9238.

［3］林宝妹，邱珊莲，郑开斌，等 . 不同品种番石榴花的挥发性成分分析［J］. 热带亚热带植物学报，2023，31（1）：128–140.

［4］Edna A M, Casas A, Landrum L, et al. The Taming of *Psidium guajava*: Natural and Cultural History of A Neotropical Fruit.［J］. Frontiers in Plant Science, 2021（12）: 714763.

［5］Barbalho S M, Farinazzi–Machado F M V, Goulart R D, et al. *Psidium Guajava*（Guava）: A Plant of Multipurpose Medicinal Applications.［J］. Medicinal & Aromatic Plants, 2012, 1（4）: 1–6.

［6］梁海玲，尹本涛，周静，等 . 番石榴叶和果实挥发油化学成分的 GC×GC/TOF MS 分析［J］. 贵州师范大学学报：自然科学版，2022，40（3）：39–45.

［7］马泽华 . 我国番石榴种质资源遗传多样性和遗传结构研究［D］. 广州：广州大学，2019.

［8］宁琳，陈豪君，潘祖健，等 . 我国南亚热带地区番石榴种质资源保护现状［J］. 中国南方果树，2015，44（5）：147–149.

［9］Jo S, Kim H W, Kim Y K, et al. Complete plastome sequence of *Psidium guajava* L.（Myrtaceae）［J］. Mitochondrial DNA Part B, 2016, 1（1）: 612–614.

图 106　番石榴　植株

图 107　番石榴　叶片

图 108　番石榴　花

图 109　番石榴　果实

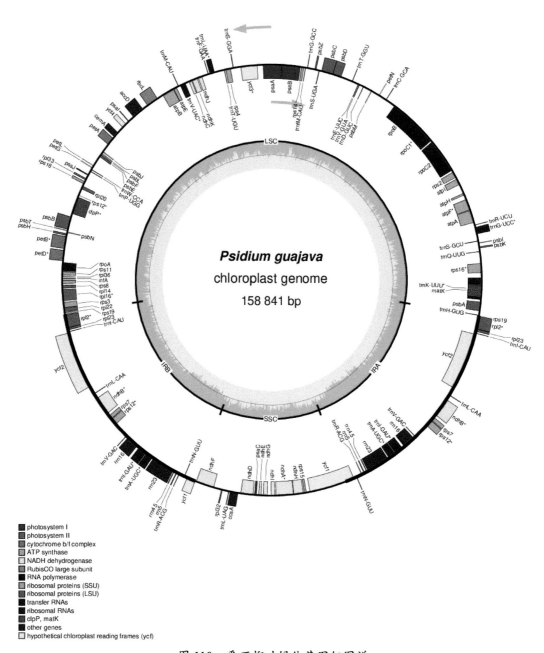

图 110　番石榴叶绿体基因组图谱

表 85　番石榴叶绿体基因组注释结果

编号	基因名称	链正负	起始位点	终止位点	大小（bp）	GC含量（%）	氨基酸数（个）	起始密码子	终止密码子	反密码子
			73 339	73 452						
1	rps12*	–	101 386	101 411	372	42.47	123	ACT	TAT	
			101 958	102 189						
2	trnH–GUG	–	11	84	74	56.76				GUG
3	psbA	–	551	1 612	1 062	41.90	353	ATG	TAA	
4	trnK–UUU	–	1 884	1 918	72	55.56				UUU
			4 443	4 479						
5	matK	–	2 187	3 701	1 515	32.81	504	ATG	TGA	
6	rps16*	–	5 049	5 260	252	38.10	83	ATG	TAA	
			6 130	6 169						
7	trnQ–UUG	–	7 523	7 594	72	59.72				UUG
8	psbK	+	7 944	8 129	186	35.48	61	ATG	TGA	
9	psbI	+	8 499	8 609	111	35.14	36	ATG	TAA	
10	trnS–GCU	–	8 759	8 846	88	52.27				GCU
11	trnG–UCC	+	9 627	9 649	71	53.52				UCC
			10 400	10 447						
12	trnR–UCU	+	10 689	10 760	72	43.06				UCU
13	atpA	–	11 031	12 554	1 524	40.42	507	ATG	TAG	
14	atpF*	–	12 610	13 019	555	38.92	184	ATG	TAG	
			13 768	13 912						
15	atpH	–	14 445	14 690	246	47.15	81	ATG	TAA	
16	atpI	–	15 801	16 550	750	37.20	249	ATG	TGA	
17	rps2	–	16 761	17 471	711	37.83	236	ATG	TGA	
18	rpoC2	–	17 699	21 820	4 122	37.14	1 373	ATG	TAA	
19	rpoC1*	–	21 998	23 614	2 070	38.02	689	ATG	TAA	
			24 325	24 777						
20	rpoB	–	24 783	28 001	3 219	38.89	1 072	ATG	TAA	
21	trnC–GCA	+	29 192	29 262	71	61.97				GCA
22	petN	+	30 154	30 243	90	40.00	29	ATG	TAG	
23	psbM	–	31 206	31 310	105	30.48	34	ATG	TAA	
24	trnD–GUC	–	32 314	32 387	74	60.81				GUC
25	trnY–GUA	–	32 858	32 941	84	54.76				GUA
26	trnE–UUC	–	33 001	33 073	73	60.27				UUC
27	trnT–GGU	+	33 823	33 894	72	48.61				GGU
28	psbD	+	35 298	36 359	1 062	42.28	353	ATG	TAA	
29	psbC	+	36 307	37 728	1 422	43.74	473	ATG	TGA	
30	trnS–UGA	–	37 967	38 059	93	49.46				UGA

编号	基因名称	链正负	起始位点	终止位点	大小（bp）	GC含量（%）	氨基酸数（个）	起始密码子	终止密码子	反密码子
31	psbZ	+	38 403	38 591	189	35.45	62	ATG	TGA	
32	trnG–GCC	+	39 432	39 502	71	50.70				GCC
33	trnfM–CA	–	39 672	39 745	74	58.11				CAU
34	rps14	–	39 906	40 208	303	41.91	100	ATG	TAA	
35	psaB	–	40 336	42 540	2 205	40.63	734	ATG	TAA	
36	psaA	–	42 566 45 516	44 818 45 668	2 253	42.48	750	ATG	TAA	
37	ycf3*	–	46 394 47 379	46 621 47 504	507	39.84	168	ATG	TAA	
38	trnS–GGA	+	48 336	48 422	87	50.57				GGA
39	rps4	–	48 710	49 315	606	37.95	201	ATG	TAA	
40	trnT–UGU	–	49 435	49 507	73	53.42				UGU
41	trnL–UAA	+	50 701 51 244	50 735 51 293	85	47.06				UAA
42	trnF–GAA	+	51 459	51 531	73	52.05				GAA
43	ndhJ	–	52 302	52 778	477	38.99	158	ATG	TGA	
44	ndhK	–	52 899	53 576	678	38.50	225	ATG	TAG	
45	ndhC	–	53 633	53 995	363	35.81	120	ATG	TAG	
46	trnV–UAC	–	54 484 55 116	54 518 55 154	74	51.35				UAC
47	trnM–CAU	+	55 327	55 399	73	42.47				CAU
48	atpE	–	55 659	56 060	402	39.05	133	ATG	TAA	
49	atpB	–	56 057	57 553	1 497	41.95	498	ATG	TGA	
50	rbcL	+	58 334	59 761	1 428	43.56	475	ATG	TGA	
51	accD	+	60 456	61 928	1 473	35.44	490	ATG	TAA	
52	psaI	+	62 648	62 761	114	35.09	37	ATG	TAG	
53	ycf4	+	63 165	63 719	555	39.28	184	ATG	TGA	
54	cemA	+	64 558	65 247	690	31.74	229	ATG	TGA	
55	petA	+	65 462	66 424	963	40.29	320	ATG	TAG	
56	psbJ	–	67 430	67 552	123	39.84	40	ATG	TAA	
57	psbL	–	67 700	67 816	117	33.33	38	ACG	TAA	
58	psbF	–	67 839	67 958	120	40.00	39	ATG	TAA	
59	psbE	–	67 968	68 219	252	40.08	83	ATG	TAG	
60	petL	+	69 467	69 562	96	34.38	31	ATG	TGA	
61	petG	+	69 736	69 849	114	31.58	37	ATG	TGA	
62	trnW–CCA	–	69 976	70 049	74	52.70				CCA
63	trnP–UGG	–	70 217	70 290	74	47.30				UGG

编号	基因名称	链正负	起始位点	终止位点	大小（bp）	GC含量（%）	氨基酸数（个）	起始密码子	终止密码子	反密码子
64	psaJ	+	70 698	70 832	135	40.00	44	ATG	TAG	
65	rpl33	+	71 238	71 438	201	37.81	66	ATG	TAA	
66	rps18	+	71 639	71 944	306	34.31	101	ATG	TAA	
67	rpl20	−	72 216	72 584	369	32.79	122	ATG	TAA	
68	rps12*	−	73 339	73 452	372	42.47	123	TTA	TAT	
			144 328	144 559						
			145 106	145 131						
69	clpP*	−	73 619	73 846	588	41.67	195	ATG	TAA	
			74 459	74 749						
			75 627	75 695						
70	psbB	+	76 103	77 629	1 527	43.16	508	ATG	TGA	
71	psbT	+	77 736	77 843	108	36.11	35	ATG	TGA	
72	psbN	−	77 909	78 040	132	43.18	43	ATG	TAG	
73	psbH	+	78 145	78 366	222	38.74	73	ATG	TAG	
74	petB*	+	78 504	78 509	648	39.04	215	ATG	TAG	
			79 290	79 931						
75	petD*	+	80 124	80 130	480	38.13	159	ATG	TAA	
			80 888	81 360						
76	rpoA	−	81 556	82 569	1 014	34.52	337	ATG	TAA	
77	rps11	−	82 635	83 051	417	44.60	138	ATG	TAG	
78	rpl36	−	83 167	83 280	114	36.84	37	ATG	TAA	
79	rps8	−	83 624	84 028	405	37.53	134	ATG	TAA	
80	rpl14	−	84 217	84 585	369	38.48	122	ATG	TAA	
81	rpl16*	−	84 711	85 109	408	41.18	135	ATG	TAG	
			86 082	86 090						
82	rps3	−	86 250	86 900	651	35.64	216	ATG	TAA	
83	rpl22	−	86 933	87 364	432	36.11	143	ATG	TGA	
84	rps19	−	87 428	87 706	279	35.48	92	GTG	TAA	
85	rpl2*	+	87 763	88 196	825	44.12	274	ATG	TAG	
			88 861	89 251						
86	rpl23	−	89 276	89 557	282	37.59	93	ATG	TAA	
87	trnI–CAU	−	89 727	89 800	74	45.95				CAU
88	ycf2	+	89 889	96 728	6 840	37.62	2 279	ATG	TAG	
89	trnL–CAA	−	97 663	97 743	81	51.85				CAA
90	ndhB*	−	98 326	99 081	1 533	37.38	510	ATG	TAG	
			99 763	100 539						
91	rps7	−	100 865	101 332	468	40.81	155	ATG	TAA	

续表

编号	基因名称	链正负	起始位点	终止位点	大小（bp）	GC含量（%）	氨基酸数（个）	起始密码子	终止密码子	反密码子
92	trnV-GAC	+	104 045	104 116	72	48.61				GAC
93	rrn16	+	104 342	105 832	1 491	56.61				
94	trnI-GAU	+	106 127 / 107 121	106 163 / 107 155	72	59.72				GAU
95	trnA-UGC	+	107 220 / 108 061	107 257 / 108 095	73	56.16				UGC
96	rrn23	+	108 248	111 060	2 813	54.85				
97	rrn4.5	+	111 159	111 261	103	49.51				
98	rrn5	+	111 492	111 612	121	52.07				
99	trnR-ACG	+	111 871	111 944	74	62.16				ACG
100	trnN-GUU	−	112 556	112 627	72	54.17				GUU
101	ndhF	−	114 137	116 386	2 250	31.24	749	ATG	TAA	
102	rpl32	+	117 346	117 498	153	35.29	50	ATG	TGA	
103	trnL-UAG	+	118 233	118 312	80	57.50				UAG
104	ccsA	+	118 426	119 385	960	32.81	319	ATG	TAA	
105	ndhD	−	119 687	121 189	1 503	34.73	500	ACG	TAG	
106	psaC	−	121 338	121 583	246	41.06	81	ATG	TAA	
107	ndhE	−	121 837	122 142	306	32.68	101	ATG	TAA	
108	ndhG	−	122 380	122 910	531	33.52	176	ATG	TGA	
109	ndhI	−	123 322	123 807	486	35.19	161	ATG	TAA	
110	ndhA*	−	123 908 / 125 504	124 446 / 126 056	1 092	33.42	363	ATG	TAA	
111	ndhH	−	126 058	127 239	1 182	38.07	393	ATG	TAA	
112	rps15	−	127 346	127 618	273	33.33	90	ATG	TAA	
113	ycf1	−	128 036	133 561	5 526	30.00	1 841	ATG	TAA	
114	trnN-GUU	+	133 890	133 961	72	54.17				GUU
115	trnR-ACG	−	134 573	134 646	74	62.16				ACG
116	rrn5	−	134 905	135 025	121	52.07				
117	rrn4.5	+	135 256	135 358	103	49.51				
118	rrn23	−	135 457	138 269	2 813	54.85				
119	trnA-UGC	−	138 422 / 139 260	138 456 / 139 297	73	56.16				UGC
120	trnI-GAU	−	139 362 / 140 354	139 396 / 140 390	72	59.72				GAU
121	rrn16	−	140 685	142 175	1 491	56.61				
122	trnV-GAC	−	142 401	142 472	72	48.61				GAC
123	rps7	+	145 185	145 652	468	40.81	155	ATG	TAA	

编号	基因名称	链正负	起始位点	终止位点	大小（bp）	GC含量（%）	氨基酸数（个）	起始密码子	终止密码子	反密码子
124	ndhB*	+	145 978 147 436	146 754 148 191	1 533	37.38	510	ATG	TAG	
125	trnL–CAA	+	148 774	148 854	81	51.85				CAA
126	ycf2	–	149 789	156 628	6 840	37.62	2 279	ATG	TAG	
127	trnI–CAU	+	156 717	156 790	74	45.95				CAU
128	rpl23	+	156 960	157 241	282	37.59	93	ATG	TAA	
129	rpl2*	+	157 266 158 321	157 656 158 754	825	44.12	274	ATG	TAG	

表 86　番石榴叶绿体基因组碱基组成

项目	A	T	G	C	N
合计（个）	49 438	50 613	28 844	29 946	0
占比（%）	31.13	31.86	18.16	18.85	0.00

注：N代表未知碱基。

表 87　番石榴叶绿体基因组概况

项目	长度（bp）	位置	含量（%）
合计	158 841		37.00
大单拷贝区（LSC）	87 675	1～87 675	34.86
反向重复（IRa）	26 351	87 676～114 026	42.80
小单拷贝区（SSC）	18 464	114 027～132 490	30.71
反向重复（IRb）	26 351	132 491～158 841	42.80

表 88　番石榴叶绿体基因组基因数量

项目	基因数（个）
合计	129
蛋白质编码基因	84
tRNA	37
rRNA	8

23. 费约果 *Acca sellowiana*

费约果（*Acca sellowiana*，图 111～图 114）为桃金娘科（Myrtaceae）南美稔属植物。别名菲油果、南美稔、肥吉果、凤梨番石榴。常绿小乔木，高约 5 米；枝圆柱形，灰褐色。叶片革质，椭圆形或倒卵状椭圆形，长 6.0～8.5 厘米，宽 3.4～3.7 厘米，顶端圆形或有时稍微凹或有小尖头，上面干时橄榄绿色，下面灰白色，初时上面有灰白色绒毛，以后变无毛，下面密被灰白色短绒毛，侧脉在下面显著凸起，每边有 7～8 条，以 45° 开角斜行，在离边缘 2～3 毫米处汇合成边脉；叶柄长 5～7 毫米，有灰白色绒毛。花直径 2.5～5.0 厘米；花瓣外面有灰白色绒毛，内面带紫色；雄蕊与花柱略红色。浆果卵圆形或长圆形，直径约 1.5 厘米，外面有灰白色绒毛，顶部有宿存的萼片[1, 8]。

费约果果皮深绿色，果肉乳白色多浆，具有浓郁的香味，味甜略酸，可鲜食或制作成饮料、果酱、果酒、糕点、冰淇淋等产品。费约果果实中含有多种人体所需的微量元素、抗氧化成分、膳食纤维等，叶片可提取出维生素 E、黄酮等活性成分，果实富含其他水果少有的原花青素和水溶性碘，巴西、乌拉圭等国家将其花果制作成茶制品用于预防碘缺乏症[2]。费约果果实和叶片的提取物质具有抑菌、抗肿瘤、抗氧化、消炎、调节免疫力等显著功效，国外在医疗、保健和化妆品行业中广泛应用[3]。Shaw 等对费约果果皮挥发油进行分析后，鉴定出 34 种物质，其中苯甲酸甲酯、叶醇和芳樟醇占总挥发油的 53%。Fernandez 等对费约果果皮精油进行鉴定，鉴定出其中 96.4% 的成分，主要为 β-丁香烯（12.0%）、喇叭烯（9.6%）、α-蛇麻烯（6.3%）、β-榄香烯（4.9%）、δ-杜松烯（4.8%）[4]。张猛等鉴定出费约果果实香气成分有 32 种，主要包括酯、醛、醇、烯、酮和酚类物，但果实的主要香气成分是苯甲酸甲酯和苯甲酸乙酯。对全果香气成分进行分析发现，香气成分主要位于果皮，包括芳樟醇、苯甲酸乙酯在内的 50% 的成分仅以较低浓度存在于果肉中[5]。

费约果原产于巴西东南部和乌拉圭[6]，在新西兰、美国、法国、西班牙、俄罗斯、澳大利亚、日本等国均有栽培，中国的江苏、上海、四川、浙江等南方地区也有一定规模的种植。世界范围内费约果的主要品种有唯一（Unique）、库立激（Coolidge）、阿波罗（Apollo）、胜利（Triumph）、猫眼星（Opal Star）、婆纳木（Pounamu）、卡卡坡（Kakapo）、毛象（Mammoth）、双子座（Gemini）等超过 16 个[7]。

费约果叶绿体基因组情况见图 115、表 89～表 92。

参考文献

[1]中国科学院中国植物志编辑委员会.中国植物志：第五十三卷第一分册[M].北京：科学出版社，1984：135.

［2］张猛，王丹，任少雄，等 . 费约果生物学特性及营养与药用价值研究［J］. 北方园艺，2009（6）：128-131.

［3］Zhu F. Chemical and Biological Properties of Feijoa（*Acca sellowiana*）［J］. Trends in Food Science & Technology, 2018, 81: 121–131.

［4］白俊英 . 费约果香气成分研究及生物活性初探［D］. 绵阳：西南科技大学，2017.

［5］张猛，汤浩茹，王丹，等 . 费约果果实香气成分的 GC–MS 分析［J］. 食品科学，2008（8）：489-491.

［6］Nodari R O, Guerra M P, Meler K, et al. Genetic Variability of *Feijoa sellowiana* germplasm［J］. Acta Hort, 1997, 452: 41–46.

［7］王健 . 壳聚糖和乳酸链球菌素处理对费约果贮藏抗氧化品质影响［D］. 绵阳：西南科技大学，2020.

［8］Machado L O, Vieira L N, Stefenon V M, et al. Phylogenomic Relationship of Feijoa［*Acca sellowiana*（O. Berg）Burret］with Other Myrtaceae Based on Complete Chloroplast Genome Sequences［J］. Genetica, 2017, 145: 163–174.

图 111　费约果　植株

图 112　费约果　叶片

图 113　费约果　花

图 114　费约果　果实

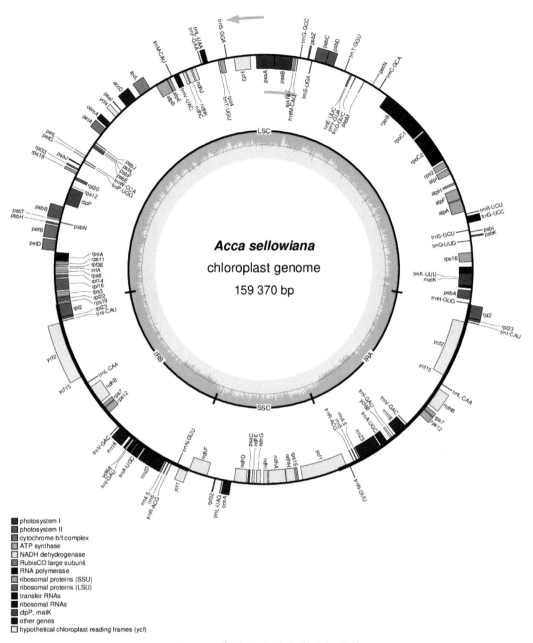

图 115　费约果叶绿体基因组图谱

表 89　费约果叶绿体基因组注释结果

编号	基因名称	链正负	起始位点	终止位点	大小（bp）	GC含量（%）	氨基酸数（个）	起始密码子	终止密码子	反密码子
1	rps12	–	73 629 101 740 102 334	73 742 101 766 102 543	351	41.88	116	ACT	TAT	
2	trnH–GUG	–	53	127	75	57.33				GUG
3	psbA	–	558	1 619	1 062	42.28	353	ATG	TAA	
4	trnK–UUU	–	1 892 4 454	1 926 4 490	72	55.56				UUU
5	matK	–	2 196	3 710	1 515	32.61	504	ATG	TGA	
6	rps16	–	5 061 6 143	5 267 6 181	246	36.18	81	ATG	TAA	
7	trnQ–UUG	–	7 550	7 621	72	59.72				UUG
8	psbK	+	7 978	8 163	186	36.02	61	ATG	TGA	
9	psbI	+	8 530	8 640	111	35.14	36	ATG	TAA	
10	trnS–GCU	–	8 789	8 876	88	52.27				GCU
11	trnG–UCC	+	9 660 10 422	9 682 10 470	72	52.78				UCC
12	trnR–UCU	+	10 715	10 786	72	43.06				UCU
13	atpA	–	11 102	12 625	1 524	40.29	507	ATG	TAG	
14	atpF	–	12 682 13 842	13 092 13 985	555	38.74	184	ATG	TAG	
15	atpH	–	14 504	14 749	246	46.75	81	ATG	TAA	
16	atpI	–	15 852	16 595	744	36.96	247	ATG	TGA	
17	rps2	–	16 807	17 517	711	37.97	236	ATG	TGA	
18	rpoC2	–	17 745	21 878	4 134	37.20	1 377	ATG	TAA	
19	rpoC1	–	22 044 24 389	23 660 24 820	2 049	38.46	682	ATG	TAA	
20	rpoB	–	24 847	28 065	3 219	38.80	1 072	ATG	TAA	
21	trnC–GCA	+	29 261	29 341	81	58.02				GCA
22	petN	+	30 221	30 316	96	38.54	31	ATT	TAG	
23	psbM	–	31 277	31 381	105	30.48	34	ATG	TAA	
24	trnD–GUC	–	32 454	32 527	74	60.81				GUC
25	trnY–GUA	–	32 986	33 069	84	54.76				GUA
26	trnE–UUC	–	33 129	33 201	73	60.27				UUC
27	trnT–GGU	+	33 964	34 035	72	48.61				GGU
28	psbD	+	35 443	36 504	1 062	42.28	353	ATG	TAA	
29	psbC	+	36 452	37 873	1 422	43.67	473	ATG	TGA	
3	trnS–UGA	–	38 109	38 201	93	49.46				UGA

编号	基因名称	链正负	起始位点	终止位点	大小（bp）	GC含量（%）	氨基酸数（个）	起始密码子	终止密码子	反密码子
31	psbZ	+	38 551	38 739	189	35.45	62	ATG	TGA	
32	trnG-GCC	+	39 603	39 673	71	50.70				GCC
33	trnfM-CA	−	39 836	39 909	74	58.11				CAU
34	rps14	−	40 071	40 373	303	41.91	100	ATG	TAA	
35	psaB	−	40 501	42 705	2 205	40.77	734	ATG	TAA	
36	psaA	−	42 731	44 983	2 253	42.48	750	ATG	TAA	
37	ycf3	−	45 672	45 824	507	40.04	168	ATG	TAA	
			46 549	46 776						
			47 544	47 669						
38	trnS-GGA	+	48 505	48 591	87	51.72				GGA
39	rps4	−	48 879	49 484	606	38.12	201	ATG	TAG	
40	trnT-UGU	−	49 604	49 676	73	53.42				UGU
41	trnL-UAA	+	50 862	50 898	87	45.98				UAA
			51 402	51 451						
42	trnF-GAA	+	51 622	51 694	73	52.05				GAA
43	ndhJ	−	52 462	52 938	477	39.20	158	ATG	TGA	
44	ndhK	−	53 059	53 736	678	38.50	225	ATG	TAG	
45	ndhC	−	53 795	54 157	363	35.26	120	ATG	TAG	
46	trnV-UAC	−	54 647	54 683	76	51.32				UAC
			55 280	55 318						
47	trnM-CAU	+	55 492	55 563	72	41.67				CAU
48	atpE	−	55 824	56 225	402	39.05	133	ATG	TAA	
49	atpB	−	56 222	57 718	1 497	42.02	498	ATG	TGA	
50	rbcL	+	58 489	59 922	1 434	43.17	477	ATG	TAA	
51	accD	+	60 593	62 071	1 479	35.70	492	ATG	TAA	
52	psaI	+	62 821	62 934	114	35.96	37	ATG	TAG	
53	ycf4	+	63 339	63 893	555	39.46	184	ATG	TGA	
54	cemA	+	64 844	65 533	690	31.88	229	ATG	TGA	
55	petA	+	65 752	66 714	963	40.19	320	ATG	TAG	
56	psbJ	−	67 705	67 827	123	39.84	40	ATG	TAA	
57	psbL	−	67 975	68 091	117	33.33	38	ACG	TAA	
58	psbF	−	68 114	68 233	120	40.00	39	ATG	TAA	
59	psbE	−	68 243	68 494	252	40.08	83	ATG	TAG	
60	petL	+	69 750	69 845	96	33.33	31	ATG	TGA	
61	petG	+	70 019	70 132	114	32.46	37	ATG	TGA	
62	trnW-CCA	−	70 260	70 331	72	51.39				CCA
63	trnP-UGG	−	70 512	70 586	75	46.67				UGG

续表

编号	基因名称	链正负	起始位点	终止位点	大小（bp）	GC含量（%）	氨基酸数（个）	起始密码子	终止密码子	反密码子
64	psaJ	+	70 994	71 128	135	40.00	44	ATG	TAG	
65	rpl33	+	71 532	71 732	201	37.81	66	ATG	TAA	
66	rps18	+	71 932	72 237	306	34.31	101	ATG	TAA	
67	rpl20	−	72 527	72 880	354	33.33	117	ATG	TAA	
68	rps12	−	73 629	73 742	351	41.88	116	TTA	TAT	
			144 856	145 065						
			145 633	145 659						
69	clpP	−	73 910	74 137	588	41.67	195	ATG	TAA	
			74 755	75 045						
			75 907	75 975						
70	psbB	+	76 371	77 897	1 527	43.09	508	ATG	TGA	
71	psbT	+	77 995	78 111	117	34.19	38	ATC	TGA	
72	psbN	−	78 177	78 308	132	43.18	43	ATG	TAG	
73	psbH	+	78 413	78 634	222	38.29	73	ATG	TAG	
74	petB	+	78 783	78 788	648	39.20	215	ATG	TAG	
			79 569	80 210						
75	petD	+	80 403	80 411	483	38.30	160	ATG	TAA	
			81 164	81 637						
76	rpoA	−	81 807	82 820	1 014	34.91	337	ATG	TAA	
77	rps11	−	82 886	83 302	417	44.60	138	ATG	TAG	
78	rpl36	−	83 418	83 531	114	36.84	37	ATG	TAA	
79	infA	−	83 648	83 721	74	32.43	24	ATT	AG	
80	rps8	−	83 875	84 279	405	37.04	134	ATG	TAA	
81	rpl14	−	84 468	84 836	369	38.75	122	ATG	TAA	
82	rpl16	−	84 967	85 365	408	41.18	135	ATG	TAG	
			86 372	86 380						
83	rps3	−	86 540	87 190	651	35.48	216	ATG	TAA	
84	rpl22	−	87 222	87 668	447	35.12	148	ATG	TGA	
85	rps19	−	87 748	88 026	279	34.77	92	GTG	TAA	
86	rpl2	−	88 083	88 517	825	43.88	274	ATG	TAG	
			89 182	89 571						
87	rpl23	−	89 596	89 877	282	37.59	93	ATG	TAA	
88	trnI–CAU	−	90 047	90 120	74	45.95				CAU
89	ycf2	+	90 209	97 069	6 861	37.56	2 286	ATG	TAA	
90	trnL–CAA	−	98 017	98 097	81	51.85				CAA
91	ndhB	−	98 680	99 435	1 533	37.38	510	ATG	TAG	
			100 117	100 893						

编号	基因名称	链正负	起始位点	终止位点	大小（bp）	GC含量（%）	氨基酸数（个）	起始密码子	终止密码子	反密码子
92	rps7	–	101 219	101 686	468	40.81	155	ATG	TAA	
93	trnV-GAC	+	104 410	104 481	72	48.61				GAC
94	rrn16	+	104 708	106 198	1 491	56.67				
95	trnI-GAU	+	106 493 107 487	106 534 107 521	77	59.74				GAU
96	trnA-UGC	+	107 586 108 427	107 623 108 461	73	56.16				UGC
97	rrn23	+	108 614	111 423	2 810	54.84				
98	rrn4.5	+	111 525	111 627	103	49.51				
99	rrn5	+	111 858	111 978	121	52.07				
100	trnR-ACG	+	112 236	112 309	74	62.16				ACG
101	trnN-GUU	–	112 921	112 992	72	54.17				GUU
102	ndhF	–	114 525	116 789	2 265	31.21	754	ATG	TAA	
103	rpl32	+	117 734	117 886	153	34.64	50	ATG	TAA	
104	trnL-UAG	+	118 630	118 709	80	57.50				UAG
105	ccsA	+	118 830	119 789	960	32.81	319	ATG	TAA	
106	ndhD	–	120 095	121 597	1 503	34.80	500	ACG	TAG	
107	psaC	–	121 747	121 992	246	41.06	81	ATG	TAA	
108	ndhE	–	122 254	122 559	306	32.68	101	ATG	TGA	
109	ndhG	–	122 797	123 327	531	34.09	176	ATG	TGA	
110	ndhI	–	123 727	124 212	486	35.19	161	ATG	TAA	
111	ndhA	–	124 313 125 915	124 852 126 466	1 092	33.24	363	ATG	TAA	
112	ndhH	–	126 468	127 649	1 182	37.90	393	ATG	TAA	
113	rps15	–	127 757	128 011	255	34.51	84	ATT	TAA	
114	ycf1	–	128 463	134 078	5 616	29.90	1 871	ATG	TAA	
115	trnN-GUU	+	134 407	134 478	72	54.17				GUU
116	trnR-ACG	–	135 090	135 163	74	62.16				ACG
117	rrn5	–	135 421	135 541	121	52.07				
118	rrn4.5	–	135 772	135 874	103	49.51				
119	rrn23	–	135 973	138 782	2 810	54.88				
120	trnA-UGC	–	138 938 139 776	138 972 139 813	73	56.16				UGC
121	trnI-GAU	–	140 865	140 906	42	57.14				GAU
122	rrn16	–	141 201	142 691	1 491	56.67				
123	trnV-GAC	–	142 918	142 989	72	48.61				GAC
124	rps7	+	145 713	146 180	468	40.81	155	ATG	TAA	

续表

编号	基因名称	链正负	起始位点	终止位点	大小（bp）	GC含量（%）	氨基酸数（个）	起始密码子	终止密码子	反密码子
125	ndhB	+	146 506 147 964	147 282 148 719	1 533	37.38	510	ATG	TAG	
126	trnL–CAA	+	149 302	149 382	81	51.85				CAA
127	ycf2	–	150 330	157 190	6 861	37.56	2 286	ATG	TAA	
128	trnI–CAU	+	157 279	157 352	74	45.95				CAU
129	rpl23	+	157 522	157 803	282	37.59	93	ATG	TAA	
130	rpl2	+	157 828 158 882	158 217 159 316	825	43.88	274	ATG	TAG	

表 90　费约果叶绿体基因组碱基组成

项目	A	T	G	C	N
合计（个）	49 656	50 763	28 972	29 979	0
占比（%）	31.16	31.85	18.18	18.81	0.00

注：N代表未知碱基。

表 91　费约果叶绿体基因组概况

项目	长度（bp）	位置	含量（%）
合计	159 370		37.00
大单拷贝区（LSC）	88 028	1 ～ 88 028	34.89
反向重复（IRa）	26 372	88 029 ～ 114 400	42.76
小单拷贝区（SSC）	18 598	114 401 ～ 132 998	30.58
反向重复（IRb）	26 372	132 999 ～ 159 370	42.76

表 92　费约果叶绿体基因组基因数量

项目	基因数（个）
合计	130
蛋白质编码基因	85
tRNA	37
rRNA	8

24. 腰果 *Anacardium occidentale*

腰果（*Anacardium occidentale*，图 116 ～图 119）为漆树科（Anacardiaceae）腰果属植物。别名檟如树、鸡腰果、介寿果、鸡脚果。灌木或小乔木，高 4 ～ 10 米；小枝黄褐色，无毛或近无毛。叶革质，倒卵形，长 8 ～ 14 厘米，宽 6.0 ～ 8.5 厘米，先端圆形，平截或微凹，基部阔楔形，全缘，两面无毛，侧脉约 12 对，侧脉和网脉两面突起；叶柄长 1.0 ～ 1.5 厘米。圆锥花序宽大，多分枝，排成伞房状，长 10 ～ 20 厘米，多花密集，密被锈色微柔毛；苞片卵状披针形，长 5 ～ 10 毫米，背面被锈色微柔毛；花黄色，杂性，无花梗或具短梗；花萼外面密被锈色微柔毛，裂片卵状披针形，先端急尖，长约 4 毫米，宽约 1.5 毫米；花瓣线状披针形，长 7 ～ 9 毫米，宽约 1.2 毫米，外面被锈色微柔毛，里面疏被毛或近无毛，开花时外卷；雄蕊 7 ～ 10 枚，通常仅 1 个发育，长 8 ～ 9 毫米，在两性花中长 5 ～ 6 毫米，不育雄蕊较短（长 3 ～ 4 毫米），花丝基部多少合生，花药小，卵圆形；子房倒卵圆形，长约 2 毫米，无毛，花柱钻形，长 4 ～ 5 毫米。核果肾形，两侧压扁，长 2.0 ～ 2.5 厘米，宽约 1.5 厘米，果基部为肉质梨形或陀螺形的假果所托，假果长 3 ～ 7 厘米，最宽处 4 ～ 5 厘米，成熟时紫红色；种子肾形，长 1.5 ～ 2.0 厘米，宽约 1 厘米[1, 7]。

腰果主要由腰果梨、腰果仁、腰果壳和腰果皮 4 部分组成。消费者日常食用的部分就是腰果仁。腰果仁富含多种营养成分，其中含脂肪 47.0%、蛋白质 21.1%、淀粉 4.6% ～ 11.2%、糖类 2.4% ～ 8.7%，此外还含有多种氨基酸、维生素及磷、铁、钙等微量元素。腰果仁营养丰富，风味香美，而且由于腰果仁中所含的脂肪酸大部分是不饱和脂肪酸，其中亚油酸和亚麻酸可起到预防动脉硬化、脑中风等疾病的作用。腰果仁主要用于制作巧克力、点心和上等蜜饯，也可用于制作油炸、盐渍食品等。腰果梨柔软多汁，含水分 86.2%、糖 11.1%、蛋白质 0.8%、脂肪 0.6%、维生素 C 180 毫克 / 100 克，并且含少量的钙、磷、铁及维生素 A、维生素 B_1、维生素 B_2，可作为水果鲜食，也可用于酿酒，制作果汁、果冻、蜜饯和泡菜等。果壳含壳液 45% 左右，壳液含有腰果壳油酸 90%、卡杜酚 10%。腰果壳油是一种干性油，可制作高级油漆和彩色胶卷着色剂。腰果壳粉可用作优质制动衬片（刹车片）、橡胶填充剂和海底电缆绝缘材料等[2]。

腰果原产巴西东北部地区，16 世纪引入亚洲、非洲和南美洲的热带国家和地区。腰果在全球南北纬 20° 以内地区都有栽培，但主要分布在 15° 以内地区，全世界有 31 个国家种植腰果，越南、印度是主产国[3]。腰果在中国有 60 多年的引种栽培历史。20 世纪 60 年代前后，云南、福建、四川、江西、广东、海南和广西等省（区）都曾引种试种过，但由于寒害影响，除海南和云南外，其他省份引种腰果均不成功[4]。印度是腰果种质资源收集保存最多的国家，2002 年，印度国家腰果大田种质库共保存了 494

份腰果种质，其中来自国外的种质 22 份。经过长期的育种研究，印度各邦已经推广了 19 个腰果主栽品种[5]。截至 2010 年，中国热带农业科学院热带作物品种资源研究所从国内外收集和保存了 335 份腰果种质资源，全部种质保存于海南省腰果研究中心种质圃[6]。

腰果叶绿体基因组情况见图 120、表 93 ～表 96。

参考文献

［1］中国科学院中国植物志编辑委员会．中国植物志：第四十五卷第一分册［M］．北京：科学出版社，1980：72.

［2］刘义军，朱德明，黄茂芳．腰果加工利用的研究进展［J］．农产品加工（学刊），2013（11）：43–45

［3］郑淑娟，罗金辉．世界腰果产销发展概况及前景［J］．广东农业科学，2012，39（24）：50–52，61.

［4］梁李宏，郝永禄，乔光明，等．滇南与滇西南地区发展腰果产业探讨［J］．华南热带农业大学学报，2005，11（3）：12–19

［5］王健，杨毅敏．印度腰果种质资源［J］．中国林副特产，2003（4）：54–57.

［6］黄伟坚，黄海杰，张中润，等．中国腰果种质资源研究进展［J］．热带作物学报，2012，33（10）：1914–1919.

［7］Rabah S O, Lee C, Hajrah N H, et al. Plastome Sequencing of Ten Nonmodel Crop Species Uncovers A Large Insertion of Mitochondrial DNA in Cashew［J］. Plant Genome, 2017, 10（3）：1–14.

图 116　腰果　植株

图 117　腰果　叶片

图 118　腰果　花

图 119　腰果　果实

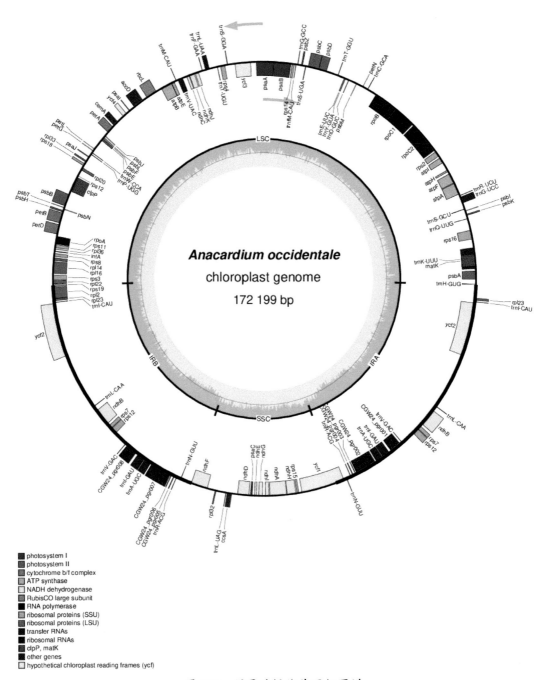

图 120　腰果叶绿体基因组图谱

表 93　腰果叶绿体基因组注释结果

编号	基因名称	链正负	起始位点	终止位点	大小（bp）	GC含量（%）	氨基酸数（个）	起始密码子	终止密码子	反密码子
			73 293	73 406						
1	rps12	−	107 807	107 832	372	44.35	123	ACT	TAT	
			108 371	108 602						
3	trnH–GUG	−	39	113	75	56.00				GUG
5	psbA	−	701	1 762	1 062	42.00	353	ATG	TAA	
7	trnK–UUU	−	2 020	2 054	72	55.56				UUU
			4 691	4 727						
9	matK	−	2 359	3 906	1 548	34.95	515	ATG	TGA	
11	rps16	−	5 804	6 030	267	38.20	88	ATG	TAA	
			6 918	6 957						
13	trnQ–UUG	−	8 422	8 493	72	59.72				UUG
15	psbK	+	8 864	9 049	186	34.41	61	ATG	TGA	
17	psbI	+	9 423	9 533	111	37.84	36	ATG	TAA	
19	trnS–GCU	−	9 682	9 769	88	50.00				GCU
21	trnG–UCC	+	10 526	10 548	71	54.93				UCC
			11 280	11 327						
23	trnR–UCU	+	11 492	11 563	72	44.44				UCU
25	atpA	−	11 726	13 249	1 524	40.88	507	ATG	TAA	
27	atpF	−	13 297	13 706	555	38.02	184	ATG	TAG	
			14 471	14 615						
29	atpH	−	14 911	15 156	246	46.34	81	ATG	TAA	
31	atpI	−	16 223	16 966	744	38.17	247	ATG	TAA	
33	rps2	−	17 194	17 904	711	37.69	236	ATG	TGA	
35	rpoC2	−	18 106	22 278	4 173	37.60	1 390	ATG	TAG	
37	rpoC1	−	22 457	24 067	2 064	38.66	687	ATG	TAA	
			24 845	25 297						
39	rpoB	−	25 303	28 515	3 213	39.09	1 070	ATG	TAA	
41	trnC–GCA	+	29 739	29 809	71	59.15				GCA
43	petN	+	30 456	30 545	90	41.11	29	ATG	TAG	
45	psbM	−	31 336	31 440	105	30.48	34	ATG	TAA	
47	trnD–GUC	−	32 451	32 524	74	62.16				GUC
49	trnY–GUA	−	32 927	33 010	84	54.76				GUA
51	trnE–UUC	−	33 070	33 142	73	57.53				UUC
53	trnT–GGU	+	33 976	34 047	72	50.00				GGU
55	psbD	+	35 583	36 644	1 062	42.37	353	ATG	TAA	
57	psbC	+	36 592	38 013	1 422	43.67	473	ATG	TGA	
59	trnS–UGA	−	38 265	38 357	93	50.54				UGA

编号	基因名称	链正负	起始位点	终止位点	大小（bp）	GC含量（%）	氨基酸数（个）	起始密码子	终止密码子	反密码子
61	psbZ	+	38 718	38 906	189	34.92	62	ATG	TGA	
63	trnG–GCC	+	39 323	39 393	71	49.30				GCC
65	trnfM–CA	–	39 550	39 623	74	56.76				CAU
67	rps14	–	39 792	40 094	303	40.26	100	ATG	TAA	
69	psaB	–	40 247	42 451	2 205	41.27	734	ATG	TAA	
71	psaA	–	42 477	44 729	2 253	42.83	750	ATG	TAA	
73	ycf3	–	45 438	45 590						
			46 379	46 608	507	39.45	168	ATG	TAA	
			47 342	47 465						
75	trnS–GGA	+	48 380	48 466	87	51.72				GGA
77	rps4	–	48 760	49 365	606	38.61	201	ATG	TAA	
79	trnT–UGU	–	49 725	49 797	73	54.79				UGU
81	trnL–UAA	+	50 837	50 871	85	48.24				UAA
			51 328	51 377						
83	trnF–GAA	+	51 749	51 821	73	52.05				GAA
85	ndhJ	–	52 318	52 794	477	39.83	158	ATG	TGA	
87	ndhK	–	52 908	53 591	684	39.77	227	ATG	TAG	
89	ndhC	–	53 639	54 001	363	36.36	120	ATG	TAG	
91	trnV–UAC	–	54 554	54 588	74	51.35				UAC
			55 171	55 209						
93	trnM–CAU	+	55 404	55 476	73	41.10				CAU
95	atpE	–	55 737	56 138	402	40.05	133	ATG	TAA	
97	atpB	–	56 135	57 631	1 497	43.22	498	ATG	TGA	
99	rbcL	+	58 409	59 836	1 428	43.63	475	ATG	TAA	
101	accD	+	60 460	61 872	1 413	35.67	470	ATG	TAA	
103	psaI	+	62 590	62 703	114	35.09	37	ATG	TAA	
105	ycf4	+	63 169	63 723	555	39.28	184	ATG	TGA	
107	cemA	+	64 693	65 397	705	34.75	234	ATG	TGA	
109	petA	+	65 627	66 589	963	40.29	320	ATG	TAG	
111	psbJ	–	67 115	67 237	123	40.65	40	ATG	TAG	
113	psbL	–	67 380	67 496	117	31.62	38	ATG	TAA	
115	psbF	–	67 519	67 638	120	41.67	39	ATG	TAA	
117	psbE	–	67 648	67 899	252	40.87	83	ATG	TAG	
119	petL	+	69 315	69 410	96	33.33	31	ATG	TGA	
121	petG	+	69 598	69 711	114	35.96	37	ATG	TGA	
123	trnW–CCA	–	69 868	69 941	74	51.35				CCA
125	trnP–UGG	–	70 115	70 188	74	48.65				UGG

续表

编号	基因名称	链正负	起始位点	终止位点	大小（bp）	GC含量（%）	氨基酸数（个）	起始密码子	终止密码子	反密码子
127	psaJ	+	70 535	70 669	135	40.00	44	ATG	TAG	
129	rpl33	+	71 152	71 352	201	37.81	66	ATG	TAG	
131	rps18	+	71 591	71 896	306	33.66	101	ATG	TAG	
133	rpl20	–	72 163	72 516	354	34.18	117	ATG	TAA	
135	rps12	–	73 293	73 406	372	44.35	123	TTA	TAT	
			151 325	151 556						
			152 095	152 120						
137	clpP	–	73 558	73 785	591	42.47	196	ATG	TAA	
			74 423	74 714						
			75 431	75 501						
139	psbB	+	75 964	77 490	1 527	43.48	508	ATG	TGA	
141	psbT	+	77 683	77 790	108	36.11	35	ATG	TGA	
143	psbN	–	77 859	77 990	132	44.70	43	ATG	TAG	
145	psbH	+	78 097	78 318	222	40.54	73	ATG	TAG	
147	petB	+	78 442	78 447	648	41.20	215	ATG	TAA	
			79 131	79 772						
149	petD	+	79 981	79 988	483	39.54	160	ATG	TAA	
			80 742	81 216						
151	rpoA	–	81 466	82 452	987	34.55	328	ATG	TAA	
153	rps11	–	82 518	82 934	417	46.28	138	ATG	TAG	
155	rpl36	–	83 050	83 163	114	39.47	37	ATG	TAA	
157	infA	–	83 341	83 460	120	38.33	39	ATG	TAA	
159	rps8	–	83 652	84 056	405	38.52	134	ATG	TAA	
161	rpl14	–	84 218	84 586	369	39.57	122	ATG	TAA	
163	rpl16	–	84 698	85 096	408	40.93	135	ATG	TAG	
			86 203	86 211						
165	rps3	–	86 370	87 026	657	33.64	218	ATG	TAA	
167	rpl22	–	87 091	87 504	414	37.20	137	ATG	TGA	
169	rps19	–	87 550	87 828	279	35.48	92	GTG	TAA	
171	rpl2	–	87 899	88 332	825	44.36	274	ATG	TAG	
			88 998	89 388						
173	rpl23	–	89 407	89 688	282	37.23	93	ATG	TAA	
175	trnI–CAU	–	89 854	89 927	74	45.95				CAU
177	ycf2	+	90 016	96 828	6 813	37.85	2 270	ATG	TAA	
179	trnL–CAA	–	104 080	104 160	81	51.85				CAA
181	ndhB	–	104 749	105 504	1 533	37.70	510	ATG	TAG	
			106 186	106 962						

213

编号	基因名称	链正负	起始位点	终止位点	大小（bp）	GC含量（%）	氨基酸数（个）	起始密码子	终止密码子	反密码子
183	rps7	−	107 286	107 753	468	40.60	155	ATG	TAA	
185	trnV-GAC	+	110 406	110 477	72	48.61				GAC
187	16S	+	110 719	112 209	1 491	56.74				
189	trnI-GAU	+	112 513	112 549	72	56.94				GAU
			113 509	113 543						
191	trnA-UGC	+	113 608	113 645	73	56.16				UGC
			114 487	114 521						
193	23S	+	114 685	117 498	2 814	55.37				
195	4.5S	+	117 597	117 699	103	51.46				
197	5S	+	117 955	118 075	121	52.07				
199	trnR-ACG	+	118 331	118 404	74	62.16				ACG
201	trnN-GUU	−	118 915	118 986	72	54.17				GUU
203	ndhF	−	120 405	122 651	2 247	31.69	748	ATG	TAA	
205	rpl32	+	123 682	123 855	174	36.21	57	ATG	TAA	
207	trnL-UAG	+	125 108	125 187	80	57.50				UAG
209	ccsA	+	125 302	125 904	603	31.34	200	ATG	TAA	
211	ndhD	−	126 604	128 103	1 500	36.87	499	ACG	TAG	
213	psaC	−	128 274	128 519	246	42.68	81	ATG	TGA	
215	ndhE	−	128 772	129 077	306	34.64	101	ATG	TAG	
217	ndhG	−	129 321	129 857	537	35.38	178	ATG	TAA	
219	ndhI	−	130 197	130 700	504	34.72	167	ATG	TAA	
221	ndhA	−	130 782	131 320	1 092	35.35	363	ATG	TAA	
			132 454	133 006						
223	ndhH	−	133 008	134 189	1 182	38.58	393	ATG	TGA	
225	rps15	−	134 300	134 572	273	32.23	90	ATG	TAA	
227	ycf1	−	134 933	140 590	5 658	30.81	1 885	GTG	TAA	
229	trnN-GUU	+	140 941	141 012	72	54.17				GUU
231	trnR-ACG	−	141 523	141 596	74	62.16				ACG
233	5S	−	141 852	141 972	121	52.07				
235	4.5S	−	142 228	142 330	103	51.46				
237	23S	−	142 429	145 242	2 814	55.37				
239	trnA-UGC	−	145 406	145 440	73	56.16				UGC
			146 282	146 319						
241	trnI-GAU	−	146 384	146 418	72	56.94				GAU
			147 378	147 414						
243	16S	−	147 718	149 208	1 491	56.74				
245	trnV-GAC	−	149 450	149 521	72	48.61				GAC

编号	基因名称	链正负	起始位点	终止位点	大小（bp）	GC含量（%）	氨基酸数（个）	起始密码子	终止密码子	反密码子
247	rps7	+	152 174	152 641	468	40.60	155	ATG	TAA	
249	ndhB	+	152 965 / 154 423	153 741 / 155 178	1 533	37.70	510	ATG	TAG	
251	trnL–CAA	+	155 767	155 847	81	51.85				CAA
253	ycf2	–	163 099	169 911	6 813	37.85	2 270	ATG	TAA	
255	trnI–CAU	+	170 000	170 073	74	45.95				CAU
257	rpl23	+	170 239	170 520	282	37.23	93	ATG	TAA	

表 94　腰果叶绿体基因组碱基组成

项目	A	T	G	C	N
合计（个）	52 830	53 735	32 284	33 350	0
占比（%）	30.68	31.20	18.75	19.37	0.00

注：N代表未知碱基。

表 95　腰果叶绿体基因组概况

项目	长度（bp）	位置	含量（%）
合计	172 199		38.10
大单拷贝区（LSC）	87 727	1 ～ 87 727	35.80
反向重复（IRa）	32 713	87 728 ～ 120 440	43.00
小单拷贝区（SSC）	19 046	120 441 ～ 139 486	32.00
反向重复（IRb）	32 713	139 487 ～ 172 199	43.00

表 96　腰果叶绿体基因组基因数量

项目	基因数（个）
合计	129
蛋白质编码基因	84
tRNA	37
rRNA	8

25. 芒果 *Mangifera indica*

　　芒果（*Mangifera indica* L.，图 121 ～图 124）为漆树科（Anacardiaceae）芒果属植物。别名杧果、马蒙、抹猛果、望果、蜜望、蜜望子、莽果。常绿大乔木，高 10 ～ 20 米；树皮灰褐色，小枝褐色，无毛。叶薄革质，常集生枝顶，叶形和大小变化较大，通常为长圆形或长圆状披针形，长 12 ～ 30 厘米，宽 3.5 ～ 6.5 厘米，先端渐尖、长渐尖或急尖，基部楔形或近圆形，边缘皱波状，无毛，叶面略具光泽，侧脉 20 ～ 25 对，斜升，两面突起，网脉不显，叶柄长 2 ～ 6 厘米，上面具槽，基部膨大。圆锥花序长 20 ～ 35 厘米，多花密集，被灰黄色微柔毛，分枝开展，最基部分枝长 6 ～ 15 厘米；苞片披针形，长约 1.5 毫米，被微柔毛；花小，杂性，黄色或淡黄色；花梗长 1.5 ～ 3.0 毫米，具节；萼片卵状披针形，长 2.5 ～ 3.0 毫米，宽约 1.5 毫米，渐尖，外面被微柔毛，边缘具细睫毛；花瓣长圆形或长圆状披针形，长 3.5 ～ 4.0 毫米，宽约 1.5 毫米，无毛，里面具 3 ～ 5 条棕褐色突起的脉纹，开花时外卷；花盘膨大，肉质，5 浅裂；雄蕊仅 1 枚发育，长约 2.5 毫米，花药卵圆形，不育雄蕊 3 ～ 4 枚，具极短的花丝和疣状花药原基或缺；子房斜卵形，径约 1.5 毫米，无毛，花柱近顶生，长约 2.5 毫米。核果大，肾形（栽培品种其形状和大小变化极大），压扁，长 5 ～ 10 厘米，宽 3.0 ～ 4.5 厘米，成熟时多黄色，中果皮肉质，肥厚，鲜黄色，味甜，果核坚硬[1]。

　　芒果为热带著名水果，享有"热带果王"之美誉，世界五大名果之一[2]，主要分布于印度、孟加拉国、中南半岛和马来西亚，国内芒果产地包括云南、海南、广西、广东、福建、台湾、四川和贵州，生于海拔 200 ～ 1 350 米的山坡、河谷或旷野的林中。作为大宗热带果树，芒果在国内外广为栽培，全世界有上千个芒果品种，中国广为栽培的品种包括台农、金煌、贵妃等。芒果果肉汁多味美，还可制罐头、果酱或盐渍供调味，亦可酿酒。果皮入药，为利尿浚下剂，"凡渡海者食之不呕浪"。果核疏风止咳。叶和树皮可作黄色染料。木材坚硬，耐海水，宜作舟车或家具等。树冠球形，常绿，郁闭度大，为热带良好的庭园和行道树种[1, 7, 8]。

　　芒果是世界第二大热带水果，其种植面积及产量仅次于香蕉。全球约有 87 个国家和地区生产芒果，栽培面积超过 933 万公顷，中国芒果 2019 年种植面积 32.3 万公顷，产量 278.2 万吨，居世界第三位[3-5]。云南是野生芒果种质资源较丰富的地区，全国芒果近缘植物 6 个种中有 5 个种在云南有分布。芒果在云南分布较广，在长期自然演化过程中形成了地理特征种质资源和遗传特性种质资源，云南芒果种质资源数量大、种群繁多、性状差异大、类型多，是全国可贵的芒果野生种质资源区。在怒江、澜沧江、红河流域发现有大量的野生、半野生芒果种质资源[6]。

　　芒果叶绿体基因组情况见图 125、表 97 ～表 100。

参考文献

[1] 中国科学院中国植物志编辑委员会 . 中国植物志：第四十五卷第一册［M］. 北京：科学出版社，1980：74.

[2] 刘世彪，彭小列，田儒玉 . 世界热带五大名果树［J］. 生物学通报，2003，38（3）：11–13.

[3] 高爱平，陈业渊，朱敏，等 . 中国芒果科研进展综述［J］. 中国热带农业，2006（6）：21–23.

[4] 凌逢才，黄国弟，李日旺，等 . 我国杧果主栽品种及其分布情况分析［J］. 农业研究与应用，2015（3）：66–69.

[5] 陈业渊，党志国，林电，等 . 中国杧果科学研究 70 年［J］. 热带作物学报，2020，41（10）：2034–2044.

[6] 尼章光，陈于福，解德宏，等 . 云南芒果产业发展规划研究［J］. 中国农业资源与区划，2013，34（3）：89–94.

[7] Wang P, Luo Y F, Huang J F, et al. The Genome Evolution and Domestication of Tropical Fruit Mango［J］. Genome Biol, 2020, 21（1）: 60.

[8] Xin Y X, Yu W B, Eiadthong W C, et al. Comparative Analyses of 18 Complete Chloroplast Genomes from Eleven *Mangifera* Species（Anacardiaceae）: Sequence Characteristics and Phylogenomics［J］. Horticulturae, 2023, 9（1）: 86.

图 121 芒果 植株

图 122 芒果 叶片

图 123 芒果 花

图 121 芒果 果实

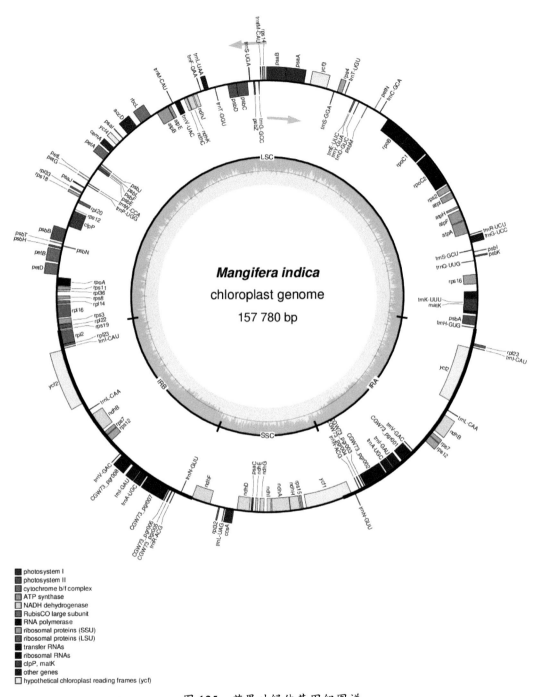

图 125　芒果叶绿体基因组图谱

表 97　芒果叶绿体基因组注释结果

编号	基因名称	链正负	起始位点	终止位点	大小（bp）	GC含量（%）	氨基酸数（个）	起始密码子	终止密码子	反密码子
1	rps12	–	72 170 100 390 100 955	72 283 100 415 101 186	372	44.09	123	ACT	TAT	
2	trnH–GUG	–	59	133	75	56.00				GUG
3	psbA	–	400	1 461	1 062	42.00	353	ATG	TAA	
4	trnK–UUU	–	1 719 4 336	1 753 4 372	72	55.56				UUU
5	matK	–	2 044	3 573	1 530	34.84	509	ATG	TAA	
6	rps16	–	5 256 6 362	5 482 6 401	267	38.20	88	ATG	TAA	
7	trnQ–UUG	–	7 943	8 014	72	59.72				UUG
8	psbK	+	8 380	8 565	186	34.95	61	ATG	TGA	
9	psbI	+	8 941	9 051	111	36.94	36	ATG	TAA	
10	trnS–GCU	–	9 200	9 287	88	50.00				GCU
11	trnG–UCC	+	10 062 10 805	10 084 10 852	71	54.93				UCC
12	trnR–UCU	+	11 017	11 088	72	44.44				UCU
13	atpA	–	11 283	12 800	1 518	40.65	505	ATG	TAA	
14	atpF	–	12 858 14 025	13 267 14 169	555	37.84	184	ATG	TAG	
15	atpH	–	14 440	14 685	246	47.56	81	ATG	TAA	
16	atpI	–	15 742	16 485	744	38.04	247	ATG	TAA	
17	rps2	–	16 715	17 425	711	37.83	236	ATG	TGA	
18	rpoC2	–	17 625	21 797	4 173	37.67	1 390	ATG	TAG	
19	rpoC1	–	21 976 24 358	23 586 24 789	2 043	39.16	680	ATG	TAA	
20	rpoB	–	24 816	28 028	3 213	39.15	1 070	ATG	TAA	
21	trnC–GCA	+	29 230	29 300	71	59.15				GCA
22	petN	+	29 974	30 063	90	41.11	29	ATG	TAG	
23	psbM	–	30 855	30 959	105	31.43	34	ATG	TAA	
24	trnD–GUC	–	31 969	32 042	74	60.81				GUC
25	trnY–GUA	–	32 445	32 528	84	55.95				GUA
26	trnE–UUC	–	32 588	32 660	73	60.27				UUC
27	trnT–UGU	+	33 862	33 934	73	53.42				UGU
28	rps4	+	34 284	34 889	606	38.61	201	ATG	TAA	
29	trnS–GGA	–	35 186	35 272	87	51.72				GGA

编号	基因名称	链正负	起始位点	终止位点	大小（bp）	GC含量（%）	氨基酸数（个）	起始密码子	终止密码子	反密码子
			36 181	36 304						
30	ycf3	+	37 038	37 267	507	39.64	168	ATG	TAA	
			38 049	38 201						
31	psaA	+	38 897	41 149	2 253	43.14	750	ATG	TAA	
32	psaB	+	41 175	43 379	2 205	41.22	734	ATG	TAA	
33	rps14	+	43 553	43 855	303	39.27	100	ATG	TAA	
34	trnfM–CA	+	44 024	44 097	74	56.76				CAU
35	trnG–GCC	–	44 269	44 339	71	50.70				GCC
36	psbZ	–	44 768	44 956	189	35.45	62	ATG	TGA	
37	trnS–UGA	+	45 318	45 410	93	50.54				UGA
38	psbC	–	45 655	47 076	1 422	43.88	473	ATG	TGA	
39	psbD	–	47 024	48 085	1 062	42.28	353	ATG	TAA	
40	trnT–GGU	–	49 584	49 655	72	50.00				GGU
41	trnL–UAA	+	50 356	50 390	85	48.24				UAA
			50 850	50 899						
42	trnF–GAA	+	51 271	51 343	73	52.05				GAA
43	ndhJ	–	51 839	52 315	477	39.62	158	ATG	TGA	
44	ndhK	–	52 429	53 112	684	39.77	227	ATG	TAG	
45	ndhC	–	53 160	53 522	363	36.64	120	ATG	TAG	
46	trnV–UAC	–	54 060	54 094	74	51.35				UAC
			54 683	54 721						
47	trnM–CAU	+	54 919	54 991	73	41.10				CAU
48	atpE	–	55 254	55 655	402	39.55	133	ATG	TAA	
49	atpB	–	55 652	57 148	1 497	43.49	498	ATG	TGA	
50	rbcL	+	57 927	59 354	1 428	43.77	475	ATG	TAA	
51	accD	+	59 979	61 391	1 413	35.46	470	ATG	TAA	
52	psaI	+	62 103	62 216	114	33.33	37	ATG	TAA	
53	ycf4	+	62 683	63 237	555	39.82	184	ATG	TGA	
54	cemA	+	63 663	64 361	699	34.76	232	ATG	TGA	
55	petA	+	64 591	65 553	963	40.60	320	ATG	TAG	
56	psbJ	–	66 039	66 161	123	41.46	40	ATG	TAG	
57	psbL	–	66 304	66 420	117	30.77	38	ATG	TAA	
58	psbF	–	66 443	66 562	120	43.33	39	ATG	TAA	
59	psbE	–	66 572	66 823	252	40.87	83	ATG	TAG	
60	petL	+	68 216	68 311	96	33.33	31	ATG	TGA	
61	petG	+	68 504	68 617	114	35.09	37	ATG	TGA	
62	trnW–CCA	–	68 773	68 846	74	51.35				CCA

续表

编号	基因名称	链正负	起始位点	终止位点	大小（bp）	GC含量（%）	氨基酸数（个）	起始密码子	终止密码子	反密码子
63	trnP-UGG	−	69 024	69 097	74	48.65				UGG
64	psaJ	+	69 441	69 575	135	40.00	44	ATG	TAG	
65	rpl33	+	70 061	70 261	201	37.81	66	ATG	TAG	
66	rps18	+	70 474	70 779	306	34.31	101	ATG	TAG	
67	rpl20	−	71 053	71 406	354	34.46	117	ATG	TAA	
68	rps12	−	72 170 143 268 144 039	72 283 143 499 144 064	372	44.09	123	TTA	TAT	
69	clpP	−	72 435 73 289 74 295	72 662 73 580 74 365	591	43.15	196	ATG	TAA	
70	psbB	+	74 805	76 331	1 527	43.55	508	ATG	TGA	
71	psbT	+	76 524	76 631	108	36.11	35	ATG	TGA	
72	psbN	−	76 700	76 831	132	44.70	43	ATG	TAG	
73	psbH	+	76 936	77 157	222	39.64	73	ATG	TAG	
74	petB	+	77 290 78 089	77 295 78 730	648	41.05	215	ATG	TAA	
75	petD	+	78 955 79 714	78 962 80 188	483	40.37	160	ATG	TAA	
76	rpoA	−	80 455	81 441	987	34.55	328	ATG	TAA	
77	rps11	−	81 507	81 923	417	47.00	138	ATG	TAG	
78	rpl36	−	82 039	82 152	114	38.60	37	ATG	TAA	
79	rps8	−	82 635	83 039	405	38.77	134	ATG	TAA	
80	rpl14	−	83 198	83 566	369	40.11	122	ATG	TAA	
81	rpl16	−	83 678 85 180	84 076 85 188	408	41.18	135	ATG	TAG	
82	rps3	−	85 340	85 996	657	34.25	218	ATG	TAA	
83	rpl22	−	86 028	86 447	420	37.14	139	ATG	TGA	
84	rps19	−	86 493	86 777	285	33.68	94	GTG	TAA	
85	rpl2	−	86 847 87 946	87 280 88 336	825	44.48	274	ATG	TAG	
86	rpl23	−	88 355	88 636	282	37.23	93	ATG	TAA	
87	trnI-CAU	−	88 804	88 877	74	45.95				CAU
88	ycf2	+	88 966	95 649	6 684	37.96	2 227	ATG	TAA	
89	trnL-CAA	−	96 661	96 741	81	51.85				CAA
90	ndhB	−	97 332 98 769	98 087 99 545	1 533	37.70	510	ATG	TAG	

编号	基因名称	链正负	起始位点	终止位点	大小（bp）	GC含量（%）	氨基酸数（个）	起始密码子	终止密码子	反密码子
91	rps7	–	99 869	100 336	468	40.60	155	ATG	TAA	
92	trnV–GAC	+	102 958	103 029	72	48.61				GAC
93	16S	+	103 264	104 754	1 491	56.87				
94	trnI–GAU	+	105 059 106 056	105 095 106 090	72	58.33				GAU
95	trnA–UGC	+	106 155 107 034	106 192 107 068	73	56.16				UGC
96	23S	+	107 232	110 040	2 809	55.32				
97	4.5S	+	110 139	110 241	103	51.46				
98	5S	+	110 466	110 586	121	52.07				
99	trnR–ACG	+	110 848	110 921	74	62.16				ACG
100	trnN–GUU	–	111 527	111 598	72	54.17				GUU
101	ndhF	–	113 017	115 263	2 247	32.09	748	ATG	TAA	
102	rpl32	+	116 325	116 498	174	35.63	57	ATG	TAA	
103	trnL–UAG	+	117 023	117 102	80	57.50				UAG
104	ccsA	+	117 230	118 198	969	33.02	322	ATG	TAA	
105	ndhD	–	118 532	120 043	1 512	36.71	503	ACG	TAG	
106	psaC	–	120 211	120 456	246	42.68	81	ATG	TGA	
107	ndhE	–	120 711	121 016	306	34.64	101	ATG	TAG	
108	ndhG	–	121 260	121 796	537	35.57	178	ATG	TAA	
109	ndhI	–	122 148	122 651	504	34.72	167	ATG	TAA	
110	ndhA	–	122 733 124 408	123 271 124 960	1 092	35.71	363	ATG	TAA	
111	ndhH	–	124 962	126 143	1 182	38.83	393	ATG	TGA	
112	rps15	–	126 248	126 520	273	32.23	90	ATG	TAA	
113	ycf1	–	126 884	132 505	5 622	31.02	1 873	GTG	TAA	
114	trnN–GUU	+	132 856	132 927	72	54.17				GUU
115	trnR–ACG	–	133 533	133 606	74	62.16				ACG
116	5S	–	133 868	133 988	121	52.07				
117	4.5S	–	134 213	134 315	103	51.46				
118	23S	–	134 414	137 222	2 809	55.32				
119	trnA–UGC	–	137 386 138 262	137 420 138 299	73	56.16				UGC
120	trnI–GAU	–	138 364 139 359	138 398 139 395	72	58.33				GAU
121	16S	–	139 700	141 190	1 491	56.87				
122	trnV–GAC	–	141 425	141 496	72	48.61				GAC

编号	基因名称	链正负	起始位点	终止位点	大小（bp）	GC含量（%）	氨基酸数（个）	起始密码子	终止密码子	反密码子
123	rps7	+	144 118	144 585	468	40.60	155	ATG	TAA	
124	ndhB	+	144 909 146 367	145 685 147 122	1 533	37.70	510	ATG	TAG	
125	trnL–CAA	+	147 713	147 793	81	51.85				CAA
126	ycf2	–	148 805	155 488	6 684	37.96	2 227	ATG	TAA	
127	trnI–CAU	+	155 577	155 650	74	45.95				CAU
128	rpl23	+	155 818	156 099	282	37.23	93	ATG	TAA	

表 98　芒果叶绿体基因组碱基组成

项目	A	T	G	C	N
合计（个）	48 428	49 566	29 387	30 399	0
占比（%）	30.69	31.41	18.63	19.27	0.00

注：N 代表未知碱基。

表 99　芒果叶绿体基因组概况

项目	长度（bp）	位置	含量（%）
合计	157 780		37.90
大单拷贝区（LSC）	86 673	1 ~ 86 673	35.95
反向重复（IRa）	26 379	86 674 ~ 113 052	42.98
小单拷贝区（SSC）	18 349	113 053 ~ 131 401	32.41
反向重复（IRb）	26 379	131 402 ~ 157 780	42.98

表 100　芒果叶绿体基因组基因数量

项目	基因数（个）
合计	128
蛋白质编码基因	83
tRNA	37
rRNA	8

26. 柠檬 *Citrus limon*

柠檬（*Citrus limon* L.，图 126 ～ 图 129）为芸香科（Rutaceae）柑橘属植物。别名洋柠檬、西柠檬、柠果、益母果。常绿小乔木。枝少刺或近于无刺，嫩叶及花芽暗紫红色，翼叶宽或狭，或仅具痕迹，叶片厚纸质，卵形或椭圆形，长 8 ～ 14 厘米，宽 4 ～ 6 厘米，顶部通常短尖，边缘有明显钝裂齿。单花腋生或少花簇生；花萼杯状，4 ～ 5 浅齿裂；花瓣长 1.5 ～ 2.0 厘米，外面淡紫红色，内面白色；常有单性花，即雄蕊发育，雌蕊退化；雄蕊 20 ～ 25 枚或更多；子房近筒状或桶状，顶部略狭，柱头头状。果椭圆形或卵形，两端狭，顶部通常较狭长并有乳头状突尖，果皮厚，通常粗糙，柠檬黄色，难剥离，富含柠檬香气的油点，瓤囊 8 ～ 11 瓣，汁胞淡黄色，果汁酸至甚酸，种子小，卵形，端尖；种皮平滑，子叶乳白色，通常单或兼有多胚。花期 4—5 月，果期 9—11 月[1, 7]。

柠檬性喜温暖，耐阴，不耐寒，也怕热，因此，适宜在冬暖夏凉的亚热带地区栽培。柠檬适宜的年平均气温 17 ～ 19℃，年有效积温（≥ 10℃）在 5 500℃以上，1 月平均气温 6 ～ 8℃，极端最低温高于 –3℃；年降水量 1 000 毫米以上，年日照时数 1 000 小时以上。柠檬适宜栽植于温暖而土层深厚、排水良好的缓坡地，柠檬最适宜土壤 pH 值是 5.5 ～ 7.0[2-3]。

柠檬是药食同源芳香植物，含有多种维生素、有机酸、矿物质等人体所需的营养物质，枝叶、果皮及根均可提取精油。柠檬入药收载于《本草纲目拾遗》中，"腌食，下气和胃"。柠檬果味酸兼能安胎，为早期孕妇所喜爱，因此享有"益母果"之称[4]。全球大约有 106 个国家栽培柠檬，栽培总面积较大的国家为巴西、印度、美国、墨西哥、土耳其、中国、阿根廷，这 7 个国家栽培面积总和占全球柠檬栽培总面积达 60% 以上。中国柠檬的主产区在广东、云南、四川、海南、广西和重庆等地，其中在云南和四川种植的柠檬多[5-6]。柠檬果实的鲜食用途主要有两类，一类是作为果汁或干片泡水食用，另一类是作为酸味调味品放入沙拉、凉拌菜、蘸水中食用。总体而言，中国南方人群的柠檬消费量远大于中国北方。

柠檬叶绿体基因组情况见图 130、表 101 ～ 表 104。

参考文献

［1］方奇南. 具有推广种植价值的优良热带饮料果树：柠檬［J］. 福建热作科技，1991（1）：48–49.

［2］潘志贤，李建增，杨贵. 元谋干热河谷柠檬优质高产栽培技术［J］. 中国热带农业，2007（5）：56–57.

［3］陈钰.柠檬高产栽培技术［J］.四川农业科技，2012（3）：30-31.

［4］李翠，刘威.天然药物：柠檬［J］.生命世界，2021（9）：42-43.

［5］沈兆敏.我国柠檬生产现状、优势机遇及发展对策建议［J］.果农之友，2014（7）：3-4，18.

［6］宁加和，刘黛诗，莫昭展.中国柠檬产业发展前景分析［J］.大众科技，2022，24（2）：62-65.

［7］Wang S H, Deng G Z, Gao J Y, et al. Characterization of the Complete Chloroplast Genome of 'Yunning No.1' Lemon（*Citrus limon*）［J］. Mitochondrial DNA Part B, 2021, 6（2）：425-427.

图 126 柠檬 植株

图 127 柠檬 叶片

图 128 柠檬 花

图 129 柠檬 果实

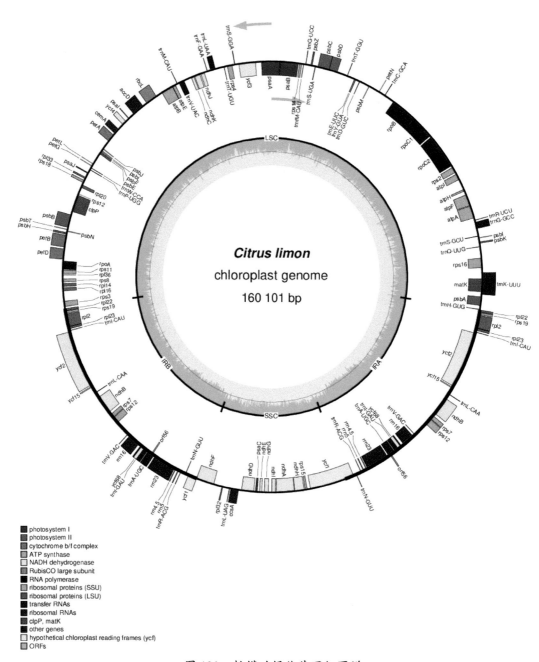

图 130　柠檬叶绿体基因组图谱

表 101　柠檬叶绿体基因组注释结果

编号	基因名称	链正负	起始位点	终止位点	大小（bp）	GC含量（%）	氨基酸数（个）	起始密码子	终止密码子	反密码子
			73 823	73 936						
1	rps12	–	102 105	102 130	372	43.55	123	ACT	TAT	
			102 671	102 902						
2	trnH–GUG	–	3	77	75	57.33				GUG
3	psbA	–	500	1 561	1 062	42.28	353	ATG	TAA	
4	trnK–UUU	+	1 834	1 868	72	55.56				UUU
			4 397	4 433						
5	matK	–	2 141	3 670	1 530	35.42	509	ATG	TGA	
6	rps16	–	4 998	5 224	267	38.95	88	ATG	TAA	
			6 110	6 149						
7	trnQ–UUG	–	7 463	7 534	72	59.72				UUG
8	psbK	+	7 887	8 072	186	33.33	61	ATG	TAA	
9	psbI	+	8 480	8 590	111	42.34	36	ATG	TAA	
10	trnS–GCU	–	8 721	8 808	88	52.27				GCU
11	trnG–GCC	+	9 648	9 670	60	53.33				GCC
			10 409	10 445						
12	trnR–UCU	+	10 652	10 723	72	43.06				UCU
13	atpA	–	10 954	12 477	1 524	41.54	507	ATG	TAA	
14	atpF	–	12 544	12 954	555	36.76	184	ATG	TAG	
			13 754	13 897						
15	atpH	–	14 345	14 590	246	46.75	81	ATG	TAA	
16	atpI	–	15 842	16 585	744	38.84	247	ATG	TGA	
17	rps2	–	16 797	17 507	711	40.65	236	ATG	TGA	
18	rpoC2	–	17 712	21 923	4 212	39.17	1 403	ATG	TAA	
19	rpoC1	–	22 093	23 703	2 043	39.65	680	ATG	TAA	
			24 450	24 881						
20	rpoB	–	24 908	28 120	3 213	39.78	1 070	ATG	TAA	
21	trnC–GCA	+	29 338	29 418	81	56.79				GCA
22	petN	+	30 151	30 240	90	43.33	29	ATG	TAG	
23	psbM	–	31 520	31 624	105	33.33	34	ATG	TAA	
24	trnD–GUC	–	32 812	32 885	74	62.16				GUC
25	trnY–GUA	–	33 346	33 429	84	54.76				GUA
26	trnE–UUC	–	33 489	33 561	73	60.27				UUC
27	trnT–GGU	+	34 441	34 512	72	48.61				GGU
28	psbD	+	35 779	36 840	1 062	43.50	353	ATG	TAA	
29	psbC	+	36 788	38 209	1 422	44.02	473	ATG	TGA	
30	trnS–UGA	–	38 464	38 556	93	50.54				UGA

编号	基因名称	链正负	起始位点	终止位点	大小（bp）	GC含量（%）	氨基酸数（个）	起始密码子	终止密码子	反密码子
31	psbZ	+	38 912	39 100	189	37.04	62	ATG	TAA	
32	trnG-UCC	+	39 674	39 744	71	50.70				UCC
33	trnfM-CA	−	39 936	40 009	74	56.76				CAU
34	rps14	−	40 183	40 485	303	41.91	100	ATG	TAA	
35	psaB	−	40 623	42 827	2 205	42.27	734	ATG	TAA	
36	psaA	−	42 853	45 105	2 253	43.68	750	ATG	TAA	
			45 801	45 953						
37	ycf3	−	46 755	46 982	507	39.45	168	ATG	TAA	
			47 704	47 829						
38	trnS-GGA	+	48 257	48 343	87	51.72				GGA
39	rps4	−	48 617	49 222	606	38.28	201	ATG	TAA	
40	trnT-UGU	−	49 566	49 638	73	53.42				UGU
41	trnL-UAA	+	50 697	50 733	87	47.13				UAA
			51 288	51 337						
42	trnF-GAA	+	51 710	51 782	73	52.05				GAA
43	ndhJ	−	52 140	52 616	477	41.09	158	ATG	TGA	
44	ndhK	−	52 733	53 416	684	39.33	227	ATG	TAG	
45	ndhC	−	53 488	53 850	363	36.36	120	ATG	TAG	
46	trnV-UAC	−	54 802	54 838	76	51.32				UAC
			55 430	55 468						
47	trnM-CAU	+	55 654	55 725	72	41.67				CAU
48	atpE	−	55 958	56 359	402	39.55	133	ATG	TAA	
49	atpB	−	56 356	57 852	1 497	43.69	498	ATG	TGA	
50	rbcL	+	58 666	60 093	1 428	45.03	475	ATG	TAA	
51	accD	+	60 649	62 127	1 479	35.50	492	ATG	TAA	
52	psaI	+	62 870	62 983	114	35.09	37	ATG	TAA	
53	ycf4	+	63 406	63 960	555	40.00	184	ATG	TGA	
54	cemA	+	64 702	65 406	705	34.04	234	ATG	TGA	
55	petA	+	65 642	66 604	963	40.60	320	ATG	TAG	
56	psbJ	−	67 695	67 817	123	40.65	40	ATG	TAG	
57	psbL	−	67 970	68 086	117	34.19	38	ATG	TAA	
58	psbF	−	68 109	68 228	120	43.33	39	ATG	TAA	
59	psbE	−	68 238	68 489	252	41.67	83	ATG	TAG	
60	petL	+	69 868	69 963	96	34.38	31	ATG	TGA	
61	petG	+	70 157	70 270	114	37.72	37	ATG	TGA	
62	trnW-CCA	−	70 412	70 484	73	49.32				CCA
63	trnP-UGG	−	70 665	70 738	74	48.65				UGG

编号	基因名称	链正负	起始位点	终止位点	大小（bp）	GC含量（%）	氨基酸数（个）	起始密码子	终止密码子	反密码子
64	psaJ	+	71 102	71 236	135	40.00	44	ATG	TAG	
65	rpl33	+	71 732	71 932	201	37.81	66	ATG	TAG	
66	rps18	+	72 131	72 436	306	35.95	101	ATG	TAG	
67	rpl20	−	72 703	73 056	354	35.88	117	ATG	TAA	
			73 823	73 936						
68	rps12	−	144 920	145 151	372	43.55	123	TTA	TAT	
			145 692	145 717						
			74 042	74 269						
69	clpP	−	74 932	75 223	591	44.16	196	ATG	TAA	
			76 053	76 123						
70	psbB	+	76 546	78 072	1 527	43.94	508	ATG	TGA	
71	psbT	+	78 272	78 379	108	35.19	35	ATG	TGA	
72	psbN	−	78 446	78 577	132	45.45	43	ATG	TAG	
73	psbH	+	78 682	78 903	222	41.89	73	ATG	TAG	
74	petB	+	79 022	79 027	705	41.42	234	ATG	TAA	
			79 719	80 417						
75	petD	+	80 634	80 641	483	39.75	160	ATG	TAA	
			81 404	81 878						
76	rpoA	−	82 071	83 057	987	36.58	328	ATG	TAG	
77	rps11	−	83 122	83 538	417	49.16	138	ATG	TAG	
78	rpl36	−	83 652	83 765	114	38.60	37	ATG	TAA	
79	rps8	−	84 179	84 589	411	38.93	136	ATG	TAA	
80	rpl14	−	84 744	85 112	369	40.38	122	ATG	TAA	
81	rpl16	−	85 239	85 649	411	43.80	136	ATC	TAG	
82	rps3	−	86 838	87 497	660	33.64	219	ATG	TAA	
83	rpl22	−	87 724	87 975	252	37.30	83	ATG	TAG	
84	rps19	−	88 014	88 292	279	36.20	92	GTG	TAA	
85	rpl2	−	88 367	88 801	825	44.61	274	ATG	TAG	
			89 495	89 884						
86	rpl23	−	89 903	90 184	282	36.88	93	ATG	TAA	
87	trnI–CAU	−	90 350	90 423	74	45.95				CAU
88	ycf2	+	90 512	97 360	6 849	38.17	2 282	ATG	TAA	
89	ycf15	+	97 502	97 639	138	32.61	45	ATG	TAA	
90	trnL–CAA	−	98 379	98 459	81	53.09				CAA
91	ndhB	−	99 048	99 803	1 533	37.64	510	ATG	TAG	
			100 485	101 261						
92	rps7	−	101 584	102 051	468	40.60	155	ATG	TAA	

编号	基因名称	链正负	起始位点	终止位点	大小（bp）	GC含量（%）	氨基酸数（个）	起始密码子	终止密码子	反密码子
93	trnV-GAC	+	104 720	104 791	72	48.61				GAC
94	rrn16	+	105 034	106 524	1 491	56.94				
95	trnI-GAU	+	106 819 107 820	106 860 107 854	77	58.44				GAU
96	ycf68	+	106 960	107 361	402	48.51	133	ATG	TAA	
97	trnA-UGC	+	107 925 108 757	107 962 108 791	73	56.16				UGC
98	orf56	−	108 416	108 586	171	49.71	56	TTG	TGA	
99	rrn23	+	108 955	111 763	2 809	55.32				
100	rrn4.5	+	111 862	111 964	103	50.49				
101	rrn5	+	112 221	112 341	121	52.07				
102	trnR-ACG	+	112 600	112 673	74	62.16				ACG
103	trnN-GUU	−	113 218	113 289	72	54.17				GUU
104	ycf1	+	113 625	114 716	1 092	35.81	363	ATG	TAA	
105	ndhF	−	114 684	116 915	2 232	33.92	743	ATG	TAA	
106	rpl32	+	117 950	118 108	159	34.59	52	ATG	TAA	
107	trnL-UAG	+	118 886	118 965	80	57.50				UAG
108	ccsA	+	119 073	120 026	954	34.28	317	ATG	TAA	
109	ndhD	−	120 347	121 846	1 500	37.67	499	ACG	TAG	
110	psaC	−	122 017	122 262	246	42.28	81	ATG	TGA	
111	ndhE	−	122 494	122 799	306	35.62	101	ATG	TAG	
112	ndhG	−	123 076	123 612	537	35.75	178	ATG	TAA	
113	ndhI	−	123 989	124 492	504	34.52	167	ATG	TAA	
114	ndhA	−	124 581 126 231	125 120 126 782	1 092	36.17	363	ATG	TAA	
115	ndhH	−	126 784	127 971	1 188	38.55	395	ATG	TGA	
116	rps15	−	128 073	128 345	273	33.33	90	ATG	TAA	
117	ycf1	−	128 708	134 197	5 490	32.60	1 829	ATG	TAA	
118	trnN-GUU	+	134 533	134 604	72	54.17				GUU
119	trnR-ACG	−	135 149	135 222	74	62.16				ACG
120	rrn5	−	135 481	135 601	121	52.07				
121	rrn4.5	−	135 858	135 960	103	50.49				
122	rrn23	−	136 059	138 867	2 809	55.32				
123	trnA-UGC	−	139 031 139 860	139 065 139 897	73	56.16				UGC
124	orf56	+	139 236	139 406	171	49.71	56	TTG	TGA	
125	trnI-GAU	−	139 968 140 962	140 002 141 003	77	58.44				GAU

续表

编号	基因名称	链正负	起始位点	终止位点	大小（bp）	GC含量（%）	氨基酸数（个）	起始密码子	终止密码子	反密码子
126	ycf68	–	140 461	140 862	402	48.51	133	ATG	TAA	
127	rrn16	–	141 298	142 788	1 491	56.94				
128	trnV–GAC	–	143 031	143 102	72	48.61				GAC
129	rps7	+	145 771	146 238	468	40.60	155	ATG	TAA	
130	ndhB	+	146 561 148 019	147 337 148 774	1 533	37.64	510	ATG	TAG	
131	trnL–CAA	+	149 363	149 443	81	53.09				CAA
132	ycf15	–	150 183	150 320	138	32.61	45	ATG	TAA	
133	ycf2	–	150 462	157 310	6 849	38.17	2 282	ATG	TAA	
134	trnI–CAU	+	157 399	157 472	74	45.95				CAU
135	rpl23	+	157 638	157 919	282	36.88	93	ATG	TAA	
136	rpl2	+	157 938 159 021	158 327 159 455	825	44.61	274	ATG	TAG	
137	rps19	+	159 530	159 808	279	36.20	92	GTG	TAA	
138	rpl22	+	159 847	160 098	252	37.30	83	ATG	TAG	

表 102　柠檬叶绿体基因组碱基组成

项目	A	T	G	C	N
合计（个）	48 773	49 724	30 207	31 397	0
占比（%）	30.46	31.06	18.87	19.61	0.00

注：N代表未知碱基。

表 103　柠檬叶绿体基因组概况

项目	长度（bp）	位置	含量（%）
合计	160 101		38.50
大单拷贝区（LSC）	87 720	1～87 720	36.81
反向重复（IRa）	26 994	87 721～114 714	42.94
小单拷贝区（SSC）	18 393	114 715～133 107	33.34
反向重复（IRb）	26 994	133 108～160 101	42.94

表 104　柠檬叶绿体基因组基因数量

项目	基因数（个）
合计	138
蛋白质编码基因	93
tRNA	37
rRNA	8

27. 香橼 *Citrus medica*

香橼（*Citrus medica* L.，图 131 ～图 134）为芸香科（Rutaceae）柑橘属植物。别名香圆、枸橼、枸橼子。东汉时期杨孚《异物志》称之为枸橼。唐、宋以后，多称之为香橼。香橼是药用香橼和植物香橼的统称。药用香橼是枸橼或香橼的干燥成熟果实。植物香橼也称枸橼。不规则分枝的灌木或小乔木。新生嫩枝、芽及花蕾均暗紫红色，茎枝多刺，刺长达 4 厘米。单叶，稀兼有单身复叶，则有关节，但无翼叶；叶柄短，叶片椭圆形或卵状椭圆形，长 6 ～ 12 厘米，宽 3 ～ 6 厘米，或有更大，顶部圆或钝，稀短尖，叶缘有浅钝裂齿。总状花序有花达 12 朵，有时兼有腋生单花；花两性，有单性花趋向，则雌蕊退化；花瓣 5 片，长 1.5 ～ 2.0 厘米；雄蕊 30 ～ 50 枚；子房圆筒状，花柱粗长，柱头头状，果椭圆形、近圆形或两端狭的纺锤形，重可达 2 000 克，果皮淡黄色，粗糙，甚厚或颇薄，难剥离，内皮白色或略淡黄色，棉质，松软，瓢囊 10 ～ 15瓣，果肉无色，近于透明或淡乳黄色，爽脆，味酸或略甜，有香气；种子小，平滑，子叶乳白色，多或单胚。花期 4—5 月，果期 10—11 月。台湾、福建、广东、广西、云南等地南部较多栽种[1-2, 6]。香橼植株喜温暖湿润气候，怕严霜，不耐严寒。以土层深厚、疏松肥沃、富含腐殖质、排水良好的沙质壤土栽培为宜。

香橼的栽培史在中国已有 2 000 余年[3]。在长江流域及其以南地区均有分布，台湾、福建、广东、广西、云南、湖南等地南部较多栽种。越南、老挝、缅甸、印度等东南亚国家也有分布。在云南西双版纳的阔叶林中，有处于半野生状态的香橼。香橼果肉清甜可口，且具有独特香味，在云南、海南等地深受当地人喜爱。除了作为水果，香橼还是中药，据相关资料记载，"其味辛，苦，酸，温。归肝，肺，脾经"。其干片有清香气，味略苦而微甜，性温，无毒。中医用于缓解胃腹胀痛、理气宽中、化痰止咳等症[4-5]。

香橼叶绿体基因组情况见图 135、表 105 ～表 108。

参考文献

［1］中国科学院中国植物志编辑委员会 . 中国植物志：第四十三卷第二分册［M］. 北京：科学出版社，1997：184.

［2］郭天池 . 中国的枸橼［J］. 中国柑桔，1993（4）：3-6.

［3］刘航秀，冯迪，龙春瑞，等 . 枸橼药用植物果实变异及地理分布研究［J］. 中国中药杂志，2021，46（23）：6289-6293.

［4］朱景宁，毛淑杰，李先端 . 香橼药材品种资源及市场现状调查报告［J］. 中药材，2006，29（7）：653-655.

［5］王燕，金莉，宿福园，等 . 柑桔类主要药用植物功能的研究进展［J］. 现代园艺，

2020，43（7）：38-40.

［6］Zhang F Q, Bai D. The Complete Chloroplast Genome of *Citrus medica*（Rutaceae）［J］.
Mitochondrial DNA Part B，2020, 5（2）：1627-1629.

图 131　香橼　植株　　　　　　　图 132　香橼　叶片

图 133　香橼　花　　　　　　　图 134　香橼　果实

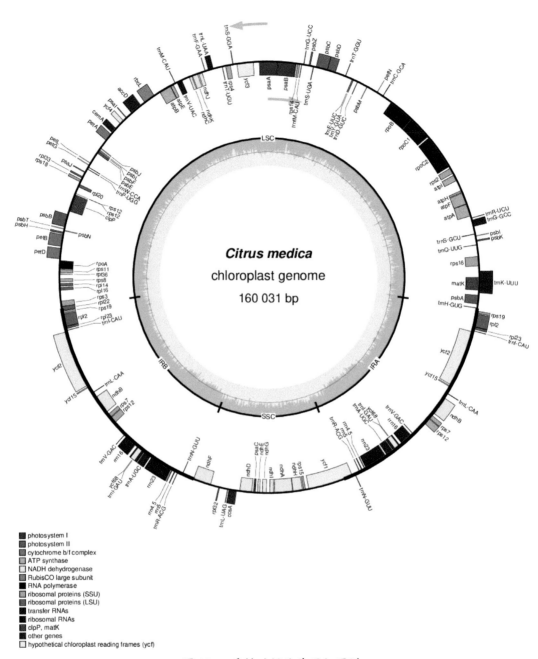

图 135　香橼叶绿体基因组图谱

表 105　香橼叶绿体基因组注释结果

编号	基因名称	链正负	起始位点	终止位点	大小（bp）	GC含量（%）	氨基酸数（个）	起始密码子	终止密码子	反密码子
1	rps12	–	73 526 101 857 102 423	73 639 101 882 102 654	372	43.82	123	ACT	TAT	
2	trnH–GUG	–	19	93	75	57.33				GUG
3	psbA	–	517	1 578	1 062	42.47	353	ATG	TAA	
4	trnK–UUU	+	1 848 4 415	1 882 4 451	72	55.56				UUU
5	matK	–	2 155	3 684	1 530	35.82	509	ATG	TGA	
6	rps16	–	5 041 6 154	5 267 6 193	267	37.83	88	ATG	TAA	
7	trnQ–UUG	–	7 515	7 586	72	59.72				UUG
8	psbK	+	7 939	8 124	186	33.33	61	ATG	TAA	
9	psbI	+	8 547	8 657	111	42.34	36	ATG	TAA	
10	trnS–GCU	–	8 805	8 892	88	51.14				GCU
11	trnG–GCC	+	9 736 10 495	9 758 10 531	60	53.33				GCC
12	trnR–UCU	+	10 731	10 802	72	43.06				UCU
13	atpA	–	11 029	12 552	1 524	41.27	507	ATG	TAA	
14	atpF	–	12 566 13 825	13 033 13 968	612	34.48	203	ATG	TAA	
15	atpH	–	14 029	14 274	246	47.56	81	ATG	TAA	
16	atpI	–	15 541	16 284	744	38.71	247	ATG	TGA	
17	rps2	–	16 496	17 206	711	40.37	236	ATG	TGA	
18	rpoC2	–	17 416	21 633	4 218	39.19	1 405	ATG	TAA	
19	rpoC1	–	21 803 24 164	23 413 24 595	2 043	39.55	680	ATG	TAA	
20	rpoB	–	24 622	27 834	3 213	39.74	1 070	ATG	TAA	
21	trnC–GCA	+	29 033	29 113	81	56.79				GCA
22	petN	+	29 853	29 942	90	43.33	29	ATG	TAG	
23	psbM	–	31 217	31 321	105	33.33	34	ATG	TAA	
24	trnD–GUC	–	32 527	32 600	74	62.16				GUC
25	trnY–GUA	–	33 093	33 176	84	54.76				GUA
26	trnE–UUC	–	33 236	33 308	73	60.27				UUC
27	trnT–GGU	+	34 145	34 216	72	48.61				GGU
28	psbD	+	35 475	36 536	1 062	43.60	353	ATG	TAA	
29	psbC	+	36 484	37 905	1 422	44.02	473	ATG	TGA	
30	trnS–UGA	–	38 155	38 247	93	50.54				UGA

续表

编号	基因名称	链正负	起始位点	终止位点	大小（bp）	GC含量（%）	氨基酸数（个）	起始密码子	终止密码子	反密码子
31	psbZ	+	38 603	38 791	189	37.04	62	ATG	TAA	
32	trnG-UCC	+	39 361	39 431	71	50.70				UCC
33	trnfM-CA	−	39 616	39 689	74	56.76				CAU
34	rps14	−	39 862	40 164	303	41.58	100	ATG	TAA	
35	psaB	−	40 302	42 506	2 205	42.31	734	ATG	TAA	
36	psaA	−	42 532	44 784	2 253	43.76	750	ATG	TAA	
37	ycf3	−	45 480	45 632	507	39.45	168	ATG	TAA	
			46 430	46 657						
			47 377	47 502						
38	trnS-GGA	+	47 910	47 996	87	51.72				GGA
39	rps4	−	48 270	48 875	606	38.61	201	ATG	TAA	
40	trnT-UGU	−	49 225	49 297	73	53.42				UGU
41	trnL-UAA	+	50 376	50 412	87	47.13				UAA
			50 961	51 010						
42	trnF-GAA	+	51 383	51 455	73	52.05				GAA
43	ndhJ	−	51 815	52 291	477	41.09	158	ATG	TGA	
44	ndhK	−	52 408	53 091	684	39.33	227	ATG	TAG	
45	ndhC	−	53 160	53 522	363	36.36	120	ATG	TAG	
46	trnV-UAC	−	54 472	54 508	76	51.32				UAC
			55 098	55 136						
47	trnM-CAU	+	55 322	55 393	72	41.67				CAU
48	atpE	−	55 626	56 027	402	39.55	133	ATG	TAA	
49	atpB	−	56 024	57 520	1 497	43.69	498	ATG	TGA	
50	rbcL	+	58 317	59 744	1 428	45.03	475	ATG	TAA	
51	accD	+	60 299	61 777	1 479	35.63	492	ATG	TAA	
52	psaI	+	62 550	62 663	114	35.09	37	ATG	TAA	
53	ycf4	+	63 086	63 640	555	39.28	184	ATG	TGA	
54	cemA	+	64 383	65 087	705	34.04	234	ATG	TGA	
55	petA	+	65 323	66 285	963	40.71	320	ATG	TAG	
56	psbJ	−	67 376	67 498	123	39.84	40	ATG	TAG	
57	psbL	−	67 641	67 757	117	34.19	38	ATG	TAA	
58	psbF	−	67 780	67 899	120	43.33	39	ATG	TAA	
59	psbE	−	67 909	68 160	252	41.67	83	ATG	TAG	
60	petL	+	69 548	69 643	96	34.38	31	ATG	TGA	
61	petG	+	69 837	69 950	114	37.72	37	ATG	TGA	
62	trnW-CCA	−	70 092	70 164	73	49.32				CCA
63	trnP-UGG	−	70 345	70 418	74	48.65				UGG

编号	基因名称	链正负	起始位点	终止位点	大小（bp）	GC含量（%）	氨基酸数（个）	起始密码子	终止密码子	反密码子
64	psaJ	+	70 797	70 925	129	39.53	42	ATG	TAA	
65	rpl33	+	71 435	71 635	201	37.31	66	ATG	TAG	
66	rps18	+	71 834	72 139	306	35.95	101	ATG	TAG	
67	rpl20	−	72 405	72 758	354	36.16	117	ATG	TAA	
68	rps12	−	73 562	73 639	336	42.86	111	TTA	GGA	
			144 854	145 085						
			145 626	145 651						
69	clpP	−	73 745	73 972	591	44.16	196	ATG	TAA	
			74 630	74 921						
			75 755	75 825						
70	psbB	+	76 248	77 774	1 527	44.07	508	ATG	TGA	
71	psbT	+	77 974	78 081	108	35.19	35	ATG	TGA	
72	psbN	−	78 149	78 280	132	45.45	43	ATG	TAG	
73	psbH	+	78 385	78 606	222	41.89	73	ATG	TAG	
74	petB	+	78 725	78 730	705	41.56	234	ATG	TAA	
			79 422	80 120						
75	petD	+	80 337	80 344	483	39.54	160	ATG	TAA	
			81 105	81 579						
76	rpoA	−	81 772	82 758	987	36.98	328	ATG	TAG	
77	rps11	−	82 823	83 239	417	49.16	138	ATG	TAG	
78	rpl36	−	83 353	83 466	114	39.47	37	ATG	TAA	
79	rps8	−	83 908	84 318	411	38.93	136	ATG	TAA	
80	rpl14	−	84 474	84 842	369	40.38	122	ATG	TAA	
81	rpl16	−	84 981	85 340	360	44.72	119	ATG	TAA	
82	rps3	−	86 584	87 243	660	33.33	219	ATG	TAA	
83	rpl22	−	87 228	87 719	492	35.77	163	ATG	TAA	
84	rps19	−	87 767	88 045	279	35.84	92	GTG	TAA	
85	rpl2	−	88 119	88 553	825	44.61	274	ATG	TAG	
			89 247	89 636						
86	rpl23	−	89 655	89 936	282	36.88	93	ATG	TAA	
87	trnI–CAU	−	90 102	90 175	74	45.95				CAU
88	ycf2	+	90 264	97 112	6 849	38.12	2 282	ATG	TAA	
89	ycf15	+	97 254	97 391	138	32.61	45	ATG	TAA	
90	trnL–CAA	−	98 131	98 211	81	53.09				CAA
91	ndhB	−	98 800	99 555	1 533	37.64	510	ATG	TAG	
			100 237	101 013						
92	rps7	−	101 336	101 803	468	40.60	155	ATG	TAA	

编号	基因名称	链正负	起始位点	终止位点	大小（bp）	GC含量（%）	氨基酸数（个）	起始密码子	终止密码子	反密码子
93	trnV-GAC	+	104 474	104 545	72	48.61				GAC
94	rrn16	+	104 787	106 277	1 491	56.94				
95	trnI-GAU	+	106 572 / 107 571	106 613 / 107 605	77	58.44				GAU
96	ycf68	+	106 713	107 303	591	48.39	196	ATG	TGA	
97	trnA-UGC	+	107 676 / 108 508	107 713 / 108 542	73	56.16				UGC
98	rrn23	+	108 706	111 514	2 809	55.32				
99	rrn4.5	+	111 613	111 715	103	50.49				
100	rrn5	+	111 972	112 092	121	52.07				
101	trnR-ACG	+	112 352	112 425	74	62.16				ACG
102	trnN-GUU	–	112 971	113 042	72	54.17				GUU
103	ndhF	–	114 466	116 667	2 202	34.51	733	ATG	TAA	
104	rpl32	+	117 676	117 834	159	34.59	52	ATG	TAA	
105	trnL-UAG	+	118 784	118 863	80	57.50				UAG
106	ccsA	+	118 978	119 931	954	34.28	317	ATG	TAA	
107	ndhD	–	120 254	121 753	1 500	37.47	499	ACG	TAG	
108	psaC	–	121 926	122 171	246	42.68	81	ATG	TGA	
109	ndhE	–	122 403	122 708	306	35.62	101	ATG	TAG	
110	ndhG	–	122 987	123 523	537	35.94	178	ATG	TAA	
111	ndhI	–	123 900	124 403	504	34.72	167	ATG	TAA	
112	ndhA	–	124 492 / 126 149	125 031 / 126 700	1 092	36.17	363	ATG	TAA	
113	ndhH	–	126 702	127 889	1 188	38.47	395	ATG	TGA	
114	rps15	–	127 991	128 263	273	33.33	90	ATG	TAA	
115	ycf1	–	128 626	134 130	5 505	32.43	1 834	ATG	TAA	
116	trnN-GUU	+	134 466	134 537	72	54.17				GUU
117	trnR-ACG	–	135 083	135 156	74	62.16				ACG
118	rrn5	–	135 416	135 536	121	52.07				
119	rrn4.5	–	135 793	135 895	103	50.49				
120	rrn23	–	135 994	138 802	2 809	55.32				
121	trnA-UGC	–	138 966 / 139 795	139 000 / 139 832	73	56.16				UGC
122	trnI-GAU	–	139 903 / 140 895	139 937 / 140 936	77	58.44				GAU
123	ycf68	–	140 205	140 795	591	48.39	196	ATG	TGA	
124	rrn16	–	141 231	142 721	1 491	56.94				

编号	基因名称	链正负	起始位点	终止位点	大小（bp）	GC含量（%）	氨基酸数（个）	起始密码子	终止密码子	反密码子
125	trnV–GAC	–	142 963	143 034	72	48.61				GAC
126	rps7	+	145 705	146 172	468	40.60	155	ATG	TAA	
127	ndhB	+	146 495 147 953	147 271 148 708	1 533	37.64	510	ATG	TAG	
128	trnL–CAA	+	149 297	149 377	81	53.09				CAA
129	ycf15	–	150 117	150 254	138	32.61	45	ATG	TAA	
130	ycf2	–	150 396	157 244	6 849	38.12	2 282	ATG	TAA	
131	trnI–CAU	+	157 333	157 406	74	45.95				CAU
132	rpl23	+	157 572	157 853	282	36.88	93	ATG	TAA	
133	rpl2	+	157 872 158 955	158 261 159 389	825	44.61	274	ATG	TAG	
134	rps19	+	159 463	159 741	279	35.84	92	GTG	TAA	

表 106　香橼叶绿体基因组碱基组成

项目	A	T	G	C	N
合计（个）	48 768	49 741	30 179	31 343	0
占比（%）	30.47	31.08	18.86	19.59	0.00

注：N代表未知碱基。

表 107　香橼叶绿体基因组概况

项目	长度（bp）	位置	含量（%）
合计	160 031		38.40
大单拷贝区（LSC）	87 476	1 ～ 87 476	36.79
反向重复（IRa）	26 991	87 477 ～ 114 467	42.91
小单拷贝区（SSC）	18 573	114 468 ～ 133 040	33.28
反向重复（IRb）	26 991	133 041 ～ 160 031	42.91

表 108　香橼叶绿体基因组基因数量

项目	基因数（个）
合计	134
蛋白质编码基因	89
tRNA	37
rRNA	8

28. 柚子 *Citrus maxima*

柚子（*Citrus maxima*，图 136～图 139）为芸香科（Rutaceae）柑橘属植物。俗名文旦、香抛、大麦柑、橙子、文旦柚。乔木。嫩枝、叶背、花梗、花萼及子房均被柔毛，嫩叶通常暗紫红色，嫩枝扁且有棱。叶质颇厚，色浓绿，阔卵形或椭圆形，连翼叶长 9～16 厘米，宽 4～8 厘米，或更大，顶端钝或圆，有时短尖，基部圆，翼叶长 2～4 厘米，宽 0.5～3.0 厘米，个别品种的翼叶甚狭窄。总状花序，有时兼有腋生单花；花蕾淡紫红色，稀乳白色；花萼不规则 3～5 浅裂；花瓣长 1.5～2.0 厘米；雄蕊 25～35 枚，有时部分雄蕊不育；花柱粗长，柱头略较子房大。果圆球形、扁圆形、梨形或阔圆锥状，横径通常 10 厘米以上，淡黄或黄绿色，杂交种有朱红色的；果皮甚厚或薄，海绵质，油胞大，凸起；果心实但松软，瓢囊 10～15 瓣或多至 19 瓣，汁胞白色、粉红或鲜红色，少有带乳黄色；种子多达 200 余粒，亦有无籽的，形状不规则，通常近似长方形，上部质薄且常截平，下部饱满，多兼有发育不全的，有明显纵肋棱；子叶乳白色，单胚。花期 4—5 月，果期 9—12 月[1, 7]。

中国自然形成的西南及长江流域、东南沿海、华南柚产区等 3 个分布带[2-3]。中国柚类的遗传资源高度多样化，生产采用的柚类品种有近百个，大致分为沙田柚、文旦柚和杂种柚 3 个品种群[4-5]。

柚子以果肉风味分为酸柚与甜柚两大类，或以果肉的颜色分为白肉柚与红肉柚两大类，也有以果形分为球形或梨形两大类。果肉含维生素 C 较高，有消食、解酒功效。柚子果实皮厚、相对较耐储运。柚果市场大多以消费鲜果和罐装产品为主，罐装产品以果汁形式出口为主[6]。

柚子叶绿体基因组情况见图 140、表 109～表 112。

参考文献

［1］中国科学院中国植物志编辑委员会.中国植物志：第四十三卷第二分册［M］.北京：科学出版社，1997：187.

［2］刘勇，周群，刘德春，等.中国柚类生态分布多样性研究［J］.江西农业大学学报，2006，28（3）：332–335.

［3］杨亚妮，苏智先.中国名柚资源与品种现状研究［J］.四川师范学院学报（自然科学版），2002，23（2）：163–169.

［4］陈秋夏.我国柚类及其研究概况［J］.福建果树，2004，131（4）：6–9.

［5］张太平，彭少麟.柚的起源、演化及分布初探［J］.生态学杂志，2000，19（5）：58–61，66.

［6］郑淑娟，罗金辉 . 中国柚类产业现状与发展分析［J］. 广东农业科学，2010，37（1）：
  192-194.

［7］Liu J, Shi C. The Complete Chloroplast Genome of Wild Shaddock, *Citrus maxima*
  （Burm.）［J］. Merr Conservation Genetics Resources, 2017, 9: 599-601.

图 136 柚子 植株

图 137 柚子 叶片

图 138 柚子 花

图 139 柚子 果实

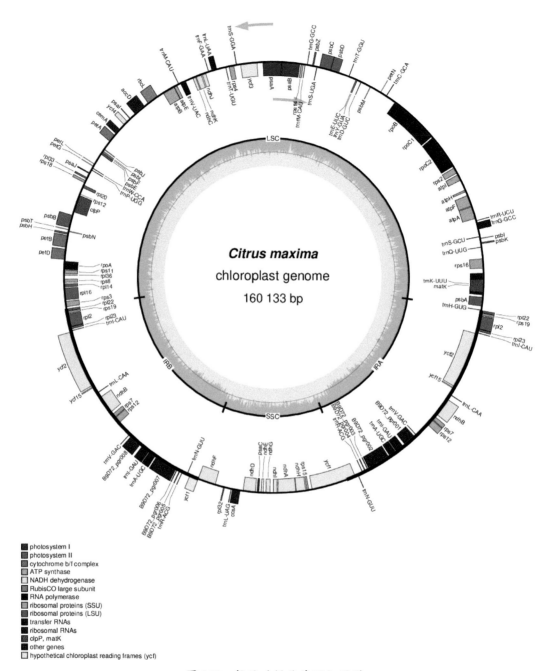

图 140　柚子叶绿体基因组图谱

表 109　柚子叶绿体基因组注释结果

编号	基因名称	链正负	起始位点	终止位点	大小（bp）	GC含量（%）	氨基酸数（个）	起始密码子	终止密码子	反密码子
			73 841	73 954						
1	rps12	–	102 128	102 153	372	43.55	123	ACT	TAT	
			102 694	102 925						
2	trnH–GUG	–	1	73	73	56.16				GUG
3	psbA	–	507	1 568	1 062	42.28	353	ATG	TAA	
4	trnK–UUU	–	1 841	1 875	72	55.56				UUU
			4 404	4 440						
5	matK	–	2 148	3 677	1 530	35.36	509	ATG	TGA	
6	rps16	–	5 006	5 232	267	38.95	88	ATG	TAA	
			6 118	6 157						
7	trnQ–UUG	–	7 472	7 543	72	59.72				UUG
8	psbK	+	7 896	8 081	186	32.80	61	ATG	TAA	
9	psbI	+	8 489	8 599	111	42.34	36	ATG	TAA	
10	trnS–GCU	–	8 730	8 817	88	52.27				GCU
11	trnG–GCC	+	9 657	9 679	60	53.33				GCC
			10 418	10 454						
12	trnR–UCU	+	10 660	10 731	72	43.06				UCU
13	atpA	–	10 961	12 484	1 524	41.54	507	ATG	TAA	
14	atpF	–	12 551	12 961	555	36.76	184	ATG	TAG	
			13 760	13 903						
15	atpH	–	14 351	14 596	246	46.75	81	ATG	TAA	
16	atpI	–	15 848	16 591	744	38.84	247	ATG	TGA	
17	rps2	–	16 803	17 513	711	40.65	236	ATG	TGA	
18	rpoC2	–	17 718	21 929	4 212	39.17	1 403	ATG	TAA	
19	rpoC1	–	22 099	23 709	2 043	39.65	680	ATG	TAA	
			24 456	24 887						
20	rpoB	–	24 914	28 126	3 213	39.78	1 070	ATG	TAA	
21	trnC–GCA	+	29 344	29 424	81	56.79				GCA
22	petN	+	30 157	30 246	90	43.33	29	ATG	TAG	
23	psbM	–	31 525	31 629	105	33.33	34	ATG	TAA	
24	trnD–GUC	–	32 817	32 890	74	62.16				GUC
25	trnY–GUA	–	33 351	33 434	84	54.76				GUA
26	trnE–UUC	–	33 494	33 566	73	60.27				UUC
27	trnT–GGU	+	34 446	34 517	72	48.61				GGU
28	psbD	+	35 784	36 845	1 062	43.50	353	ATG	TAA	
29	psbC	+	36 793	38 214	1 422	44.09	473	ATG	TGA	
30	trnS–UGA	–	38 469	38 561	93	50.54				UGA

编号	基因名称	链正负	起始位点	终止位点	大小（bp）	GC含量（%）	氨基酸数（个）	起始密码子	终止密码子	反密码子
31	psbZ	+	38 917	39 105	189	37.04	62	ATG	TAA	
32	trnG-GCC	+	39 679	39 749	71	50.70				GCC
33	trnfM-CA	−	39 941	40 014	74	56.76				CAU
34	rps14	−	40 188	40 490	303	41.91	100	ATG	TAA	
35	psaB	−	40 628	42 832	2 205	42.27	734	ATG	TAA	
36	psaA	−	42 858 45 806	45 110 45 958	2 253	43.72	750	ATG	TAA	
37	ycf3	−	46 761 47 710	46 988 47 835	507	39.45	168	ATG	TAA	
38	trnS-GGA	+	48 261	48 347	87	51.72				GGA
39	rps4	−	48 621	49 226	606	38.28	201	ATG	TAA	
40	trnT-UGU	−	49 570	49 642	73	53.42				UGU
41	trnL-UAA	+	50 702 51 293	50 738 51 342	87	47.13				UAA
42	trnF-GAA	+	51 715	51 787	73	52.05				GAA
43	ndhJ	−	52 146	52 622	477	41.09	158	ATG	TGA	
44	ndhK	−	52 739	53 422	684	39.33	227	ATG	TAG	
45	ndhC	−	53 494	53 856	363	36.36	120	ATG	TAG	
46	trnV-UAC	−	54 808 55 436	54 844 55 474	76	51.32				UAC
47	trnM-CAU	+	55 660	55 731	72	41.67				CAU
48	atpE	−	55 964	56 365	402	39.55	133	ATG	TAA	
49	atpB	−	56 362	57 858	1 497	43.69	498	ATG	TGA	
50	rbcL	+	58 672	60 099	1 428	45.03	475	ATG	TAA	
51	accD	+	60 655	62 133	1 479	35.50	492	ATG	TAA	
52	psaI	+	62 886	62 999	114	35.09	37	ATG	TAA	
53	ycf4	+	63 422	63 976	555	40.00	184	ATG	TGA	
54	cemA	+	64 718	65 422	705	34.04	234	ATG	TGA	
55	petA	+	65 658	66 620	963	40.60	320	ATG	TAG	
56	psbJ	−	67 711	67 833	123	40.65	40	ATG	TAG	
57	psbL	−	67 986	68 102	117	34.19	38	ATG	TAA	
58	psbF	−	68 125	68 244	120	43.33	39	ATG	TAA	
59	psbE	−	68 254	68 505	252	41.67	83	ATG	TAG	
60	petL	+	69 884	69 979	96	34.38	31	ATG	TGA	
61	petG	+	70 174	70 287	114	37.72	37	ATG	TGA	
62	trnW-CCA	−	70 429	70 501	73	49.32				CCA
63	trnP-UGG	−	70 682	70 755	74	48.65				UGG

编号	基因 名称	链正负	起始 位点	终止 位点	大小 （bp）	GC含 量（%）	氨基酸 数（个）	起始 密码子	终止 密码子	反密 码子
64	psaJ	+	71 120	71 254	135	40.00	44	ATG	TAG	
65	rpl33	+	71 750	71 950	201	37.81	66	ATG	TAG	
66	rps18	+	72 149	72 454	306	35.95	101	ATG	TAG	
67	rpl20	−	72 721	73 074	354	35.88	117	ATG	TAA	
			73 841	73 954						
68	rps12	−	144 948	145 179	372	43.55	123	TTA	TAT	
			145 720	145 745						
			74 060	74 287						
69	clpP	−	74 952	75 243	591	44.16	196	ATG	TAA	
			76 073	76 143						
70	psbB	+	76 566	78 092	1 527	43.94	508	ATG	TGA	
71	psbT	+	78 292	78 399	108	35.19	35	ATG	TGA	
72	psbN	−	78 466	78 597	132	45.45	43	ATG	TAG	
73	psbH	+	78 702	78 923	222	41.89	73	ATG	TAG	
74	petB	+	79 042	79 047	705	41.56	234	ATG	TAA	
			79 739	80 437						
75	petD	+	80 654	80 661	483	39.75	160	ATG	TAA	
			81 423	81 897						
76	rpoA	−	82 089	83 075	987	36.58	328	ATG	TAG	
77	rps11	−	83 140	83 556	417	49.16	138	ATG	TAG	
78	rpl36	−	83 670	83 783	114	38.60	37	ATG	TAA	
79	rps8	−	84 197	84 607	411	38.93	136	ATG	TAA	
80	rpl14	−	84 762	85 130	369	40.38	122	ATG	TAA	
81	rpl16	−	85 257	85 658	411	44.28	136	ATG	TAG	
			86 695	86 703						
82	rps3	−	86 859	87 518	660	33.64	219	ATG	TAA	
83	rpl22	−	87 747	87 998	252	37.30	83	ATG	TAG	
84	rps19	−	88 037	88 315	279	36.20	92	GTG	TAA	
85	rpl2	−	88 390	88 824	825	44.61	274	ATG	TAG	
			89 518	89 907						
86	rpl23	−	89 926	90 207	282	36.88	93	ATG	TAA	
87	trnI–CAU	−	90 373	90 446	74	45.95				CAU
88	ycf2	+	90 535	97 383	6 849	38.18	2 282	ATG	TAA	
89	ycf15	+	97 525	97 662	138	32.61	45	ATG	TAA	
90	trnL–CAA	−	98 402	98 482	81	53.09				CAA
91	ndhB	−	99 071	99 826	1 533	37.64	510	ATG	TAG	
			100 508	101 284						

编号	基因名称	链正负	起始位点	终止位点	大小（bp）	GC含量（%）	氨基酸数（个）	起始密码子	终止密码子	反密码子
92	rps7	−	101 607	102 074	468	40.60	155	ATG	TAA	
93	trnV-GAC	+	104 743	104 814	72	48.61				GAC
94	16S	+	105 057	106 546	1 490	56.98				
95	trnI-GAU	+	106 842 107 844	106 883 107 878	77	58.44				GAU
96	trnA-UGC	+	107 949 108 781	107 986 108 815	73	56.16				UGC
97	23S	+	108 979	111 787	2 809	55.32				
98	4.5S	+	111 886	111 988	103	50.49				
99	5S	+	112 245	112 365	121	52.07				
100	trnR-ACG	+	112 624	112 697	74	62.16				ACG
101	trnN-GUU	−	113 242	113 313	72	54.17				GUU
102	ycf1	+	113 649	114 740	1 092	35.81	363	ATG	TAA	
103	ndhF	−	114 708	116 939	2 232	33.92	743	ATG	TAA	
104	rpl32	+	117 974	118 132	159	34.59	52	ATG	TAA	
105	trnL-UAG	+	118 913	118 992	80	57.50				UAG
106	ccsA	+	119 098	120 051	954	34.28	317	ATG	TAA	
107	ndhD	−	120 372	121 871	1 500	37.67	499	ACG	TAG	
108	psaC	−	122 043	122 288	246	42.28	81	ATG	TGA	
109	ndhE	−	122 520	122 825	306	35.95	101	ATG	TAG	
110	ndhG	−	123 102	123 638	537	35.75	178	ATG	TAA	
111	ndhI	−	124 015	124 518	504	34.72	167	ATG	TAA	
112	ndhA	−	124 607 126 257	125 146 126 808	1 092	36.17	363	ATG	TAA	
113	ndhH	−	126 810	127 997	1 188	38.47	395	ATG	TGA	
114	rps15	−	128 099	128 371	273	33.33	90	ATG	TAA	
115	ycf1	−	128 734	134 223	5 490	32.64	1 829	ATG	TAA	
116	trnN-GUU	+	134 559	134 630	72	54.17				GUU
117	trnR-ACG	−	135 175	135 248	74	62.16				ACG
118	5S	−	135 507	135 627	121	52.07				
119	4.5S	−	135 884	135 986	103	50.49				
120	23S	−	136 085	138 893	2 809	55.32				
121	trnA-UGC	−	139 057 139 886	139 091 139 923	73	56.16				UGC
122	trnI-GAU	−	139 994 140 989	140 028 141 030	77	58.44				GAU
123	16S	−	141 325	142 814	1 490	56.98				

续表

编号	基因名称	链正负	起始位点	终止位点	大小（bp）	GC含量（%）	氨基酸数（个）	起始密码子	终止密码子	反密码子
124	trnV–GAC	–	143 058	143 129	72	48.61				GAC
125	rps7	+	145 799	146 266	468	40.60	155	ATG	TAA	
126	ndhB	+	146 589 / 148 047	147 365 / 148 802	1 533	37.64	510	ATG	TAG	
127	trnL–CAA	+	149 391	149 471	81	53.09				CAA
128	ycf15	–	150 211	150 348	138	32.61	45	ATG	TAA	
129	ycf2	–	150 490	157 338	6 849	38.18	2 282	ATG	TAA	
130	trnI–CAU	+	157 427	157 500	74	45.95				CAU
131	rpl23	+	157 666	157 947	282	36.88	93	ATG	TAA	
132	rpl2	+	157 966 / 159 049	158 355 / 159 483	825	44.61	274	ATG	TAG	
133	rps19	+	159 558	159 836	279	36.20	92	GTG	TAA	
134	rpl22	+	159 875	160 126	252	37.30	83	ATG	TAG	

表 110　柚子叶绿体基因组碱基组成

项目	A	T	G	C	N
合计（个）	48 788	49 725	30 215	31 405	0
占比（%）	30.47	31.05	18.87	19.61	0.00

注：N代表未知碱基。

表 111　柚子叶绿体基因组概况

项目	长度（bp）	位置	含量（%）
合计	160 133		38.50
大单拷贝区（LSC）	87 739	1～87 739	36.81
反向重复（IRa）	15 656	87 740～103 395	38.64
小单拷贝区（SSC）	41 082	103 396～144 477	41.93
反向重复（IRb）	15 656	144 478～160 133	38.64

表 112　柚子叶绿体基因组基因数量

项目	基因数（个）
合计	134
蛋白质编码基因	89
tRNA	37
rRNA	8

29. 柑橘 *Citrus reticulata*

柑橘（*Citrus reticulata*，图 141～图 144）为芸香科（Rutaceae）柑橘属植物。俗名番橘、橘仔、桔子、橘子、立花橘。柑橘为小乔木，分枝多，枝扩展或略下垂，刺较少。单身复叶，翼叶通常狭窄，或仅有痕迹，叶片披针形、椭圆形或阔卵形，大小差异较大，顶端常有凹口，中脉由基部至凹口附近成叉状分枝，叶缘至少上半段通常有钝或圆裂齿，很少全缘。花单生或 2～3 朵簇生；花萼不规则 3～5 浅裂；花瓣通常长 1.5 厘米以内；雄蕊 20～25 枚，花柱细长，柱头头状。果形通常扁圆形至近圆球形，果皮甚薄而光滑，或厚而粗糙，淡黄色，朱红色或深红色，易剥离，橘络甚多或较少，呈网状，易分离，通常柔嫩，中心柱大而常空，稀充实，瓢囊 7～14 瓣，稀较多，囊壁薄或略厚，柔嫩或颇韧，汁胞通常纺锤形，短而膨大，稀细长，果肉酸或甜，或有苦味，或另有特异气味；种子或多或少数，稀无籽，通常卵形，顶部狭尖，基部浑圆，子叶深绿、淡绿或间有近于乳白色，合点紫色，多胚，少有单胚。花期 4—5 月，果期 10—12 月。

柑橘原产秦岭南坡以南、伏牛山南坡诸水系及大别山区南部，向东南至台湾，南至海南岛，西南至西藏东南部海拔较低地区。广泛栽培，很少半野生。偏北部地区栽种的都属橘类，以红橘和朱橘为主[1, 6]。

柑橘品种品系甚多且亲系来源繁杂，有来自自然杂交的，有属于自身变异（芽变、突变等），也有多倍体的（染色体数 $X=9$，$2n = 18$、27、36）[2]。中国产的柑、橘，其品种品系之多，可称为世界之冠。柑橘品种繁多，都具有营养丰富、通身是宝的共同优点，其汁富含柠檬酸、氨基酸、碳水化合物、脂肪、多种维生素、钙、磷、铁等营养成分[3-4]。柑橘品种繁多，用途广泛，果品既是鲜食佳品，又是优良的加工原料[5]。

柑橘叶绿体基因组情况见图 145、表 113～表 116。

参考文献

[1] 中国科学院中国植物志编辑委员会. 中国植物志：第四十三卷第二分册 [M]. 北京：科学出版社，1997：201.

[2] 邓秀新. 世界柑橘品种改良的进展 [J]. 园艺学报，2005，32（6）：1140-1146.

[3] 王川. 中国柑橘生产与消费现状分析 [J]. 农业展望，2006，2（1）：8-12.

[4] 邓秀新. 国内外柑橘产业发展趋势与柑橘优势区域规划 [J]. 广西园艺，2004，15（4）：6-10.

[5] 陈仕俏，赵文红，白卫东. 我国柑橘的发展现状与展望 [J]. 农产品加工（学刊），2008（3）：21-24，32.

[6] Wu R, Cao T, Ren J J, et al. Characterization of the Complete Chloroplast Genome of *Citrus reticulate* (Rutaceae, *Citrus*) [J]. Mitochondrial DNA B Resour, 2020, 5（3）：2284-2285.

图 141　柑橘　植株　　　　　　图 142　柑橘　叶片

图 143　柑橘　花　　　　　　　图 144　柑橘　果实

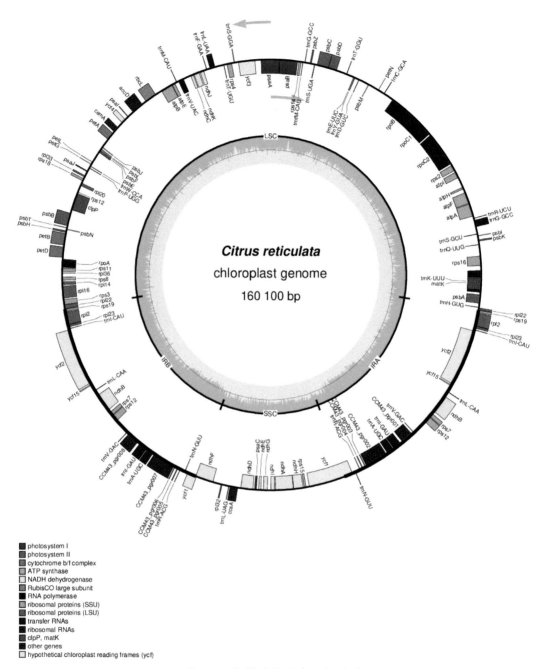

图 145　柑橘叶绿体基因组图谱

表 113　柑橘叶绿体基因组注释结果

编号	基因名称	链正负	起始位点	终止位点	大小（bp）	GC含量（%）	氨基酸数（个）	起始密码子	终止密码子	反密码子
1	rps12	–	73 845 102 113 102 679	73 958 102 138 102 910	372	43.82	123	ACT	TAT	
2	trnH–GUG	–	1	73	73	56.16				GUG
3	psbA	–	509	1 570	1 062	42.28	353	ATG	TAA	
4	trnK–UUU	–	1 838 4 405	1 872 4 441	72	55.56				UUU
5	matK	–	2 145	3 674	1 530	35.56	509	ATG	TGA	
6	rps16	–	5 001 6 114	5 227 6 153	267	38.58	88	ATG	TAA	
7	trnQ–UUG	–	7 469	7 540	72	59.72				UUG
8	psbK	+	7 893	8 078	186	33.33	61	ATG	TAA	
9	psbI	+	8 484	8 594	111	42.34	36	ATG	TAA	
10	trnS–GCU	–	8 725	8 812	88	51.14				GCU
11	trnG–GCC	+	9 651 10 412	9 673 10 448	60	53.33				GCC
12	trnR–UCU	+	10 655	10 726	72	43.06				UCU
13	atpA	–	10 960	12 483	1 524	41.54	507	ATG	TAA	
14	atpF	–	12 550 13 762	12 960 13 905	555	36.94	184	ATG	TAG	
15	atpH	–	14 354	14 599	246	47.15	81	ATG	TAA	
16	atpI	–	15 843	16 586	744	38.84	247	ATG	TGA	
17	rps2	–	16 798	17 508	711	40.51	236	ATG	TGA	
18	rpoC2	–	17 713	21 924	4 212	39.25	1 403	ATG	TAA	
19	rpoC1	–	22 094 24 455	23 704 24 886	2 043	39.50	680	ATG	TAA	
20	rpoB	–	24 913	28 125	3 213	39.81	1 070	ATG	TAA	
21	trnC–GCA	+	29 344	29 424	81	56.79				GCA
22	petN	+	30 159	30 248	90	43.33	29	ATG	TAG	
23	psbM	–	31 520	31 624	105	33.33	34	ATG	TAA	
24	trnD–GUC	–	32 811	32 884	74	62.16				GUC
25	trnY–GUA	–	33 347	33 430	84	54.76				GUA
26	trnE–UUC	–	33 490	33 562	73	60.27				UUC
27	trnT–GGU	+	34 436	34 507	72	48.61				GGU
28	psbD	+	35 774	36 835	1 062	43.60	353	ATG	TAA	
29	psbC	+	36 783	38 204	1 422	44.16	473	ATG	TGA	
30	trnS–UGA	–	38 461	38 553	93	50.54				UGA

编号	基因名称	链正负	起始位点	终止位点	大小（bp）	GC含量（%）	氨基酸数（个）	起始密码子	终止密码子	反密码子
31	psbZ	+	38 909	39 097	189	37.04	62	ATG	TAA	
32	trnG-GCC	+	39 669	39 739	71	50.70				GCC
33	trnfM-CA	−	39 923	39 996	74	56.76				CAU
34	rps14	−	40 169	40 471	303	41.91	100	ATG	TAA	
35	psaB	−	40 609	42 813	2 205	42.27	734	ATG	TAA	
36	psaA	−	42 839 45 787	45 091 45 939	2 253	43.76	750	ATG	TAA	
37	ycf3	−	46 739 47 688	46 966 47 813	507	39.45	168	ATG	TAA	
38	trnS-GGA	+	48 241	48 327	87	51.72				GGA
39	rps4	−	48 602	49 207	606	38.61	201	ATG	TAA	
40	trnT-UGU	−	49 551	49 623	73	53.42				UGU
41	trnL-UAA	+	50 692 51 289	50 728 51 338	87	47.13				UAA
42	trnF-GAA	+	51 711	51 783	73	52.05				GAA
43	ndhJ	−	52 143	52 619	477	41.51	158	ATG	TGA	
44	ndhK	−	52 736	53 419	684	39.33	227	ATG	TAG	
45	ndhC	−	53 490	53 852	363	36.36	120	ATG	TAG	
46	trnV-UAC	−	54 811 55 439	54 847 55 477	76	51.32				UAC
47	trnM-CAU	+	55 663	55 734	72	41.67				CAU
48	atpE	−	55 967	56 368	402	39.55	133	ATG	TAA	
49	atpB	−	56 365	57 861	1 497	43.69	498	ATG	TGA	
50	rbcL	+	58 678	60 105	1 428	45.03	475	ATG	TAA	
51	accD	+	60 656	62 134	1 479	35.77	492	ATG	TAA	
52	psaI	+	62 887	63 000	114	35.09	37	ATG	TAA	
53	ycf4	+	63 423	63 977	555	40.00	184	ATG	TGA	
54	cemA	+	64 722	65 426	705	34.04	234	ATG	TGA	
55	petA	+	65 662	66 624	963	40.71	320	ATG	TAG	
56	psbJ	−	67 721	67 843	123	40.65	40	ATG	TAG	
57	psbL	−	67 996	68 112	117	34.19	38	ATG	TAA	
58	psbF	−	68 135	68 254	120	43.33	39	ATG	TAA	
59	psbE	−	68 264	68 515	252	41.67	83	ATG	TAG	
60	petL	+	69 893	69 988	96	34.38	31	ATG	TGA	
61	petG	+	70 182	70 295	114	37.72	37	ATG	TGA	
62	trnW-CCA	−	70 437	70 509	73	49.32				CCA
63	trnP-UGG	−	70 690	70 763	74	48.65				UGG

编号	基因名称	链正负	起始位点	终止位点	大小（bp）	GC含量（%）	氨基酸数（个）	起始密码子	终止密码子	反密码子
64	psaJ	+	71 127	71 261	135	40.00	44	ATG	TAG	
65	rpl33	+	71 757	71 957	201	37.81	66	ATG	TAG	
66	rps18	+	72 156	72 461	306	35.95	101	ATG	TAG	
67	rpl20	−	72 724	73 077	354	36.16	117	ATG	TAA	
68	rps12	−	73 845	73 958	372	43.82	123	TTA	TAT	
			144 921	145 152						
			145 693	145 718						
			74 064	74 291						
69	clpP	−	74 954	75 245	591	44.33	196	ATG	TAA	
			76 067	76 137						
70	psbB	+	76 560	78 086	1 527	43.94	508	ATG	TGA	
71	psbT	+	78 286	78 393	108	35.19	35	ATG	TGA	
72	psbN	−	78 461	78 592	132	45.45	43	ATG	TAG	
73	psbH	+	78 697	78 918	222	41.89	73	ATG	TAG	
74	petB	+	79 037	79 042	705	41.42	234	ATG	TAA	
			79 734	80 432						
75	petD	+	80 649	80 656	483	39.54	160	ATG	TAA	
			81 417	81 891						
76	rpoA	−	82 084	83 070	987	36.98	328	ATG	TAG	
77	rps11	−	83 135	83 551	417	49.16	138	ATG	TAG	
78	rpl36	−	83 665	83 778	114	38.60	37	ATG	TAA	
79	rps8	−	84 195	84 599	405	39.26	134	ATG	TAA	
80	rpl14	−	84 758	85 126	369	40.38	122	ATG	TAA	
81	rpl16	−	85 254	85 655	411	44.04	136	ATG	TAG	
			86 690	86 698						
82	rps3	−	86 854	87 513	660	33.94	219	ATG	TAA	
83	rpl22	−	87 498	87 989	492	35.57	163	ATG	TAA	
84	rps19	−	88 028	88 306	279	36.20	92	GTG	TAA	
85	rpl2	−	88 381	88 815	825	44.61	274	ATG	TAG	
			89 509	89 898						
86	rpl23	−	89 917	90 198	282	36.88	93	ATG	TAA	
87	trnI–CAU	−	90 364	90 437	74	45.95				CAU
88	ycf2	+	90 526	97 368	6 843	38.16	2 280	ATG	TAA	
89	ycf15	+	97 510	97 647	138	32.61	45	ATG	TAA	
90	trnL–CAA	−	98 387	98 467	81	53.09				CAA
91	ndhB	−	99 056	99 811	1 533	37.64	510	ATG	TAG	
			100 493	101 269						

编号	基因名称	链正负	起始位点	终止位点	大小（bp）	GC含量（%）	氨基酸数（个）	起始密码子	终止密码子	反密码子
92	rps7	−	101 592	102 059	468	40.60	155	ATG	TAA	
93	trnV–GAC	+	104 725	104 796	72	48.61				GAC
94	16S	+	105 039	106 528	1 490	56.98				
95	trnI–GAU	+	106 824 107 824	106 865 107 858	77	58.44				GAU
96	trnA–UGC	+	107 929 108 761	107 966 108 795	73	56.16				UGC
97	23S	+	108 959	111 768	2 810	55.34				
98	4.5S	+	111 867	111 969	103	50.49				
99	5S	+	112 226	112 346	121	52.07				
100	trnR–ACG	+	112 605	112 678	74	62.16				ACG
101	trnN–GUU	−	113 223	113 294	72	54.17				GUU
102	ycf1	+	113 630	114 817	1 188	34.85	395	ATG	TAA	
103	ndhF	−	114 693	116 921	2 229	34.01	742	ATG	TAA	
104	rpl32	+	117 947	118 105	159	33.96	52	ATG	TAA	
105	trnL–UAG	+	118 880	118 959	80	57.50				UAG
106	ccsA	+	119 062	120 015	954	34.17	317	ATG	TAA	
107	ndhD	−	120 336	121 835	1 500	37.60	499	ACG	TAG	
108	psaC	−	122 008	122 253	246	42.28	81	ATG	TGA	
109	ndhE	−	122 490	122 795	306	35.62	101	ATG	TAG	
110	ndhG	−	123 072	123 608	537	35.94	178	ATG	TAA	
111	ndhI	−	123 985	124 488	504	34.52	167	ATG	TAA	
112	ndhA	−	124 577 126 230	125 116 126 781	1 092	36.17	363	ATG	TAA	
113	ndhH	−	126 783	127 970	1 188	38.47	395	ATG	TGA	
114	rps15	−	128 077	128 349	273	32.97	90	ATG	TAA	
115	ycf1	−	128 712	134 201	5 490	32.55	1 829	ATG	TAA	
116	trnN–GUU	+	134 537	134 608	72	54.17				GUU
117	trnR–ACG	−	135 153	135 226	74	62.16				ACG
118	5S	−	135 485	135 605	121	52.07				
119	4.5S	−	135 862	135 964	103	50.49				
120	23S	−	136 063	138 872	2 810	55.34				
121	trnA–UGC	−	139 036 139 865	139 070 139 902	73	56.16				UGC
122	trnI–GAU	−	139 973 140 966	140 007 141 007	77	58.44				GAU
123	16S	−	141 302	142 791	1 490	56.98				

续表

编号	基因名称	链正负	起始位点	终止位点	大小（bp）	GC含量（%）	氨基酸数（个）	起始密码子	终止密码子	反密码子
124	trnV–GAC	–	143 035	143 106	72	48.61				GAC
125	rps7	+	145 772	146 239	468	40.60	155	ATG	TAA	
126	ndhB	+	146 562 148 020	147 338 148 775	1 533	37.64	510	ATG	TAG	
127	trnL–CAA	+	149 364	149 444	81	53.09				CAA
128	ycf15	–	150 184	150 321	138	32.61	45	ATG	TAA	
129	ycf2	–	150 463	157 305	6 843	38.16	2 280	ATG	TAA	
130	trnI–CAU	+	157 394	157 467	74	45.95				CAU
131	rpl23	+	157 633	157 914	282	36.88	93	ATG	TAA	
132	rpl2	+	157 933 159 016	158 322 159 450	825	44.61	274	ATG	TAG	
133	rps19	+	159 525	159 803	279	36.20	92	GTG	TAA	
134	rpl22	+	159 842	160 093	252	37.70	83	ATG	TAG	

表 114　柑橘叶绿体基因组碱基组成

项目	A	T	G	C	N
合计（个）	48 762	49 716	30 227	31 395	0
占比（%）	30.46	31.05	18.88	19.61	0.00

注：N代表未知碱基。

表 115　柑橘叶绿体基因组概况

项目	长度（bp）	位置	含量（%）
合计	160 100		38.50
大单拷贝区（LSC）	87 740	1～87 740	36.85
反向重复（IRa）	26 961	87 741～114 701	42.96
小单拷贝区（SSC）	18 428	114 702～133 129	33.22
反向重复（IRb）	26 961	133 130～160 090	42.96

表 116　柑橘叶绿体基因组基因数量

项目	基因数（个）
合计	134
蛋白质编码基因	89
tRNA	37
rRNA	8

30. 甜橙 *Citrus sinensis*

甜橙（*Citrus sinensis* L.，图 146～图 149）为芸香科（Rutaceae）柑橘属植物。俗名黄果、广柑、橙、脐橙、香橙、橙子。乔木，枝少刺或近于无刺。叶通常比柚叶略小，翼叶狭长，明显或仅具痕迹，叶片卵形或卵状椭圆形，很少披针形，长 6～10 厘米，宽 3～5 厘米，或有较大的。花白色，很少背面带淡紫红色，总状花序有花少数，或兼有腋生单花；花萼 5～3 浅裂，花瓣长 1.2～1.5 厘米；雄蕊 20～25 枚；花柱粗壮，柱头增大。果圆球形，扁圆形或椭圆形，橙黄至橙红色，果皮难或稍易剥离，瓢囊 9～12 瓣，果心实或半充实，果肉淡黄、橙红或紫红色，味甜或稍偏酸；种子少或无，种皮略有肋纹，子叶乳白色，多胚。花期 3—5 月，果期 10—12 月，迟熟品种至次年 2—4 月。秦岭以南各地广泛栽培，西北至陕西西南部、甘肃东南部，西南至西藏东南部，海拔 1 500 米以下地带可栽种[1, 6]。

甜橙的原产地在中国，种植历史十分悠久，主要种植区分布在长江以南地区，如广东、广西、福建、湖南、湖北、江西、四川等地，后传入欧美等国。现在普遍栽种于美国佛罗里达州、加利福尼亚州以及地中海等地区。甜橙为中国著名水果，栽培品种甚多，有二倍体及多倍体（染色体数 $X = 9$，$2n = 18$、45）[2-4]。

甜橙类含维生素 C 比柑类和橘类的高，可以抑制致癌物质的形成，还能软化和保护血管，促进血液循环，降低胆固醇和血脂。甜橙果皮油可用于调配多种食品香精，用于加工糕点、含酒精饮料、清凉饮料等[5]。

甜橙叶绿体基因组情况见图 150、表 117～表 120。

参考文献

［1］中国科学院中国植物志编辑委员会.中国植物志：第四十三卷第二分册［M］.北京：科学出版社，1997：196.

［2］余艳锋，祁春节.中国甜橙产业发展现状及对策［J］.世界农业，2006（4）：21–23.

［3］陈亚艳.中国甜橙出口国际竞争力研究［J］.广东农业科学，2016，43（9）：176–182.

［4］石健泉，陈腾土，沈丽娟，等.广西甜橙产业现状与发展对策［J］.中国南方果树，2005，34（4）：19–21.

［5］米兰芳.橙汁加工品种综合品质分析与评价［D］.武汉：华中农业大学，2009.

［6］Bausher M G, Singh N D, Lee S B. et al. The Complete Chloroplast Genome Sequence of *Citrus sinensis*（L.）Osbeck var. 'Ridge Pineapple'：Organization and Phylogenetic Relationships to Other Angiosperms［J］.BMC Plant Biol，2006，6：21.

图 146　甜橙　植株

图 147　甜橙　叶片

图 148　甜橙　花

图 149　甜橙　果实

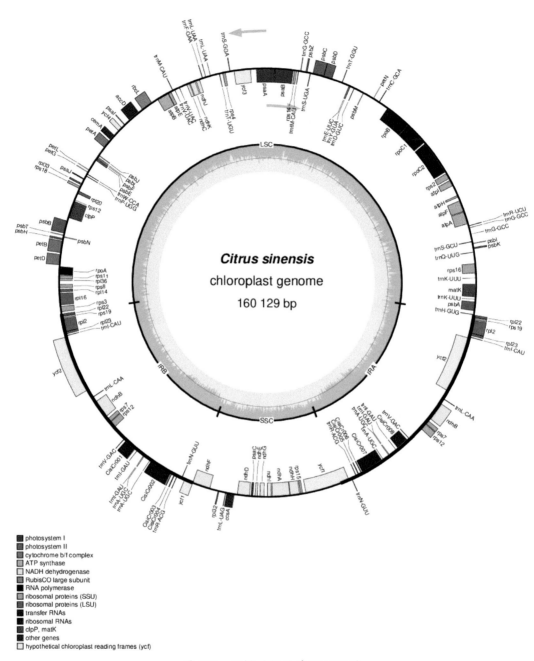

图 150　甜橙叶绿体基因组图谱

表 117　甜橙叶绿体基因组注释结果

编号	基因名称	链正负	起始位点	终止位点	大小（bp）	GC含量（%）	氨基酸数（个）	起始密码子	终止密码子	反密码子
			73 845	73 958						
1	rps12	−	102 129	102 154	372	43.55	123	ACT	TAT	
			102 695	102 926						
2	trnH–GUG	−	3	77	75	57.33				GUG
3	psbA	−	510	1 571	1 062	42.28	353	ATG	TAA	
4	trnK–UUU	−	1 844	1 878	35	65.71				UUU
5	matK	−	2 151	3 680	1 530	35.42	509	ATG	TGA	
6	trnK–UUU	−	4 407	4 443	37	45.95				UUU
7	rps16	−	5 008	5 234	267	38.95	88	ATG	TAA	
			6 120	6 159						
8	trnQ–UUG	−	7 473	7 544	72	59.72				UUG
9	psbK	+	7 897	8 082	186	33.33	61	ATG	TAA	
10	psbI	+	8 490	8 600	111	42.34	36	ATG	TAA	
11	trnS–GCU	−	8 731	8 818	88	52.27				GCU
12	trnG–GCC	+	9 658	9 680	23	39.13				GCC
13	trnG–GCC	+	10 419	10 455	37	62.16				GCC
14	trnR–UCU	+	10 662	10 733	72	43.06				UCU
15	atpA	−	10 964	12 487	1 524	41.54	507	ATG	TAA	
16	atpF	−	12 554	12 964	555	36.76	184	ATG	TAG	
			13 764	13 907						
17	atpH	−	14 355	14 600	246	46.75	81	ATG	TAA	
18	atpI	−	15 852	16 595	744	38.84	247	ATG	TGA	
19	rps2	−	16 807	17 517	711	40.65	236	ATG	TGA	
20	rpoC2	−	17 722	21 933	4 212	39.17	1 403	ATG	TAA	
21	rpoC1	−	22 103	23 713	2 043	39.65	680	ATG	TAA	
			24 460	24 891						
22	rpoB	−	24 918	28 130	3 213	39.78	1 070	ATG	TAA	
23	trnC–GCA	+	29 349	29 429	81	56.79				GCA
24	petN	+	30 162	30 251	90	43.33	29	ATG	TAG	
25	psbM	−	31 531	31 635	105	33.33	34	ATG	TAA	
26	trnD–GUC	−	32 823	32 896	74	62.16				GUC
27	trnY–GUA	−	33 357	33 440	84	54.76				GUA
28	trnE–UUC	−	33 500	33 572	73	60.27				UUC
29	trnT–GGU	+	34 452	34 523	72	48.61				GGU
30	psbD	+	35 790	36 851	1 062	43.50	353	ATG	TAA	
31	psbC	+	36 835	38 223	1 389	43.99	462	GTG	TGA	
32	trnS–UGA	−	38 478	38 570	93	50.54				UGA

续表

编号	基因名称	链正负	起始位点	终止位点	大小（bp）	GC含量（%）	氨基酸数（个）	起始密码子	终止密码子	反密码子
33	psbZ	+	38 926	39 114	189	37.04	62	ATG	TAA	
34	trnG-GCC	+	39 688	39 758	71	50.70				GCC
35	trnfM-CA	−	39 950	40 023	74	56.76				CAU
36	rps14	−	40 197	40 499	303	41.91	100	ATG	TAA	
37	psaB	−	40 637	42 841	2 205	42.27	734	ATG	TAA	
38	psaA	−	42 867	45 119	2 253	43.68	750	ATG	TAA	
			45 815	45 967						
39	ycf3	−	46 768	46 995	507	39.45	168	ATG	TAA	
			47 717	47 842						
40	trnS-GGA	+	48 270	48 356	87	51.72				GGA
41	rps4	−	48 884	49 234	351	40.74	116	ATG	TAG	
42	trnT-UGU	−	49 578	49 650	73	53.42				UGU
43	trnL-UAA	+	50 709	50 745	37	48.65				UAA
44	trnL-UAA	+	51 300	51 349	50	46.00				UAA
45	trnF-GAA	+	51 722	51 794	73	52.05				GAA
46	ndhJ	−	52 152	52 628	477	41.09	158	ATG	TGA	
47	ndhK	−	52 745	53 428	684	39.33	227	ATG	TAG	
48	ndhC	−	53 500	53 862	363	36.36	120	ATG	TAG	
49	trnV-UAC	−	54 814	54 850	37	54.05				UAC
50	trnV-UAC	−	55 442	55 480	39	48.72				UAC
51	trnM-CAU	+	55 666	55 737	72	41.67				CAU
52	atpE	−	55 970	56 371	402	39.55	133	ATG	TAA	
53	atpB	−	56 368	57 864	1 497	43.69	498	ATG	TGA	
54	rbcL	+	58 678	60 105	1 428	45.03	475	ATG	TAA	
55	accD	+	60 661	62 139	1 479	35.50	492	ATG	TAA	
56	psaI	+	62 892	63 005	114	35.09	37	ATG	TAA	
57	ycf4	+	63 428	63 982	555	40.00	184	ATG	TGA	
58	cemA	+	64 724	65 428	705	34.04	234	ATG	TGA	
59	petA	+	65 664	66 626	963	40.60	320	ATG	TAG	
60	psbJ	−	67 717	67 839	123	40.65	40	ATG	TAG	
61	psbL	−	67 992	68 108	117	34.19	38	ATG	TAA	
62	psbF	−	68 131	68 250	120	43.33	39	ATG	TAA	
63	psbE	−	68 260	68 511	252	41.67	83	ATG	TAG	
64	petL	+	69 890	69 985	96	34.38	31	ATG	TGA	
65	petG	+	70 179	70 292	114	37.72	37	ATG	TGA	
66	trnW-CCA	−	70 434	70 506	73	49.32				CCA
67	trnP-UGG	−	70 687	70 760	74	48.65				UGG

续表

编号	基因名称	链正负	起始位点	终止位点	大小（bp）	GC含量（%）	氨基酸数（个）	起始密码子	终止密码子	反密码子
68	psaJ	+	71 124	71 258	135	40.00	44	ATG	TAG	
69	rpl33	+	71 754	71 954	201	37.81	66	ATG	TAG	
70	rps18	+	72 153	72 458	306	35.95	101	ATG	TAG	
71	rpl20	−	72 725	73 078	354	35.88	117	ATG	TAA	
			73 845	73 958						
72	rps12	−	144 948	145 179	372	43.55	123	TTA	TAT	
			145 720	145 745						
			74 064	74 291						
73	clpP	−	74 954	75 245	591	44.16	196	ATG	TAA	
			76 075	76 145						
74	psbB	+	76 568	78 094	1 527	43.94	508	ATG	TGA	
75	psbT	+	78 294	78 401	108	35.19	35	ATG	TGA	
76	psbN	−	78 469	78 600	132	45.45	43	ATG	TAG	
77	psbH	+	78 705	78 926	222	41.89	73	ATG	TAG	
78	petB	+	79 045	79 050	705	41.42	234	ATG	TAA	
			79 742	80 440						
79	petD	+	80 657	80 664	483	39.75	160	ATG	TAA	
			81 427	81 901						
80	rpoA	−	82 094	83 080	987	36.58	328	ATG	TAG	
81	rps11	−	83 145	83 561	417	49.16	138	ATG	TAG	
82	rpl36	−	83 676	83 789	114	38.60	37	ATG	TAA	
83	rps8	−	84 203	84 613	411	38.93	136	ATG	TAA	
84	rpl14	−	84 768	85 136	369	40.38	122	ATG	TAA	
85	rpl16	−	85 263	85 664	411	44.28	136	ATG	TAG	
			86 698	86 706						
86	rps3	−	86 862	87 521	660	33.64	219	ATG	TAA	
87	rpl22	−	87 748	87 999	252	37.30	83	ATG	TAG	
88	rps19	−	88 038	88 316	279	36.20	92	GTG	TAA	
89	rpl2	−	88 391	88 825	825	44.61	274	ATG	TAG	
			89 519	89 908						
90	rpl23	−	89 927	90 208	282	36.88	93	ATG	TAA	
91	trnI–CAU	−	90 374	90 447	74	45.95				CAU
92	ycf2	+	90 536	97 384	6 849	38.17	2 282	ATG	TAA	
93	trnL–CAA	−	98 403	98 483	81	53.09				CAA
94	ndhB	−	99 072	99 827	1 533	37.64	510	ATG	TAG	
			100 509	101 285						
95	rps7	−	101 608	102 075	468	40.60	155	ATG	TAA	

编号	基因名称	链正负	起始位点	终止位点	大小（bp）	GC含量（%）	氨基酸数（个）	起始密码子	终止密码子	反密码子
96	trnV-GAC	+	104 744	104 815	72	48.61				GAC
97	16S	+	105 059	106 549	1 491	57.01				
98	trnI-GAU	+	106 845	106 886	42	57.14				GAU
99	trnI-GAU	+	107 846	107 880	35	60.00				GAU
100	trnA-UGC	+	107 951	107 988	38	52.63				UGC
101	trnA-UGC	+	108 783	108 817	35	60.00				UGC
102	23S	+	108 981	111 789	2 809	55.32				
103	4.5S	+	111 888	111 990	103	50.49				
104	5S	+	112 247	112 367	121	52.07				
105	trnR-ACG	+	112 626	112 699	74	62.16				ACG
106	trnN-GUU	−	113 244	113 315	72	54.17				GUU
107	ycf1	+	113 651	114 742	1 092	35.81	363	ATG	TAA	
108	ndhF	−	114 710	116 941	2 232	33.92	743	ATG	TAA	
109	rpl32	+	117 976	118 134	159	34.59	52	ATG	TAA	
110	trnL-UAG	+	118 912	118 991	80	57.50				UAG
111	ccsA	+	119 099	120 052	954	34.28	317	ATG	TAA	
112	ndhD	−	120 373	121 872	1 500	37.67	499	ACG	TAG	
113	psaC	−	122 043	122 288	246	42.28	81	ATG	TGA	
114	ndhE	−	122 520	122 825	306	35.62	101	ATG	TAG	
115	ndhG	−	123 102	123 638	537	35.75	178	ATG	TAA	
116	ndhI	−	124 015	124 518	504	34.52	167	ATG	TAA	
117	ndhA	−	124 607 125 146 126 257 126 808		1 092	36.17	363	ATG	TAA	
118	ndhH	−	126 810	127 997	1 188	38.55	395	ATG	TGA	
119	rps15	−	128 099	128 371	273	33.33	90	ATG	TAA	
120	ycf1	−	128 734	134 223	5 490	32.60	1 829	ATG	TAA	
121	trnN-GUU	+	134 559	134 630	72	54.17				GUU
122	trnR-ACG	−	135 175	135 248	74	62.16				ACG
123	5S	−	135 507	135 627	121	52.07				
124	4.5S	−	135 884	135 986	103	50.49				
125	23S	−	136 085	138 893	2 809	55.32				
126	trnA-UGC	−	139 057	139 091	35	60.00				UGC
127	trnA-UGC	−	139 886	139 923	38	52.63				UGC
128	trnI-GAU	−	139 994	140 028	35	60.00				GAU
129	trnI-GAU	−	140 988	141 029	42	57.14				GAU
130	16S	−	141 324	142 814	1 491	57.01				
131	trnV-GAC	−	143 059	143 130	72	48.61				GAC

续表

编号	基因名称	链正负	起始位点	终止位点	大小（bp）	GC含量（%）	氨基酸数（个）	起始密码子	终止密码子	反密码子
132	rps7	+	145 799	146 266	468	40.60	155	ATG	TAA	
133	ndhB	+	146 589 148 047	147 365 148 802	1 533	37.64	510	ATG	TAG	
134	trnL–CAA	+	149 391	149 471	81	53.09				CAA
135	ycf2	–	150 490	157 338	6 849	38.17	2 282	ATG	TAA	
136	trnI–CAU	+	157 427	157 500	74	45.95				CAU
137	rpl23	+	157 666	157 947	282	36.88	93	ATG	TAA	
138	rpl2	+	157 966 159 049	158 355 159 483	825	44.61	274	ATG	TAG	
139	rps19	+	159 558	159 836	279	36.20	92	GTG	TAA	
140	rpl22	+	159 875	160 126	252	37.30	83	ATG	TAG	

表 118　甜橙叶绿体基因组碱基组成

项目	A	T	G	C	N
合计（个）	48 780	49 728	30 216	31 405	0
占比（%）	30.46	31.06	18.87	19.61	0.00

注：N 代表未知碱基。

表 119　甜橙叶绿体基因组概况

项目	长度（bp）	位置	含量（%）
合计	160 129		38.50
大单拷贝区（LSC）	87 744	1～87 744	36.81
反向重复（IRa）	26 996	87 745～114 740	42.95
小单拷贝区（SSC）	18 393	114 741～133 133	33.34
反向重复（IRb）	26 996	133 134～160 129	42.95

表 120　甜橙叶绿体基因组基因数量

项目	基因数（个）
合计	140
蛋白质编码基因	87
tRNA	45
rRNA	8

31. 番木瓜 *Carica papaya*

番木瓜（*Carica papaya* L.，图 151～图 154）为番木瓜科（Caricaceae）番木瓜属植物。俗名树冬瓜、满山抛、番瓜、万寿果、木瓜。常绿软木质小乔木，高达 8～10 米，具乳汁；茎不分枝或有时于损伤处分枝，具螺旋状排列的托叶痕。叶大，聚生于茎顶端，近盾形，直径可达 60 厘米，通常 5～9 深裂，每裂片再为羽状分裂；叶柄中空，长达 60～100 厘米。花单性或两性，有些品种在雄株上偶尔产生两性花或雌花，并结成果实，亦有时在雌株上出现少数雄花。植株有雄株、雌株和两性株。雄花排列成圆锥花序，长达 1 米，下垂；花无梗；萼片基部连合；花冠乳黄色，冠管细管状，长 1.6～2.5 厘米，花冠裂片 5 枚，披针形，长约 1.8 厘米，宽 4.5 毫米；雄蕊 10 枚，5 长 5 短，短的几无花丝，长的花丝白色，被白色绒毛；子房退化。雌花单生或由数朵排列成伞房花序，着生叶腋内，具短梗或近无梗，萼片 5 片，长约 1 厘米，中部以下合生；花冠裂片 5 枚，分离，乳黄色或黄白色，长圆形或披针形，长 5.0～6.2 厘米，宽 1.2～2.0 厘米；子房上位，卵球形，无柄，花柱 5 枚，柱头数裂，近流苏状。两性花雄蕊 5 枚，着生于近子房基部极短的花冠管上，或为 10 枚着生于较长的花冠管上，排列成 2 轮，冠管长 1.9～2.5 厘米，花冠裂片长圆形，长约 2.8 厘米，宽 9 毫米，子房比雌株子房较小。浆果肉质，成熟时橙黄色或黄色，长圆球形，倒卵状长圆球形，梨形或近圆球形，长 10～30 厘米或更长，果肉柔软多汁，味香甜；种子多数，卵球形，成熟时黑色，外种皮肉质，内种皮木质，具皱纹。花果期全年[1, 6]。

番木瓜原产热带美洲，与香蕉、菠萝并称热带三大草本果树，被世界卫生组织列为最有营养价值的十大水果之首，是营养价值高且有益健康的水果，有"百益果王"之称。番木瓜是世界上产量增幅较大的热带水果，年增长率达 4%，已成为第四大热带、亚热带畅销水果[2-3]。

番木瓜果实除了可以作水果外，还有多种药用价值，未成熟的果实可作蔬菜熟食或腌食，可加工成蜜饯、果汁、果酱、果脯及罐头等。种子可榨油，果和叶均可药用。未成熟番木瓜的乳汁可提取番木瓜素，用于制造化妆品[4-5]。

番木瓜叶绿体基因组情况见图 155、表 121～表 124。

参考文献

［1］中国科学院中国植物志编辑委员会. 中国植物志：第五十二卷第一分册［M］. 北京：科学出版社，1999：122.

［2］杨培生，钟思现，杜中军，等. 我国番木瓜产业发展现状和主要问题［J］. 中国热带农业，2007（4）：8-9.

［3］周鹏，沈文涛，言普，等．我国番木瓜产业发展的关键问题及对策［J］．热带生物学报，2010，1（3）：257-260，264.

［4］袁志超，汪芳安．番木瓜的开发应用及研究进展［J］．武汉工业学院学报，2006，25（3）：15-20.

［5］张文学，胡承，李仕强，等．番木瓜资源的应用状况［J］．四川食品与发酵，2001（1）：26-29，34.

［6］Lin Z C, Zhou P, Ma X Y, et al. Comparative Analysis of Chloroplast Genomes in *Vasconcellea pubescens* A. DC. and *Carica papaya* L.［J］. Sci Rep，2020，10：15799.

图 151　番木瓜　植株

图 152　番木瓜　叶片

图 153　番木瓜　花

图 154　番木瓜　果实

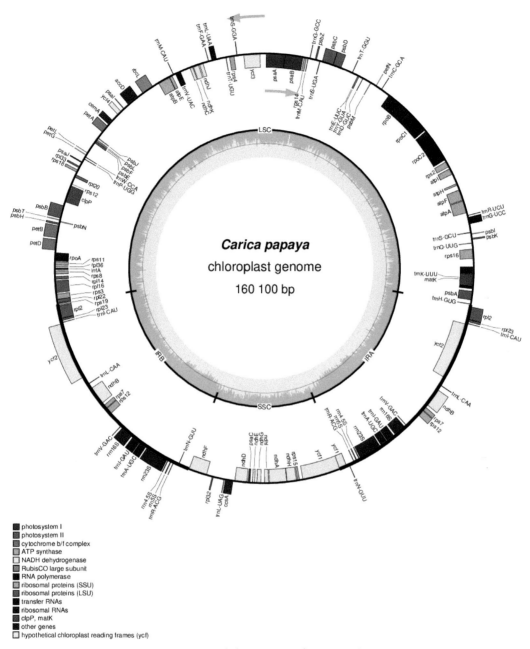

图 155　番木瓜叶绿体基因组图谱

表 121   番木瓜叶绿体基因组注释结果

编号	基因名称	链正负	起始位点	终止位点	大小（bp）	GC含量（%）	氨基酸数（个）	起始密码子	终止密码子	反密码子
			74 091	74 204						
1	rps12	–	102 662	102 687	372	43.28	123	ACT	TAT	
			103 224	103 455						
2	trnH–GUG	–	63	137	75	56.00				GUG
3	psbA	–	592	1 653	1 062	42.28	353	ATG	TAA	
4	trnK–UUU	–	1 924	1 958	72	54.17				UUU
			4 533	4 569						
5	matK	–	2 266	3 786	1 521	33.53	506	ATG	TGA	
6	rps16	–	5 529	5 755	267	36.70	88	ATG	TAA	
			6 639	6 678						
7	trnQ–UUG	–	7 344	7 415	72	58.33				UUG
8	psbK	+	7 781	7 966	186	35.48	61	ATG	TAA	
9	psbI	+	8 408	8 518	111	36.94	36	ATG	TAA	
10	trnS–GCU	–	8 617	8 704	88	51.14				GCU
11	trnG–UCC	+	9 669	9 691	72	54.17				UCC
			10 427	10 475						
12	trnR–UCU	+	10 658	10 729	72	43.06				UCU
13	atpA	–	11 031	12 548	1 518	40.32	505	ATG	TAA	
14	atpF	–	12 614	13 023	555	37.66	184	ATG	TAG	
			13 790	13 934						
15	atpH	–	14 500	14 745	246	44.72	81	ATG	TAA	
16	atpI	–	15 945	16 688	744	37.37	247	ATG	TGA	
17	rps2	–	16 922	17 632	711	38.12	236	ATG	TGA	
18	rpoC2	–	17 862	22 025	4 164	37.46	1 387	ATG	TAA	
19	rpoC1	–	22 208	23 818	2 043	38.86	680	ATG	TAA	
			24 598	25 029						
20	rpoB	–	25 056	28 268	3 213	39.18	1 070	ATG	TAA	
21	trnC–GCA	+	29 363	29 433	71	57.75				GCA
22	petN	+	30 167	30 256	90	42.22	29	ATG	TAG	
23	psbM	–	30 887	30 991	105	32.38	34	ATG	TAA	
24	trnD–GUC	–	31 985	32 058	74	62.16				GUC
25	trnY–GUA	–	32 518	32 601	84	54.76				GUA
26	trnE–UUC	–	32 661	32 733	73	58.90				UUC
27	trnT–GGU	+	33 424	33 495	72	48.61				GGU
28	psbD	+	34 953	36 014	1 062	42.56	353	ATG	TAA	
29	psbC	+	35 998	37 383	1 386	43.43	461	GTG	TGA	
30	trnS–UGA	–	37 604	37 696	93	49.46				UGA

编号	基因名称	链正负	起始位点	终止位点	大小（bp）	GC含量（%）	氨基酸数（个）	起始密码子	终止密码子	反密码子
31	psbZ	+	38 085	38 273	189	35.45	62	ATG	TGA	
32	trnG-GCC	+	38 862	38 932	71	50.70				GCC
33	trnM-CAU	–	39 074	39 147	74	56.76				CAU
34	rps14	–	39 316	39 618	303	41.25	100	ATG	TAA	
35	psaB	–	39 744	41 948	2 205	41.00	734	ATG	TAA	
36	psaA	–	41 980	44 232	2 253	42.96	750	ATG	TAA	
37	ycf3	–	44 957	45 109						
			45 865	46 094	507	40.24	168	ATG	TAA	
			46 844	46 967						
38	trnS-GGA	+	47 712	47 798	87	49.43				GGA
39	rps4	–	48 118	48 723	606	38.45	201	ATG	TAA	
40	trnT-UGU	–	49 097	49 169	73	53.42				UGU
41	trnL-UAA	+	50 285	50 319	86	48.84				UAA
			50 837	50 887						
42	trnF-GAA	+	51 251	51 323	73	49.32				GAA
43	ndhJ	–	51 991	52 467	477	40.88	158	ATG	TGA	
44	ndhK	–	52 583	53 260	678	38.05	225	ATG	TAG	
45	ndhC	–	53 329	53 691	363	35.54	120	ATG	TAG	
46	trnV-UAC	–	54 924	54 958	73	52.05				UAC
			55 563	55 600						
47	trnM-CAU	+	55 789	55 861	73	39.73				CAU
48	atpE	–	56 035	56 436	402	40.80	133	ATG	TAA	
49	atpB	–	56 433	57 929	1 497	43.02	498	ATG	TGA	
50	rbcL	+	58 728	60 155	1 428	44.12	475	ATG	TAA	
51	accD	+	60 892	62 385	1 494	34.27	497	ATG	TAG	
52	psaI	+	63 062	63 166	105	35.24	34	ATG	TAG	
53	ycf4	+	63 579	64 133	555	37.84	184	ATG	TGA	
54	cemA	+	65 065	65 754	690	32.90	229	ATG	TGA	
55	petA	+	65 974	66 936	963	40.50	320	ATG	TAG	
56	psbJ	–	67 748	67 870	123	37.40	40	ATG	TAG	
57	psbL	–	68 018	68 134	117	31.62	38	ATG	TAA	
58	psbF	–	68 159	68 278	120	40.00	39	ATG	TAA	
59	psbE	–	68 288	68 539	252	41.27	83	ATG	TAG	
60	petL	+	69 959	70 054	96	34.38	31	ATG	TGA	
61	petG	+	70 249	70 362	114	35.96	37	ATG	TGA	
62	trnW-CCA	–	70 501	70 574	74	50.00				CCA
63	trnP-UGG	–	70 770	70 843	74	48.65				UGG

编号	基因名称	链正负	起始位点	终止位点	大小（bp）	GC含量（%）	氨基酸数（个）	起始密码子	终止密码子	反密码子
64	psaJ	+	71 235	71 369	135	37.78	44	ATG	TAG	
65	rpl33	+	71 850	72 050	201	38.81	66	ATG	TAG	
66	rps18	+	72 330	72 635	306	33.99	101	ATG	TAG	
67	rpl20	−	72 924	73 277	354	36.44	117	ATG	TAA	
68	rps12	−	74 091 145 395 146 163	74 204 145 626 146 188	372	43.28	123	TTA	TAT	
69	clpP	−	74 367 75 204 76 347	74 594 75 495 76 417	591	41.29	196	ATG	TAA	
70	psbB	+	76 916	78 442	1 527	43.42	508	ATG	TGA	
71	psbT	+	78 624	78 731	108	33.33	35	ATG	TGA	
72	psbN	−	78 792	78 923	132	47.73	43	ATG	TAG	
73	psbH	+	79 028	79 249	222	38.74	73	ATG	TAG	
74	petB	+	79 387 80 190	79 392 80 831	648	39.81	215	ATG	TAG	
75	petD	+	81 046 81 802	81 053 82 276	483	38.51	160	ATG	TAA	
76	rpoA	−	82 566	83 549	984	34.76	327	ATG	TAG	
77	rps11	−	83 621	84 037	417	46.76	138	ATG	TAG	
78	rpl36	−	84 159	84 272	114	35.96	37	ATG	TAA	
79	rps8	−	84 721	85 125	405	37.04	134	ATG	TAA	
80	rpl14	−	85 388	85 756	369	41.19	122	ATG	TAA	
81	rpl16	−	85 888 87 351	86 286 87 359	408	43.38	135	ATG	TAG	
82	rps3	−	87 510	88 166	657	35.77	218	ATG	TAA	
83	rpl22	−	88 151	88 579	429	37.53	142	ATG	TAA	
84	rps19	−	88 628	88 906	279	35.48	92	GTG	TAA	
85	rpl2	−	88 965 90 065	89 399 90 454	825	43.15	274	ATG	TAG	
86	rpl23	−	90 473	90 754	282	37.23	93	ATG	TAA	
87	trnI−CAU	−	90 920	90 993	74	45.95				CAU
88	ycf2	+	91 082	97 978	6 897	37.41	2 298	ATG	TAA	
89	trnL−CAA	−	98 940	99 020	81	51.85				CAA
90	ndhB	−	99 604 101 041	100 359 101 817	1 533	37.51	510	ATG	TAG	
91	rps7	−	102 141	102 608	468	40.60	155	ATG	TAA	

编号	基因名称	链正负	起始位点	终止位点	大小（bp）	GC含量（%）	氨基酸数（个）	起始密码子	终止密码子	反密码子
92	trnV–GAC	+	105 320	105 391	72	47.22				GAC
93	rrn16S	+	105 623	107 113	1 491	56.74				
94	trnI–GAU	+	107 324 108 311	107 360 108 345	72	59.72				GAU
95	trnA–UGC	+	108 410 109 243	108 447 109 277	73	56.16				UGC
96	rrn23S	+	109 435	112 244	2 810	55.30				
97	rrn4.5S	+	112 343	112 445	103	50.49				
98	rrn5S	+	112 702	112 822	121	51.24				
99	trnR–ACG	+	113 073	113 146	74	62.16				ACG
100	trnN–GUU	–	113 735	113 806	72	54.17				GUU
101	ndhF	–	115 133	117 373	2 241	32.31	746	ATG	TAA	
102	rpl32	+	118 073	118 246	174	31.03	57	ATG	TAA	
103	trnL–UAG	+	119 528	119 607	80	55.00				UAG
104	ccsA	+	119 707	120 669	963	31.88	320	ATG	TAG	
105	ndhD	–	120 849	122 351	1 503	35.46	500	ACG	TAG	
106	psaC	–	122 475	122 720	246	41.87	81	ATG	TGA	
107	ndhE	–	122 975	123 280	306	34.31	101	ATG	TAG	
108	ndhG	–	123 515	124 045	531	34.46	176	ATG	TAA	
109	ndhI	–	124 462	124 965	504	34.52	167	ATG	TAA	
110	ndhA	–	125 053 126 650	125 582 127 202	1 083	34.81	360	ATG	TAA	
111	ndhH	–	127 204	128 385	1 182	37.90	393	ATG	TAA	
112	rps15	–	128 472	128 750	279	29.03	92	ATG	TAG	
113	ycf1	–	129 135	134 714	5 580	30.18	1 859	ATG	TGA	
114	trnN–GUU	+	135 044	135 115	72	54.17				GUU
115	trnR–ACG	–	135 704	135 777	74	62.16				ACG
116	rrn5S	–	136 028	136 148	121	51.24				
117	rrn4.5S	–	136 405	136 507	103	50.49				
118	rrn23S	–	136 606	139 415	2 810	55.30				
119	trnA–UGC	–	139 573 140 403	139 607 140 440	73	56.16				UGC
120	trnI–GAU	–	140 505 141 490	140 539 141 526	72	59.72				GAU
121	rrn16S	–	141 737	143 227	1 491	56.74				
122	trnV–GAC	–	143 459	143 530	72	47.22				GAC
123	rps7	+	146 242	146 709	468	40.60	155	ATG	TAA	

续表

编号	基因名称	链正负	起始位点	终止位点	大小（bp）	GC含量（%）	氨基酸数（个）	起始密码子	终止密码子	反密码子
124	ndhB	+	147 033 148 491	147 809 149 246	1 533	37.51	510	ATG	TAG	
125	trnL–CAA	+	149 830	149 910	81	51.85				CAA
126	ycf2	–	150 872	157 768	6 897	37.41	2 298	ATG	TAA	
127	trnI–CAU	+	157 857	157 930	74	45.95				CAU
128	rpl23	+	158 096	158 377	282	37.23	93	ATG	TAA	
129	rpl2	+	158 396 159 451	158 785 159 885	825	43.15	274	ATG	TAG	

表 122　番木瓜叶绿体基因组碱基组成

项目	A	T	G	C	N
合计（个）	49 931	51 107	29 006	30 056	0
占比（%）	31.19	31.92	18.12	18.77	0.00

注：N代表未知碱基。

表 123　番木瓜叶绿体基因组概况

项目	长度（bp）	位置	含量（%）
合计	160 100		36.90
大单拷贝区（LSC）	88 749	1 ～ 88 749	34.69
反向重复（IRa）	26 325	88 750 ～ 115 074	42.68
小单拷贝区（SSC）	18 701	115 075 ～ 133 775	31.03
反向重复（IRb）	26 325	133 776 ～ 160 100	42.68

表 124　番木瓜叶绿体基因组基因数量

项目	基因数（个）
合计	129
蛋白质编码基因	84
tRNA	37
rRNA	8

无花果（*Ficus carica* L.，图 156 ～图 159）为桑科（Moraceae）榕属植物。俗名映日果、红心果。落叶灌木，高 3 ～ 10 米，多分枝；树皮灰褐色，皮孔明显；小枝直立，粗壮。叶互生，厚纸质，广卵圆形，长宽近相等，10 ～ 20 厘米，通常 3 ～ 5 裂，小裂片卵形，边缘具不规则钝齿，表面粗糙，背面密生细小钟乳体及灰色短柔毛，基部浅心形，基生侧脉 3 ～ 5 条，侧脉 5 ～ 7 对；叶柄长 2 ～ 5 厘米，粗壮；托叶卵状披针形，长约 1 厘米，红色。雌雄异株，雄花和瘿花同生于一榕果内壁，雄花生内壁口部，花被片 4 ～ 5 片，雄蕊 3 枚，有时 1 枚或 5 枚，瘿花花柱侧生，短；雌花花被与雄花同，子房卵圆形，光滑，花柱侧生，柱头 2 裂，线形。榕果单生叶腋，大而梨形，直径 3 ～ 5 厘米，顶部下陷，成熟时紫红色或黄色，基生苞片 3 枚，卵形；瘦果透镜状。花果期 5—7 月[1, 6]。

原产地中海沿岸，分布于土耳其至阿富汗。中国唐代从波斯传入，现南北均有栽培，新疆南部尤多。中国无花果产地主要分布在威海、新疆、山东、浙江、福建、广东、四川等地。新疆是中国无花果的较早传入地区，也是栽培面积较大的地区[2-3]。

无花果可食率高达 92% 以上，含糖量高，营养丰富，富含多种维生素、氨基酸和矿质元素等。无花果还是富硒果树，果实和叶子中的硒元素明显高于其他果树，能降血压、降血脂、抗衰老、增强免疫力，对癌细胞的抑制作用明显[4]。无花果具有很好的加工性状，可以制成无花果干、果酱、果冻、罐头、果汁、调味品等，还可从中提取无花果蛋白酶和果胶，具有较高的经济价值。世界 5 个主要的无花果生产国依次为土耳其、希腊、美国、葡萄牙和西班牙。在世界无花果的产量中仅有少量供鲜食、罐装或制成果酱，大部分用于干制[5]。

无花果叶绿体基因组情况见图 160、表 125 ～表 128。

参考文献

［1］中国科学院中国植物志编辑委员会. 中国植物志：第二十三卷第一分册［M］. 北京：科学出版社，1998：124.

［2］孙锐，贾明，孙蕾. 世界无花果资源发展现状及应用研究［J］. 世界林业研究，2015，28（3）：31-36.

［3］王亮，王彩虹，田义轲，等. 无花果种质资源研究进展［J］. 落叶果树，2008（5）：26-29.

［4］刘庆帅，戴婧豪，蔡云鹏，等. 无花果种质资源的研究进展［J］. 北方果树，2021（3）：1-4.

［5］生吉萍，孙志健，申琳，等. 无花果的营养和药用价值及其加工利用［J］. 农牧产

品开发，1999（3）：10–11.

［6］Ghada B, Ahmed B A, Khaled C, et al. Molecular Evolution of Chloroplast DNA in Fig (*Ficus carica* L.): Footprints of Sweep Selection and Recent Expansion［J］. Biochemical Systematics and Ecology, 2010, 38: 563–575.

图 156　无花果　植株

图 157　无花果　叶片

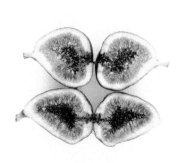

图 158　无花果　花(隐头花序)

图 159　无花果　果实

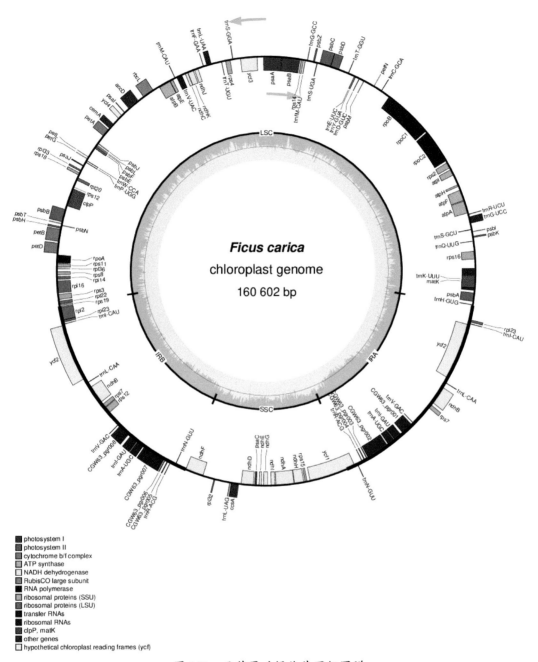

图 160　无花果叶绿体基因组图谱

表 125　无花果叶绿体基因组注释结果

编号	基因名称	链正负	起始位点	终止位点	大小（bp）	GC含量（%）	氨基酸数（个）	起始密码子	终止密码子	反密码子
			74 077	74 190						
1	rps12	−	102 156	102 181	372	42.20	123	ACT	TAT	
			102 718	102 949						
2	trnH–GUG	−	50	124	75	57.33				GUG
3	psbA	−	485	1 546	1 062	41.24	353	ATG	TAA	
4	trnK–UUU	−	1 829	1 863	72	55.56				UUU
			4 455	4 491						
5	matK	−	2 122	3 639	1 518	31.95	505	ATG	TGA	
6	rps16	−	5 556	5 780	354	34.18	117	ATA	TAA	
			6 397	6 525						
7	trnQ–UUG	−	7 679	7 750	72	58.33				UUG
8	psbK	+	8 132	8 317	186	34.95	61	ATG	TGA	
9	psbI	+	8 781	8 891	111	34.23	36	ATG	TAA	
10	trnS–GCU	−	9 072	9 159	88	50.00				GCU
11	trnG–UCC	+	9 879	9 901	71	53.52				UCC
			10 623	10 670						
12	trnR–UCU	+	10 939	11 010	72	41.67				UCU
13	atpA	−	11 154	12 677	1 524	40.03	507	ATG	TAA	
14	atpF	−	12 734	13 143	531	37.66	176	ATG	TAG	
			13 934	14 054						
15	atpH	−	14 510	14 755	246	44.72	81	ATG	TAA	
16	atpI	−	16 008	16 751	744	37.10	247	ATG	TGA	
17	rps2	−	16 972	17 682	711	38.12	236	ATG	TGA	
18	rpoC2	−	17 924	22 087	4 164	36.43	1 387	ATG	TAA	
19	rpoC1	−	22 265	23 881	2 070	37.44	689	ATG	TAA	
			24 699	25 151						
20	rpoB	−	25 157	28 369	3 213	38.44	1 070	ATG	TAA	
21	trnC–GCA	+	29 518	29 588	71	61.97				GCA
22	petN	+	30 605	30 694	90	42.22	29	ATG	TAG	
23	psbM	−	31 971	32 075	105	28.57	34	ATG	TAA	
24	trnD–GUC	−	32 606	32 679	74	62.16				GUC
25	trnY–GUA	−	33 103	33 186	84	54.76				GUA
26	trnE–UUC	−	33 245	33 317	73	60.27				UUC
27	trnT–GGU	+	34 046	34 117	72	48.61				GGU
28	psbD	+	35 338	36 399	1 062	42.28	353	ATG	TAA	
29	psbC	+	36 383	37 768	1 386	43.94	461	GTG	TGA	
30	trnS–UGA	−	38 032	38 124	93	49.46				UGA

编号	基因名称	链正负	起始位点	终止位点	大小（bp）	GC含量（%）	氨基酸数（个）	起始密码子	终止密码子	反密码子
31	psbZ	+	38 410	38 598	189	33.33	62	ATG	TGA	
32	trnG-GCC	+	39 269	39 339	71	49.30				GCC
33	trnfM-CA	−	39 533	39 606	74	58.11				CAU
34	rps14	−	39 772	40 074	303	42.24	100	ATG	TAA	
35	psaB	−	40 212	42 416	2 205	40.59	734	ATG	TAA	
36	psaA	−	42 442 45 453	44 694 45 605	2 253	42.70	750	ATG	TAA	
37	ycf3	−	46 357 47 375	46 586 47 498	507	39.45	168	ATG	TAA	
38	trnS-GGA	+	48 381	48 467	87	51.72				GGA
39	rps4	−	48 747	49 352	606	35.64	201	ATG	TAA	
40	trnT-UGU	−	49 797	49 869	73	54.79				UGU
41	trnL-UAA	+	51 087 51 629	51 121 51 678	85	47.06				UAA
42	trnF-GAA	+	52 051	52 123	73	52.05				GAA
43	ndhJ	−	52 790	53 266	477	38.16	158	ATG	TGA	
44	ndhK	−	53 403	54 143	741	38.19	246	ATG	TAG	
45	ndhC	−	54 134	54 496	363	33.61	120	ATG	TAG	
46	trnV-UAC	−	54 923 55 576	54 957 55 614	74	50.00				UAC
47	trnM-CAU	+	55 790	55 862	73	39.73				CAU
48	atpE	−	56 146	56 547	402	41.29	133	ATG	TAA	
49	atpB	−	56 544	58 040	1 497	42.02	498	ATG	TGA	
50	rbcL	+	58 840	60 267	1 428	42.09	475	ATG	TAA	
51	accD	+	61 028	62 521	1 494	34.34	497	ATG	TAG	
52	psaI	+	63 168	63 281	114	34.21	37	ATG	TAG	
53	ycf4	+	63 705	64 259	555	38.56	184	ATG	TGA	
54	cemA	+	65 164	65 859	696	31.47	231	ATG	TGA	
55	petA	+	66 069	67 031	963	40.60	320	ATG	TAG	
56	psbJ	−	68 056	68 178	123	37.40	40	ATG	TAG	
57	psbL	−	68 316	68 432	117	31.62	38	ATG	TAA	
58	psbF	−	68 455	68 574	120	40.00	39	ATG	TAA	
59	psbE	−	68 584	68 835	252	40.87	83	ATG	TAG	
60	petL	+	70 072	70 167	96	33.33	31	ATG	TGA	
61	petG	+	70 339	70 452	114	33.33	37	ATG	TGA	
62	trnW-CCA	−	70 578	70 651	74	51.35				CCA
63	trnP-UGG	−	70 797	70 870	74	50.00				UGG

编号	基因名称	链正负	起始位点	终止位点	大小（bp）	GC含量（%）	氨基酸数（个）	起始密码子	终止密码子	反密码子
64	psaJ	+	71 298	71 432	135	36.30	44	ATG	TAG	
65	rpl33	+	71 914	72 114	201	37.31	66	ATG	TAG	
66	rps18	+	72 301	72 606	306	33.66	101	ATG	TAA	
67	rpl20	−	72 904	73 257	354	34.75	117	ATG	TAA	
68	clpP	−	74 344 75 271 76 462	74 571 75 562 76 532	591	41.96	196	ATG	TAA	
69	psbB	+	76 988	78 514	1 527	43.35	508	ATG	TGA	
70	psbT	+	78 694	78 801	108	33.33	35	ATG	TGA	
71	psbN	−	78 869	79 000	132	42.42	43	ATG	TAG	
72	psbH	+	79 105	79 326	222	36.94	73	ATG	TAG	
73	petB	+	79 448 80 256	79 453 80 897	648	39.20	215	ATG	TAG	
74	petD	+	81 100 81 842	81 107 82 316	483	36.65	160	ATG	TAA	
75	rpoA	−	82 489	83 460	972	34.16	323	ATG	TAA	
76	rps11	−	83 526	83 942	417	44.60	138	ATG	TAA	
77	rpl36	−	84 079	84 192	114	37.72	37	ATG	TAG	
78	rps8	−	84 475	84 885	411	33.33	136	ATG	TAA	
79	rpl14	−	85 068	85 436	369	38.48	122	ATG	TAA	
80	rpl16	−	85 584 87 035	85 982 87 043	408	42.65	135	ATG	TAG	
81	rps3	−	87 207	87 854	648	33.95	215	ATG	TAA	
82	rpl22	−	88 027	88 410	384	35.42	127	ATG	TAG	
83	rps19	−	88 491	88 769	279	36.20	92	GTG	TAA	
84	rpl2	−	88 833 89 953	89 267 90 342	825	43.76	274	ATG	TAG	
85	rpl23	−	90 361	90 642	282	36.17	93	ATG	TAA	
86	trnI-CAU	−	90 804	90 877	74	45.95				CAU
87	ycf2	+	90 972	97 847	6 876	37.38	2 291	ATG	TAA	
88	trnL-CAA	−	98 427	98 507	81	51.85				CAA
89	ndhB	−	99 108 100 543	99 857 101 319	1 527	37.46	508	ATG	TAG	
90	rps7	−	101 634	102 101	468	40.38	155	ATG	TAA	
91	trnV-GAC	+	104 673	104 744	72	48.61				GAC
92	16S	+	104 972	106 462	1 491	56.41				

编号	基因名称	链正负	起始位点	终止位点	大小（bp）	GC含量（%）	氨基酸数（个）	起始密码子	终止密码子	反密码子
93	trnI–GAU	+	106 759 107 741	106 795 107 775	72	59.72				GAU
94	trnA–UGC	+	107 840 108 680	107 877 108 714	73	56.16				UGC
95	23S	+	108 874	111 683	2 810	55.12				
96	4.5S	+	111 782	111 884	103	50.49				
97	5S	+	112 109	112 229	121	52.07				
98	trnR–ACG	+	112 485	112 558	74	62.16				ACG
99	trnN–GUU	–	113 143	113 214	72	54.17				GUU
100	ndhF	–	114 547	116 808	2 262	29.62	753	ATG	TAA	
101	rpl32	+	118 182	118 340	159	30.19	52	ATG	TAA	
102	trnL–UAG	+	120 118	120 197	80	57.50				UAG
103	ccsA	+	120 309	121 271	963	31.98	320	ATG	TGA	
104	ndhD	–	121 529	123 040	1 512	34.59	503	ACG	TGA	
105	psaC	–	123 170	123 415	246	41.46	81	ATG	TGA	
106	ndhE	–	123 715	124 020	306	34.97	101	ATG	TAG	
107	ndhG	–	124 264	124 794	531	33.15	176	ATG	TAA	
108	ndhI	–	125 194	125 694	501	35.13	166	ATG	TAA	
109	ndhA	–	125 778 127 494	126 316 128 046	1 092	33.79	363	ATG	TAA	
110	ndhH	–	128 048	129 229	1 182	37.23	393	ATG	TAA	
111	rps15	–	129 359	129 631	273	32.60	90	ATG	TAA	
112	ycf1	–	129 973	135 729	5 757	28.52	1 918	GTG	TGA	
113	trnN–GUU	+	136 050	136 121	72	54.17				GUU
114	trnR–ACG	–	136 706	136 779	74	62.16				ACG
115	5S	–	137 035	137 155	121	52.07				
116	4.5S	–	137 380	137 482	103	50.49				
117	23S	–	137 581	140 390	2 810	55.12				
118	trnA–UGC	–	140 550 141 387	140 584 141 424	73	56.16				UGC
119	trnI–GAU	–	141 489 142 469	141 523 142 505	72	59.72				GAU
120	16S	–	142 802	144 292	1 491	56.41				
121	trnV–GAC	–	144 520	144 591	72	48.61				GAC
122	rps7	+	147 163	147 630	468	40.38	155	ATG	TAA	
123	ndhB	+	147 945 149 407	148 721 150 156	1 527	37.46	508	ATG	TAG	

续表

编号	基因名称	链正负	起始位点	终止位点	大小（bp）	GC含量（%）	氨基酸数（个）	起始密码子	终止密码子	反密码子
124	trnL–CAA	+	150 757	150 837	81	51.85				CAA
125	ycf2	–	151 417	158 292	6 876	37.38	2 291	ATG	TAA	
126	trnI–CAU	+	158 387	158 460	74	45.95				CAU
127	rpl23	+	158 622	158 903	282	36.17	93	ATG	TAA	

表 126 无花果叶绿体基因组碱基组成

项目	A	T	G	C	N
合计（个）	50 896	52 091	28 339	29 276	0
占比（%）	31.69	32.43	17.65	18.23	0.00

注：N 代表未知碱基。

表 127 无花果叶绿体基因组概况

项目	长度（bp）	位置	含量（%）
合计	160 602		35.90
大单拷贝区（LSC）	88 661	1～88 661	33.51
反向重复（IRa）	25 902	88 662～114 563	42.61
小单拷贝区（SSC）	20 137	114 564～134 700	28.93
反向重复（IRb）	25 902	134 701～160 602	42.61

表 128 无花果叶绿体基因组基因数量

项目	基因数（个）
合计	127
蛋白质编码基因	82
tRNA	37
rRNA	8

33. 榴莲 *Durio zibethinus*

榴莲（*Durio zibethinus* Murr.，图 161 ～图 164）为木棉科（Bombacaceae）榴莲属植物。规范名榴梿。常绿乔木，植株高可达 25 米，幼枝顶部有鳞片。托叶长 1.5 ～ 2.0 厘米，叶片长圆形，有时倒卵状长圆形，短渐尖或急渐尖，基部圆形或钝，两面发亮，上面光滑，背面有贴生鳞片，侧脉 10 ～ 12 对，长 10 ～ 15 厘米，宽 3 ～ 5 厘米；叶柄长 1.5 ～ 2.8 厘米，聚伞花序细长下垂，簇生于茎上或大枝上，每序有花 3 ～ 30 朵；花蕾球形；花梗被鳞片，长 2 ～ 4 厘米。苞片托住花萼，比花萼短，萼筒状，高 2.5 ～ 3.0 厘米，基部肿胀，内面密被柔毛，具 5 ～ 6 个短宽的萼齿；花瓣黄白色，长 3.5 ～ 5.0 厘米，为萼长的 2 倍，长圆状匙形，后期外翻；雄蕊 5 束，每束有花丝 4 ～ 18 根，花丝基部合生 1/4 ～ 1/2；蒴果椭圆状，淡黄色或黄绿色，长 15 ～ 30 厘米，粗 13 ～ 15 厘米，每室种子 2 ～ 6 枚，假种皮白色或黄白色，有强烈的气味。花果期 6—12 月[1, 6]。

榴莲是热带著名水果，榴莲营养价值丰富，有"热带水果之王"的美誉，原产马来西亚[2]。东南亚一些国家种植较多，其中以泰国最多。国内海南、云南等地有栽培[3]，其中西双版纳有几株已结果的榴莲大树，证明云南具有种植榴莲的条件。2023 年，海南栽培的榴莲已开始上市，得到了消费者的广泛关注。云南西双版纳等地也引种种植榴莲，云南省热带作物科学研究所引进了十余个榴莲品种，开展了试种等一系列研究工作。

榴莲是药食兼用的植物，是开发功能食品的优质原料，能补充人体维生素、矿物元素、氨基酸的不足[4]。除鲜食外，榴莲可加工成榴莲糖、榴莲酥、榴莲干、榴莲蛋糕、榴莲冰激淋和榴莲罐头等一系列产品[5]。

榴莲叶绿体基因组情况见图 165、表 129 ～表 132。

参考文献

［1］中国科学院中国植物志编辑委员会 . 中国植物志：第四十九卷第二分册［M］. 北京：科学出版社，1984：112.

［2］李忻蔚，丁仁展，余晓莉 . 中国榴莲产业的发展现状与展望［J］. 农业展望，2021，17（5）：36–40.

［3］冯学杰，华敏，郭利军，等 . 海南榴莲产业的培育对策与发展建议［J］. 中国热带农业，2019（6）：12–14，65.

［4］刘冬英，谢剑锋，方少瑛，等 . 榴莲的营养成分分析［J］. 广东微量元素科学，2004，11（10）：57–59.

［5］李冬梅，尹凯丹 . 榴莲的保健价值和加工利用［J］. 中国食物与营养，2009（3）：32–33.

［6］Gia H T, Thi N P A, Do H D K, et al. The Complete Chloroplast Genome of *Durio zibethinus* L. Cultivar Ri6 (Helicteroideae, Malvaceae)［J］. Mitochondrial DNA B Resour, 2024, 9（5）: 625-630.

图 161　榴莲　植株　　　　　　　　图 162　榴莲　叶片

图 163　榴莲　花　　　　　　　　图 164　榴莲　果实

注: 图 161～图 164, 由中国热带农业科学院热带作物品种资源研究所周兆禧老师拍摄并提供。

图 165　榴莲叶绿体基因组图谱

表 129　榴莲叶绿体基因组注释结果

编号	基因名称	链正负	起始位点	终止位点	大小（bp）	GC含量（%）	氨基酸数（个）	起始密码子	终止密码子	反密码子
			78 171	78 284						
1	rps12	–	107 748	107 773	372	43.28	123	ACT	TAT	
			108 310	108 541						
2	trnH–GUG	–	287	360	74	56.76				GUG
3	psbA	–	1 254	2 315	1 062	42.09	353	ATG	TAA	
4	trnK–UUU	–	2 626	2 660	72	55.56				UUU
			5 190	5 226						
5	matK	–	2 950	4 458	1 509	32.47	502	ATG	TGA	
6	rps16	–	6 170	6 396	267	37.83	88	ATG	TAA	
			7 290	7 329						
7	trnQ–UUG	–	7 886	7 957	72	58.33				UUG
8	psbK	+	8 301	8 492	192	34.90	63	ATG	TGA	
9	psbI	+	9 036	9 155	120	40.83	39	ATG	TAA	
10	trnS–GCU	–	9 230	9 317	88	51.14				GCU
11	trnG–GCC	+	10 208	10 230	71	53.52				GCC
			10 971	11 018						
12	trnR–UCU	+	11 221	11 292	72	43.06				UCU
13	atpA	–	11 556	13 079	1 524	40.68	507	ATG	TAA	
14	atpF	–	13 150	13 560	555	38.38	184	ATG	TAG	
			14 395	14 538						
15	atpH	–	15 150	15 395	246	46.75	81	ATG	TAA	
16	atpI	–	16 594	17 337	744	38.04	247	ATG	TGA	
17	rps2	–	17 557	18 273	717	38.77	238	ATG	TGA	
18	rpoC2	–	18 513	22 709	4 197	37.65	1 398	ATG	TAA	
19	rpoC1	–	22 884	24 521	2 070	38.60	689	ATG	TAA	
			25 297	25 728						
20	rpoB	–	25 755	28 967	3 213	39.34	1 070	ATG	TAA	
21	trnC–GCA	+	30 232	30 303	72	61.11				GCA
22	petN	+	31 019	31 108	90	41.11	29	ATG	TAG	
23	psbM	–	32 053	32 157	105	33.33	34	ATG	TAA	
24	trnD–GUC	–	32 667	32 740	74	62.16				GUC
25	trnY–GUA	–	33 232	33 315	84	54.76				GUA
26	trnE–UUC	–	33 375	33 447	73	60.27				UUC
27	trnT–GGU	+	34 363	34 434	72	48.61				GGU
28	psbD	+	35 913	36 974	1 062	42.18	353	ATG	TAA	
29	psbC	+	36 922	38 343	1 422	44.23	473	ATG	TGA	
30	trnS–UGA	–	38 579	38 671	93	49.46				UGA

编号	基因名称	链正负	起始位点	终止位点	大小（bp）	GC含量（%）	氨基酸数（个）	起始密码子	终止密码子	反密码子
31	psbZ	+	39 033	39 221	189	33.33	62	ATG	TGA	
32	trnG-UCC	+	40 183	40 253	71	50.70				UCC
33	trnfM-CA	–	40 406	40 479	74	54.05				CAU
34	rps14	–	40 645	40 947	303	41.25	100	ATG	TAA	
35	psaB	–	41 076	43 280	2 205	41.45	734	ATG	TAA	
36	psaA	–	43 306	45 558	2 253	43.32	750	ATG	TAA	
			46 420	46 572						
37	ycf3	–	47 356	47 583	507	39.45	168	ATG	TAA	
			48 382	48 507						
38	trnS-GGA	+	49 489	49 575	87	50.57				GGA
39	rps4	–	49 866	50 471	606	37.79	201	ATG	TAA	
40	trnT-UGU	–	50 967	51 039	73	53.42				UGU
41	trnL-UAA	+	52 849	52 883	85	47.06				UAA
			53 430	53 479						
42	trnF-GAA	+	53 872	53 944	73	52.05				GAA
43	ndhJ	–	54 681	55 157	477	40.67	158	ATG	TGA	
44	ndhK	–	55 285	55 962	678	39.09	225	ATG	TAG	
45	ndhC	–	56 023	56 385	363	36.09	120	ATG	TAG	
46	trnV-UAC	–	57 439	57 473	74	51.35				UAC
			58 073	58 111						
47	trnM-CAU	+	58 306	58 378	73	41.10				CAU
48	atpE	–	58 619	59 020	402	40.80	133	ATG	TAA	
49	atpB	–	59 017	60 513	1 497	42.89	498	ATG	TGA	
50	rbcL	+	61 580	63 034	1 455	43.71	484	ATG	TAA	
51	accD	+	63 570	65 618	2 049	35.04	682	ATG	TAG	
52	psaI	+	66 371	66 472	102	33.33	33	ATG	TAG	
53	ycf4	+	66 886	67 440	555	38.38	184	ATG	TGA	
54	cemA	+	68 438	69 127	690	33.62	229	ATG	TGA	
55	petA	+	69 358	70 320	963	40.08	320	ATG	TAG	
56	psbJ	–	71 494	71 616	123	39.84	40	ATG	TAA	
57	psbL	–	71 755	71 871	117	32.48	38	ATG	TAA	
58	psbF	–	71 898	72 017	120	42.50	39	ATG	TAA	
59	psbE	–	72 027	72 278	252	39.29	83	ATG	TAG	
60	petL	+	73 140	73 235	96	34.38	31	ATG	TGA	
61	petG	+	73 413	73 526	114	35.09	37	ATG	TGA	
62	trnW-CCA	–	73 674	73 747	74	50.00				CCA
63	trnP-UGG	–	73 937	74 010	74	48.65				UGG

续表

编号	基因名称	链正负	起始位点	终止位点	大小（bp）	GC含量（%）	氨基酸数（个）	起始密码子	终止密码子	反密码子
64	psaJ	+	74 375	74 503	129	39.53	42	ATG	TAA	
65	rpl33	+	75 059	75 259	201	36.32	66	ATG	TAA	
66	rps18	+	76 497	76 832	336	35.42	111	ATG	TAG	
67	rpl20	−	77 134	77 412	279	34.05	92	ATG	TAA	
68	rps12	−	78 171	78 284	372	43.28	123	TTA	TAT	
			151 138	151 369						
			151 906	151 931						
			78 772	78 987						
69	clpP	−	79 649	79 943	582	41.58	193	ATG	TAG	
			80 835	80 905						
70	psbB	+	81 458	82 984	1 527	43.29	508	ATG	TGA	
71	psbT	+	83 167	83 274	108	32.41	35	ATG	TGA	
72	psbN	−	83 340	83 471	132	43.18	43	ATG	TAA	
73	psbH	+	83 630	83 851	222	39.19	73	ATG	TAG	
74	petB	+	83 981	83 986	648	40.12	215	ATG	TAG	
			84 811	85 452						
75	petD	+	85 688	85 695	483	37.68	160	ATG	TAA	
			86 445	86 919						
76	rpoA	−	87 171	88 154	984	34.86	327	ATG	TAG	
77	rps11	−	88 225	88 641	417	44.36	138	ATG	TAG	
78	rpl36	−	88 790	88 903	114	39.47	37	ATG	TAA	
79	infA	−	89 020	89 229	210	40.00	69	ATT	TAG	
80	rps8	−	89 374	89 778	405	36.54	134	ATG	TAA	
81	rpl14	−	89 945	90 313	369	39.84	122	ATG	TAA	
82	rpl16	−	90 448	90 846	408	42.16	135	ATG	TAG	
			92 098	92 106						
83	rps3	−	92 274	92 933	660	35.15	219	ATG	TGA	
84	rpl22	−	92 918	93 430	513	36.26	170	ATG	TAA	
85	rps19	−	93 492	93 782	291	33.68	96	ATG	TAA	
86	rpl2	−	93 837	94 271	828	43.84	275	ATG	TAG	
			94 948	95 340						
87	rpl23	−	95 359	95 640	282	38.65	93	ATG	TAA	
88	trnI–CAU	−	95 805	95 878	74	45.95				CAU
89	ycf2	+	96 180	103 016	6 837	36.93	2 278	ATG	TAA	
90	trnL–CAA	−	103 962	104 042	81	51.85				CAA
91	ndhB	−	104 677	105 432	1 533	37.31	510	ATG	TAG	
			106 116	106 892						

编号	基因名称	链正负	起始位点	终止位点	大小（bp）	GC含量（%）	氨基酸数（个）	起始密码子	终止密码子	反密码子
92	rps7	−	107 215	107 682	468	40.38	155	ATG	TAA	
93	trnV-GAC	+	110 499	110 570	72	50.00				GAC
94	rrn16	+	110 788	112 277	1 490	56.44				
95	trnI-GAU	+	112 556 113 546	112 592 113 580	72	59.72				GAU
96	trnA-UGC	+	113 644 114 477	113 681 114 511	73	56.16				UGC
97	rrn23	+	114 674	117 483	2 810	55.09				
98	rrn4.5	+	117 582	117 684	103	50.49				
99	rrn5	+	117 910	118 030	121	51.24				
100	trnR-ACG	+	118 291	118 364	74	62.16				ACG
101	trnN-GUU	−	119 015	119 086	72	54.17				GUU
102	ndhF	−	119 625	121 874	2 250	31.73	749	ATG	TAA	
103	rpl32	+	122 757	122 921	165	29.70	54	ATG	TAA	
104	trnL-UAG	+	124 039	124 118	80	56.25				UAG
105	ccsA	+	124 218	125 189	972	33.23	323	ATG	TGA	
106	ndhD	−	125 480	126 982	1 503	35.06	500	ACG	TAG	
107	psaC	−	127 114	127 359	246	41.06	81	ATG	TGA	
108	ndhE	−	127 607	127 912	306	32.35	101	ATG	TAA	
109	ndhG	−	128 138	128 668	531	33.90	176	ATG	TAA	
110	ndhI	−	129 090	129 593	504	35.91	167	ATG	TAA	
111	ndhA	−	129 676 131 336	130 215 131 887	1 092	34.71	363	ATG	TAA	
112	ndhH	−	131 889	133 070	1 182	38.49	393	ATG	TGA	
113	rps15	−	133 165	133 437	273	30.04	90	ATG	TAA	
114	ycf1	−	133 569	139 835	6 267	29.98	2 088	ATG	TAA	
115	trnN-GUU	+	140 593	140 664	72	54.17				GUU
116	trnR-ACG	−	141 315	141 388	74	62.16				ACG
117	rrn5	−	141 649	141 769	121	51.24				
118	rrn4.5	−	141 995	142 097	103	50.49				
119	rrn23	−	142 196	145 005	2 810	55.09				
120	trnA-UGC	−	145 168 145 998	145 202 146 035	73	56.16				UGC
121	trnI-GAU	−	146 099 147 087	146 133 147 123	72	59.72				GAU
122	rrn16	−	147 402	148 891	1 490	56.44				
123	trnV-GAC	−	149 109	149 180	72	50.00				GAC

续表

编号	基因名称	链正负	起始位点	终止位点	大小（bp）	GC含量（%）	氨基酸数（个）	起始密码子	终止密码子	反密码子
124	rps7	+	151 997	152 464	468	40.38	155	ATG	TAA	
125	ndhB	+	152 787	153 563	1 533	37.31	510	ATG	TAG	
			154 247	155 002						
126	trnL–CAA	+	155 637	155 717	81	51.85				CAA
127	ycf2	–	156 663	163 499	6 837	36.93	2 278	ATG	TAA	
128	trnI–CAU	+	163 801	163 874	74	45.95				CAU

表 130　榴莲叶绿体基因组碱基组成

项目	A	T	G	C	N
合计（个）	51 403	53 825	28 746	30 000	0
占比（%）	31.35	32.82	17.53	18.30	0.00

注：N 代表未知碱基。

表 131　榴莲叶绿体基因组概况

项目	长度（bp）	位置	含量（%）
合计	163 974		35.80
大单拷贝区（LSC）	95 704	1 ～ 95 704	33.63
反向重复（IRa）	23 726	95 705 ～ 119 430	42.49
小单拷贝区（SSC）	20 818	119 431 ～ 140 248	30.75
反向重复（IRb）	23 726	140 249 ～ 163 974	42.49

表 132　榴莲叶绿体基因组基因数量

项目	基因数（个）
合计	128
蛋白质编码基因	83
tRNA	37
rRNA	8

34. 金星果 *Chrysophyllum cainito*

金星果 (*Chrysophyllum cainito* L.，图 166～图 169) 为山榄科（Sapotaceae）金叶树属植物。俗名星苹果、牛奶果。乔木，高达 20 米（栽培通常仅 5～6 米）；小枝圆柱形，径 2.5～6.0 毫米，壳褐色至灰色，被锈色绢毛或无毛。叶散生，坚纸质，长圆形、卵形至倒卵形，长 6.5～11.0 厘米，宽 3～7 厘米，先端钝或渐尖，有时微缺，基部阔楔形，有时下延，幼时两面被锈色绢毛，老时上面变无毛，略具光泽，中脉在下面很凸起，侧脉 16～24 对，上升成 70°～85° 角，直或稍弯曲，两面均稍凸起或不明显，第三次脉纵向呈网脉，不明显；叶柄长 0.6～1.7 厘米，上面具沟槽，背面圆形，被锈色或灰色绢毛。花数朵簇生叶腋；花梗长 5～15 毫米，被锈色或灰色绢毛；小苞片圆形，径约 0.5 毫米，毛被同花萼裂片；花萼裂片 5 枚，圆形至卵圆形，先端圆至钝，外面被锈色绢毛，内面花时具星散的毛；花冠黄白色，长约 4 毫米，冠管长约 2 毫米，无毛，裂片 5 枚，卵圆形，长 1.5～2.0 毫米，宽 1.7～2.3 毫米，先端圆或钝，外面被灰色绢毛，内面和边缘无毛；能育雄蕊 5，生于花冠喉部，花丝三角形，先端丝状，长约 0.6 毫米，花药卵球形，长 0.8 毫米，宽 0.4 毫米，先端钝，基部心形；子房圆锥形，具 7～10 肋；长约 1.5 毫米，宽约 1 毫米，被锈色长柔毛，7～10 室，胚珠着生于室的下半部，花柱圆柱形，长约 0.4 毫米，无毛，柱头 7～11 裂。果倒卵状球形，长达 5.5 厘米，宽达 4 厘米，紫灰色，无毛，果皮厚达 1 厘米；种子 4～8 枚，倒卵形，长达 9 毫米，宽达 4 毫米，径约 2.5 毫米，种皮坚纸质，紫黑色，疤痕倒披针形，长约 5.5 毫米，宽约 2.5 毫米，胚乳膜质至无，子叶厚，扁平，倒卵形，胚根在基部，近球形。花期 8 月，果期 10 月[1, 7]。

金星果原产加勒比海、西印度群岛，分布于热带美洲、东南亚国家等热带地区，20 世纪 60—70 年代从东南亚引入中国海南、广东、台湾、福建和云南等地[2-4]。

金星果是一种独特的热带水果，其肉质细嫩，而且口感柔和，可以直接鲜食，也可以加工成果汁或者是干果，是经济价值很高的特色水果。金星果树是外形特别秀美的热带树木，特别是结果以后，树形会更加美丽，而且它的叶子也特别独特，正反两面是不同的颜色，被称为"两面派"，有较高的观赏价值，在一些热带地区，金星果是重要的观赏性植物[5-6]。

金星果叶绿体基因组情况见图 170、表 133～表 136。

参考文献

[1] 中国科学院中国植物志编辑委员会. 中国植物志：第六十卷第一分册 [M]. 北京：科学出版社，1987：62.

[2] 庄聪鹏. 金星果引种观察及栽培技术要点 [J]. 中国南方果树，2005，34（6）：61.

［3］郑良永，林家丽. 金星果及其繁殖栽培技术［J］. 中国园艺文摘，2009，25（4）：129.

［4］许玲，钟秋珍. 山榄科两种新兴果树介绍［J］. 东南园艺，2003，127（4）：27–28.

［5］罗文扬，罗萍，雷新涛. 珍稀热带水果：金星果［J］. 中国热带农业，2007（5）：46–47.

［6］陈鑫辉，沈海燕，刘海桑. 热带果树星苹果引种表现与栽培技术［J］. 福建农业科技，2017（2）：44–46.

［7］Zheng C, Liu Z Y, Liu J. The Complete Chloroplast Genome Sequence of *Chrysophyllum cainito*, A Semidomesticated Species［J］. Mitochondrial DNA B Resour, 2020, 5（3）：2199–2200.

图 166 金星果 植株

图 167 金星果 叶片

图 168 金星果 花

图 169 金星果 果实

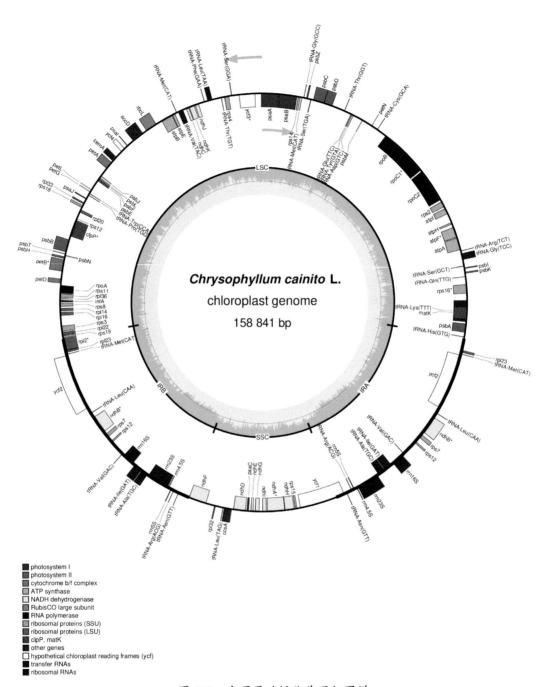

图 170　金星果叶绿体基因组图谱

表 133　金星果叶绿体基因组注释结果

编号	基因名称	链正负	起始位点	终止位点	大小（bp）	GC含量（%）	氨基酸数（个）	起始密码子	终止密码子	反密码子
1	rps12	−	73 343 / 102 175	73 456 / 102 417	357	43.98	118	ATG	TAG	
2	tRNA-His	−	152	225	74	54.05				GTG
3	psbA	−	739	1 800	1 062	41.90	353	ATG	TAA	
4	tRNA-Lys	−	2 020 / 4 595	2 054 / 4 631	72	54.17				TTT
5	matK	−	2 327	3 847	1 521	32.54	506	ATG	TGA	
6	rps16	−	5 451 / 6 535	5 678 / 6 579	273	35.53	90	ATG	TAA	
7	tRNA-Gln	−	7 490	7 561	72	58.33				TTG
8	psbK	+	7 901	8 095	195	37.44	64	ATG	TGA	
9	psbI	+	8 465	8 623	159	32.08	52	ATC	TAA	
10	tRNA-Ser	−	8 764	8 851	88	48.86				GCT
11	tRNA-Gly	+	9 578 / 10 306	9 600 / 10 354	72	54.17				TCC
12	tRNA-Arg	+	10 625	10 696	72	43.06				TCT
13	atpA	−	10 820	12 343	1 524	39.63	507	ATG	TAA	
14	atpF	−	12 408 / 13 547	12 818 / 13 690	555	37.84	184	ATG	TAG	
15	atpH	−	14 067	14 312	246	45.93	81	ATG	TAA	
16	atpI	−	15 450	16 193	744	37.77	247	ATG	TGA	
17	rps2	−	16 406	17 116	711	37.83	236	ATG	TGA	
18	rpoC2	−	17 357	21 529	4 173	37.26	1 390	ATG	TAA	
19	rpoC1	−	21 687 / 24 051	23 312 / 24 506	2 082	38.62	693	ATG	TAA	
20	rpoB	−	24 512	27 724	3 213	38.59	1 070	ATG	TAA	
21	tRNA-Cys	+	28 956	29 026	71	57.75				GCA
22	petN	+	29 790	29 888	99	39.39	32	ATA	TAG	
23	psbM	−	31 124	31 228	105	28.57	34	ATG	TAA	
24	tRNA-Asp	−	32 388	32 461	74	62.16				GTC
25	tRNA-Tyr	−	32 570	32 653	84	54.76				GTA
26	tRNA-Glu	−	32 713	32 785	73	58.90				TTC
27	tRNA-Thr	+	33 618	33 689	72	48.61				GGT
28	psbD	+	35 279	36 340	1 062	42.18	353	ATG	TAA	
29	psbC	+	36 288	37 709	1 422	43.32	473	ATG	TGA	
30	tRNA-Ser	−	37 953	38 045	93	49.46				TGA
31	psbZ	+	38 402	38 590	189	35.98	62	ATG	TGA	
32	tRNA-Gly	+	38 865	38 935	71	52.11				GCC

编号	基因名称	链正负	起始位点	终止位点	大小（bp）	GC含量（%）	氨基酸数（个）	起始密码子	终止密码子	反密码子
33	tRNA-Met	–	39 105	39 178	74	56.76				CAT
34	rps14	–	39 327	39 629	303	41.91	100	ATG	TAA	
35	psaB	–	39 752	41 956	2 205	41.32	734	ATG	TAA	
36	psaA	–	41 982	44 234	2 253	42.70	750	ATG	TAA	
37	ycf3	–	44 979	45 131	507	37.48	168	ATG	TAA	
			45 887	46 114						
			46 834	46 959						
38	tRNA-Ser	+	47 834	47 920	87	50.57				GGA
39	rps4	–	48 208	48 813	606	38.28	201	ATG	TAA	
40	tRNA-Thr	–	49 158	49 230	73	52.05				TGT
41	tRNA-Leu	+	50 353	50 387	85	48.24				TAA
			50 897	50 946						
42	tRNA-Phe	+	51 316	51 388	73	50.68				GAA
43	ndhJ	–	52 119	52 595	477	38.57	158	ATG	TGA	
44	ndhK	–	52 700	53 377	678	36.73	225	ATG	TAG	
45	ndhC	–	53 427	53 789	363	34.44	120	ATG	TAG	
46	tRNA-Val	–	54 215	54 249	74	51.35				TAC
			54 829	54 867						
47	tRNA-Met	+	55 033	55 105	73	41.10				CAT
48	atpE	–	55 312	55 713	402	39.05	133	ATG	TAA	
49	atpB	–	55 710	57 206	1 497	41.55	498	ATG	TGA	
50	rbcL	+	57 989	59 416	1 428	43.70	475	ATG	TAA	
51	accD	+	59 949	61 493	1 545	35.02	514	ATG	TAA	
52	psaI	+	62 379	62 489	111	34.23	36	ATG	TAG	
53	ycf4	+	62 923	63 477	555	38.38	184	ATG	TGA	
54	cemA	+	64 390	65 079	690	32.17	229	ATG	TAA	
55	petA	+	65 298	66 260	963	39.46	320	ATG	TAG	
56	psbJ	–	67 343	67 465	123	39.84	40	ATG	TAG	
57	psbL	–	67 603	67 719	117	32.48	38	ATG	TAA	
58	psbF	–	67 742	67 861	120	43.33	39	ATG	TAA	
59	psbE	–	67 871	68 122	252	41.67	83	ATG	TAG	
60	petL	+	69 406	69 501	96	34.38	31	ATG	TGA	
61	petG	+	69 686	69 799	114	35.96	37	ATG	TGA	
62	tRNA-Trp	–	69 928	70 001	74	51.35				CCA
63	tRNA-Pro	–	70 162	70 235	74	50.00				TGG
64	psaJ	+	70 643	70 777	135	40.00	44	ATG	TAG	
65	rpl33	+	71 240	71 446	207	37.68	68	ATG	TAG	
66	rps18	+	71 626	71 931	306	33.66	101	ATG	TAG	

编号	基因名称	链正负	起始位点	终止位点	大小（bp）	GC含量（%）	氨基酸数（个）	起始密码子	终止密码子	反密码子
67	rpl20	–	72 195	72 548	354	36.16	117	ATG	TAA	
68	rps12	–	73 343	73 456	357	43.98	118	ATG	TAG	
			144 681	144 923						
69	clpP	–	73 595	73 822	588	40.14	195	ATG	TGA	
			74 495	74 785						
			75 612	75 680						
70	psbB	+	76 136	77 662	1 527	43.61	508	ATG	TGA	
71	psbT	+	77 854	77 970	117	33.33	38	ATC	TGA	
72	psbN	–	78 036	78 167	132	42.42	43	ATG	TAA	
73	psbH	+	78 252	78 491	240	35.42	79	ATG	TAG	
74	petB	+	78 615	78 620	648	39.66	215	ATG	TAG	
			79 408	80 049						
75	petD	+	80 981	81 505	525	38.67	174	ATG	TAA	
76	rpoA	–	81 756	82 739	984	34.25	327	ATG	TGA	
77	rps11	–	82 805	83 221	417	42.93	138	ATG	TAA	
78	rpl36	–	83 333	83 446	114	35.96	37	ATG	TAA	
79	infA	–	83 562	83 795	234	38.46	77	ATG	TAG	
80	rps8	–	83 912	84 316	405	36.05	134	ATG	TAA	
81	rpl14	–	84 523	84 891	369	41.19	122	ATG	TAA	
82	rpl16	–	85 019	85 429	411	41.36	136	ATC	TAA	
83	rps3	–	86 679	87 335	657	35.01	218	ATG	TAA	
84	rpl22	–	87 438	87 812	375	32.27	124	ATG	TAG	
85	rps19	–	87 858	88 136	279	35.13	92	GTG	TAA	
86	rpl2	–	88 198	88 632	828	43.48	275	ATG	TAG	
			89 295	89 687						
87	rpl23	–	89 706	89 987	282	37.59	93	ATG	TAA	
88	tRNA–Met	–	90 159	90 232	74	45.95				CAT
89	ycf2	+	90 321	97 193	6 873	37.74	2 290	ATG	TAA	
90	tRNA–Leu	–	97 905	97 985	81	51.85				CAA
91	ndhB	–	98 540	99 295	1 533	37.05	510	ATG	TAG	
			99 975	100 751						
92	rps7	–	101 097	101 564	468	39.74	155	ATG	TAA	
93	tRNA–Val	+	104 251	104 322	72	48.61				GAC
94	rrn16S	–	104 550	106 040	1 491	56.54				
95	tRNA–Ile	+	106 334	106 370	72	59.72				GAT
			107 316	107 350						
96	tRNA–Ala	+	107 415	107 452	73	56.16				TGC
			108 260	108 294						

编号	基因名称	链正负	起始位点	终止位点	大小（bp）	GC含量（%）	氨基酸数（个）	起始密码子	终止密码子	反密码子
97	rrn23S	−	108 447	111 256	2 810	54.88				
98	rrn4.5S	−	111 355	111 457	103	50.49				
99	rrn5S	+	111 714	111 834	121	52.07				
100	tRNA–Arg	+	112 091	112 164	74	62.16				ACG
101	tRNA–Asn	+	112 760	112 831	72	52.78				GTT
102	ndhF	−	114 215	116 461	2 247	31.91	748	ATG	TGA	
103	rpl32	+	117 532	117 693	162	30.86	53	ATG	TAA	
104	tRNA–Leu	+	118 609	118 688	80	57.50				TAG
105	ccsA	+	118 784	119 749	966	31.47	321	ATG	TAA	
106	ndhD	−	119 944	121 455	1 512	34.33	503	ACG	TGA	
107	psaC	−	121 586	121 831	246	42.68	81	ATG	TGA	
108	ndhE	−	122 079	122 384	306	31.05	101	ATG	TAA	
109	ndhG	−	122 614	123 144	531	32.02	176	ATG	TAA	
110	ndhI	−	123 543	124 046	504	34.13	167	ATG	TAA	
111	ndhA	−	124 141 / 125 801	124 679 / 126 353	1 092	33.79	363	ATG	TAA	
112	ndhH	−	126 355	127 536	1 182	37.90	393	ATG	TGA	
113	rps15	−	127 628	127 900	273	30.40	90	ATG	TAA	
114	ycf1	−	128 286	133 955	5 670	29.47	1 889	ATG	TGA	
115	tRNA–Asn	+	134 267	134 338	72	52.78				GTT
116	tRNA–Arg	−	134 934	135 007	74	62.16				ACG
117	rrn5S	−	135 264	135 384	121	52.07				
118	rrn4.5S	+	135 641	135 743	103	50.49				
119	rrn23S	+	135 842	138 651	2 810	54.88				
120	tRNA–Ala	−	138 804 / 139 646	138 838 / 139 683	73	56.16				TGC
121	tRNA–Ile	−	139 748 / 140 728	139 782 / 140 764	72	59.72				GAT
122	rrn16S	+	141 058	142 548	1 491	56.54				
123	tRNA–Val	−	142 776	142 847	72	48.61				GAC
124	rps7	+	145 534	146 001	468	39.74	155	ATG	TAA	
125	ndhB	+	146 347 / 147 803	147 123 / 148 558	1 533	37.05	510	ATG	TAG	
126	tRNA–Leu	+	149 113	149 193	81	51.85				CAA
127	ycf2	−	149 905	156 777	6 873	37.74	2 290	ATG	TAA	
128	tRNA–Met	+	156 866	156 939	74	45.95				CAT
129	rpl23	+	157 111	157 392	282	37.59	93	ATG	TAA	

表 134　金星果叶绿体基因组碱基组成

项目	A	T	G	C	N
合计（个）	49 562	50 827	28 629	29 823	0
占比（%）	31.20	32.00	18.02	18.78	0.00

注：N 代表未知碱基。

表 135　金星果叶绿体基因组概况

项目	长度（bp）	位置	含量（%）
合计	158 841		36.8
大单拷贝区（LSC）	88 256	1 ～ 88 256	34.61
反向重复（IRa）	25 958	88 257 ～ 114 214	42.93
小单拷贝区（SSC）	18 669	114 215 ～ 132 883	30.11
反向重复（IRb）	25 958	132 884 ～ 158 841	42.93

表 136　金星果叶绿体基因组基因数量

项目	基因数（个）
合计	129
蛋白质编码基因	84
tRNA	37
rRNA	8

35. 文丁果 *Muntingia calabura*

文丁果（*Muntingia calabura* L.，图 171～图 174）为杜英科（Elaeocarpaceae）文定果属植物。别名文定果、南美假樱桃、牙买加樱桃。常绿小乔木，株高可达 6～12 米；叶及小枝表面满布绒毛；单叶互生，纸质，长椭圆形，先端急尖，边缘有锯齿；花腋生，花冠白色，通常有花 1～2 朵；浆果圆形，成熟时红色至深红色，种子细小。文丁果盛花期 3—4 月，花可零星开至 10 月底。花后 20 天左右果色转红，盛果期在 6—9 月，边花边果现象可一直持续到 12 月初 [1-3, 6]。

文丁果原产热带美洲、斯里兰卡、印度尼西亚等地，文丁果在中国台湾及华南地区有零星栽培，海南及云南地区较常见栽培。文丁果的繁殖较为容易，在河边、山坡常有野生分布。

文丁果为圆形浆果，成熟时通红，色泽鲜艳，有点像樱桃，果肉柔软多汁，有独特的类似于蜂蜜的甜味，种子细小，由于具有牛奶味，在德宏州称为牛奶果，人工种植适合作行道树、庭园树、诱鸟树等。文丁果果实含丰富的维生素 C、糖分、蛋白质等，可鲜食或做果酱、饮料、雪糕的原料，是新兴的热带果树 [4]。文丁果的总酚、黄酮含量相对较高，自由基清除能力相对较强，抗氧化能力较强 [5]。

文丁果叶绿体基因组情况见图 175、表 137～表 140。

参考文献

[1] 赖燕玲，王晓明，陈国培，等. 利用 *trn*L–*trn*F 探讨文定果属的系统地位及其与若干近缘科属的系统发育关系 [J]. 中山大学学报（自然科学版），2012，51（3）：98-107.

[2] 陈鑫辉. 水果新秀：文丁果 [J]. 中国热带农业，2006（2）：41.

[3] 孙延军，赖燕玲，王晓明. 优良的园林观赏植物：文定果 [J]. 广东园林，2011，33（1）：55-56.

[4] 张林辉，尼章光，文定良，等. 保山文丁果的引种试验初报 [J]. 热带农业科技，2011，34（1）：39-41.

[5] 田素梅，马艳粉，萧自位. 文定果营养成分及抗氧化性分析 [J]. 农产品加工，2018（22）：54-55，58.

[6] Mahmood N D, Nasir N L, Rofiee M S, et al. *Muntingia calabura*: A Review of Its Traditional Uses, Chemical Properties, and Pharmacological Observations [J]. Pharm Biol, 2014, 52（12）：1598-623.

图 171 文丁果 植株

图 172 文丁果 叶片

图 173 文丁果 花

图 174 文丁果 果实

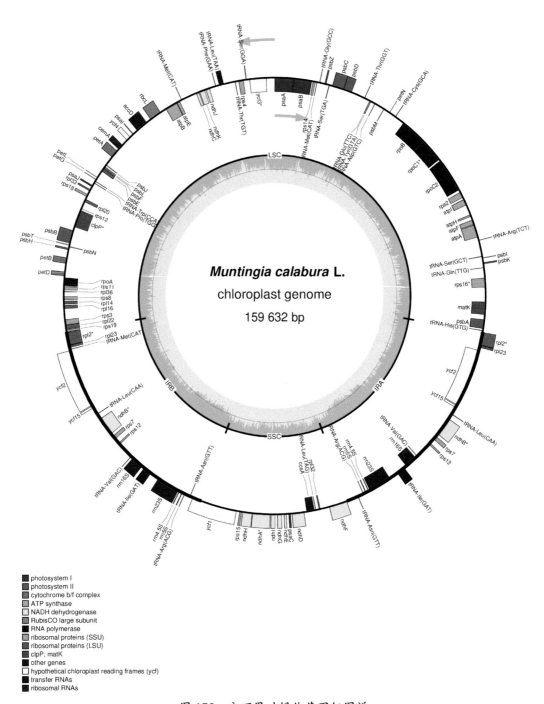

图 175　文丁果叶绿体基因组图谱

表 137　文丁果叶绿体基因组注释结果

编号	基因名称	链正负	起始位点	终止位点	大小（bp）	GC含量（%）	氨基酸数（个）	起始密码子	终止密码子	反密码子
1	rps12	–	73 467 102 773	73 580 103 015	357	44.82	118	ATG	TAG	
2	tRNA–His	–	99	172	74	54.05				GTG
3	psbA	–	358	1 419	1 062	41.71	353	ATG	TAA	
4	matK	–	2 002	3 510	1 509	33.33	502	ATG	TGA	
5	rps16	–	5 206 6 261	5 412 6 305	252	38.89	83	ATG	TAA	
6	tRNA–Gln	–	7 453	7 524	72	59.72				TTG
7	psbK	+	7 919	8 104	186	34.41	61	ATG	TGA	
8	psbI	+	8 577	8 687	111	37.84	36	ATG	TAA	
9	tRNA–Ser	–	8 771	8 858	88	52.27				GCT
10	tRNA–Arg	+	10 688	10 759	72	43.06				TCT
11	atpA	–	11 105	12 628	1 524	41.01	507	ATG	TAA	
12	atpF	–	12 689	13 243	555	35.86	184	ATG	TAG	
13	atpH	–	13 659	13 904	246	45.53	81	ATG	TAA	
14	atpI	–	15 095	15 838	744	37.50	247	ATG	TGA	
15	rps2	–	16 060	16 770	711	36.29	236	ATG	TGA	
16	rpoC2	–	17 057	21 172	4 116	37.41	1 371	ATG	TAG	
17	rpoC1	–	21 356 23 742	22 966 24 176	2 046	38.03	681	ATG	TAA	
18	rpoB	–	24 203	27 418	3 216	38.81	1 071	ATG	TAA	
19	tRNA–Cys	+	28 588	28 659	72	62.50				GCA
20	petN	+	29 445	29 534	90	41.11	29	ATG	TAA	
21	psbM	–	30 236	30 340	105	33.33	34	ATG	TAA	
22	tRNA–Asp	–	31 517	31 590	74	62.16				GTC
23	tRNA–Tyr	–	32 071	32 154	84	54.76				GTA
24	tRNA–Glu	–	32 214	32 286	73	58.90				TTC
25	tRNA–Thr	+	32 935	33 006	72	47.22				GGT
26	psbD	+	34 684	35 745	1 062	42.37	353	ATG	TAA	
27	psbC	+	35 663	37 114	1 452	44.28	483	GTG	TGA	
28	tRNA–Ser	–	37 431	37 523	93	49.46				TGA
29	psbZ	+	37 880	38 068	189	33.86	62	ATG	TGA	
30	tRNA–Gly	+	38 637	38 707	71	52.11				GCC
31	tRNA–Met	–	38 960	39 033	74	54.05				CAT
32	rps14	–	39 193	39 495	303	39.60	100	ATG	TAA	
33	psaB	–	39 633	41 837	2 205	41.54	734	ATG	TAA	
34	psaA	–	41 863	44 115	2 253	42.88	750	ATG	TAA	

编号	基因名称	链正负	起始位点	终止位点	大小（bp）	GC含量（%）	氨基酸数（个）	起始密码子	终止密码子	反密码子
35	ycf3	−	45 119	45 271	510	39.61	169	ATG	TAA	
			46 046	46 276						
			47 053	47 178						
36	tRNA-Ser	+	47 517	47 607	91	49.45				GGA
37	rps4	−	47 897	48 502	606	37.62	201	ATG	TAA	
38	tRNA-Thr	−	48 872	48 944	73	53.42				TGT
39	tRNA-Leu	+	50 312	50 348	85	47.06				TAA
			50 831	50 878						
40	tRNA-Phe	+	51 259	51 331	73	52.05				GAA
41	ndhJ	−	52 091	52 567	477	39.83	158	ATG	TGA	
42	ndhK	−	52 703	53 380	678	38.64	225	ATG	TAG	
43	ndhC	−	53 447	53 809	363	35.26	120	ATG	TAG	
44	tRNA-Met	+	55 678	55 750	73	41.10				CAT
45	atpE	−	55 997	56 398	402	39.55	133	ATG	TAA	
46	atpB	−	56 395	57 891	1 497	42.02	498	ATG	TGA	
47	rbcL	+	58 650	60 098	1 449	43.13	482	ATG	TAA	
48	accD	+	60 677	62 170	1 494	33.53	497	ATG	TAG	
49	psaI	+	62 753	62 866	114	35.09	37	ATG	TAG	
50	ycf4	+	63 295	63 849	555	37.66	184	ATG	TGA	
51	cemA	+	64 602	65 291	690	32.61	229	ATG	TAA	
52	petA	+	65 562	66 524	963	40.08	320	ATG	TAG	
53	psbJ	−	67 603	67 725	123	35.77	40	ATG	TAA	
54	psbL	−	67 873	68 004	132	28.79	43	ATT	TAA	
55	psbF	−	68 016	68 135	120	42.50	39	ATG	TAA	
56	psbE	−	68 145	68 564	420	39.05	139	ATT	TAG	
57	petL	+	69 417	69 512	96	35.42	31	ATG	TGA	
58	petG	+	69 693	69 806	114	35.96	37	ATG	TGA	
59	tRNA-Trp	−	69 914	69 987	74	51.35				CCA
60	tRNA-Pro	−	70 163	70 236	74	48.65				TGG
61	psaJ	+	70 529	70 723	195	32.82	64	ATA	TAA	
62	rpl33	+	71 079	71 279	201	32.84	66	ATG	TAA	
63	rps18	+	71 725	72 030	306	34.97	101	ATG	TAA	
64	rpl20	−	72 320	72 673	354	35.03	117	ATG	TAA	
65	rps12	−	73 467	73 580	357	44.82	118	ATG	TAG	
			144 819	145 061						
66	clpP	−	73 744	73 971	591	41.12	196	ATG	TAA	
			74 592	74 885						
			75 778	75 846						

续表

编号	基因名称	链正负	起始位点	终止位点	大小（bp）	GC含量（%）	氨基酸数（个）	起始密码子	终止密码子	反密码子
67	psbB	+	76 294	77 820	1 527	43.55	508	ATG	TGA	
68	psbT	+	77 980	78 093	114	34.21	37	ATC	TAA	
69	psbN	–	78 158	78 289	132	43.94	43	ATG	TAG	
70	psbH	+	78 394	78 615	222	38.74	73	ATG	TAG	
71	petB	+	79 530	80 216	687	40.76	228	ATA	TAG	
72	petD	+	81 185	81 667	483	39.13	160	ATC	TAA	
73	rpoA	–	81 852	82 835	984	33.64	327	ATG	TAG	
74	rps11	–	82 906	83 322	417	44.84	138	ATG	TAA	
75	rpl36	–	83 455	83 568	114	33.33	37	ATG	TAA	
76	rps8	–	84 043	84 447	405	36.05	134	ATG	TAA	
77	rpl14	–	84 609	84 977	369	39.57	122	ATG	TAA	
78	rpl16	–	85 100	85 510	411	40.39	136	ATC	TAA	
79	rps3	–	86 755	87 411	657	32.42	218	ATG	TAA	
80	rpl22	–	87 396	87 896	501	34.73	166	ATG	TAA	
81	rps19	–	87 947	88 225	279	35.84	92	GTG	TAA	
82	rpl2	–	88 266 89 381	88 738 89 774	867	42.68	288	ATG	TAG	
83	rpl23	–	89 793	90 074	282	37.59	93	ATG	TAA	
84	tRNA–Met	–	90 240	90 313	74	45.95				CAT
85	ycf2	+	90 402	97 313	6 912	37.09	2 303	ATG	TAA	
86	ycf15	+	97 389	97 673	285	41.40	94	CTG	TAG	
87	tRNA–Leu	–	98 487	98 567	81	51.85				CAA
88	ndhB	–	99 178 100 618	99 933 101 394	1 533	36.99	510	ATG	TAG	
89	rps7	–	101 710	102 177	468	40.60	155	ATG	TAA	
90	tRNA–Val	+	104 922	104 993	72	48.61				GAC
91	rrn16S	+	105 220	106 710	1 491	56.54				
92	tRNA–Ile	+	107 013 108 006	107 049 108 040	72	59.72				GAT
93	rrn23S	+	109 126	111 934	2 809	55.43				
94	rrn4.5S	+	112 033	112 135	103	50.49				
95	rrn5S	+	112 398	112 518	121	51.24				
96	tRNA–Arg	+	112 768	112 841	74	62.16				ACG
97	tRNA–Asn	–	113 477	113 548	72	54.17				GTT
98	ycf1	+	113 872	119 373	5 502	28.93	1 833	ATG	TGA	
99	rps15	+	119 755	120 027	273	31.50	90	ATG	TAA	
100	ndhH	+	120 130	121 311	1 182	39.09	393	ATG	TGA	

续表

编号	基因名称	链正负	起始位点	终止位点	大小（bp）	GC含量（%）	氨基酸数（个）	起始密码子	终止密码子	反密码子
101	ndhA	+	121 313 122 916	121 876 123 455	1 104	33.88	367	ATG	TAA	
102	ndhI	+	123 537	124 046	510	34.90	169	ATG	TAA	
103	ndhG	+	124 296	124 826	531	33.71	176	ATG	TAA	
104	ndhE	+	125 090	125 395	306	32.03	101	ATG	TAG	
105	psaC	+	125 658	125 903	246	41.46	81	ATG	TGA	
106	ndhD	+	126 057	127 559	1 503	34.07	500	ACG	TAG	
107	ccsA	−	127 851	128 816	966	31.68	321	ATG	TAA	
108	tRNA-Leu	−	128 926	129 005	80	56.25				TAG
109	rpl32	−	129 366	129 539	174	29.31	57	ATG	TAA	
110	ndhF	+	130 607	132 841	2 235	30.60	744	ATG	TAA	
111	tRNA-Asn	+	134 286	134 357	72	54.17				GTT
112	tRNA-Arg	−	134 993	135 066	74	62.16				ACG
113	rrn5S	−	135 316	135 436	121	51.24				
114	rrn4.5S	−	135 699	135 801	103	50.49				
115	rrn23S	−	135 900	138 708	2 809	55.43				
116	tRNA-Ile	+	139 794 140 785	139 828 140 821	72	59.72				GAT
117	rrn16S	−	141 124	142 614	1 491	56.54				
118	tRNA-Val	−	142 841	142 912	72	48.61				GAC
119	rps7	+	145 657	146 124	468	40.60	155	ATG	TAA	
120	ndhB	+	146 440 147 901	147 216 148 656	1 533	36.99	510	ATG	TAG	
121	tRNA-Leu	+	149 267	149 347	81	51.85				CAA
122	ycf15	−	150 161	150 445	285	41.40	94	CTG	TAG	
123	ycf2	−	150 521	157 432	6 912	37.09	2 303	ATG	TAA	
124	rpl23	+	157 760	158 041	282	37.59	93	ATG	TAA	
125	rpl2	+	158 060 159 096	158 450 159 568	864	42.59	287	ATG	TAG	

表 138　文丁果叶绿体基因组碱基组成

项目	A	T	G	C	N
合计（个）	50 325	51 483	28 653	29 171	0
占比（%）	31.53	32.25	17.95	18.27	0.00

注：N代表未知碱基。

表 139　文丁果叶绿体基因组概况

项目	长度（bp）	位置	含量（%）
合计	159 632		36.22
大单拷贝区（LSC）	88 201	1 ～ 88 201	33.73
反向重复（IRa）	26 769	88 202 ～ 114 970	42.46
小单拷贝区（SSC）	17 893	114 971 ～ 132 863	29.84
反向重复（IRb）	26 769	132 864 ～ 159 632	42.46

表 140　文丁果叶绿体基因组基因数量

项目	基因数（个）
合计	125
蛋白质编码基因	86
tRNA	31
rRNA	8

36. 神秘果 *Synsepalum dulcificum*

神秘果（*Synsepalum dulcificum* Daniell，图 176 ～图 179）为山榄科（Sapotaceae）神秘果属植物。别名奇迹果、梦幻果或变味果。常绿灌木，树高 2 ～ 4 米，枝、茎灰褐色，枝上有不规则的网线状灰白色条纹，分枝部位低，枝条数量多，全年可抽发新梢，呈浅红色，枝绿梢红，叶枝端簇生，每簇有叶 5 ～ 7 片，叶互生，琵琶形或倒卵形，叶面青绿，叶背草绿，革质，长 3.6 ～ 7.6 厘米、宽 2.7 ～ 3.0 厘米，叶柄短，0.5 厘米左右，叶脉羽状。神秘果开白色小花，单生或簇生于枝条叶腋间，花瓣 5 瓣，花萼 5 枚，有特殊的椰奶香味，柱头高于雄蕊。果实为单果着生，椭圆形，长 1.0 ～ 1.5 厘米、宽 0.6 ～ 1.0 厘米，平均单果重 2 克。成熟时果鲜红色，皮光滑且薄，果肉白色，可食率低，味微甜，汁少。每果具有 1 粒褐色种子，扁椭圆形，有浅沟。年内多次开花结果，花期主要为 4—5 月和 9—10 月，果实成熟期主要在 6—7 月和 11—12 月，11—12 月成熟的果实约占总果量的 50%，其他月份为零星花果[1-2, 6]。

神秘果原产西非热带地区，自然分布在西非刚果一带。现在世界热带亚热带地区均有栽培，中国于 20 世纪 60 年代引入种植，在海南、云南、广西等热带亚热带地区生长良好。国内最早栽培植株是 1964 年周恩来总理访问加纳时引入，栽培于云南省热带作物科学研究所[3]。

神秘果果肉中含有丰富的维生素、柠檬酸、钾、碘等物质，其种子含有丰富的矿物元素，如钙、镁、钾等。神秘果含有奇特的神秘果素，是糖蛋白，具有使味觉改变的功能，食用神秘果后，再食用任何酸性食物，都会品尝到甜味，这种甜味可以持续 3 小时，神秘果素可以作为添加剂，在食品和医药等行业应用[4-5]。

神秘果叶绿体基因组情况见图 180、表 141 ～表 144。

参考文献

［1］陈伟俊. 神秘果及其栽培技术［J］. 热带农业科技，2004，27（1）：51–52.

［2］郑良永，钟宁，魏志远，等. 奇特的观赏果树：神秘果及其栽培技术［J］. 广东农业科学，2006（7）：38–39.

［3］成翠兰. 神秘果的生物学特性及提取物的应用［J］. 云南热作科技，2000，23（1）：34–36，39.

［4］潘丽萍，余丝莉，李海航. 变味蛋白神秘果素研究进展［J］. 科技导报，2009，27（3）：99–101.

［5］卢圣楼，刘红，贾桂云. 神秘果功能成分及开发利用研究［J］. 食品与机械，2013，29（5）：256–260.

［6］Niu Y F, Ni S B, Liu J. Complete Chloroplast Genome of *Synsepalum dulcificum* D.: A Magical Plant That Modifies Sour Flavors to Sweet［J］. Mitochondrial DNA B Resour, 2020, 5（3）: 3052–3053.

图 176　神秘果　植株　　　　　　图 177　神秘果　叶片

图 178　神秘果　花　　　　　　图 179　神秘果　果实

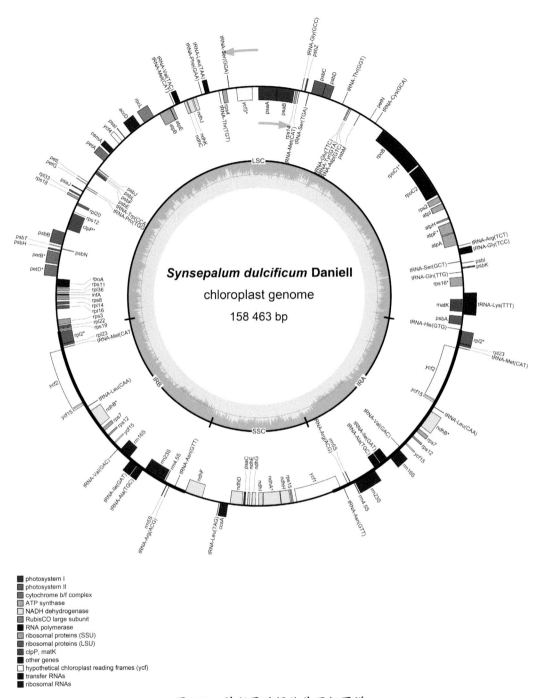

图 180　神秘果叶绿体基因组图谱

表 141 神秘果叶绿体基因组注释结果

编号	基因名称	链正负	起始位点	终止位点	大小（bp）	GC含量（%）	氨基酸数（个）	起始密码子	终止密码子	反密码子
1	rps12	−	72 769 / 101 648	72 882 / 101 890	357	43.98	118	ATG	TAG	
2	tRNA-His	−	21	94	74	54.05				GTG
3	psbA	−	616	1 677	1 062	41.90	353	ATG	TAA	
4	tRNA-Lys	+	1 897 / 4 470	1 931 / 4 506	72	54.17				TTT
5	matK	−	2 204	3 730	1 527	32.87	508	ATG	TGA	
6	rps16	−	5 312 / 6 416	5 542 / 6 457	273	35.90	90	ATG	TAA	
7	tRNA-Gln	−	6 992	7 063	72	58.33				TTG
8	psbK	+	7 413	7 598	186	37.63	61	ATG	TGA	
9	psbI	+	8 015	8 125	111	36.04	36	ATG	TAA	
10	tRNA-Ser	−	8 267	8 354	88	48.86				GCT
11	tRNA-Gly	+	9 090 / 9 821	9 112 / 9 868	71	53.52				TCC
12	tRNA-Arg	+	10 142	10 213	72	43.06				TCT
13	atpA	−	10 340	11 863	1 524	39.37	507	ATG	TAA	
14	atpF	−	11 927 / 13 075	12 337 / 13 218	555	37.84	184	ATG	TAG	
15	atpH	−	13 590	13 835	246	45.53	81	ATG	TAA	
16	atpI	−	14 976	15 719	744	37.77	247	ATG	TGA	
17	rps2	−	15 932	16 642	711	37.55	236	ATG	TGA	
18	rpoC2	−	16 882	21 042	4 161	37.15	1 386	ATG	TAA	
19	rpoC1	−	21 202 / 23 582	22 833 / 24 034	2 085	38.37	694	ATG	TAA	
20	rpoB	−	24 040	27 252	3 213	38.84	1 070	ATG	TAA	
21	tRNA-Cys	+	28 480	28 550	71	57.75				GCA
22	petN	+	29 304	29 393	90	40.00	29	ATG	TAG	
23	psbM	−	30 628	30 732	105	28.57	34	ATG	TAA	
24	tRNA-Asp	−	31 891	31 964	74	62.16				GTC
25	tRNA-Tyr	−	32 073	32 156	84	54.76				GTA
26	tRNA-Glu	−	32 216	32 288	73	58.90				TTC
27	tRNA-Thr	+	33 141	33 212	72	48.61				GGT
28	psbD	+	34 814	35 875	1 062	42.37	353	ATG	TAA	
29	psbC	+	35 823	37 244	1 422	43.46	473	ATG	TGA	
30	tRNA-Ser	−	37 482	37 574	93	49.46				TGA
31	psbZ	+	37 931	38 119	189	35.98	62	ATG	TGA	
32	tRNA-Gly	+	38 400	38 470	71	52.11				GCC

编号	基因名称	链正负	起始位点	终止位点	大小（bp）	GC含量（%）	氨基酸数（个）	起始密码子	终止密码子	反密码子
33	tRNA-Met	−	38 647	38 720	74	56.76				CAT
34	rps14	−	38 869	39 171	303	41.58	100	ATG	TAA	
35	psaB	−	39 294	41 498	2 205	41.32	734	ATG	TAA	
36	psaA	−	41 524	43 776	2 253	42.79	750	ATG	TAA	
37	ycf3	−	44 528	44 680	507	37.67	168	ATG	TAA	
			45 439	45 666						
			46 386	46 511						
38	tRNA-Ser	+	47 366	47 452	87	50.57				GGA
39	rps4	−	47 740	48 345	606	38.12	201	ATG	TAA	
40	tRNA-Thr	−	48 696	48 768	73	52.05				TGT
41	tRNA-Leu	+	49 862	49 898	85	48.24				TAA
			50 408	50 455						
42	tRNA-Phe	+	50 826	50 898	73	50.68				GAA
43	ndhJ	−	51 615	52 091	477	38.57	158	ATG	TGA	
44	ndhK	−	52 196	52 873	678	36.58	225	ATG	TAG	
45	ndhC	−	52 926	53 288	363	34.71	120	ATG	TAG	
46	tRNA-Val	+	53 688	53 724	74	51.35				TAC
			54 304	54 340						
47	tRNA-Met	+	54 506	54 578	73	41.10				CAT
48	atpE	−	54 784	55 185	402	39.30	133	ATG	TAA	
49	atpB	−	55 182	56 678	1 497	41.68	498	ATG	TGA	
50	rbcL	+	57 405	58 832	1 428	43.70	475	ATG	TAA	
51	accD	+	59 412	60 905	1 494	35.07	497	ATG	TAA	
52	psaI	+	61 802	61 912	111	34.23	36	ATG	TAG	
53	ycf4	+	62 362	62 916	555	38.56	184	ATG	TGA	
54	cemA	+	63 832	64 521	690	31.88	229	ATG	TAA	
55	petA	+	64 740	65 702	963	39.77	320	ATG	TAG	
56	psbJ	−	66 782	66 904	123	39.02	40	ATG	TAG	
57	psbL	−	67 042	67 158	117	32.48	38	ATG	TAA	
58	psbF	−	67 181	67 300	120	43.33	39	ATG	TAA	
59	psbE	−	67 310	67 561	252	41.67	83	ATG	TAG	
60	petL	+	68 854	68 949	96	34.38	31	ATG	TGA	
61	petG	+	69 135	69 248	114	35.96	37	ATG	TGA	
62	tRNA-Trp	−	69 377	69 450	74	52.70				CCA
63	tRNA-Pro	−	69 611	69 684	74	50.00				TGG
64	psaJ	+	70 089	70 223	135	40.00	44	ATG	TAG	
65	rpl33	+	70 672	70 878	207	37.68	68	ATG	TAG	
66	rps18	+	71 058	71 363	306	33.66	101	ATG	TAG	

编号	基因名称	链正负	起始位点	终止位点	大小（bp）	GC含量（%）	氨基酸数（个）	起始密码子	终止密码子	反密码子
67	rpl20	–	71 627	71 980	354	36.16	117	ATG	TAA	
68	rps12	–	72 769	72 882	357	43.98	118	ATG	TAG	
			144 148	144 390						
			73 021	73 248						
69	clpP	–	73 918	74 208	588	40.14	195	ATG	TGA	
			75 039	75 107						
70	psbB	+	75 588	77 114	1 527	43.61	508	ATG	TGA	
71	psbT	+	77 313	77 420	108	33.33	35	ATG	TGA	
72	psbN	–	77 481	77 612	132	42.42	43	ATG	TAA	
73	psbH	+	77 715	77 936	222	36.49	73	ATG	TAG	
74	petB	+	78 064	78 068	648	39.51	215	ATG	TAG	
			78 856	79 498						
75	petD	+	79 683	79 689	480	38.75	159	ATG	TAA	
			80 480	80 952						
76	rpoA	–	81 198	82 181	984	34.04	327	ATG	TGA	
77	rps11	–	82 247	82 663	417	42.93	138	ATG	TAA	
78	rpl36	–	82 775	82 888	114	35.96	37	ATG	TAA	
79	infA	–	83 004	83 237	234	38.03	77	ATG	TAG	
80	rps8	–	83 355	83 759	405	36.30	134	ATG	TAA	
81	rpl14	–	83 965	84 333	369	41.19	122	ATG	TAA	
82	rpl16	–	84 459	84 869	411	41.36	136	ATC	TAA	
83	rps3	–	86 119	86 775	657	35.01	218	ATG	TAA	
84	rpl22	–	86 882	87 256	375	32.27	124	ATG	TAG	
85	rps19	–	87 302	87 580	279	35.48	92	GTG	TAA	
86	rpl2	–	87 647	88 081	825	43.52	274	ATG	TAG	
			88 747	89 136						
87	rpl23	–	89 155	89 436	282	37.59	93	ATG	TAA	
88	tRNA–Met	–	89 608	89 681	74	45.95				CAT
89	ycf2	+	89 770	96 642	6 873	37.73	2 290	ATG	TAA	
90	ycf15	+	96 733	96 981	249	38.96	82	ATG	TGA	
91	tRNA–Leu	–	97 352	97 432	81	51.85				CAA
92	ndhB	–	97 992	98 747	1 533	37.05	510	ATG	TAG	
			99 427	100 203						
93	rps7	–	100 570	101 037	468	39.96	155	ATG	TAA	
94	ycf15	–	102 866	103 057	192	47.40	63	ATG	TAA	
95	tRNA–Val	+	103 743	103 814	72	48.61				GAC
96	rrn16S	–	104 042	105 532	1 491	56.54				

编号	基因名称	链正负	起始位点	终止位点	大小（bp）	GC含量（%）	氨基酸数（个）	起始密码子	终止密码子	反密码子
97	tRNA-Ile	+	105 826 106 808	105 862 106 842	72	59.72				GAT
98	tRNA-Ala	+	106 907 107 752	106 944 107 786	73	56.16				TGC
99	rrn23S	−	107 939	110 748	2 810	54.88				
100	rrn4.5S	−	110 847	110 949	103	50.49				
101	rrn5S	+	111 206	111 326	121	52.07				
102	tRNA-Arg	+	111 583	111 656	74	62.16				ACG
103	tRNA-Asn	−	112 252	112 323	72	52.78				GTT
104	ndhF	−	113 695	115 941	2 247	31.78	748	ATG	TGA	
105	tRNA-Leu	+	118 116	118 195	80	57.50				TAG
106	ccsA	+	118 291	119 256	966	31.26	321	ATG	TGA	
107	ndhD	−	119 454	120 965	1 512	34.13	503	ACG	TGA	
108	psaC	−	121 096	121 341	246	42.68	81	ATG	TGA	
109	ndhE	−	121 589	121 894	306	31.05	101	ATG	TAA	
110	ndhG	−	122 123	122 653	531	32.20	176	ATG	TAA	
111	ndhI	−	122 987	123 490	504	34.52	167	ATG	TAA	
112	ndhA	−	123 585 125 241	124 124 125 792	1 092	33.79	363	ATG	TAA	
113	ndhH	−	125 794	126 975	1 182	38.07	393	ATG	TGA	
114	rps15	−	127 067	127 339	273	31.14	90	ATG	TAA	
115	ycf1	−	127 725	133 403	5 679	29.37	1 892	ATG	TGA	
116	tRNA-Asn	+	133 715	133 786	72	52.78				GTT
117	tRNA-Arg	−	134 382	134 455	74	62.16				ACG
118	rrn5S	−	134 712	134 832	121	52.07				
119	rrn4.5S	+	135 089	135 191	103	50.49				
120	rrn23S	+	135 290	138 099	2 810	54.88				
121	tRNA-Ala	−	138 252 139 094	138 286 139 131	73	56.16				TGC
122	tRNA-Ile	−	139 196 140 176	139 230 140 212	72	59.72				GAT
123	rrn16S	+	140 506	141 996	1 491	56.54				
124	tRNA-Val	−	142 224	142 295	72	48.61				GAC
125	ycf15	+	142 981	143 172	192	47.40	63	ATG	TAA	
126	rps7	+	145 001	145 468	468	39.96	155	ATG	TAA	
127	ndhB	+	145 835 147 291	146 611 148 046	1 533	37.05	510	ATG	TAG	
128	tRNA-Leu	+	148 606	148 686	81	51.85				CAA

编号	基因名称	链正负	起始位点	终止位点	大小（bp）	GC含量（%）	氨基酸数（个）	起始密码子	终止密码子	反密码子
129	ycf15	−	149 057	149 305	249	38.96	82	ATG	TGA	
130	ycf2	−	149 396	156 268	6 873	37.73	2 290	ATG	TAA	
131	tRNA–Met	+	156 357	156 430	74	45.95				CAT
132	rpl23	+	156 602	156 883	282	37.59	93	ATG	TAA	
133	rpl2	+	156 902 / 157 957	157 291 / 158 391	825	43.52	274	ATG	TAG	

表 142　神秘果叶绿体基因组碱基组成

项目	A	T	G	C	N
合计（个）	49 395	50 640	28 594	29 834	0
占比（%）	31.17	31.96	18.04	18.83	0.00

注：N代表未知碱基。

表 143　神秘果叶绿体基因组概况

项目	长度（bp）	位置	含量（%）
合计	158 463		36.87
大单拷贝区（LSC）	87 574	1～87 574	34.73
反向重复（IRa）	26 127	87 575～113 701	42.86
小单拷贝区（SSC）	18 635	113 702～132 336	30.14
反向重复（IRb）	26 127	132 337～158 463	42.86

表 144　神秘果叶绿体基因组基因数量

项目	基因数（个）
合计	133
蛋白质编码基因	88
tRNA	37
rRNA	8

37. 西番莲 *Passiflora caerulea*

西番莲（*Passiflora caerulea* L.，图 181～图 184）为西番莲科（Passifloraceae）西番莲属植物。俗名时计草、洋酸茄花、转枝莲、西洋鞠、转心莲、受难果、巴西果、藤桃、热情果、百香果。草质藤本；茎圆柱形并微有棱角，无毛，略被白粉；叶纸质，长 6～8 厘米，宽 5～7 厘米，基部心形，掌状 5 深裂，中间裂片卵状长圆形，两侧裂片略小，无毛、全缘；叶柄长 2～3 厘米，中部有 2～4 个细小腺体；托叶较大、肾形，抱茎，长达 1.2 厘米，边缘波状，聚伞花序退化仅存 1 花，与卷须对生；花大，淡绿色，直径大，6～8 厘米；花梗长 3～4 厘米；苞片宽卵形，长 3 厘米，全缘；萼片 5 枚，长 3.0～4.5 厘米，外面淡绿色，内面绿白色、外面顶端具 1 角状附属器；花瓣 5 枚，淡绿色，与萼片近等长；外副花冠裂片 3 轮，丝状，外轮与中轮裂片，长达 1.0～1.5 厘米，顶端天蓝色，中部白色、下部紫红色，内轮裂片丝状，长 1～2 毫米，顶端具 1 紫红色头状体，下部淡绿色；内副花冠流苏状，裂片紫红色，其下具 1 密腺环；具花盘，高 1～2 毫米；雌雄蕊柄长 8～10 毫米；雄蕊 5 枚，花丝分离，长约 1 厘米、扁平；花药长圆形，长约 1.3 厘米；子房卵圆球形；花柱 3 枚，分离，紫红色，长约 1.6 厘米；柱头肾形。浆果卵圆球形至近圆球形，长约 6 厘米，熟时橙黄色或黄色；种子多数，倒心形，长约 5 毫米。花期 5—7 月[1, 7]。

西番莲原产巴西至阿根廷一带，在热带、亚热带和温带地区均有种植。西番莲科包括 12 个属 600 余种。西番莲属有 400 多种，其中果实可食用的约 60 种。作为商业性栽培的主要有紫果西番莲、黄果西番莲及其杂交种。中国有 2 个属，西番莲属和蒴莲属，西番莲属有 19 个种。国外栽培较多的国家有巴西、圭亚那、美国、墨西哥、澳大利亚、印度尼西亚、斯里兰卡、马来西亚等。中国主要分布在台湾、广东、福建、广西、云南、浙江、四川等地[2-3]。

西番莲果大，可鲜食，其汁淡黄色，果汁所含的 60 多种酯类等香味成分使其具有强烈诱人的风味和香气，被誉为"百香果"。西番莲果汁营养丰富，具有强烈独特的风味，有"饮料之王"的美誉。西番莲果皮果胶含量高，其他营养成分也丰富，可用于制作蜜饯和果酱。西番莲种子含油率较高，其油的经济价值和消化性方面可与棉籽油相比[4-6]。

西番莲叶绿体基因组情况见图 185、表 145～表 148。

参考文献

[1]中国科学院中国植物志编辑委员会. 中国植物志：第五十二卷第一分册[M]. 北京：科学出版社，1999：113-114.

[2]王秀荣，段安安，许玉兰. 国内西番莲引种栽培现状及改良思路[J]. 西南林学院

学报，2003，23（2）：88–91，96.

［3］余东，熊丙全，袁军，等．西番莲种质资源概况及其应用研究现状［J］．中国南方
    果树，2005，34（1）：36–37.

［4］陈智毅，李升峰，吴继军，等．西番莲的加工利用研究［J］．现代食品科技，
    2006，22（1）：186–189.

［5］李莉萍．西番莲综合开发利用研究进展［J］．安徽农业科学，2012，40（28）：
    13840–13843，13846.

［6］赵苹，焦懿，赵虹．西番莲的研究现状及在中国的利用前景［J］．资源科学，
    1999，21（3）：79–82.

［7］Niu Y F, Ni S B, Liu S H, et al. The Complete Chloroplast Genome of *Passiflora
    caerulea*, A Tropical Fruit with A Distinctive Aroma［J］. Mitochondrial DNA B
    Resour, 2021, 6（2）：488–490.

图 181　西番莲　植株

图 182　西番莲　叶片

图 183　西番莲　花

图 184　西番莲　果实

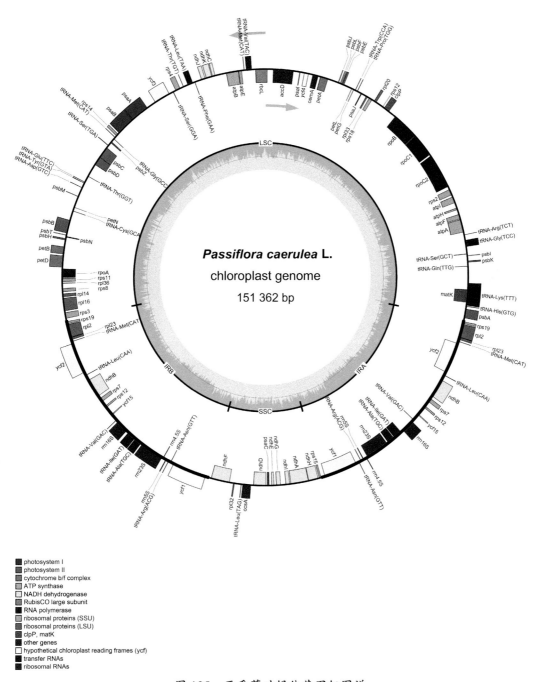

photosystem I
photosystem II
cytochrome b/f complex
ATP synthase
NADH dehydrogenase
RubisCO large subunit
RNA polymerase
ribosomal proteins (SSU)
ribosomal proteins (LSU)
clpP, matK
other genes
hypothetical chloroplast reading frames (ycf)
transfer RNAs
ribosomal RNAs

图 185　西番莲叶绿体基因组图谱

表 145　西番莲叶绿体基因组注释结果

编号	基因名称	链正负	起始位点	终止位点	大小（bp）	GC含量（%）	氨基酸数（个）	起始密码子	终止密码子	反密码子
1	psbA	+	234	1 295	1 062	42.37	353	ATG	TAA	
2	tRNA-His	+	1 561	1 634	74	56.76				GTG
3	tRNA-Lys	+	1 695 4 248	1 729 4 284	72	54.17				TTT
4	matK	−	2 043	3 548	1 506	31.01	501	ATG	TAG	
5	tRNA-Gln	−	6 208	6 279	72	58.33				TTG
6	psbK	+	6 677	6 871	195	31.79	64	ATG	TAA	
7	psbI	+	7 396	7 500	105	30.48	34	ATG	TAA	
8	tRNA-Ser	−	7 627	7 714	88	50.00				GCT
9	tRNA-Gly	+	8 518 9 243	8 540 9 290	71	53.52				TCC
10	tRNA-Arg	+	9 878	9 949	72	43.06				TCT
11	atpA	−	10 224	11 759	1 536	41.47	511	ATG	TAA	
12	atpF	−	11 818	12 372	555	38.02	184	ATG	TAG	
13	atpH	−	12 912	13 157	246	45.12	81	ATG	TAA	
14	atpI	−	13 773	14 516	744	37.10	247	ATG	TGA	
15	rps2	−	14 742	15 452	711	37.13	236	ATG	TAA	
16	rpoC2	−	15 797	19 969	4 173	36.57	1 390	ATG	TGA	
17	rpoC1	−	20 130 22 516	21 764 22 947	2 067	37.64	688	ATG	TAA	
18	rpoB	−	22 977	26 189	3 213	38.16	1 070	ATG	TAA	
19	clpP	+	27 145	27 855	711	42.90	236	ATG	TAA	
20	rps12	+	28 014 140 072	28 127 140 314	357	45.10	118	ATG	TAG	
21	rps12	+	28 014 96 672	28 127 96 914	357	45.10	118	ATG	TAG	
22	rpl20	+	28 981	29 301	321	37.38				
23	rps18	−	29 564	29 971	408	33.33	135	ATG	TGA	
24	rpl33	−	30 172	30 378	207	37.68	68	ATG	TAG	
25	psaJ	−	30 946	31 080	135	38.52	44	ATG	TAG	
26	tRNA-Pro	+	31 513	31 586	74	48.65				TGG
27	tRNA-Trp	+	31 782	31 855	74	48.65				CCA
28	petG	−	31 973	32 086	114	34.21	37	ATG	TGA	
29	petL	−	32 236	32 331	96	32.29	31	ATG	TGA	
30	psbE	+	33 290	33 541	252	38.89	83	ATG	TAG	
31	psbF	+	33 551	33 670	120	40.83	39	ATG	TAA	
32	psbL	+	33 697	33 813	117	28.21	38	ATG	TAA	
33	psbJ	+	33 959	34 078	120	40.83	39	ATG	TAG	

续表

编号	基因名称	链正负	起始位点	终止位点	大小（bp）	GC含量（%）	氨基酸数（个）	起始密码子	终止密码子	反密码子
34	petA	−	35 323	36 285	963	40.91	320	ATG	TAG	
35	cemA	−	36 523	37 209	687	32.31	228	ATG	TGA	
36	ycf4	−	37 698	38 243	546	38.46	181	ATG	TGA	
37	psaI	−	38 685	38 798	114	33.33	37	ATG	TAA	
38	accD	−	39 512	41 947	2 436	42.04	811	ATG	TAA	
39	rbcL	−	42 616	44 043	1 428	44.19	475	ATG	TAA	
40	tRNA−Val	+	44 450 45 085	44 486 45 121	74	50.00				TAC
41	tRNA−Met	+	45 313	45 385	73	41.10				CAT
42	atpE	−	45 648	46 049	402	41.79	133	ATG	TAA	
43	atpB	−	46 046	47 542	1 497	41.62	498	ATG	TGA	
44	ndhC	+	48 846	49 208	363	36.64	120	ATG	TAG	
45	ndhK	+	49 260	49 952	693	39.39	230	ATG	TAG	
46	ndhJ	+	50 061	50 537	477	38.57	158	ATG	TGA	
47	tRNA−Phe	−	51 296	51 368	73	52.05				GAA
48	tRNA−Leu	+	51 598 52 218	51 647 52 252	85	48.24				TAA
49	tRNA−Thr	+	52 756	52 828	73	53.42				TGT
50	rps4	+	53 229	53 825	597	37.02	198	ATG	TAA	
51	tRNA−Ser	−	54 102 54 662	54 188 54 787	87	51.72				GGA
52	ycf3	+	55 523 56 440	55 750 56 592	507	38.66	168	ATG	TAA	
53	psaA	+	57 714	59 966	2 253	42.30	750	ATG	TAA	
54	psaB	+	59 992	62 196	2 205	40.59	734	ATG	TAA	
55	rps14	+	62 364	62 666	303	41.25	100	ATG	TAA	
56	tRNA−Met	+	62 855	62 928	74	54.05				CAT
57	tRNA−Gly	−	63 074	63 144	71	47.89				GCC
58	psbZ	−	63 530	63 718	189	33.33	62	ATG	TGA	
59	tRNA−Ser	+	64 094	64 183	90	51.11				TGA
60	psbC	−	64 436	65 899	1 464	44.88	487	ATG	TAG	
61	psbD	−	65 805	66 866	1 062	43.41	353	ATG	TAA	
62	tRNA−Thr	−	68 380	68 451	72	51.39				GGT
63	tRNA−Glu	+	69 166	69 238	73	56.16				TTC
64	tRNA−Tyr	+	69 298	69 381	84	53.57				GTA
65	tRNA−Asp	+	69 897	69 970	74	62.16				GTC
66	psbM	+	70 994	71 098	105	28.57	34	ATG	TAA	
67	petN	−	72 336	72 425	90	42.22	29	ATG	TAG	

编号	基因名称	链正负	起始位点	终止位点	大小（bp）	GC含量（%）	氨基酸数（个）	起始密码子	终止密码子	反密码子
68	tRNA-Cys	–	72 788	72 859	72	59.72				GCA
69	psbB	+	73 951	75 477	1 527	44.07	508	ATG	TGA	
70	psbT	+	75 658	75 765	108	35.19	35	ATG	TAA	
71	psbN	–	75 848	75 979	132	44.70	43	ATG	TAG	
72	psbH	+	76 100	76 312	213	39.44	70	ATG	TAG	
73	petB	+	77 082 77 309	77 086 77 951	648	37.81	215	ATG	TAA	
74	petD	+	78 144 79 001	78 150 79 476	483	38.30	160	ATG	TAA	
75	rpoA	–	79 632	80 651	1 020	33.24	339	ATG	TAA	
76	rps11	–	80 718	81 128	411	44.77	136	ATG	TAA	
77	rpl36	–	81 259	81 372	114	37.72	37	ATG	TAA	
78	rps8	–	81 903	82 316	414	34.54	137	ATG	TAA	
79	rpl14	–	82 533	82 901	369	41.46	122	ATG	TAA	
80	rpl16	–	83 031 84 528	83 429 84 536	408	41.67	135	ATG	TAG	
81	rps3	–	84 722	85 417	696	33.76	231	ATG	TAG	
82	rps19	–	85 799	86 077	279	33.69	92	GTG	TAG	
83	rpl2	–	86 144 87 290	86 578 87 688	834	44.00	277	ATG	TAG	
84	rpl23	–	87 693	87 989	297	37.04	98	ATG	TAA	
85	tRNA-Met	–	88 155	88 228	74	44.59				CAT
86	ycf2	+	88 439	92 049	3 611	39.35				
87	tRNA-Leu	–	92 388	92 468	81	50.62				CAA
88	ndhB	–	93 058 94 501	93 813 95 274	1 530	37.52	509	ATC	TAG	
89	rps7	–	95 595	96 062	468	40.60				
90	ycf15	–	97 904	98 038	135	45.93	44	ATG	TAG	
91	tRNA-Val	+	98 750	98 821	72	47.22				GAC
92	rrn16S	+	99 054	100 545	1 492	56.17				
93	tRNA-Ile	+	100 828 101 819	100 864 101 853	72	59.72				GAT
94	tRNA-Ala	+	101 918 102 756	101 955 102 790	73	56.16				TGC
95	rrn23S	+	102 944	105 764	2 821	54.84				
96	rrn4.5S	–	105 864	105 966	103	50.49				
97	rrn5S	+	106 243	106 363	121	49.59				
98	tRNA-Arg	+	106 609	106 682	74	62.16				ACG

编号	基因名称	链正负	起始位点	终止位点	大小（bp）	GC含量（%）	氨基酸数（个）	起始密码子	终止密码子	反密码子
99	tRNA-Asn	-	106 890	106 961	72	54.17				GTT
100	ycf1	+	107 296	111 336	4 041	34.08				
101	ndhF	-	112 023	114 260	2 238	32.48	745	ATG	TAA	
102	rpl32	+	114 706	114 879	174	34.48	57	ATG	TAA	
103	tRNA-Leu	+	115 642	115 721	80	56.25				TAG
104	ccsA	+	115 836	116 825	990	32.83	329	ATG	TGA	
105	ndhD	-	117 098	118 600	1 503	35.80	500	ACG	TAG	
106	psaC	-	118 736	118 981	246	43.50	81	ATG	TGA	
107	ndhE	-	119 242	119 547	306	32.35	101	ATG	TAA	
108	ndhG	-	119 795	120 328	534	32.96	177	ATG	TAA	
109	ndhI	-	120 918	121 418	501	35.13	166	ATG	TAA	
110	ndhA	-	121 500 123 105	122 039 123 656	1 092	34.25	363	ATG	TAA	
111	ndhH	-	123 658	124 845	1 188	35.77	395	ATG	TGA	
112	rps15	-	124 942	125 202	261	34.87	86	ATG	TAA	
113	ycf1	-	125 650	129 690	4 041	34.08				
114	tRNA-Asn	+	130 025	130 096	72	54.17				GTT
115	tRNA-Arg	-	130 304	130 377	74	62.16				ACG
116	rrn5S	-	130 623	130 743	121	49.59				
117	rrn4.5S	+	131 020	131 122	103	50.49				
118	rrn23S	-	131 222	134 042	2 821	54.84				
119	tRNA-Ala	-	134 196 135 031	134 230 135 068	73	56.16				TGC
120	tRNA-Ile	-	135 133 136 122	135 167 136 158	72	59.72				GAT
121	rrn16S	+	136 441	137 932	1 492	56.17				
122	tRNA-Val	-	138 165	138 236	72	47.22				GAC
123	ycf15	+	138 948	139 082	135	45.93	44	ATG	TAG	
124	rps7	+	140 924	141 391	468	40.60				
125	ndhB	+	141 712 143 173	142 485 143 928	1 530	37.52	509	ATC	TAG	
126	tRNA-Leu	+	144 518	144 598	81	50.62				CAA
127	ycf2	-	144 937	148 547	3 611	39.35				
128	tRNA-Met	+	148 758	148 831	74	44.59				CAT
129	rpl23	+	148 997	149 293	297	37.04	98	ATG	TAA	
130	rpl2	+	149 298 150 408	149 696 150 842	834	44.00	277	ATG	TAG	
131	rps19	+	150 909	151 187	279	33.69	92	GTG	TAG	

表 146　西番莲叶绿体基因组碱基组成

项目	A	T	G	C	N
合计（个）	46 942	48 371	27 391	28 658	0
占比（%）	31.01	31.96	18.10	18.93	0.00

注：N 代表未知碱基。

表 147　西番莲叶绿体基因组概况

项目	长度（bp）	位置	含量（%）
合计	151 362		37.03
大单拷贝区（LSC）	85 623	1 ～ 85 623	34.79
反向重复（IRa）	26 180	85 624 ～ 111 803	42.10
小单拷贝区（SSC）	13 379	111 804 ～ 125 182	31.55
反向重复（IRb）	26 180	125 183 ～ 151 362	42.10

表 148　西番莲叶绿体基因组基因数量

项目	基因数（个）
合计	131
蛋白质编码基因	79
Pseudo	7
tRNA	37
rRNA	8

尖蜜拉（*Artocarpus champeden* Spreng，图186～图189）为桑科（Moraceae）木菠萝属植物。俗名榴莲蜜、尖百达、小菠萝蜜。尖蜜拉为热带常绿果树，常绿乔木，高10～20米，树体含乳白色汁液，树皮厚。植株形态类似菠萝蜜，不同之处在于嫩枝、叶、花序梗、托叶都被有长3～4毫米的褐色硬毛。叶互生，倒卵形，长12～27厘米，宽6～10厘米，基部楔形，叶尾尖，叶面黄绿色至深绿色，叶脉长毛。幼芽有托叶包裹，托叶外披褐色刚毛，里面光滑无毛，早落，枝条上留有托叶痕。花序着生树干或枝条上，夹生叶腋间，长圆棒状，雌花序长4.5～7.2厘米，宽1.5～2.4厘米，雄花序长6.0～7.6厘米，宽1.0～1.6厘米，雌花序梗较雄花序梗粗壮，花序梗黄绿色，密被褐色硬毛。果实长椭圆形，纵径23～46厘米、横径9～16厘米，单果重2～4千克，较菠萝蜜轻，果皮刺也不及菠萝蜜尖硬，果皮黄绿色，成熟时呈黄色接近褐色。成熟果实几乎无胶液，果皮与果肉易分离，果肉黄色至暗黄色，甜香味浓。种子形状多样，圆形、肾形、长椭圆形或不规则形等，长2.5～3.3厘米、宽2.1～2.5厘米，可煮熟食用。2—3月主枝和树干上抽生的枝条上开始现花，9—10月果实成熟，果实发育期160～180天[1-2, 6]。

尖蜜拉原产于马来半岛，在马来半岛和泰国南部分布较广，印度尼西亚的苏门答腊岛、婆罗洲、苏拉威西岛、摩鹿加群岛等地也有种植。中国引进尖蜜拉已有数十年的历史，中国热带农业科学院香料饮料研究所自20世纪60年代多次引种尖蜜拉，中国科学院西双版纳热带植物园于1979年先后3次从马来西亚和墨西哥引进，西双版纳热带花卉园也种植有数株尖蜜拉，且能正常开花结果。尖蜜拉在中国没有得到大规模的商业化栽培，仅在海南、广西、云南、广东等地有零星种植[3]。

尖蜜拉成熟果肉味浓甜而芳香，营养丰富，果肉中含有较丰富的碳水化合物、蛋白质、维生素C和膳食纤维等物质[4-5]。种子可煮熟食用。

尖蜜拉叶绿体基因组情况见图190、表149～表152。

参考文献

［1］任新军.尖蜜拉引种试种［J］.云南热作科技，1999，22（2）：23.

［2］吴刚，杨逢春，闫林，等.尖蜜拉在海南兴隆的引种栽培初报［J］.中国南方果树，2010，39（5）：60-61.

［3］陶挺燕，范鸿雁，王书旺，等.尖蜜拉新品种'多异1号'的选育及栽培技术要点［J］.中国果树，2017（3）：80-82，101.

［4］陈海平，吴刚，王干，等.热带特色果树：尖蜜拉繁殖技术研究［J］.热带农业科学，2011，31（11）：7-10.

［5］林盛，李向宏，罗志文，等 . 温度对'榴莲蜜一号'尖蜜拉生长的影响［J］. 中国南方果树，2014，43（1）：62–63+66.

［6］Niu Y F, Liu J. The Complete Chloroplast Genome and Phylogenetic Analysis of *Artocarpus champeden*［J］. Mitochondrial DNA Part B, 2021, 6（11）：3148–3150.

图 186　尖蜜拉　植株

图 187　尖蜜拉　叶片

图 188　尖蜜拉　花

图 189　尖蜜拉　果实

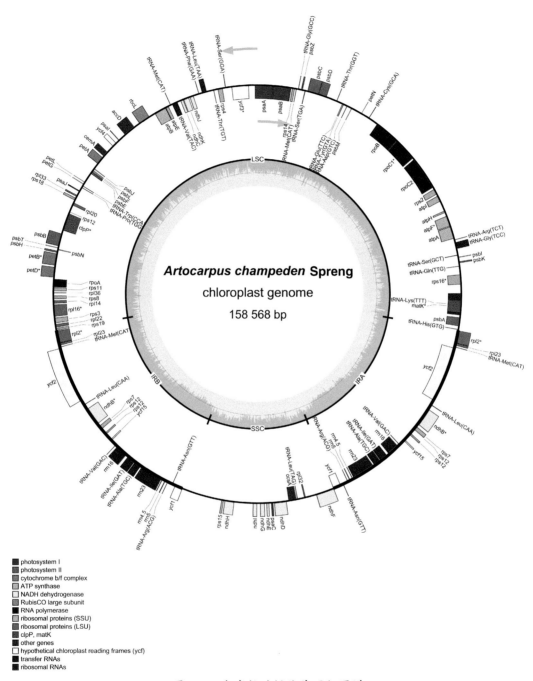

图 190　尖蜜拉叶绿体基因组图谱

表 149　尖蜜拉叶绿体基因组注释结果

编号	基因名称	链正负	起始位点	终止位点	大小（bp）	GC含量（%）	氨基酸数（个）	起始密码子	终止密码子	反密码子
1	rps12	−	73 417 101 458 102 020	73 530 101 483 102 251	372	42.20	123	ATG	TAA	
2	tRNA-His	−	36	110	75	57.33				GTG
3	psbA	−	489	1 550	1 062	41.34	353	ATG	TAA	
4	tRNA-Lys	−	1 839 4 450	1 873 4 486	72	55.56				TTT
5	matK	−	2 138 3 056	3 046 3 664	1 518	32.21	505	ATG	TGA	
6	rps16	−	5 557 6 713	5 775 6 754	261	36.78	86	ATG	TAA	
7	tRNA-Gln	−	7 722	7 791	70	60.00				TTG
8	psbK	+	8 138	8 323	186	34.41	61	ATG	TGA	
9	psbI	+	8 777	8 887	111	36.94	36	ATG	TAA	
10	tRNA-Ser	−	9 059	9 146	88	51.14				GCT
11	tRNA-Gly	+	9 896 10 640	9 918 10 688	72	51.39				TCC
12	tRNA-Arg	+	10 966	11 037	72	43.06				TCT
13	atpA	−	11 179	12 702	1 524	39.76	507	ATG	TAA	
14	atpF	−	12 762 13 891	13 172 14 049	570	36.32	189	ATG	TAG	
15	atpH	−	14 493	14 738	246	45.53	81	ATG	TAA	
16	atpI	−	15 979	16 722	744	37.77	247	ATG	TGA	
17	rps2	−	16 946	17 656	711	37.41	236	ATG	TGA	
18	rpoC2	−	17 895	22 070	4 176	36.71	1 391	ATG	TAA	
19	rpoC1	−	22 256 24 686	23 887 25 120	2 067	37.88	688	ATG	TAA	
20	rpoB	−	25 147	28 359	3 213	38.84	1 070	ATG	TAA	
21	tRNA-Cys	+	29 565	29 645	81	55.56				GCA
22	petN	+	30 630	30 719	90	41.11	29	ATG	TAG	
23	psbM	−	31 973	32 077	105	28.57	34	ATG	TAA	
24	tRNA-Asp	−	32 606	32 679	74	62.16				GTC
25	tRNA-Tyr	−	33 080	33 163	84	55.95				GTA
26	tRNA-Glu	−	33 222	33 294	73	60.27				TTC
27	tRNA-Thr	+	34 011	34 082	72	48.61				GGT
28	psbD	+	35 429	36 490	1 062	42.00	353	ATG	TAA	
29	psbC	+	36 408	37 859	1 452	44.15	483	GTG	TAA	
30	tRNA-Ser	−	38 110	38 202	93	49.46				TGA

编号	基因名称	链正负	起始位点	终止位点	大小（bp）	GC含量（%）	氨基酸数（个）	起始密码子	终止密码子	反密码子
31	psbZ	+	38 474	38 662	189	33.86	62	ATG	TGA	
32	tRNA-Gly	+	38 968	39 038	71	49.30				GCC
33	tRNA-Met	-	39 215	39 288	74	58.11				CAT
34	rps14	-	39 452	39 754	303	41.25	100	ATG	TAA	
35	psaB	-	39 885	42 089	2 205	40.95	734	ATG	TAA	
36	psaA	-	42 115	44 367	2 253	42.52	750	ATG	TAA	
37	ycf3	-	45 141	45 293	507	39.05	168	ATG	TAA	
			46 052	46 279						
			47 126	47 251						
38	tRNA-Ser	+	47 970	48 056	87	51.72				GGA
39	rps4	-	48 396	49 001	606	36.63	201	ATG	TAA	
40	tRNA-Thr	-	49 478	49 550	73	53.42				TGT
41	tRNA-Leu	+	50 404	50 440	85	47.06				TAA
			50 942	50 989						
42	tRNA-Phe	+	51 362	51 434	73	52.05				GAA
43	ndhJ	-	52 110	52 586	477	38.57	158	ATG	TGA	
44	ndhK	-	52 720	53 412	693	39.25	230	ATT	TAG	
45	ndhC	-	53 453	53 815	363	33.88	120	ATG	TAG	
46	tRNA-Val	-	54 243	54 277	74	51.35				TAC
			54 895	54 933						
47	tRNA-Met	+	55 108	55 180	73	39.73				CAT
48	atpE	-	55 446	55 847	402	41.04	133	ATG	TAA	
49	atpB	-	55 844	57 340	1 497	41.88	498	ATG	TGA	
50	rbcL	+	58 131	59 579	1 449	42.10	482	ATG	TAA	
51	accD	+	60 347	61 831	1 485	35.22	494	ATG	TAG	
52	psaI	+	62 780	62 893	114	33.33	37	ATG	TAG	
53	ycf4	+	63 317	63 871	555	38.92	184	ATG	TGA	
54	cemA	+	64 825	65 520	696	31.75	231	ATG	TGA	
55	petA	+	65 730	66 692	963	41.12	320	ATG	TAG	
56	psbJ	-	67 365	67 487	123	38.21	40	ATG	TAG	
57	psbL	-	67 625	67 741	117	32.48	38	ACG	TAA	
58	psbF	-	67 764	67 883	120	40.00	39	ATG	TAA	
59	psbE	-	67 893	68 144	252	40.87	83	ATG	TAG	
60	petL	+	69 376	69 471	96	35.42	31	ATG	TGA	
61	petG	+	69 643	69 756	114	33.33	37	ATG	TGA	
62	tRNA-Trp	-	69 894	69 967	74	48.65				CCA
63	tRNA-Pro	-	70 115	70 188	74	50.00				TGG
64	psaJ	+	70 609	70 749	141	36.88	46	ATG	TGA	

续表

编号	基因名称	链正负	起始位点	终止位点	大小（bp）	GC含量（%）	氨基酸数（个）	起始密码子	终止密码子	反密码子
65	rpl33	+	71 249	71 449	201	39.80	66	ATG	TAG	
66	rps18	+	71 636	71 941	306	33.66	101	ATG	TAG	
67	rpl20	−	72 239	72 592	354	34.75	117	ATG	TAA	
			73 417	73 530						
68	rps12	−	144 394	144 625	372	42.20	123	ATG	TAA	
			145 162	145 187						
			73 684	73 911						
69	clpP	−	74 609	74 902	591	41.46	196	ATG	TAA	
			75 785	75 853						
70	psbB	+	76 293	77 819	1 527	43.88	508	ATG	TGA	
71	psbT	+	78 002	78 109	108	33.33	35	ATG	TGA	
72	psbN	−	78 178	78 309	132	43.18	43	ATG	TAG	
73	psbH	+	78 414	78 635	222	38.29	73	ATG	TAG	
74	petB	+	78 763	78 768	648	39.04	215	ATG	TAG	
			79 569	80 210						
75	petD	+	80 416	80 424	483	37.27	160	ATG	TAA	
			81 170	81 643						
76	rpoA	−	81 837	82 808	972	34.77	323	ATG	TAA	
77	rps11	−	82 874	83 290	417	44.12	138	ATG	TAA	
78	rpl36	−	83 447	83 560	114	38.60	37	ATG	TAA	
79	rps8	−	83 848	84 258	411	34.31	136	ATG	TAA	
80	rpl14	−	84 436	84 804	369	37.94	122	ATG	TAA	
81	rpl16	−	84 948	85 345	408	42.16	135	ATG	TAG	
			86 365	86 374						
82	rps3	−	86 530	87 177	648	34.26	215	ATG	TAA	
83	rpl22	−	87 318	87 695	378	36.24	125	ATG	TAA	
84	rps19	−	87 798	88 076	279	33.69	92	GTG	TAA	
85	rpl2	−	88 143	88 577	825	44.00	274	ATG	TAG	
			89 263	89 652						
86	rpl23	−	89 671	89 952	282	36.52	93	ATG	TAA	
87	tRNA–Met	−	90 114	90 187	74	45.95				CAT
88	ycf2	+	90 282	97 148	6 867	37.43	2 288	ATG	TAA	
89	tRNA–Leu	−	97 737	97 817	81	51.85				CAA
90	ndhB	−	98 398	99 153	1 533	37.44	510	ATG	TAG	
			99 839	100 615						
91	rps7	−	100 937	101 404	468	40.81	155	ATG	TAA	
92	ycf15	−	103 069	103 260	192	46.88	63	ATG	TAA	
93	tRNA–Val	+	103 959	104 030	72	48.61				GAC

编号	基因名称	链正负	起始位点	终止位点	大小（bp）	GC含量（%）	氨基酸数（个）	起始密码子	终止密码子	反密码子
94	rrn16	+	104 258	105 748	1 491	56.47				
95	tRNA-Ile	+	106 045 107 026	106 081 107 060	72	59.72				GAT
96	tRNA-Ala	+	107 125 107 965	107 162 107 999	73	56.16				TGC
97	rrn23	+	108 159	110 968	2 810	54.95				
98	rrn4.5	+	111 067	111 169	103	50.49				
99	rrn5	+	111 431	111 551	121	52.07				
100	tRNA-Arg	+	111 790	111 863	74	62.16				ACG
101	tRNA-Asn	−	112 431	112 502	72	54.17				GTT
102	ycf1	+	112 826	113 809	984	34.96				
103	rps15	+	118 835	119 107	273	32.23	90	ATG	TAA	
104	ndhH	+	119 239	120 420	1 182	38.07	393	ATG	TAA	
105	ndhI	+	122 749	123 252	504	35.52	167	ATG	TAA	
106	ndhG	+	123 636	124 166	531	33.52	176	ATG	TAA	
107	ndhE	+	124 412	124 717	306	33.33	101	ATG	TAG	
108	psaC	+	124 987	125 232	246	41.46	81	ATG	TGA	
109	ndhD	+	125 373	126 875	1 503	34.80	500	ACG	TAG	
110	ccsA	−	127 158	128 129	972	32.10	323	ATG	TGA	
111	tRNA-Leu	−	128 231	128 310	80	57.50				TAG
112	rpl32	−	129 106	129 279	174	29.89	57	ATG	TAA	
113	ndhF	+	130 602	132 878	2 277	30.48	758	ATG	TGA	
114	ycf1	−	132 833	133 819	987	34.95	328	ATG	TAA	
115	tRNA-Asn	+	134 143	134 214	72	54.17				GTT
116	tRNA-Arg	−	134 782	134 855	74	62.16				ACG
117	rrn5	−	135 094	135 214	121	52.07				
118	rrn4.5	−	135 476	135 578	103	50.49				
119	rrn23	−	135 677	138 486	2 810	54.95				
120	tRNA-Ala	−	138 646 139 483	138 680 139 520	73	56.16				TGC
121	tRNA-Ile	−	139 585 140 564	139 619 140 600	72	59.72				GAT
122	rrn16	−	140 897	142 387	1 491	56.47				
123	tRNA-Val	−	142 615	142 686	72	48.61				GAC
124	ycf15	+	143 385	143 576	192	46.88	63	ATG	TAA	
125	rps7	+	145 241	145 708	468	40.81	155	ATG	TAA	
126	ndhB	+	146 030 147 492	146 806 148 247	1 533	37.44	510	ATG	TAG	

编号	基因名称	链正负	起始位点	终止位点	大小（bp）	GC含量（%）	氨基酸数（个）	起始密码子	终止密码子	反密码子
127	tRNA-Leu	+	148 828	148 908	81	51.85				CAA
128	ycf2	–	149 497	156 363	6 867	37.43	2 288	ATG	TAA	
129	tRNA-Met	+	156 458	156 531	74	45.95				CAT
130	rpl23	+	156 693	156 974	282	36.52	93	ATG	TAA	
131	rpl2	+	156 993	157 382	825	44.00	274	ATG	TAG	
			158 068	158 502						

表 150　尖蜜拉叶绿体基因组碱基组成

项目	A	T	G	C	N
合计（个）	49 698	51 343	28 466	29 061	0
占比（%）	31.34	32.38	17.95	18.33	0.00

注：N 代表未知碱基。

表 151　尖蜜拉叶绿体基因组概况

项目	Length(bp)	Position	GC%
合计	158 568		36.28
大单拷贝区（LSC）	88 076	1～88 076	33.96
反向重复（IRa）	25 732	88 077～113 808	42.76
小单拷贝区（SSC）	19 028	113 809～132 836	29.47
反向重复（IRb）	25 732	132 837～158 568	42.76

表 152　尖蜜拉叶绿体基因组基因数量

项目	基因数（个）
合计	131
蛋白质编码基因	85
Pseudo	1
tRNA	37
rRNA	8

39. 牛心番荔枝 *Annona reticulata*

牛心番荔枝（*Annona reticulata* L.，图 191 ～ 图 194）为番荔枝科（Annonaceae）番荔枝属植物。俗名牛心果。乔木，高约 6 米；枝条有瘤状凸起。叶纸质，长圆状披针形，长 9 ～ 30 厘米，宽 3.5 ～ 7.0 厘米，顶端渐尖，基部急尖至钝，两面无毛，下面绿色；侧脉每边 15 条以上，上面扁平，下面凸起；叶柄长 1.0 ～ 1.5 厘米。总花梗与叶对生或互生，有花 2 ～ 10 朵；花蕾披针形，钝头；萼片卵圆形，外面被短柔毛，内面无毛；外轮花瓣长圆形，长 2.5 ～ 3.0 厘米，肉质，黄色，基部紫色，外面被疏短柔毛，边缘有缘毛，内轮花瓣退化成鳞片状；雄蕊长圆形，药隔顶端近截形；心皮长圆形，被长柔毛，柱头突尖。果实由多数成熟心皮连合成近圆球状心形的肉质聚合浆果，不分开，直径 5.0 ～ 12.5 厘米，平滑无毛，有网状纹，成熟时暗黄色；果肉牛油状，附着于种子上；种子长卵圆形。花期冬末至早春，果期翌年 3—6 月 [1, 7]。

番荔枝属为番荔枝科重要果树，该属有 50 多个种，其中 8 ～ 10 个种果实可鲜食。在中国引种种植的有四个种，刺果番荔枝（*A. muricata* L.）、番荔枝（*A. squamosa* L.）、圆滑番荔枝（*A. glabra* L.）、牛心番荔枝（*A. reticulata* L.）。牛心番荔枝原产热带美洲。果树适应性强，在热带、亚热带地区都能生长。在广东、广西、云南、海南均有零星种植 [2-3]。

牛心番荔枝果实形似牛的心脏，风味略似西洋梨，果肉清香软糯，是高端热带水果。果肉含蛋白质 1.6%、脂肪 0.26%、糖类 16.84%。牛心番荔枝叶、种子的提取物具有显著的抗肿瘤活性 [4-6]。

牛心番荔枝叶绿体基因组情况见图 195、表 153 ～ 表 156。

参考文献

[1] 中国科学院中国植物志编辑委员会. 中国植物志：第三十卷第二分册 [M]. 北京：科学出版社，1979：174.

[2] 林成辉. 番荔枝主栽种及其在我省的发展前景 [J]. 福建果树，2000（3）：9-10.

[3] 赵俊林，许能琨. 华南番荔枝类果树引种简况和发展前景 [J]. 热带作物研究，1990（3）：48-50.

[4] 陈文森，姚祝军，吴毓琳. 牛心果化学成分的研究 [J]. 有机化学，1995，15（1）：85-88.

[5] 刘东，余竞光，孙兰，等. 牛心番荔枝种子化学成分的研究 [J]. 天然产物研究与开发，1998，10（2）：1-7.

[6] 彭海燕，章永红，韩英，等. 牛心番荔枝提取物抗肿瘤作用的实验研究 [J]. 浙江

中医杂志，2003，18（12）：52-53.

［7］Niu Y F, Li K X, Liu J. Complete Chloroplast Genome Sequence and Phylogenetic Analysis of *Annona reticulata*［J］. Mitochondrial DNA B Resour, 2020, 5（3）：3540–3542.

图 191　牛心番荔枝　植株

图 192　牛心番荔枝　叶片

图 193　牛心番荔枝　花

图 194　牛心番荔枝　果实

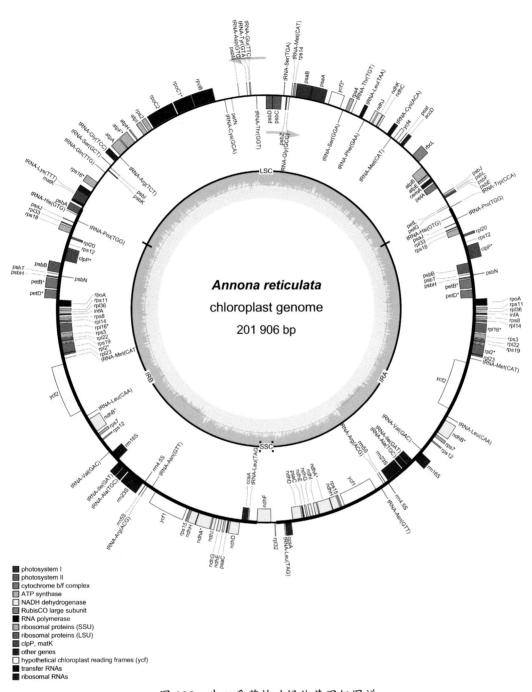

图 195　牛心番荔枝叶绿体基因组图谱

表 153　牛心番荔枝叶绿体基因组注释结果

编号	基因名称	链正负	起始位点	终止位点	大小（bp）	GC含量（%）	氨基酸数（个）	起始密码子	终止密码子	反密码子
1	rps12	–	75 198 106 417	75 311 106 659	357	43.70	118	ATG	TAG	
2	rps12	+	164 898 196 246	165 140 196 359	357	43.70	118	ATG	TAG	
3	tRNA-Trp	+	96	169	74	54.05				CCA
4	petG	–	294	407	114	35.09	37	ATG	TGA	
5	petL	–	586	681	96	39.58	31	ATG	TGA	
6	psbE	+	1 659	1 910	252	43.25	83	ATG	TAG	
7	psbF	+	1 920	2 039	120	45.83	39	ATG	TAA	
8	psbL	+	2 062	2 178	117	34.19	38	ACG	TGA	
9	psbJ	+	2 303	2 425	123	43.09	40	ATG	TAG	
10	petA	–	3 634	4 596	963	41.23	320	ATG	TAG	
11	cemA	–	4 801	5 490	690	34.78	229	GTG	TGA	
12	atpE	–	5 807	6 211	405	43.70	134	ATG	TAG	
13	atpB	–	6 208	7 704	1 497	44.36	498	ATG	TGA	
14	rbcL	+	8 525	9 958	1 434	46.30	477	ATG	TAG	
15	accD	+	11 864	12 460	597	40.87				
16	psaI	+	12 673	12 783	111	36.94	36	ATG	TAG	
17	ycf4	+	13 220	13 774	555	42.70	184	ATG	TGA	
18	tRNA-Met	–	14 102	14 174	73	42.47				CAT
19	tRNA-Cys	+	14 356 14 988	14 394 15 024	76	51.32				ACA
20	ndhC	+	16 686	17 048	363	39.39	120	ATG	TAG	
21	ndhK	+	17 102	17 782	681	41.12	226	ATG	TAG	
22	ndhJ	+	17 891	18 367	477	42.35	158	ATG	TGA	
23	tRNA-Phe	–	19 085	19 157	73	50.68				GAA
24	tRNA-Leu	+	19 541 20 084	19 590 20 118	85	48.24				TAA
25	tRNA-Thr	+	21 332	21 404	73	54.79				TGT
26	rps4	+	21 773	22 387	615	40.16	204	ATG	TAA	
27	tRNA-Ser	–	22 680	22 766	87	50.57				GGA
28	ycf3	+	23 215 24 089 25 043	23 340 24 316 25 195	507	39.84	168	ATG	TAA	
29	psaA	+	25 838	28 090	2 253	43.85	750	ATG	TAA	
30	psaB	+	28 116	30 320	2 205	42.86	734	ATG	TAA	
31	rps14	+	30 458	30 760	303	43.23	100	ATG	TAA	
32	tRNA-Met	+	30 922	30 996	75	58.67				CAT

编号	基因名称	链正负	起始位点	终止位点	大小（bp）	GC含量（%）	氨基酸数（个）	起始密码子	终止密码子	反密码子
33	tRNA-Gly	–	31 158	31 228	71	52.11				GCC
34	psbZ	–	31 524	31 712	189	33.86	62	ATG	TGA	
35	tRNA-Ser	+	32 051	32 139	89	49.44				TGA
36	psbC	–	32 402	33 823	1 422	45.29	473	ATG	TGA	
37	psbD	–	33 771	34 832	1 062	43.88	353	ATG	TAA	
38	tRNA-Thr	–	36 264	36 335	72	47.22				GGT
39	tRNA-Glu	+	37 087	37 159	73	57.53				TTC
40	tRNA-Tyr	+	37 219	37 302	84	55.95				GTA
41	tRNA-Asp	+	37 625	37 698	74	63.51				GTC
42	psbM	+	38 906	39 010	105	30.48	34	ATG	TAA	
43	petN	–	40 128	40 217	90	42.22	29	ATG	TAG	
44	tRNA-Cys	–	41 203	41 274	72	59.72				GCA
45	rpoB	+	42 643	45 855	3 213	39.87	1 070	ATG	TGA	
46	rpoC1	+	45 904 47 068	46 335 48 678	2 043	39.75	680	ATG	TAA	
47	rpoC2	+	48 828	52 982	4 155	40.48	1 384	ATG	TGA	
48	rps2	+	53 224	53 934	711	40.65	236	ATG	TGA	
49	atpI	+	54 139	54 885	747	39.76	248	ATG	TGA	
50	atpH	+	55 960	56 205	246	47.97	81	ATG	TAA	
51	atpF	+	56 560 57 589	56 703 58 002	558	38.71	185	ATG	TAG	
52	atpA	+	58 085	59 608	1 524	42.45	507	ATG	TAA	
53	tRNA-Arg	–	59 733	59 804	72	43.06				TCT
54	tRNA-Gly	+	59 994 60 830	60 041 60 853	72	54.17				TCC
55	tRNA-Ser	+	61 650	61 737	88	54.55				GCT
56	psbI	–	61 893	62 003	111	38.74	36	ATG	TAA	
57	psbK	–	62 389	62 574	186	39.78	61	ATG	TGA	
58	tRNA-Gln	+	63 045	63 116	72	62.50				TTG
59	rps16	+	64 960 65 807	65 004 66 031	270	36.30	89	ATG	TGA	
60	tRNA-Lys	+	66 658 69 233	66 694 69 267	72	52.78				TTT
61	matK	+	67 434	68 957	1 524	34.38	507	ATG	TGA	
62	psbA	+	69 534	70 595	1 062	43.31	353	ATG	TAA	
63	tRNA-His	+	70 757	70 830	74	56.76				GTG
64	tRNA-Pro	–	71 479	71 552	74	48.65				TGG
65	psaJ	+	71 929	72 069	141	39.01	46	ATG	TGA	

编号	基因名称	链正负	起始位点	终止位点	大小（bp）	GC含量（%）	氨基酸数（个）	起始密码子	终止密码子	反密码子
66	rpl33	+	72 502	72 702	201	39.30	66	ATG	TAG	
67	rps18	+	72 851	73 738	888	41.33	295	ATG	TAG	
68	rpl20	−	74 048	74 401	354	42.66	117	ATG	TAG	
69	clpP	−	75 814 76 751 77 814	76 119 77 047 77 882	672	43.90	223	ATG	TAA	
70	psbB	+	78 322	79 848	1 527	45.19	508	ATG	TGA	
71	psbT	+	80 034	80 141	108	36.11	35	ATG	TGA	
72	psbN	−	80 206	80 337	132	48.48	43	ATG	TAG	
73	psbH	+	80 444	80 665	222	42.34	73	ATG	TAG	
74	petB	+	80 784 81 596	80 789 82 237	648	40.74	215	ATG	TAG	
75	petD	+	82 436 83 209	82 441 83 697	495	39.80	164	ATG	TAA	
76	rpoA	−	83 867	84 901	1 035	43.09	344	ATG	TAA	
77	rps11	−	85 093	85 542	450	51.33	149	ATG	TAA	
78	rpl36	−	85 661	85 774	114	36.84	37	ATG	TAG	
79	infA	−	85 924	86 223	300	36.67	99	ATG	TAA	
80	rps8	−	86 420	86 818	399	39.85	132	ATG	TGA	
81	rpl14	−	86 926	87 294	369	39.57	122	ATG	TAA	
82	rpl16	−	87 432 88 831	87 830 88 839	408	45.59	135	ATG	TAG	
83	rps3	−	88 977	89 642	666	35.14	221	ATG	TGA	
84	rpl22	−	89 715	90 140	426	40.61	141	ATG	TAG	
85	rps19	−	90 175	90 465	291	36.43	96	GTG	TAA	
86	rpl2	−	90 540 91 646	90 971 92 035	822	45.50	273	ACG	TAG	
87	rpl23	−	92 054	92 341	288	38.89	95	ATG	TAA	
88	tRNA−Met	−	92 780	92 853	74	50.00				CAT
89	ycf2	+	93 573	101 108	7 536	39.76	2 511	ATG	TAG	
90	tRNA−Leu	−	102 156	102 236	81	50.62				CAA
91	ndhB	−	102 791 104 239	103 546 105 015	1 533	38.03	510	ATG	TAG	
92	rps7	−	105 342	105 809	468	38.89	155	ATG	TAA	
93	tRNA−Val	+	108 622	108 693	72	48.61				GAC
94	rrn16S	−	108 937	110 427	1 491	56.94				
95	tRNA−Ile	+	110 724 111 700	110 765 111 734	77	61.04				GAT

续表

编号	基因名称	链正负	起始位点	终止位点	大小（bp）	GC含量（%）	氨基酸数（个）	起始密码子	终止密码子	反密码子
96	tRNA-Ala	+	111 799 112 643	111 836 112 677	73	56.16				TGC
97	rrn23S	+	112 830	115 633	2 804	55.35				
98	rrn4.5S	–	115 738	115 840	103	47.57				
99	rrn5S	+	116 059	116 179	121	52.07				
100	tRNA-Arg	+	116 437	116 510	74	63.51				ACG
101	tRNA-Asn	–	117 122	117 193	72	54.17				GTT
102	ycf1	+	117 934	123 396	5 463	37.74	1 820	ATG	TGA	
103	rps15	+	123 764	124 030	267	34.08	88	ATG	TAA	
104	ndhH	+	124 131	125 312	1 182	40.61	393	ATG	TGA	
105	ndhA	+	125 314 126 965	125 865 127 504	1 092	38.37	363	ATG	TAA	
106	ndhI	+	127 582	128 130	549	36.25	182	ATG	TGA	
107	ndhG	+	128 473	129 003	531	35.78	176	ATG	TAA	
108	ndhE	+	129 266	129 571	306	34.97	101	ATG	TAG	
109	psaC	+	129 838	130 083	246	44.31	81	ATG	TGA	
110	ndhD	+	130 206	131 708	1 503	36.86	500	ACG	TAG	
111	ccsA	–	131 928	132 899	972	35.80	323	ATG	TAA	
112	tRNA-Leu	–	132 997	133 076	80	55.00				TAG
113	ndhF	–	134 281	136 491	2 211	36.50	736	ATG	TAA	
114	rpl32	+	137 021	137 188	168	32.74	55	ATG	TAA	
115	tRNA-Leu	+	138 481	138 560	80	55.00				TAG
116	ccsA	+	138 658	139 629	972	35.80	323	ATG	TAA	
117	ndhD	–	139 849	141 351	1 503	36.86	500	ACG	TAG	
118	psaC	–	141 474	141 719	246	44.31	81	ATG	TGA	
119	ndhE	–	141 986	142 291	306	34.97	101	ATG	TAG	
120	ndhG	–	142 554	143 084	531	35.78	176	ATG	TAA	
121	ndhI	–	143 427	143 975	549	36.25	182	ATG	TGA	
122	ndhA	–	144 053 145 692	144 592 146 243	1 092	38.37	363	ATG	TAA	
123	ndhH	–	146 245	147 426	1 182	40.61	393	ATG	TGA	
124	rps15	–	147 527	147 793	267	34.08	88	ATG	TAA	
125	ycf1	–	148 161	153 623	5 463	37.74	1 820	ATG	TGA	
126	tRNA-Asn	+	154 364	154 435	72	54.17				GTT
127	tRNA-Arg	–	155 047	155 120	74	63.51				ACG
128	rrn5S	–	155 378	155 498	121	52.07				
129	rrn4.5S	+	155 717	155 819	103	47.57				
130	rrn23S	–	155 924	158 727	2 804	55.35				

编号	基因名称	链正负	起始位点	终止位点	大小（bp）	GC含量（%）	氨基酸数（个）	起始密码子	终止密码子	反密码子
131	tRNA-Ala	-	158 880 159 721	158 914 159 758	73	56.16				TGC
132	tRNA-Ile	-	159 823 160 792	159 857 160 833	77	61.04				GAT
133	rrn16S	+	161 130	162 620	1 491	56.94				
134	tRNA-Val	-	162 864	162 935	72	48.61				GAC
135	rps7	+	165 748	166 215	468	38.89	155	ATG	TAA	
136	ndhB	+	166 542 168 011	167 318 168 766	1 533	38.03	510	ATG	TAG	
137	tRNA-Leu	+	169 321	169 401	81	50.62				CAA
138	ycf2	-	170 449	177 984	7 536	39.76	2 511	ATG	TAG	
139	tRNA-Met	+	178 704	178 777	74	50.00				CAT
140	rpl23	+	179 216	179 503	288	38.89	95	ATG	TAA	
141	rpl2	+	179 522 180 586	179 911 181 017	822	45.50	273	ACG	TAG	
142	rps19	+	181 092	181 382	291	36.43	96	GTG	TAA	
143	rpl22	+	181 417	181 842	426	40.61	141	ATG	TAG	
144	rps3	+	181 915	182 580	666	35.14	221	ATG	TGA	
145	rpl16	+	182 718 183 727	182 726 184 125	408	45.59	135	ATG	TAG	
146	rpl14	+	184 263	184 631	369	39.57	122	ATG	TAA	
147	rps8	+	184 739	185 137	399	39.85	132	ATG	TGA	
148	infA	+	185 334	185 633	300	36.67	99	ATG	TAA	
149	rpl36	+	185 783	185 896	114	36.84	37	ATG	TAG	
150	rps11	+	186 015	186 464	450	51.33	149	ATG	TAA	
151	rpoA	+	186 656	187 690	1 035	43.09	344	ATG	TAA	
152	petD	-	187 860 189 116	188 348 189 121	495	39.80	164	ATG	TAA	
153	petB	-	189 320 190 768	189 961 190 773	648	40.74	215	ATG	TAG	
154	psbH	-	190 892	191 113	222	42.34	73	ATG	TAG	
155	psbN	+	191 220	191 351	132	48.48	43	ATG	TAG	
156	psbT	-	191 416	191 523	108	36.11	35	ATG	TGA	
157	psbB	-	191 709 193 675	193 235 193 743	1 527	45.19	508	ATG	TGA	
158	clpP	+	194 510 195 438	194 806 195 743	672	43.90	223	ATG	TAA	
159	rpl20	+	197 156	197 509	354	42.66	117	ATG	TAG	

编号	基因名称	链正负	起始位点	终止位点	大小（bp）	GC含量（%）	氨基酸数（个）	起始密码子	终止密码子	反密码子
160	rps18	–	197 819	198 706	888	41.33	295	ATG	TAG	
161	rpl33	–	198 855	199 055	201	39.30	66	ATG	TAG	
162	psaJ	–	199 488	199 628	141	39.01	46	ATG	TGA	
163	tRNA–Pro	+	200 005	200 078	74	48.65				TGG
164	tRNA–His	–	200 727	200 800	74	56.76				GTG

表 154 牛心番荔枝叶绿体基因组碱基组成

项目	A	T	G	C	N
合计（个）	61 242	60 797	40 426	39 441	0
占比（%）	30.33	30.11	20.02	19.53	0.00

表 155 牛心番荔枝叶绿体基因组概况

项目	长度（bp）	位置	含量（%）
合计	201 906		39.55
大单拷贝区（LSC）	69 650	1 ～ 69 650	38.57
反向重复（IRa）	64 621	69 651 ～ 134 271	40.23
小单拷贝区（SSC）	3 014	134 272 ～ 137 285	33.51
反向重复（IRb）	64 621	137 286 ～ 201 906	40.23

表 156 牛心番荔枝叶绿体基因组基因数量

项目	基因数（个）
合计	164
蛋白质编码基因	115
Pseudo	1
tRNA	40
rRNA	8

40. 刺果番荔枝 *Annona muricata*

刺果番荔枝（*Annona muricata* L.，图 196 ～图 199）为番荔枝科（Annonaceae）番荔枝属植物。俗名红毛榴莲。常绿乔木，高达 8 米；树皮粗糙。叶纸质，倒卵状长圆形至椭圆形，长 5 ～ 18 厘米，宽 2 ～ 7 厘米，顶端急尖或钝，基部宽楔形或圆形，叶面翠绿色而有光泽，叶背浅绿色，两面无毛；侧脉每边 8 ～ 13 条，两面略为凸起，在叶缘前网结。花蕾卵圆形；花淡黄色，长 3.8 厘米，直径与长相等或稍宽；萼片卵状椭圆形，长约 5 毫米，宿存；外轮花瓣厚，阔三角形，长 2.5 ～ 5.0 厘米，顶端急尖至钝，内面基部有红色小凸点，无柄，镊合状排列，内轮花瓣稍薄，卵状椭圆形，长 2.0 ～ 3.5 厘米，顶端钝，内面下半部覆盖雌雄蕊处密生小凸点，有短柄，覆瓦状排列；雄蕊长 4 毫米，花丝肉质，药隔膨大；心皮长 5 毫米，被白色绢质柔毛。果卵圆状，长 10 ～ 35 厘米，直径 7 ～ 15 厘米，深绿色，幼时有下弯的刺，刺随后逐渐脱落而残存有小突体，果肉微酸多汁，白色；种子多颗，肾形，长 1.7 厘米，宽约 1 厘米，棕黄色。花期 4—7 月，果期 7 月至翌年 3 月[1, 7]。

刺果番荔枝原产于热带美洲和西印度群岛，广泛分布于热带和较温暖的亚热带地区，为热带名果。世界热带地区普遍栽培，中国海南、云南、广东、广西、福建和台湾等热带、亚热带地区都有引种栽培[2-3]。

刺果番荔枝为药食两用植物。果肉淡黄或白色，味淡略酸，香气浓郁。果肉含可溶性固形物 15% ～ 21%，总糖 10% ～ 12%，总酸 0.7% ～ 1.3%，蛋白质 0.7% ～ 1.7%，脂肪 0.3% ～ 0.8%。种子、叶片、茎和根中的番荔枝内酯类化合物具有抗癌、杀虫等活性[4-6]。

刺果番荔枝叶绿体基因组情况见图 200、表 157 ～表 160。

参考文献

［1］中国科学院中国植物志编辑委员会 . 中国植物志：第三十卷第二分册［M］. 北京：科学出版社，1979：170.

［2］陈建白 . 亦果亦药的刺果番荔枝［J］. 云南热作科技，2002，25（2）：36+42.

［3］吴昭平，张雪珠，陈五钗 . 刺果番荔枝及番荔枝属果树的引种栽培［J］. 福建热作科技，1992，3（Z2）：50–53.

［4］赵沛基，彭丽萍，甘烦远，等 . 刺果番荔枝的组织培养［J］. 植物生理学通讯，2000，36（2）：137

［5］余竞光，桂华庆，罗秀珍，等 . 刺果番荔枝化学成分的研究［J］. 药学学报，1997，32（6）：32–38.

［6］成翠兰 . 刺果番荔枝的化学成分和生物活性研究概况［J］. 热带农业科学，2001

（5）：62–70.

［7］Niu Y F, Li K X, Liu J. The Complete Chloroplast Genome of *Annona muricata* L.: A Tropical Fruit with Important Medicinal Properties［J］. Mitochondrial DNA B Resour, 2020, 5（3）：3330–3332.

图 196　刺果番荔枝　植株

图 197　刺果番荔枝　叶片

图 198　刺果番荔枝　花

图 199　刺果番荔枝　果实

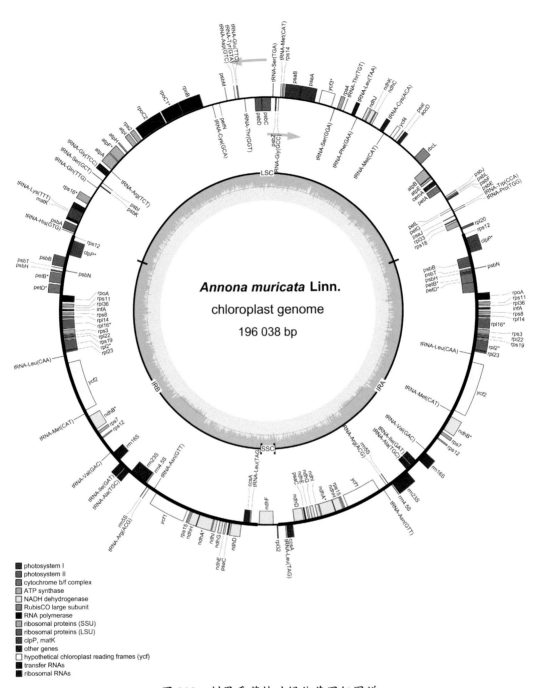

图 200　刺果番荔枝叶绿体基因组图谱

表 157　刺果番荔枝叶绿体基因组注释结果

编号	基因名称	链正负	起始位点	终止位点	大小（bp）	GC含量（%）	氨基酸数（个）	起始密码子	终止密码子	反密码子
1	rps12	−	75 405 106 407	75 518 106 649	357	44.26	118	ATG	TAG	
2	rps12	+	164 729 195 860	164 971 195 973	357	44.26	118	ATG	TAG	
3	rpl20	+	636	989	354	42.94	117	ATG	TAG	
4	rps18	−	1 289	2 119	831	38.75	276	ATG	TAG	
5	rpl33	−	2 268	2 468	201	39.80	66	ATG	TAG	
6	psaJ	−	2 915	3 055	141	39.01	46	ATG	TGA	
7	tRNA−Pro	+	3 437	3 510	74	50.00				TGG
8	tRNA−Trp	+	3 687	3 760	74	54.05				CCA
9	petG	−	3 888	4 001	114	36.84	37	ATG	TGA	
10	petL	−	4 190	4 285	96	39.58	31	ATG	TGA	
11	psbE	+	5 362	5 613	252	43.65	83	ATG	TAG	
12	psbF	+	5 623	5 742	120	45.00	39	ATG	TAA	
13	psbL	+	5 765	5 881	117	34.19	38	ACG	TGA	
14	psbJ	+	6 006	6 128	123	43.09	40	ATG	TAG	
15	petA	−	7 112	8 074	963	41.43	320	ATG	TAG	
16	cemA	−	8 279	8 968	690	34.64	229	GTG	TGA	
17	atpE	−	9 296	9 700	405	43.95	134	ATG	TAG	
18	atpB	−	9 697	11 193	1 497	44.22	498	ATG	TGA	
19	rbcL	+	12 018	13 451	1 434	46.58	477	ATG	TAG	
20	accD	+	16 277	16 873	597	40.70				
21	psaI	+	17 087	17 197	111	36.04	36	ATG	TAG	
22	ycf4	+	17 640	18 194	555	42.70	184	ATG	TGA	
23	tRNA−Met	−	19 090	19 162	73	41.10				CAT
24	tRNA−Cys	+	19 343 19 968	19 381 20 004	76	51.32				ACA
25	ndhC	+	21 353	21 715	363	39.39	120	ATG	TAG	
26	ndhK	+	21 769	22 449	681	41.26	226	ATG	TAG	
27	ndhJ	+	22 548	23 024	477	42.35	158	ATG	TGA	
28	tRNA−Phe	−	23 750	23 822	73	50.68				GAA
29	tRNA−Leu	+	24 208 24 757	24 257 24 791	85	48.24				TAA
30	tRNA−Thr	+	26 006	26 078	73	56.16				TGT
31	rps4	+	26 449	27 063	615	40.16	204	ATG	TAA	
32	tRNA−Ser	−	27 356	27 442	87	50.57				GGA

编号	基因名称	链正负	起始位点	终止位点	大小（bp）	GC含量（%）	氨基酸数（个）	起始密码子	终止密码子	反密码子
			27 910	28 035						
33	ycf3	+	28 783	29 010	507	40.04	168	ATG	TAA	
			29 730	29 882						
34	psaA	+	30 526	32 778	2 253	43.94	750	ATG	TAA	
35	psaB	+	32 804	35 008	2 205	42.68	734	ATG	TAA	
36	rps14	+	35 140	35 442	303	42.90	100	ATG	TAA	
37	tRNA-Met	+	35 606	35 680	75	60.00				CAT
38	tRNA-Gly	−	35 842	35 912	71	52.11				GCC
39	psbZ	−	36 206	36 394	189	34.39	62	ATG	TGA	
40	tRNA-Ser	+	36 733	36 821	89	49.44				TGA
41	psbC	−	37 078	38 499	1 422	45.36	473	ATG	TGA	
42	psbD	−	38 447	39 508	1 062	44.35	353	ATG	TAA	
43	tRNA-Thr	−	40 945	41 016	72	47.22				GGT
44	tRNA-Glu	+	41 762	41 834	73	57.53				TTC
45	tRNA-Tyr	+	41 894	41 977	84	55.95				GTA
46	tRNA-Asp	+	42 314	42 387	74	63.51				GTC
47	psbM	+	43 598	43 702	105	30.48	34	ATG	TAA	
48	petN	−	44 830	44 919	90	42.22	29	ATG	TAG	
49	tRNA-Cys	−	45 907	45 978	72	59.72				GCA
50	rpoB	+	47 291	50 503	3 213	39.81	1 070	ATG	TGA	
51	rpoC1	+	50 531	50 962	2 043	40.09	680	ATG	TAA	
			51 697	53 307						
52	rpoC2	+	53 457	57 563	4 107	40.83	1 368	ATG	TGA	
53	rps2	+	57 845	58 555	711	40.65	236	ATG	TGA	
54	atpI	+	58 750	59 496	747	40.29	248	ATG	TGA	
55	atpH	+	60 568	60 813	246	48.37	81	ATG	TAA	
56	atpF	+	61 178	61 321	558	38.71	185	ATG	TAG	
			62 154	62 567						
57	atpA	+	62 646	64 169	1 524	42.85	507	ATG	TAA	
58	tRNA-Arg	−	64 293	64 364	72	44.44				TCT
59	tRNA-Gly	+	64 536	64 583	72	54.17				TCC
			65 372	65 395						
60	tRNA-Ser	+	66 178	66 265	88	54.55				GCT
61	psbI	−	66 422	66 532	111	38.74	36	ATG	TAA	
62	psbK	−	66 918	67 103	186	39.25	61	ATG	TGA	
63	tRNA-Gln	+	67 513	67 584	72	62.50				TTG
64	rps16	+	69 285	69 326	261	36.78	86	ATG	TGA	
			70 161	70 379						

编号	基因名称	链正负	起始位点	终止位点	大小（bp）	GC含量（%）	氨基酸数（个）	起始密码子	终止密码子	反密码子
65	tRNA-Lys	+	71 005 73 578	71 041 73 612	72	52.78				TTT
66	matK	+	71 778	73 301	1 524	34.65	507	ATG	TGA	
67	psbA	+	73 876	74 937	1 062	43.88	353	ATG	TAA	
68	tRNA-His	+	75 082	75 155	74	55.41				GTG
69	clpP	–	76 027 76 435 77 134 78 200	76 263 76 503 77 430 78 268	672	43.60	223	ATG	TAA	
70	psbB	+	78 708	80 234	1 527	45.25	508	ATG	TGA	
71	psbT	+	80 420	80 527	108	36.11	35	ATG	TGA	
72	psbN	–	80 592	80 723	132	48.48	43	ATG	TAG	
73	psbH	+	80 830	81 051	222	42.79	73	ATG	TAG	
74	petB	+	81 170 81 982	81 175 82 623	648	40.90	215	ATG	TAG	
75	petD	+	82 822 83 590	82 827 84 078	495	39.80	164	ATG	TAA	
76	rpoA	–	84 241	85 257	1 017	45.23	338	ATG	TAG	
77	rps11	–	85 507	85 956	450	52.67	149	ATG	TAA	
78	rpl36	–	86 040	86 153	114	35.96	37	ATG	TAG	
79	infA	–	86 299	86 625	327	37.61	108	ATG	TAA	
80	rps8	–	86 818	87 216	399	40.10	132	ATG	TGA	
81	rpl14	–	87 361	87 729	369	39.84	122	ATG	TAA	
82	rpl16	–	87 858 89 254	88 256 89 262	408	45.83	135	ATG	TAG	
83	rps3	–	89 393	90 058	666	35.74	221	ATG	TGA	
84	rpl22	–	90 131	90 556	426	40.61	141	ATG	TAG	
85	rps19	–	90 591	90 881	291	36.08	96	GTG	TAA	
86	rpl2	–	90 956 92 061	91 387 92 450	822	47.08	273	ACG	TAG	
87	rpl23	–	92 469	92 756	288	38.19	95	ATG	TAA	
88	tRNA-Leu	+	93 149	93 229	81	50.62				CAA
89	ycf2	–	94 277	101 794	7 518	39.81	2 505	ATG	TAG	
90	tRNA-Met	+	102 106	102 179	74	50.00				CAT
91	ndhB	–	102 786 104 234	103 541 105 010	1 533	38.03	510	ATG	TAG	
92	rps7	–	105 337	105 804	468	38.46	155	ATG	TAA	
93	tRNA-Val	+	108 946	109 017	72	50.00				GAC

续表

编号	基因名称	链正负	起始位点	终止位点	大小（bp）	GC含量（%）	氨基酸数（个）	起始密码子	终止密码子	反密码子
94	rrn16S	−	109 261	110 751	1 491	57.28				
95	tRNA-Ile	+	111 048 112 024	111 089 112 058	77	61.04				GAT
96	tRNA-Ala	+	112 123 112 967	112 160 113 001	73	56.16				TGC
97	rrn23S	−	113 154	115 957	2 804	55.39				
98	rrn4.5S	−	116 062	116 164	103	47.57				
99	rrn5S	+	116 383	116 503	121	52.07				
100	tRNA-Arg	+	116 772	116 845	74	63.51				ACG
101	tRNA-Asn	−	117 459	117 530	72	54.17				GTT
102	ycf1	+	118 061	123 415	5 355	37.93	1 784	ATG	TGA	
103	rps15	+	123 789	124 055	267	34.08	88	ATG	TAA	
104	ndhH	+	124 156	125 337	1 182	40.61	393	ATG	TGA	
105	ndhA	+	125 339 126 990	125 890 127 529	1 092	38.46	363	ATG	TAA	
106	ndhI	+	127 607	128 155	549	35.88	182	ATG	TGA	
107	ndhG	+	128 498	129 028	531	35.97	176	ATG	TAA	
108	ndhE	+	129 291	129 596	306	34.31	101	ATG	TAG	
109	psaC	+	129 863	130 108	246	43.50	81	ATG	TGA	
110	ndhD	+	130 231	131 733	1 503	36.86	500	ACG	TAG	
111	ccsA	−	131 953	132 924	972	36.21	323	ATG	TGA	
112	tRNA-Leu	−	133 023	133 102	80	55.00				TAG
113	ndhF	−	134 329	136 539	2 211	37.31	736	ATG	TAA	
114	rpl32	+	137 040	137 207	168	32.74	55	ATG	TAA	
115	tRNA-Leu	+	138 276	138 355	80	55.00				TAG
116	ccsA	+	138 454	139 425	972	36.21	323	ATG	TGA	
117	ndhD	−	139 645	141 147	1 503	36.86	500	ACG	TAG	
118	psaC	−	141 270	141 515	246	43.50	81	ATG	TGA	
119	ndhE	−	141 782	142 087	306	34.31	101	ATG	TAG	
120	ndhG	−	142 350	142 880	531	35.97	176	ATG	TAA	
121	ndhI	−	143 223	143 771	549	35.88	182	ATG	TGA	
122	ndhA	−	143 849 145 488	144 388 146 039	1 092	38.46	363	ATG	TAA	
123	ndhH	−	146 041	147 222	1 182	40.61	393	ATG	TGA	
124	rps15	−	147 323	147 589	267	34.08	88	ATG	TAA	
125	ycf1	−	147 963	153 317	5 355	37.93	1 784	ATG	TGA	
126	tRNA-Asn	+	153 848	153 919	72	54.17				GTT
127	tRNA-Arg	−	154 533	154 606	74	63.51				ACG

编号	基因名称	链正负	起始位点	终止位点	大小（bp）	GC含量（%）	氨基酸数（个）	起始密码子	终止密码子	反密码子
128	rrn5S	–	154 875	154 995	121	52.07				
129	rrn4.5S	+	155 214	155 316	103	47.57				
130	rrn23S	+	155 421	158 224	2 804	55.39				
131	tRNA–Ala	–	158 377 159 218	158 411 159 255	73	56.16				TGC
132	tRNA–Ile	–	159 320 160 289	159 354 160 330	77	61.04				GAT
133	rrn16S	+	160 627	162 117	1 491	57.28				
134	tRNA–Val	–	162 361	162 432	72	50.00				GAC
135	rps7	+	165 574	166 041	468	38.46	155	ATG	TAA	
136	ndhB	+	166 368 167 837	167 144 168 592	1 533	38.03	510	ATG	TAG	
137	tRNA–Met	–	169 199	169 272	74	50.00				CAT
138	ycf2	+	169 584	177 101	7 518	39.81	2 505	ATG	TAG	
139	tRNA–Leu	–	178 149	178 229	81	50.62				CAA
140	rpl23	+	178 622	178 909	288	38.19	95	ATG	TAA	
141	rpl2	+	178 928 179 991	179 317 180 422	822	47.08	273	ACG	TAG	
142	rps19	+	180 497	180 787	291	36.08	96	GTG	TAA	
143	rpl22S	+	180 822	181 247	426	40.61	141	ATG	TAG	
144	rps3	+	181 320	181 985	666	35.74	221	ATG	TGA	
145	rpl16	+	182 116 183 122	182 124 183 520	408	45.83	135	ATG	TAG	
146	rpl14	+	183 649	184 017	369	39.84	122	ATG	TAA	
147	rps8	+	184 162	184 560	399	40.10	132	ATG	TGA	
148	infA	+	184 753	185 079	327	37.61	108	ATG	TAA	
149	rpl36	+	185 225	185 338	114	35.96	37	ATG	TAG	
150	rps11	+	185 422	185 871	450	52.67	149	ATG	TAA	
151	rpoA	+	186 121	187 137	1 017	45.23	338	ATG	TAG	
152	petD	–	187 300 190 802	187 788 190 807	495	39.80	164	ATG	TAA	
153	petB	–	188 755 190 203	189 396 190 208	648	40.90	215	ATG	TAG	
154	psbH	–	190 327	190 548	222	42.79	73	ATG	TAG	
155	psbN	+	190 655	190 786	132	48.48	43	ATG	TAG	
156	psbT	–	190 851	190 958	108	36.11	35	ATG	TGA	
157	psbB	–	191 144	192 670	1 527	45.25	508	ATG	TGA	

编号	基因名称	链正负	起始位点	终止位点	大小（bp）	GC含量（%）	氨基酸数（个）	起始密码子	终止密码子	反密码子
158	clpP	+	193 110	193 178	672	43.60	223	ATG	TAA	
			193 948	194 244						
			194 875	194 943						
			195 115	195 351						

表 158　刺果番荔枝叶绿体基因组碱基组成

项目	A	T	G	C	N
合计（个）	59 091	58 697	39 673	38 577	0
占比（%）	30.14	29.94	20.24	19.68	0.00

注：N 代表未知碱基。

表 159　刺果番荔枝叶绿体基因组概况

项目	长度（bp）	位置	含量（%）
合计	196 038		39.92
大单拷贝区（LSC）	75 339	1～75 339	38.84
反向重复（IRa）	58 797	75 340～134 136	40.73
小单拷贝区（SSC）	3 105	134 137～137 241	35.07
反向重复（IRb）	58 797	137 242～196 038	40.73

表 160　刺果番荔枝叶绿体基因组基因数量

项目	基因数（个）
合计	158
蛋白质编码基因	111
Pseudo	1
tRNA	38
rRNA	8

41. 木奶果 *Baccaurea ramiflora*

 木奶果（*Baccaurea ramiflora* Lour.，图 201～图 204）为大戟科（Euphorbiaceae）木奶果属植物。俗名火果、白皮、山萝葡、野黄皮树、山豆、木荔枝、大连果、黄果树、木来果、树葡萄、木符埃、枝花木奶果、麦穗、三丫果、木赖果、蒜瓣果。常绿乔木，高 5～15 米，胸径达 60 厘米；树皮灰褐色；小枝被糙硬毛，后变无毛。叶片纸质，倒卵状长圆形、倒披针形或长圆形，长 9～15 厘米，宽 3～8 厘米，顶端短渐尖至急尖，基部楔形，全缘或浅波状，上面绿色，下面黄绿色，两面均无毛；侧脉每边 5～7 条，上面扁平，下面凸起；叶柄长 1.0～4.5 厘米。花小，雌雄异株，无花瓣；总状圆锥花序腋生或茎生，被疏短柔毛，雄花序长达 15 厘米，雌花序长达 30 厘米；苞片卵形或卵状披针形，长 2～4 毫米，棕黄色；雄花萼片 4～5 枚，长圆形，外面被疏短柔毛；雄蕊 4～8 枚；退化雌蕊圆柱状，2 深裂；雌花萼片 4～6 枚，长圆状披针形，外面被短柔毛；子房卵形或圆球形，密被锈色糙伏毛，花柱极短或无，柱头扁平，2 裂。浆果状蒴果卵状或近圆球状，长 2.0～2.5 厘米，直径 1.5～2.0 厘米，成熟后变紫红色，不开裂，内有种子 1～3 颗；种子扁椭圆形或近圆形，长 1.0～1.3 厘米。花期 3—4 月，果期 6—10 月[1, 7]。

 木奶果主要分布于印度、缅甸、泰国、马来西亚、越南等南亚和东南亚国家，在国内多以野生状态分布于低、中海拔的山谷、山坡林地，尚未大面积人工栽培。广西、广东、海南、云南一般零星栽培在庭园供观赏、鲜食和药用[2-3]。

 木奶果是集果树、园林、药用价值为一体的野生树种[4]。木奶果是风味独特的水果，果实生于老茎，形如葡萄且味道酸甜可食，营养成分高，具有较好的食疗保健效果。木奶果除鲜食外，还可以加工成果汁、果酱、果脯和果酒等产品[5]。木奶果树是很好的观叶、观花和观果树种，其果实颜色有红色、黄色、粉色和白色，且具有老茎开花的特性，可以开发成盆景或园林植物[6]。

 木奶果叶绿体基因组情况见图 205、表 161～表 164。

参考文献

［1］中国科学院中国植物志编辑委员会. 中国植物志：第四十四卷第一分册［M］. 北京：科学出版社，1994：131.

［2］胡建香，肖春芬，郑玲丽. 野生果树：木奶果［J］. 中国南方果树，2003，32（4）：49.

［3］林书生，罗志文. 木奶果栽培现状及发展对策［J］. 中国热带农业，2013，54（5）：46-47.

［4］罗浩城，黄剑坚，陈杰．野生木奶果的开发利用研究进展［J］．热带林业，2017，45（4）：50-52．

［5］罗培四，周婧，陈明侃，等．广西木奶果种质资源调查与优良单株选择［J］．中国南方果树，2014，43（6）：82-83，86．

［6］王海杰，邢诒强，林盛，等．木奶果资源的研究应用［J］．现代农业科技，2013（21）：122-123．

［7］Niu Y F, Liu J. Complete Chloroplast Genome of *Baccaurea ramiflora* and Its Phylogenetic Analysis［J］. Mitochondrial DNA B Resour, 2022, 7（1）: 206-207.

图 201　木奶果　植株

图 202　木奶果　叶片

图 203　木奶果　花

图 204　木奶果　果实

Baccaurea ramiflora Lour.

chloroplast genome

161 093 bp

- photosystem I
- photosystem II
- cytochrome b/f complex
- ATP synthase
- NADH dehydrogenase
- RubisCO large subunit
- RNA polymerase
- ribosomal proteins (SSU)
- ribosomal proteins (LSU)
- clpP, matK
- other genes
- hypothetical chloroplast reading frames (ycf)
- transfer RNAs
- ribosomal RNAs

图 205　木奶果叶绿体基因组图谱

表 161　木奶果叶绿体基因组注释结果

编号	基因名称	链正负	起始位点	终止位点	大小（bp）	GC含量（%）	氨基酸数（个）	起始密码子	终止密码子	反密码子
1	rps12	–	74 482 / 103 408 / 103 971	74 595 / 103 433 / 104 202	372	42.74	123	ATG	TAA	
2	tRNA-His	–	28	101	74	56.76				GTG
3	psbA	–	576	1 637	1 062	41.43	353	ATG	TAA	
4	tRNA-Lys	–	1 917 / 4 455	1 951 / 4 491	72	55.56				TTT
5	matK	–	2 229	3 749	1 521	31.95	506	ATG	TAA	
6	tRNA-Gln	–	6 150	6 221	72	58.33				TTG
7	psbK	+	6 624	6 809	186	33.87	61	ATG	TAA	
8	psbI	+	7 262	7 372	111	36.04	36	ATG	TAA	
9	tRNA-Ser	–	7 520	7 607	88	51.14				GCT
10	tRNA-Gly	+	8 450 / 9 160	8 472 / 9 207	71	53.52				TCC
11	tRNA-Arg	+	9 651	9 722	72	43.06				TCT
12	atpA	–	10 133	11 656	1 524	40.68	507	ATG	TAA	
13	atpF	–	11 712 / 12 845	12 122 / 12 988	555	37.30	184	ATG	TAG	
14	atpH	–	13 608	13 853	246	46.75	81	ATG	TAA	
15	atpI	–	15 058	15 801	744	38.04	247	ATG	TGA	
16	rps2	–	16 055	16 777	723	39.97	240	GTG	TGA	
17	rpoC2	–	17 004	21 194	4 191	37.56	1 396	ATG	TAA	
18	rpoC1	–	21 379 / 23 749	22 977 / 24 201	2 052	38.94	683	ATG	TGA	
19	rpoB	–	24 207	27 419	3 213	39.06	1 070	ATG	TAA	
20	tRNA-Cys	+	28 709	28 779	71	60.56				GCA
21	petN	+	29 679	29 768	90	41.11	29	ATG	TAG	
22	psbM	–	31 110	31 214	105	30.48	34	ATG	TAA	
23	tRNA-Asp	–	32 435	32 508	74	62.16				GTC
24	tRNA-Tyr	–	32 986	33 069	84	54.76				GTA
25	tRNA-Glu	–	33 136	33 208	73	58.90				TTC
26	tRNA-Thr	+	34 319	34 390	72	50.00				GGT
27	psbD	+	35 916	36 977	1 062	42.28	353	ATG	TAA	
28	psbC	+	36 925	38 346	1 422	44.51	473	ATG	TAA	
29	tRNA-Ser	–	38 566	38 655	90	50.00				TGA
30	psbZ	+	39 007	39 195	189	35.45	62	ATG	TGA	
31	tRNA-Gly	+	40 044	40 114	71	50.70				GCC
32	tRNA-Met	–	40 293	40 366	74	58.11				CAT

续表

编号	基因名称	链正负	起始位点	终止位点	大小（bp）	GC含量（%）	氨基酸数（个）	起始密码子	终止密码子	反密码子
33	rps14	−	40 532	40 834	303	40.26	100	ATG	TAA	
34	psaB	−	40 952	43 156	2 205	41.45	734	ATG	TAA	
35	psaA	−	43 182	45 434	2 253	42.25	750	ATG	TAA	
			46 336	46 488						
36	ycf3	−	47 169	47 396	507	38.66	168	ATG	TAA	
			48 123	48 248						
37	tRNA-Ser	+	48 658	48 744	87	51.72				GGA
38	rps4	−	49 033	49 638	606	36.47	201	ATG	TAA	
39	tRNA-Thr	−	50 056	50 128	73	54.79				TGT
40	tRNA-Leu	+	50 577	50 613	85	48.24				TAA
			51 132	51 179						
41	tRNA-Phe	+	51 492	51 564	73	52.05				GAA
42	ndhJ	−	52 400	52 876	477	38.57	158	ATG	TGA	
43	ndhK	−	52 986	53 663	678	39.38	225	ATG	TAG	
44	ndhC	−	53 718	54 080	363	35.26	120	ATG	TAG	
45	tRNA-Val	−	55 476	55 510	74	50.00				TAC
			56 120	56 158						
46	tRNA-Met	+	56 338	56 410	73	41.10				CAT
47	atpE	−	56 688	57 089	402	40.55	133	ATG	TAA	
48	atpB	−	57 086	58 582	1 497	43.42	498	ATG	TGA	
49	rbcL	+	59 362	60 789	1 428	44.05	475	ATG	TAA	
50	accD	+	61 574	63 082	1 509	36.32	502	ATG	TAA	
51	psaI	+	63 276	63 389	114	35.09	37	ATG	TAG	
52	ycf4	+	63 831	64 385	555	38.02	184	ATG	TGA	
53	cemA	+	65 261	65 926	666	33.18				
54	petA	+	66 166	67 128	963	40.81	320	ATG	TAG	
55	psbJ	−	68 311	68 433	123	39.02	40	ATG	TAG	
56	psbL	−	68 584	68 700	117	31.62	38	ATG	TAA	
57	psbF	−	68 727	68 846	120	41.67	39	ATG	TAA	
58	psbE	−	68 856	69 107	252	39.29	83	ATG	TAG	
59	petL	+	70 205	70 300	96	34.38	31	ATG	TGA	
60	petG	+	70 482	70 595	114	31.58	37	ATG	TGA	
61	tRNA-Trp	−	70 721	70 794	74	51.35				CCA
62	tRNA-Pro	−	70 983	71 056	74	48.65				TGG
63	psaJ	+	71 512	71 646	135	40.00	44	ATG	TAG	
64	rpl33	+	72 115	72 315	201	37.81	66	ATG	TAG	
65	rps18	+	72 730	73 035	306	33.33	101	ATG	TAG	
66	rpl20	−	73 312	73 665	354	34.46	117	ATG	TAA	

编号	基因名称	链正负	起始位点	终止位点	大小（bp）	GC含量（%）	氨基酸数（个）	起始密码子	终止密码子	反密码子
			74 482	74 595						
67	rps12	–	146 395	146 626	372	42.74	123	ATG	TAA	
			147 164	147 189						
			74 739	74 966						
68	clpP	–	75 618	75 909	591	40.27	196	ATG	TAA	
			76 718	76 788						
69	psbB	+	77 261	78 787	1 527	43.94	508	ATG	TGA	
70	psbT	+	78 962	79 069	108	34.26	35	ATG	TGA	
71	psbN	–	79 130	79 261	132	43.94	43	ATG	TAG	
72	psbH	+	79 366	79 587	222	37.39	73	ATG	TAG	
73	petB	+	79 727	79 732	648	39.66	215	ATG	TAG	
			80 542	81 183						
74	petD	+	81 392	81 399	483	38.10	160	ATG	TAA	
			82 244	82 718						
75	rpoA	–	82 925	83 944	1 020	34.22	339	ATG	TAA	
76	rps11	–	84 004	84 420	417	46.76	138	ATG	TAA	
77	rpl36	–	84 547	84 660	114	38.60	37	ATG	TAA	
78	rps8	–	85 209	85 613	405	38.52	134	ATG	TAA	
79	rpl14	–	85 873	86 241	369	39.84	122	ATG	TAA	
80	rpl16	–	86 374	86 772	408	43.63	135	ATG	TAG	
			87 897	87 905						
81	rps3	–	88 063	88 722	660	34.85	219	ATG	TAA	
82	rpl22	–	88 781	89 200	420	38.81	139	ATG	TGA	
83	rps19	–	89 303	89 581	279	34.41	92	GTG	TAA	
84	rpl2	–	89 644	90 078	825	43.27	274	ATG	TAG	
			90 747	91 136						
85	rpl23	–	91 155	91 436	282	37.23	93	ATG	TAA	
86	tRNA–Met	–	91 602	91 675	74	45.95				CAT
87	ycf2	+	91 764	98 645	6 882	37.55	2 293	ATG	TAG	
88	tRNA–Leu	–	99 640	99 720	81	51.85				CAA
89	ndhB	–	100 339	101 094	1 533	37.64	510	ATG	TAG	
			101 781	102 557						
90	rps7	–	102 882	103 349	468	40.60	155	ATG	TAA	
91	tRNA–Val	+	106 041	106 112	72	48.61				GAC
92	rrn16S	+	106 343	107 833	1 491	56.74				
93	tRNA–Ile	+	108 129	108 165	72	59.72				GAT
			109 108	109 142						

续表

编号	基因名称	链正负	起始位点	终止位点	大小（bp）	GC含量（%）	氨基酸数（个）	起始密码子	终止密码子	反密码子
94	tRNA-Ala	+	109 207 110 055	109 244 110 089	73	56.16				TGC
95	rrn23S	+	110 242	113 051	2 810	55.20				
96	rrn4.5S	+	113 150	113 252	103	49.51				
97	rrn5S	+	113 477	113 597	121	51.24				
98	tRNA-Arg	+	113 848	113 921	74	62.16				ACG
99	tRNA-Asn	−	114 533	114 604	72	54.17				GTT
100	ndhF	−	115 965	118 208	2 244	30.97	747	ATG	TAG	
101	rpl32	+	119 281	119 454	174	31.03	57	ATG	TAA	
102	tRNA-Leu	+	120 148	120 227	80	57.50				TAG
103	ccsA	+	120 325	121 281	957	32.92	318	ATG	TGA	
104	ndhD	−	121 515	123 017	1 503	35.00	500	ACG	TAG	
105	psaC	−	123 160	123 405	246	41.46	81	ATG	TGA	
106	ndhE	−	123 652	123 954	303	34.32	100	ATG	TAG	
107	ndhG	−	124 170	124 742	573	32.64	190	ATG	TAA	
108	ndhI	−	125 120	125 620	501	33.13	166	ATG	TAA	
109	ndhA	−	125 686 127 423	126 225 127 974	1 092	34.62	363	ATG	TAA	
110	ndhH	−	127 976	129 151	1 176	38.10	391	ATG	TGA	
111	rps15	−	129 257	129 529	273	30.77	90	ATG	TAA	
112	ycf1	−	129 993	135 662	5 670	29.66	1 889	ATG	TAA	
113	tRNA-Asn	+	135 993	136 064	72	54.17				GTT
114	tRNA-Arg	−	136 676	136 749	74	62.16				ACG
115	rrn5S	−	137 001	137 121	121	51.24				
116	rrn4.5S	−	137 346	137 448	103	48.54				
117	rrn23S	−	137 547	140 356	2 810	55.23				
118	tRNA-Ala	−	140 509 141 354	140 543 141 391	73	57.53				TGC
119	tRNA-Ile	−	141 456 142 433	141 490 142 469	72	62.50				GAT
120	rrn16S	−	142 765	144 255	1 491	56.74				
121	tRNA-Val	−	144 485	144 556	72	48.61				GAC
122	rps7	+	147 248	147 715	468	40.60	155	ATG	TAA	
123	ndhB	+	148 040 149 503	148 816 150 258	1 533	37.64	510	ATG	TAG	
124	tRNA-Leu	+	150 877	150 957	81	51.85				CAA
125	ycf2	−	151 952	158 833	6 882	37.55	2 293	ATG	TAG	
126	tRNA-Met	+	158 922	158 995	74	45.95				CAT

编号	基因名称	链正负	起始位点	终止位点	大小（bp）	GC含量（%）	氨基酸数（个）	起始密码子	终止密码子	反密码子
127	rpl23	+	159 161	159 442	282	37.23	93	ATG	TAA	
128	rpl2	+	159 461 160 519	159 850 160 953	825	43.27	274	ATG	TAG	

表 162　木奶果叶绿体基因组碱基组成

项目	A	T	G	C	N
合计（个）	50 480	51 476	29 070	30 067	0
占比（%）	31.34	31.95	18.05	18.66	0.00

注：N代表未知碱基。

表 163　木奶果叶绿体基因组概况

项目	长度（bp）	位置	含量（%）
合计	161 093		36.71
大单拷贝区（LSC）	89 503	1 ～ 89 503	34.41
反向重复（IRa）	26 386	89 504 ～ 115 889	42.72
小单拷贝区（SSC）	18 818	115 890 ～ 134 707	30.81
反向重复（IRb）	26 386	134 708 ～ 161 093	42.72

表 164　木奶果叶绿体基因组基因数量

项目	基因数（个）
合计	128
蛋白质编码基因	82
Pseudo	1
tRNA	37
rRNA	8

42. 火龙果 *Hylocereus undatus*

火龙果（*Hylocereus undatus*，图 206 ～图 209）为仙人掌科（Cactaceae）量天尺属（*Hylocereus*）或蛇鞭柱属（*Selenicereus* spp.）植物的栽培品种。俗名三棱箭、三角柱、霸王鞭、龙骨花、霸王花、红龙果、青龙果、仙蜜果、情人果。攀缘肉质灌木，长 3 ～ 15 米，具气根。分枝多数，延伸，具 3 角或棱，长 0.2 ～ 0.5 米，宽 3 ～ 8 厘米，棱常翅状，边缘波状或圆齿状，深绿色至淡蓝绿色，无毛，老枝边缘常胖胀状，淡褐色，骨质；小窠沿棱排列，相距 3 ～ 5 厘米，直径约 2 毫米；每小窠具 1 ～ 3 根开展的硬刺；刺锥形，长 2 ～ 5 毫米，灰褐色至黑色。花漏斗状，长 25 ～ 30 厘米，直径 15 ～ 25 厘米，于夜间开放；花托及花托筒密被淡绿色或黄绿色鳞片，鳞片卵状披针形至披针形，长 2 ～ 5 厘米，宽 0.7 ～ 1.0 厘米；萼状花被片黄绿色，线形至线状披针形，长 10 ～ 15 厘米，宽 0.3 ～ 0.7 厘米，先端渐尖，有短尖头，边缘全缘，通常反曲；瓣状花被片白色，长圆状倒披针形，长 12 ～ 15 厘米，宽 4.0 ～ 5.5 厘米，先端急尖，具 1 芒尖，边缘全缘或啮蚀状，开展；花丝黄白色，长 5.0 ～ 7.5 厘米；花药长 4.5 ～ 5.0 毫米，淡黄色；花柱黄白色，长 17.5 ～ 20.0 厘米，直径 6.0 ～ 7.5 毫米；柱头 20 ～ 24 枚，线形，长 3.0 ～ 3.3 毫米，先端长渐尖，开展，黄白色。浆果红色，长球形，长 7 ～ 12 厘米，直径 5 ～ 10 厘米，果脐小，果肉白色或红色。种子倒卵形，长 2 毫米，宽 1 毫米，厚 0.8 毫米，黑色，种脐小。花期 7—12 月[1, 7]。

火龙果原产于巴西、墨西哥等中美州地区，是当地普遍的水果类型。在亚洲地区，该物种作为水果主要分布在中国台湾和越南，火龙果在越南已有上百年的栽培历史。火龙果在中国的栽培历史较短，主要有海南、广东、广西、福建、云南种植，四川有少量种植，栽培的火龙果品种主要有红肉火龙果（*H. undatus*）、白肉火龙果（*H. polyrhizus*）和紫红肉火龙果（*H. costaricensis*）[2-3]。

火龙果具有丰富的营养价值，富含有机酸、维生素、花青素、膳食纤维（2.33%）、蛋白质（1.12%），含有 18 种氨基酸。除鲜食外，其花和果均可加工成各种营养保健食品，如火龙果汁、果酱、果脯以及罐装饮料等[4-6]。

火龙果叶绿体基因组情况见图 210、表 165 ～表 168。

参考文献

［1］中国科学院中国植物志编辑委员会 . 中国植物志：第五十二卷第一分册［M］. 北京：科学出版社，1999：283.

［2］邓仁菊，范建新，蔡永强 . 国内外火龙果研究进展及产业发展现状［J］. 贵州农业科学，2011，39（6）：188-192.

［3］郑文武，刘永华. 我国火龙果生产现状及发展前景［J］. 中国热带农业，2008（3）：17.

［4］李升锋，刘学铭，舒娜，等. 火龙果的开发与利用［J］. 食品工业科技，2003，24（7）：88–90.

［5］赵志平，杨春霞. 火龙果的开发与发展前景［J］. 中国种业，2006（2）：13–14.

［6］蔡永强，向青云，陈家龙，等. 火龙果的营养成分分析［J］. 经济林研究，2008，26（4）：53–56.

［7］Liu J, Liu Z Y, Zheng C, et al. Complete Chloroplast Genome Sequence and Phylogenetic Analysis of Dragon Fruit［*Selenicereus undatus*（Haw.）D. R. Hunt］［J］. Mitochondrial DNA B Resour, 2021, 6（3）：1154–1156.

图 206　火龙果　植株

图 207　火龙果　叶片

图 208　火龙果　花

图 209　火龙果　果实

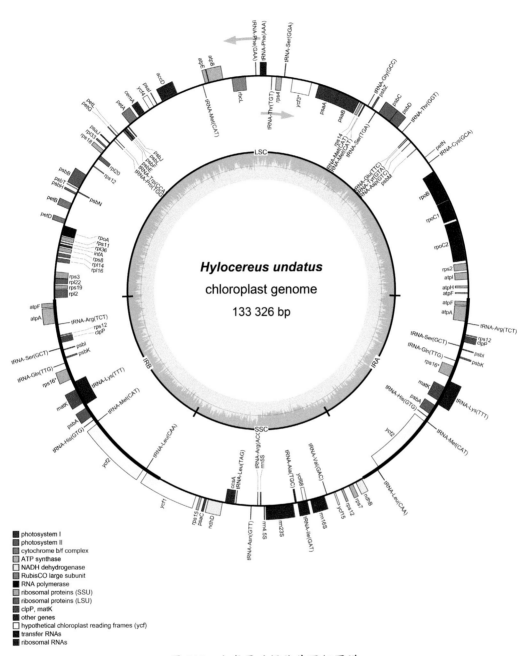

图 210　火龙果叶绿体基因组图谱

表 165　火龙果叶绿体基因组注释结果

编号	基因名称	链正负	起始位点	终止位点	大小（bp）	GC含量（%）	氨基酸数（个）	起始密码子	终止密码子	反密码子
1	atpF	−	405 132 577	560 132 996	576	36.63	191	ATG	TAA	
2	atpF	−	405 68 587	560 69 006	576	36.63	191	ATG	TAA	
3	atpH	−	993	1 238	246	44.72	81	ATG	TAA	
4	atpI	−	1 841	2 584	744	38.98	247	ATG	TGA	
5	rps2	−	2 774	3 505	732	37.30	243	ATG	TGA	
6	rpoC2	−	3 747	7 787	4 041	37.00	1 346	ATG	TGA	
7	rpoC1	−	7 967	10 006	2 040	37.40	679	ATG	TAA	
8	rpoB	−	10 036	13 251	3 216	39.05	1 071	ATG	TAA	
9	tRNA–Cys	+	14 145	14 215	71	59.15				GCA
10	petN	+	14 816	14 905	90	41.11	29	ATG	TAG	
11	psbM	−	16 036	16 140	105	31.43	34	ATG	TAA	
12	tRNA–Asp	−	16 906	16 979	74	62.16				GTC
13	tRNA–Tyr	−	17 354	17 437	84	55.95				GTA
14	tRNA–Glu	−	17 502	17 574	73	57.53				TTC
15	tRNA–Thr	+	18 256	18 327	72	48.61				GGT
16	psbD	+	18 925	19 986	1 062	42.37	353	ATG	TAA	
17	psbC	+	19 934	21 355	1 422	43.95	473	ATG	TGA	
18	tRNA–Ser	−	21 608	21 696	89	50.56				TGA
19	psbZ	+	22 060	22 248	189	35.45	62	ATG	TGA	
20	tRNA–Gly	+	22 612	22 682	71	50.70				GCC
21	tRNA–Met	−	22 887	22 960	74	54.05				CAT
22	tRNA–Met	−	22 963	23 036	74	56.76				CAT
23	rps14	−	23 188	23 490	303	40.92	100	ATG	TAA	
24	psaB	−	23 612	25 816	2 205	41.13	734	ATG	TAA	
25	psaA	−	25 842	28 094	2 253	42.96	750	ATG	TAA	
26	ycf3	−	28 825 29 730 30 727	28 977 29 957 30 852	507	39.25	168	ATG	TAA	
27	tRNA–Ser	+	31 653	31 739	87	51.72				GGA
28	rps4	−	31 938	32 543	606	38.28	201	ATG	TAA	
29	tRNA–Thr	−	32 944	33 016	73	53.42				TGT
30	tRNA–Phe	+	33 545 34 147	33 581 34 196	87	48.28				AAA
31	tRNA–Phe	+	34 572	34 644	73	52.05				GAA
32	rbcL	−	35 675	37 120	1 446	43.98	481	ATG	TGA	
33	atpB	+	38 006	39 496	1 491	43.33	496	ATG	TAG	

编号	基因名称	链正负	起始位点	终止位点	大小（bp）	GC含量（%）	氨基酸数（个）	起始密码子	终止密码子	反密码子
34	atpE	+	39 499	39 900	402	39.05	133	ATG	TAA	
35	tRNA-Met	−	40 130	40 202	73	41.10				CAT
36	accD	+	42 872	44 620	1 749	35.62				
37	psaI	+	45 168	45 278	111	34.23	36	ATG	TAG	
38	ycf4	+	45 594	46 142	549	38.07	182	ATG	TGA	
39	cemA	+	46 712	47 401	690	33.62	229	ATG	TGA	
40	petA	+	47 653	48 615	963	39.46	320	ATG	TAG	
41	psbJ	−	48 822	48 944	123	38.21	40	ATG	TAG	
42	psbL	−	49 088	49 204	117	31.62	38	ACG	TAA	
43	psbF	−	49 232	49 351	120	42.50	39	ATG	TAA	
44	psbE	−	49 360	49 611	252	40.87	83	ATG	TAG	
45	petL	+	50 091	50 186	96	33.33	31	ATG	TGA	
46	petG	+	50 357	50 470	114	35.09	37	ATG	TGA	
47	tRNA-Trp	−	50 610	50 683	74	52.70				CCA
48	tRNA-Pro	−	50 866	50 939	74	48.65				TGG
49	psaJ	+	51 356	51 490	135	40.74	44	ATG	TAG	
50	rpl33	+	51 885	52 076	192	38.54	63	ATG	TAA	
51	rps18	+	52 343	52 756	414	30.68	137	ATG	TAA	
52	rpl20	−	52 956	53 369	414	37.68	137	ATG	TAG	
53	rps12	−	54 149 71 816 109 138	54 265 71 932 109 380	477	45.70	158	ATG	TAG	
54	rps12	−	54 149 109 138 129 651	54 265 109 380 129 767	477	45.70	158	ATG	TAG	
55	psbB	+	55 349	56 875	1 527	43.22	508	ATG	TAA	
56	psbT	+	56 982	57 089	108	34.26	35	ATG	TAA	
57	psbN	−	57 153	57 284	132	45.45	43	ATG	TAG	
58	psbH	+	57 376	57 597	222	38.29	73	ATG	TAA	
59	petB	+	58 510	59 196	687	40.03	228	ATA	TAG	
60	petD	+	60 202	60 678	477	38.78	158	ATA	TAA	
61	rpoA	−	60 832	61 839	1 008	35.12	335	ATG	TGA	
62	rps11	−	61 911	62 327	417	46.04	138	ATG	TAG	
63	rpl36	−	62 453	62 566	114	36.84	37	ATG	TAA	
64	infA	−	62 683	62 928	246	37.40	81	ATG	TAA	
65	rps8	−	63 022	63 432	411	34.06	136	ATG	TAA	
66	rpl14	−	63 596	63 961	366	38.25	121	ATG	TAA	
67	rpl16	−	64 106	64 516	411	43.80	136	ATC	TAG	

续表

编号	基因名称	链正负	起始位点	终止位点	大小（bp）	GC含量（%）	氨基酸数（个）	起始密码子	终止密码子	反密码子
68	rps3	−	65 487	66 158	672	34.52	223	ATG	TAA	
69	rpl22	−	66 160	66 702	543	35.17	180	ATG	TAA	
70	rps19	−	66 810	67 217	408	28.68	135	ATG	TAA	
71	rpl2	−	67 270	68 106	837	42.65	278	ATG	TAG	
72	atpA	+	69 075	70 598	1 524	41.34	507	ATG	TAA	
73	tRNA-Arg	−	70 703	70 774	72	43.06				TCT
74	clpP	−	71 997	72 617	621	39.45	206	ATG	TGA	
75	tRNA-Ser	+	73 055	73 142	88	52.27				GCT
76	psbI	−	73 279	73 395	117	35.90	38	ATG	TAA	
77	psbK	−	74 064	74 243	180	36.67	59	ATG	TGA	
78	tRNA-Gln	+	74 589	74 660	72	59.72				TTG
79	rps16	+	75 194 76 125	75 241 76 331	255	37.25	84	ATG	TAA	
80	tRNA-Lys	−	76 692 79 238	76 728 79 272	72	55.56				TTT
81	matK	+	77 430	78 959	1 530	32.68	509	ATG	TGA	
82	psbA	+	79 506	80 567	1 062	42.18	353	ATG	TAA	
83	tRNA-His	+	80 915	80 993	79	56.96				GTG
84	tRNA-Met	−	81 275	81 348	74	45.95				CAT
85	ycf2	+	81 446	88 024	6 579	37.33	2 192	ATG	TAA	
86	tRNA-Leu	−	88 194	88 274	81	51.85				CAA
87	ycf1	+	88 479	94 010	5 532	30.51	1 843	ATG	TAG	
88	rps15	+	94 345	94 623	279	29.39	92	ATG	TAA	
89	psaC	+	94 882	95 127	246	40.65	81	ATG	TGA	
90	ndhD	+	95 270	96 776	1 507	35.50				
91	ccsA	−	97 011	97 991	981	32.21	326	ATG	TAA	
92	tRNA-Leu	−	98 108	98 187	80	57.50				TAG
93	tRNA-Asn	+	99 694	99 765	72	54.17				GTT
94	tRNA-Arg	−	100 361	100 434	74	62.16				ACG
95	rrn5S	−	100 658	100 778	121	51.24				
96	rrn4.5S	+	101 047	101 149	103	47.57				
97	rrn23S	+	101 229	104 038	2 810	54.06				
98	tRNA-Ala	−	104 224 104 387	104 256 104 424	71	56.34				TGC
99	tRNA-Ile	+	104 494 105 479	104 528 105 520	77	58.44				GAT
100	ycf68	−	105 084	105 483	400	50.50				
101	rrn16S	+	105 823	107 313	1 491	55.33				

续表

编号	基因名称	链正负	起始位点	终止位点	大小（bp）	GC含量（%）	氨基酸数（个）	起始密码子	终止密码子	反密码子
102	tRNA-Val	-	107 565	107 636	72	47.22				GAC
103	ycf15	+	108 318	108 506	189	48.68	62	ATG	TAA	
104	rps7	+	109 978	110 448	471	39.49	156	ATG	TAA	
105	ndhB	+	110 764	111 513	750	35.87				
106	tRNA-Leu	+	113 309	113 389	81	51.85				CAA
107	ycf2	-	113 559	120 137	6 579	37.33	2 192	ATG	TAA	
108	tRNA-Met	+	120 235	120 308	74	45.95				CAT
109	tRNA-His	-	120 590	120 668	79	56.96				GTG
110	psbA	-	121 016	122 077	1 062	42.18	353	ATG	TAA	
111	tRNA-Lys	+	122 311 124 855	122 345 124 891	72	55.56				TTT
112	matK	-	122 624	124 153	1 530	32.68	509	ATG	TGA	
113	rps16	-	125 252 126 342	125 458 126 389	255	37.25	84	ATG	TAA	
114	tRNA-Gln	-	126 923	126 994	72	59.72				TTG
115	psbK	+	127 340	127 519	180	36.67	59	ATG	TGA	
116	psbI	+	128 188	128 304	117	35.90	38	ATG	TAA	
117	tRNA-Ser	-	128 441	128 528	88	52.27				GCT
118	clpP	+	128 966	129 586	621	39.45	206	ATG	TGA	
119	tRNA-Arg	+	130 809	130 880	72	43.06				TCT
120	atpA	-	130 985	132 508	1 524	41.34	507	ATG	TAA	

表 166 火龙果叶绿体基因组碱基组成

项目	A	T	G	C	N
合计（个）	42 093	42 699	23 992	24 542	0
占比（%）	31.57	32.03	17.99	18.41	0.00

注：N 代表未知碱基。

表 167 火龙果叶绿体基因组概况

项目	长度（bp）	位置	含量（%）
合计	133 326		36.4
大单拷贝区（LSC）	68 256	1～68 256	36.26
反向重复（IRa）	21 677	68 257～89 933	34.98
小单拷贝区（SSC）	21 716	89 934～111 649	39.69
反向重复（IRb）	21 677	111 650～133 326	34.98

表 168　火龙果叶绿体基因组基因数量

项目	基因数（个）
合计	120
蛋白质编码基因	76
Pseudo	4
tRNA	36
rRNA	4

43. 红毛丹 *Nephelium lappaceum*

红毛丹（*Nephelium lappaceum* L.，图 211 ～图 214）为无患子科（Sapindaceae）韶子属植物。俗名毛荔枝、韶子、红毛果。常绿乔木，高 10 余米；小枝圆柱形，有皱纹，灰褐色，仅嫩部被锈色微柔毛。叶连柄长 15 ～ 45 厘米，叶轴稍粗壮，干时有皱纹；小叶 2 或 3 对，很少 1 或 4 对，薄革质，椭圆形或倒卵形，长 6 ～ 18 厘米，宽 4.0 ～ 7.5 厘米，顶端钝或微圆，有时近短尖，基部楔形，全缘，两面无毛；侧脉 7 ～ 9 对，干时褐红色，仅在背面凸起，网状小脉略呈蜂巢状，干时两面可见；小叶柄长约 5 毫米。花序常多分枝，与叶近等长或更长，被锈色短绒毛；花梗短；萼革质，长约 2 毫米，裂片卵形，被绒毛；无花瓣；雄蕊长约 3 毫米。果阔椭圆形，红黄色，连刺长约 5 厘米，宽约 4.5 厘米，刺长约 1 厘米。花期夏初，果期秋初[1, 7]。

红毛丹为热带果树，原产地在亚洲热带，马来群岛及东南亚各国栽培较多。1964 年中国海南省保亭热带作物研究所从马来西亚引进种植，1995 年起大规模推广种植，主要在广东南部（湛江）、海南和云南种植[2-4]。

红毛丹是优质的热带水果，果肉由假种皮发育形成，鲜果剥开可直接食用，也可用于制作罐头、果酱等。果肉可溶性固形物含量为 15% ～ 19%，总糖含量为 12%，富含维生素 C 和粗纤维[5]。红毛丹果皮中富含原花青素，是可利用的原花青素资源[6]。

红毛丹叶绿体基因组情况见图 215、表 169 ～表 172。

参考文献

［1］中国科学院中国植物志编辑委员会. 中国植物志：第四十七卷第一分册［M］. 北京：科学出版社，1985：38.

［2］任新军，杨坤. 红毛丹及其栽培技术［J］. 中国南方果树，2001，30（1）：28-29.

［3］王丽华. 红毛丹栽培技术［J］. 热带农业科技，2003，26（2）：29-30，46.

［4］杨连珍，曹建华. 红毛丹研究综述［J］. 热带农业科学，2005，25（1）：48-53.

［5］陈嘉曦，李尚德，陈杰. 红毛丹的微量元素含量分析［J］. 广东微量元素科学，2007，14（4）：43-45.

［6］张瑜，张换换，李志洲. 红毛丹果皮中原花青素提取及其抗氧化性［J］. 食品研究与开发，2011，32（1）：188-192.

［7］Liu J, Zheng C, Liu Z Y, et al. The Complete Chloroplast Genome and Phylogenetic Analysis of *Nephelium lappaceum* (rambutan)［J］. Mitochondrial DNA B Resour, 2021, 6（2）：485-487.

图 211　红毛丹　植株　　　　　　　　　图 212　红毛丹　叶片

图 213　红毛丹　花　　　　　　　　　　图 214　红毛丹　果实

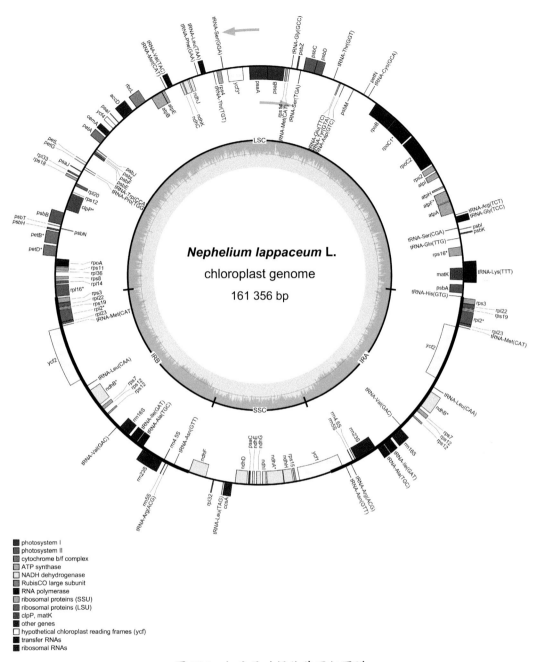

图 215　红毛丹叶绿体基因组图谱

表 169　红毛丹叶绿体基因组注释结果

编号	基因名称	链正负	起始位点	终止位点	大小（bp）	GC含量（%）	氨基酸数（个）	起始密码子	终止密码子	反密码子
			72 690	72 803						
1	rps12	−	101 360	101 385	372	44.35	123	ATG	TAA	
			101 927	102 158						
2	tRNA-His	−	3	76	74	56.76				GTG
3	psbA	−	454	1 515	1 062	42.37	353	ATG	TAA	
4	tRNA-Lys	+	1 783	1 817	72	55.56				TTT
			4 316	4 352						
5	matK	−	2 073	3 596	1 524	34.71	507	ATG	TAA	
6	rps16	−	5 107	5 331	267	37.08	88	ATG	TAA	
			6 177	6 218						
7	tRNA-Gln	−	7 247	7 318	72	59.72				TTG
8	psbK	+	7 672	7 857	186	33.33	61	ATG	TAA	
9	psbI	+	8 236	8 346	111	38.74	36	ATG	TAA	
10	tRNA-Ser	−	8 491	8 578	88	50.00				CGA
11	tRNA-Gly	+	9 145	9 167	72	54.17				TCC
			9 898	9 946						
12	tRNA-Arg	+	10 118	10 189	72	43.06				TCT
13	atpA	−	10 450	11 973	1 524	40.68	507	ATG	TAA	
14	atpF	−	12 031	12 441	555	39.82	184	ATG	TAG	
			13 221	13 364						
15	atpH	−	13 773	14 018	246	47.15	81	ATG	TAA	
16	atpI	−	15 222	15 965	744	37.23	247	ATG	TGA	
17	rps2	−	16 181	16 891	711	38.96	236	ATG	TGA	
18	rpoC2	−	17 101	21 282	4 182	38.67	1 393	ATG	TAA	
19	rpoC1	−	21 460	23 070	2 043	38.72	680	ATG	TAA	
			23 784	24 215						
20	rpoB	−	24 242	27 454	3 213	39.84	1 070	ATG	TAA	
21	tRNA-Cys	+	28 666	28 736	71	59.15				GCA
22	petN	+	29 328	29 417	90	43.33	29	ATG	TAG	
23	psbM	−	30 696	30 800	105	31.43	34	ATG	TAA	
24	tRNA-Asp	−	31 975	32 048	74	62.16				GTC
25	tRNA-Tyr	−	32 499	32 582	84	54.76				GTA
26	tRNA-Glu	−	32 642	32 714	73	60.27				TTC
27	tRNA-Thr	+	33 498	33 569	72	48.61				GGT
28	psbD	+	35 089	36 150	1 062	42.56	353	ATG	TAA	
29	psbC	+	36 098	37 519	1 422	44.51	473	ATG	TGA	
30	tRNA-Ser	−	37 758	37 850	93	51.61				TGA
31	psbZ	+	38 202	38 390	189	35.98	62	ATG	TGA	

编号	基因名称	链正负	起始位点	终止位点	大小（bp）	GC含量（%）	氨基酸数（个）	起始密码子	终止密码子	反密码子
32	tRNA-Gly	+	38 949	39 019	71	50.70				GCC
33	tRNA-Met	−	39 162	39 235	74	56.76				CAT
34	rps14	−	39 398	39 700	303	41.58	100	ATG	TAA	
35	psaB	−	39 839	42 043	2 205	41.45	734	ATG	TAA	
36	psaA	−	42 069	44 321	2 253	43.14	750	ATG	TAA	
			45 130	45 282						
37	ycf3	−	46 029	46 256	507	40.24	168	ATG	TAA	
			46 993	47 118						
38	tRNA-Ser	+	47 514	47 600	87	50.57				GGA
39	rps4	−	47 850	48 455	606	38.12	201	ATG	TAA	
40	tRNA-Thr	−	48 794	48 866	73	53.42				TGT
41	tRNA-Leu	+	49 775	49 811	85	48.24				TAA
			50 349	50 396						
42	tRNA-Phe	+	50 758	50 830	73	53.42				GAA
43	ndhJ	−	51 623	52 099	477	40.67	158	ATG	TGA	
44	ndhK	−	52 216	52 905	690	38.99	229	ATG	TAG	
45	ndhC	−	52 966	53 328	363	35.26	120	ATG	TAG	
46	tRNA-Val	+	54 210	54 246	74	51.35				TAC
			54 852	54 888						
47	tRNA-Met	+	55 108	55 180	73	42.47				CAT
48	atpE	−	55 417	55 818	402	41.04	133	ATG	TAA	
49	atpB	−	55 815	57 311	1 497	44.09	498	ATG	TGA	
50	rbcL	+	58 112	59 539	1 428	44.54	475	ATG	TAA	
51	accD	+	60 133	61 623	1 491	34.74	496	ATG	TAG	
52	psaI	+	62 353	62 466	114	34.21	37	ATG	TAA	
53	ycf4	+	62 901	63 455	555	37.66	184	ATG	TGA	
54	cemA	+	63 998	64 696	699	33.76	232	ATG	TGA	
55	petA	+	64 923	65 885	963	40.50	320	ATG	TAG	
56	psbJ	−	66 638	66 760	123	39.84	40	ATG	TAA	
57	psbL	−	66 910	67 026	117	32.48	38	ATG	TAA	
58	psbF	−	67 049	67 168	120	40.83	39	ATG	TAA	
59	psbE	−	67 178	67 429	252	41.27	83	ATG	TAG	
60	petL	+	68 776	68 871	96	35.42	31	ATG	TGA	
61	petG	+	69 070	69 183	114	36.84	37	ATG	TGA	
62	tRNA-Trp	−	69 327	69 400	74	50.00				CCA
63	tRNA-Pro	−	69 590	69 663	74	48.65				TGG
64	psaJ	+	70 007	70 141	135	39.26	44	ATG	TAG	

编号	基因名称	链正负	起始位点	终止位点	大小（bp）	GC含量（%）	氨基酸数（个）	起始密码子	终止密码子	反密码子
65	rpl33	+	70 635	70 841	207	36.71	68	ATG	TAG	
66	rps18	+	71 035	71 370	336	33.33	111	ATG	TAA	
67	rpl20	−	71 577	71 963	387	37.21	128	ATG	TAA	
68	rps12	−	72 690	72 803	372	44.35	123	ATG	TAA	
			145 208	145 439						
			145 981	146 006						
69	clpP	−	72 961	73 188	591	42.30	196	ATG	TAA	
			73 853	74 146						
			75 035	75 103						
70	psbB	+	75 552	77 078	1 527	43.35	508	ATG	TGA	
71	psbT	+	77 270	77 377	108	36.11	35	ATG	TGA	
72	psbN	−	77 438	77 569	132	43.18	43	ATG	TAG	
73	psbH	+	77 674	77 895	222	41.89	73	ATG	TAG	
74	petB	+	78 038	78 043	648	40.74	215	ATG	TAA	
			78 846	79 487						
75	petD	+	79 729	79 736	483	38.92	160	ATG	TAA	
			80 510	80 984						
76	rpoA	−	81 238	82 221	984	36.38	327	ATG	TAG	
77	rps11	−	82 287	82 703	417	47.00	138	ATG	TAG	
78	rpl36	−	82 820	82 933	114	39.47	37	ATG	TAA	
79	rps8	−	83 423	83 827	405	37.28	134	ATG	TAA	
80	rpl14	−	83 979	84 347	369	40.11	122	ATG	TAA	
81	rpl16	−	84 470	84 868	408	42.89	135	ATG	TAG	
			85 934	85 942						
82	rps3	−	86 117	86 779	663	34.39	220	ATG	TAA	
83	rpl22	−	86 764	87 252	489	35.79	162	ATG	TAA	
84	rps19	−	87 298	87 576	279	35.48	92	GTG	TAA	
85	rpl2	−	87 645	88 079	825	44.00	274	ATG	TAA	
			88 743	89 132						
86	rpl23	−	89 151	89 432	282	37.94	93	ATG	TAA	
87	tRNA−Met	−	89 594	89 667	74	45.95				CAT
88	ycf2	+	89 756	96 610	6 855	37.84	2 284	ATG	TAA	
89	tRNA−Leu	−	97 643	97 723	81	51.85				CAA
90	ndhB	−	98 320	99 066	1 524	37.60	507	ATG	TAG	
			99 739	100 515						
91	rps7	−	100 839	101 306	468	41.03	155	ATG	TAA	
92	tRNA−Val	+	103 949	104 020	72	48.61				GAC
93	rrn16S	−	104 255	105 745	1 491	56.81				

编号	基因名称	链正负	起始位点	终止位点	大小（bp）	GC含量（%）	氨基酸数（个）	起始密码子	终止密码子	反密码子
94	tRNA-Ile	−	106 040 / 107 034	106 076 / 107 068	72	58.33				GAT
95	tRNA-Ala	−	107 133 / 108 011	107 170 / 108 045	73	56.16				TGC
96	rrn23S	+	108 215	111 024	2 810	55.12				
97	rrn4.5S	−	111 123	111 225	103	49.51				
98	rrn5S	+	111 450	111 570	121	52.07				
99	tRNA-Arg	+	111 828	111 901	74	62.16				ACG
100	tRNA-Asn	−	112 543	112 614	72	54.17				GTT
101	ndhF	−	114 605	116 845	2 241	32.53	746	ATG	TGA	
102	rpl32	+	117 799	117 960	162	32.10	53	ATG	TAA	
103	tRNA-Leu	+	119 104	119 183	80	57.50				TAG
104	ccsA	+	119 288	120 259	972	33.85	323	ATG	TAA	
105	ndhD	−	120 564	122 078	1 515	36.57	504	ACG	TAA	
106	psaC	−	122 228	122 473	246	40.65	81	ATG	TGA	
107	ndhE	−	122 700	123 005	306	33.33	101	ATG	TAA	
108	ndhG	−	123 235	123 771	537	34.45	178	ATG	TAA	
109	ndhI	−	123 986	124 489	504	37.10	167	ATG	TAA	
110	ndhA	−	124 577 / 126 210	125 116 / 126 761	1 092	34.98	363	ATG	TAA	
111	ndhH	−	126 763	127 944	1 182	39.00	393	ATG	TGA	
112	rps15	−	128 060	128 341	282	31.91	93	ATG	TAA	
113	ycf1	−	128 708	134 419	5 712	30.50	1 903	GTG	TAG	
114	tRNA-Asn	+	134 752	134 823	72	54.17				GTT
115	tRNA-Arg	+	135 465	135 538	74	62.16				ACG
116	rrn5S	−	135 796	135 916	121	52.07				
117	rrn4.5S	−	136 141	136 243	103	49.51				
118	rrn23S	−	136 342	139 151	2 810	55.12				
119	tRNA-Ala	+	139 321 / 140 196	139 355 / 140 233	73	56.16				TGC
120	tRNA-Ile	+	140 298 / 141 290	140 332 / 141 326	72	58.33				GAT
121	rrn16S	+	141 621	143 111	1 491	56.81				
122	tRNA-Val	−	143 346	143 417	72	48.61				GAC
123	rps7	+	146 060	146 527	468	41.03	155	ATG	TAA	
124	ndhB	+	146 851 / 148 300	147 627 / 149 046	1 524	37.60	507	ATG	TAG	
125	tRNA-Leu	+	149 643	149 723	81	51.85				CAA

编号	基因名称	链正负	起始位点	终止位点	大小（bp）	GC含量（%）	氨基酸数（个）	起始密码子	终止密码子	反密码子
126	ycf2	−	150 756	157 610	6 855	37.84	2 284	ATG	TAA	
127	tRNA-Met	+	157 699	157 772	74	45.95				CAT
128	rpl23	+	157 934	158 215	282	37.94	93	ATG	TAA	
129	rpl2	+	158 234 / 159 287	158 623 / 159 721	825	44.00	274	ATG	TAA	
130	rps19	+	159 790	160 068	279	35.48	92	GTG	TAA	
131	rpl22	+	160 114	160 602	489	35.79	162	ATG	TAA	
132	rps3	+	160 587	161 249	663	34.39	220	ATG	TAA	

表170 红毛丹叶绿体基因组碱基组成

项目	A	T	G	C	N
合计（个）	49 682	50 723	29 859	31 092	0
占比（%）	30.79	31.44	18.51	19.27	0.00

注：N代表未知碱基。

表171 红毛丹叶绿体基因组概况

项目	长度（bp）	位置	含量（%）
合计	161 356		37.78
大单拷贝区（LSC）	86 009	1～86 009	36.03
反向重复（IRa）	28 597	86 010～114 606	42.28
小单拷贝区（SSC）	18 153	114 607～132 759	31.86
反向重复（IRb）	28 597	132 760～161 356	42.28

表172 红毛丹叶绿体基因组基因数量

项目	基因数（个）
合计	132
蛋白质编码基因	87
tRNA	37
rRNA	8

44. 龙宫果 *Lansium domesticum*

龙宫果（*Lansium domesticum* Corr., 图 216～图 219）为楝科（Meliaceae）龙宫果属植物。俗名杜古、龙贡果、龙功果、椰色果、榔色果、兰撒果、兰桑内、佛头果、连心果。常绿小乔木或灌木。羽状复叶长 10～20 厘米，小叶全缘，其上有 5～8 片互生小叶，小叶长 4～10 厘米，宽 2～5 厘米。从主干和较大的分枝长出的总状花序上，着生有大量小而淡黄色的两性花[1, 6]。肉质浆果，密集呈小圆球状成串生长，形成绵长而下垂的果簇，果皮为淡黄色，熟果灰黄色，果皮薄而坚韧，果肉透明形似山竹，果肉汁多味甜微酸，口感有点像荔枝[2]。龙宫果是热带低海拔植物，不能在海拔超过 650 米的地方生长。龙宫果仅在 9 月下旬至 11 月初才结果。

龙宫果起源于东南亚西部，在马来西亚、泰国、印度尼西亚和菲律宾均有野生和栽培。龙宫果是马来半岛原生水果，被誉为"水果公主"[3]。在中国仅有部分热带地区，如海南、云南西双版纳少量引种栽培。

龙宫果的果实具有较高的营养价值和药用价值。龙宫果果肉可直接去皮鲜食，含有丰富的糖分、蛋白质、钙、磷、铁等，以及硫胺素、核黄素、烟酸和维生素 C。种子、叶和果皮提取物在民间均用于治疗疟疾。药理研究表明，该植物具有广泛的生物活性，可用于抗疟、抗衰老、创伤治愈、抗氧化、镇痛、抗菌、抗诱变、杀虫和杀蚴[5]。

龙宫果叶绿体基因组情况见图 220、表 173～表 176。

参考文献

［1］邢福浓. 椰色［J］. 热带作物译丛，1984，93（3）：55-56.

［2］陈有义. 连心果［J］. 热带作物译丛，1983（1）：56.

［3］钟雯，Shelton C. 龙功果［J］. 环球人文地理，2013（21）：111.

［4］Techavuthiporn C. Langsat— *Lansium domesticum*［A］// Exotic Fruits［M］. New York：Academic Press，2018：279-283.

［5］Abdallah H M, Mohamed GA , Ibrahim S R M. *Lansium domesticum*—A Fruit with Multi-Benefits: Traditional Uses, Phytochemicals, Nutritional Value, and Bioactivities［J］. Nutrients, 2022, 14（7）：1531.

［6］Tri M, Siska E, Unang S. Phytochemistry and Biological Activity of *Lansium domesticum* Corr. Species: A Review［J］. Journal of Pharmacy and Pharmacology, 2022, 74（11）：1568-1587.

图 216　龙宫果　植株

图 217　龙宫果　叶片

图 218　龙宫果　花

图 219　龙宫果　果实

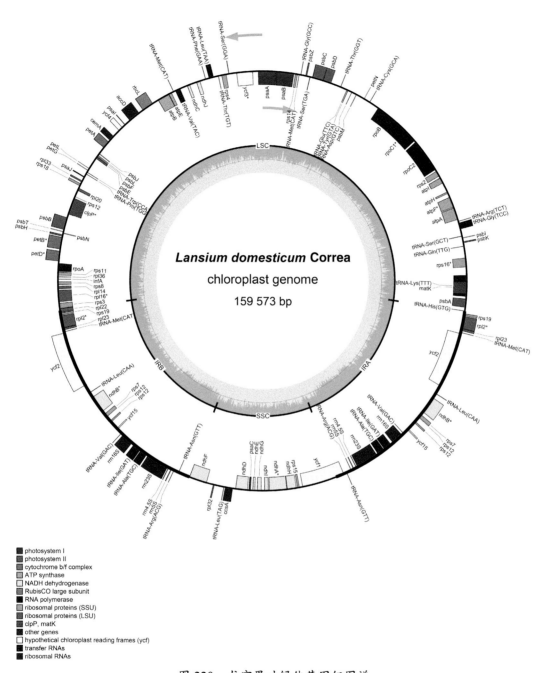

图 220　龙宫果叶绿体基因组图谱

表 173　龙宫果叶绿体基因组注释结果

编号	基因名称	链正负	起始位点	终止位点	大小（bp）	GC含量（%）	氨基酸数（个）	起始密码子	终止密码子	反密码子
			72 891	73 004						
1	rps12	–	101 419	101 444	372	44.35	123	ATG	TAA	
			101 981	102 212						
2	tRNA-His	–	2	75	74	55.41				GTG
3	psbA	–	464	1 525	1 062	42.00	353	ATG	TAA	
4	tRNA-Lys	–	1 786	1 820	72	54.17				TTT
			4 349	4 385						
5	matK	–	2 104	3 621	1 518	34.06	505	ATG	TGA	
6	rps16	–	5 356	5 577	267	37.83	88	ATG	TAA	
			6 440	6 484						
7	tRNA-Gln	–	7 881	7 952	72	59.72				TTG
8	psbK	+	8 307	8 492	186	36.56	61	ATG	TGA	
9	psbI	+	8 867	8 977	111	40.54	36	ATG	TAA	
10	tRNA-Ser	–	9 115	9 202	88	51.14				GCT
11	tRNA-Gly	+	10 014	10 036	71	53.52				TCC
			10 752	10 799						
12	tRNA-Arg	+	10 955	11 026	72	43.06				TCT
13	atpA	–	11 210	12 727	1 518	41.04	505	ATG	TAA	
14	atpF	–	12 795	13 193	543	37.20	180	ATG	TAA	
			13 970	14 113						
15	atpH	–	14 583	14 828	246	45.93	81	ATG	TAA	
16	atpI	–	16 016	16 759	744	37.63	247	ATG	TGA	
17	rps2	–	16 973	17 683	711	38.68	236	ATG	TGA	
18	rpoC2	–	17 878	22 068	4 191	38.25	1 396	ATG	TAG	
19	rpoC1	–	22 247	23 857	2 064	38.32	687	ATG	TAA	
			24 627	25 079						
20	rpoB	–	25 085	28 297	3 213	39.00	1 070	ATG	TAA	
21	tRNA-Cys	+	29 522	29 592	71	59.15				GCA
22	petN	+	30 319	30 408	90	43.33	29	ATG	TAG	
23	psbM	–	31 405	31 509	105	32.38	34	ATG	TAA	
24	tRNA-Asp	–	32 056	32 129	74	60.81				GTC
25	tRNA-Tyr	–	32 567	32 650	84	54.76				GTA
26	tRNA-Glu	–	32 714	32 786	73	58.90				TTC
27	tRNA-Thr	+	33 562	33 633	72	48.61				GGT
28	psbD	+	34 858	35 919	1 062	42.56	353	ATG	TAA	
29	psbC	+	35 867	37 288	1 422	44.23	473	ATG	TGA	
30	tRNA-Ser	–	37 529	37 621	93	47.31				TGA
31	psbZ	+	37 974	38 162	189	38.62	62	ATG	TGA	

编号	基因名称	链正负	起始位点	终止位点	大小（bp）	GC含量（%）	氨基酸数（个）	起始密码子	终止密码子	反密码子
32	tRNA-Gly	+	38 699	38 769	71	50.70				GCC
33	tRNA-Met	−	38 921	38 994	74	55.41				CAT
34	rps14	−	39 158	39 460	303	40.92	100	ATG	TAA	
35	psaB	−	39 604	41 808	2 205	41.50	734	ATG	TAA	
36	psaA	−	41 834	44 086	2 253	42.79	750	ATG	TAA	
			44 750	44 902						
37	ycf3	−	45 681	45 908	507	39.64	168	ATG	TAA	
			46 636	46 761						
38	tRNA-Ser	+	47 641	47 727	87	51.72				GGA
39	rps4	−	48 022	48 627	606	37.79	201	ATG	TAA	
40	tRNA-Thr	−	48 979	49 051	73	53.42				TGT
41	tRNA-Leu	+	49 623	49 657	85	48.24				TAA
			50 181	50 230						
42	tRNA-Phe	+	50 612	50 684	73	52.05				GAA
43	ndhJ	−	51 384	51 860	477	39.41	158	ATG	TGA	
44	ndhC	−	52 716	53 078	363	35.54	120	ATG	TAG	
45	tRNA-Val	−	53 997	54 031	74	51.35				TAC
			54 623	54 661						
46	tRNA-Met	+	54 852	54 924	73	41.10				CAT
47	atpE	−	55 170	55 571	402	38.81	133	ATG	TAA	
48	atpB	−	55 568	57 064	1 497	43.22	498	ATG	TGA	
49	rbcL	+	57 837	59 291	1 455	43.64	484	ATG	TAG	
50	accD	+	59 862	61 349	1 488	35.55	495	ATG	TAA	
51	psaI	+	62 067	62 180	114	31.58	37	ATG	TAA	
52	ycf4	+	62 577	63 152	576	38.54	191	ATG	TGA	
53	cemA	+	64 097	64 795	699	33.76	232	ATG	TGA	
54	petA	+	65 018	65 980	963	41.43	320	ATG	TAG	
55	psbJ	−	66 835	66 957	123	40.65	40	ATG	TAG	
56	psbL	−	67 100	67 216	117	33.33	38	ATG	TAA	
57	psbF	−	67 239	67 358	120	41.67	39	ATG	TAA	
58	psbE	−	67 368	67 619	252	40.87	83	ATG	TAG	
59	petL	+	69 057	69 152	96	33.33	31	ATG	TGA	
60	petG	+	69 320	69 433	114	37.72	37	ATG	TGA	
61	tRNA-Trp	−	69 577	69 650	74	50.00				CCA
62	tRNA-Pro	−	69 818	69 891	74	48.65				TGG
63	psaJ	+	70 240	70 374	135	39.26	44	ATG	TAG	
64	rpl33	+	70 822	71 022	201	36.82	66	ATG	TAG	
65	rps18	+	71 227	71 532	306	34.31	101	ATG	TAG	

续表

编号	基因名称	链正负	起始位点	终止位点	大小(bp)	GC含量(%)	氨基酸数(个)	起始密码子	终止密码子	反密码子
66	rpl20	–	71 796 / 72 891	72 149 / 73 004	354	36.44	117	ATG	TAA	
67	rps12	–	144 424 / 145 192 / 73 156	144 655 / 145 217 / 73 383	372	44.35	123	ATG	TAA	
68	clpP	–	74 024 / 75 160	74 317 / 75 228	591	42.81	196	ATG	TAA	
69	psbB	+	75 667	77 193	1 527	43.42	508	ATG	TGA	
70	psbT	+	77 399	77 500	102	37.25	33	ATG	TGA	
71	psbN	–	77 566	77 697	132	44.70	43	ATG	TAG	
72	psbH	+	77 802	78 023	222	40.99	73	ATG	TAG	
73	petB	+	78 139 / 78 957	78 144 / 79 598	648	39.35	215	ATG	TAA	
74	petD	+	79 827 / 80 577	79 834 / 81 051	483	39.54	160	ATG	TAA	
75	rpoA	–	81 308	82 291	984	35.26	327	ATG	TAG	
76	rps11	–	82 356	82 772	417	47.00	138	ATG	TAG	
77	rpl36	–	82 890	83 003	114	38.60	37	ATG	TAA	
78	infA	–	83 189	83 275	87	32.18	28	ATT	TAG	
79	rps8	–	83 513	83 917	405	37.78	134	ATG	TAA	
80	rpl14	–	84 077	84 445	369	39.57	122	ATG	TAA	
81	rpl16	–	84 582 / 86 007	84 980 / 86 015	408	42.65	135	ATG	TAG	
82	rps3	–	86 169	86 828	660	33.79	219	ATG	TAA	
83	rpl22	–	86 813	87 298	486	36.01	161	ATG	TAA	
84	rps19	–	87 337	87 615	279	35.48	92	GTG	TAA	
85	rpl2	–	87 684 / 88 789	88 118 / 89 178	825	44.24	274	ATG	TAG	
86	rpl23	–	89 197	89 478	282	37.23	93	ATG	TAA	
87	tRNA–Met	–	89 644	89 717	74	45.95				CAT
88	ycf2	+	89 806	96 681	6 876	37.91	2 291	ATG	TAA	
89	tRNA–Leu	–	97 691	97 771	81	51.85				CAA
90	ndhB	–	98 362 / 99 799	99 117 / 100 521	1 479	37.80	492	ATG	TAG	
91	rps7	–	100 898	101 365	468	41.03	155	ATG	TAA	
92	ycf15	–	103 226	103 417	192	47.40	63	ATG	TAA	
93	tRNA–Val	+	104 019	104 090	72	48.61				GAC
94	rrn16S	+	104 331	105 821	1 491	56.74				

编号	基因名称	链正负	起始位点	终止位点	大小（bp）	GC含量（%）	氨基酸数（个）	起始密码子	终止密码子	反密码子
95	tRNA-Ile	+	106 116 107 112	106 152 107 146	72	58.33				GAT
96	tRNA-Ala	+	107 217 108 095	107 254 108 129	73	56.16				TGC
97	rrn23S	+	108 293	111 102	2 810	55.27				
98	rrn4.5S	+	111 201	111 303	103	50.49				
99	rrn5S	+	111 560	111 680	121	52.07				
100	tRNA-Arg	+	111 937	112 010	74	62.16				ACG
101	tRNA-Asn	−	112 572	112 643	72	54.17				GTT
102	ndhF	−	114 038	116 272	2 235	32.93	744	ATG	TAA	
103	rpl32	+	117 115	117 297	183	33.88	60	ATG	TAA	
104	tRNA-Leu	+	118 437	118 516	80	57.50				TAG
105	ccsA	+	118 616	119 575	960	33.13	319	ATG	TAA	
106	ndhD	−	119 897	121 423	1 527	37.85	508	ATG	TAG	
107	psaC	−	121 557	121 802	246	41.87	81	ATG	TGA	
108	ndhE	−	122 036	122 338	303	34.65	100	ATG	TAG	
109	ndhG	−	122 589	123 125	537	35.57	178	ATG	TAA	
110	ndhI	−	123 495	123 998	504	33.13	167	ATG	TAA	
111	ndhA	−	124 080 125 750	124 619 126 301	1 092	34.80	363	ATG	TAA	
112	ndhH	−	126 303	127 484	1 182	38.07	393	ATG	TGA	
113	rps15	−	127 588	127 860	273	31.87	90	ATG	TAA	
114	ycf1	−	128 240	133 639	5 400	30.81	1 799	ATG	TGA	
115	tRNA-Asn	+	133 993	134 064	72	54.17				GTT
116	tRNA-Arg	−	134 626	134 699	74	62.16				ACG
117	rrn5S	−	134 956	135 076	121	52.07				
118	rrn4.5S	−	135 333	135 435	103	50.49				
119	rrn23S	−	135 534	138 343	2 810	55.27				
120	tRNA-Ala	−	138 507 139 382	138 541 139 419	73	56.16				TGC
121	tRNA-Ile	−	139 490 140 484	139 524 140 520	72	58.33				GAT
122	rrn16S	−	140 815	142 305	1 491	56.74				
123	tRNA-Val	−	142 546	142 617	72	48.61				GAC
124	ycf15	+	143 219	143 410	192	47.40	63	ATG	TAA	
125	rps7	+	145 271	145 738	468	41.03	155	ATG	TAA	
126	ndhB	+	146 115 147 519	146 837 148 274	1 479	37.80	492	ATG	TAG	

编号	基因名称	链正负	起始位点	终止位点	大小（bp）	GC含量（%）	氨基酸数（个）	起始密码子	终止密码子	反密码子
127	tRNA-Leu	+	148 865	148 945	81	51.85				CAA
128	ycf2	−	149 955	156 830	6 876	37.91	2 291	ATG	TAA	
129	tRNA-Met	+	156 919	156 992	74	45.95				CAT
130	rpl23	+	157 158	157 439	282	37.23	93	ATG	TAA	
131	rpl2	+	157 458 158 518	157 847 158 952	825	44.24	274	ATG	TAG	
132	rps19	+	159 021	159 299	279	35.48	92	GTG	TAA	

表 174 龙宫果叶绿体基因组碱基组成

项目	A	T	G	C	N
合计（个）	49 155	50 277	29 463	30 678	0
占比（%）	30.80	31.51	18.46	19.23	0.00

注：N代表未知碱基。

表 175 龙宫果叶绿体基因组概况

项目	长度（bp）	位置	含量（%）
合计	159 573		37.69
大单拷贝区（LSC）	87 062	1～87 062	35.77
反向重复（IRa）	26 998	87 063～114 060	42.78
小单拷贝区（SSC）	18 515	114 061～132 575	31.89
反向重复（IRb）	26 998	132 576～159 573	42.78

表 176 龙宫果叶绿体基因组基因数量

项目	基因数（个）
合计	132
蛋白质编码基因	87
tRNA	37
rRNA	8

45. 蛇皮果 *Salacca zalacca*

　　蛇皮果 ［*Salacca zalacca*（Gaertn.）Voss，图 221 ～图 224］为棕榈科（Palmae）蛇皮果属植物。别名沙叻。植株丛生，短茎或几无茎，有刺；雌雄异株。叶羽状全裂，羽片披针形或线状披针形，呈 "S" 形或镰刀状渐尖。花序生于叶间。雌雄花序异型。雄花序具分枝，着生几个柔荑状圆柱形的分枝花序；总花序梗及分枝被包于宿存的佛焰苞内；雄花成对着生于小佛焰苞的腋部，通常伴随着有毛的小苞片；花萼和花冠管状，3裂；雄蕊 6 枚，着生于花冠管口，花丝短，基部变宽；雌花序分枝比雄花序的少，但较大；雌花成对着生或单生，比雄花大；苞片 2 片；中性花伴随着雌花，只有 1 个苞片；花萼基部管状，上部 3 裂；花冠约与花萼等长或稍长，上部 3 裂；退化雄蕊 6 枚；雌蕊 3 心皮，3 胚珠，不完全 3 室，被扁平、光滑或直立的带刺状尖的鳞片，花柱短，柱头 3。果实球形、陀螺形或卵球形，顶端具残留柱头，外果皮薄，被以覆瓦状反折的鳞片，鳞片顶尖光滑或呈刺状尖，中果皮薄，内果皮不明显。种子 1 ～ 3 枚，长圆形、球形或钝三棱形，肉质种皮厚，酸或甜，胚乳均匀，坚硬，带有从顶端孔穴深侵入的种皮，胚基生[1, 6]。

　　蛇皮果原产马来半岛至爪哇一带，印度、泰国、马来西亚、印度尼西亚和菲律宾均有栽培，以泰国、印度尼西亚种植较多，是东南亚国家著名热带水果。中国海南、云南引种蛇皮果有数十年历史，但仅零星种植[2-4]。其中种植在中国科学院西双版纳热带植物园和西双版纳热带花卉园的蛇皮果均可正常开花结果。

　　蛇皮果果实成熟后，可鲜食，风味独特，也可制果酱、果汁饮料等。蛇皮果富含蛋白质、钙、铁、维生素等，果肉中钾含量较高，富含果胶，对人脑十分有益，有"记忆之果"的美誉[4-5]。

　　蛇皮果叶绿体基因组情况见图 225、表 177 ～表 180。

参考文献

［1］中国科学院中国植物志编辑委员会 . 中国植物志：第十三卷第一分册 ［M］. 北京：科学出版社，1991：57.

［2］李荣生，尹光天，曾炳山，等 . 印度尼西亚蛇皮果的开发利用 ［J］. 林业实用技术，2008（6）：46-48.

［3］曹红星，孙程旭，陈思婷，等 . 蛇皮果栽培技术及效益分析 ［J］. 江西农业学报，2009，21（3）：86-87.

［4］胡建湘，郑玲丽 . 西双版纳引种栽培蛇皮果初报 ［J］. 亚热带植物科学，2004，33（3）：48-50.

［5］温放，杜若 . 蛇皮果 ［J］. 环球人文地理，2012（15）：145.

［6］Chen D J, Landis J B, Wang H X, et al. Plastome Structure, Phylogenomic Analyses and Molecular Dating of Arecaceae ［J］. Front Plant Sci, 2022, 13：960588.

图 221　蛇皮果　植株

图 222　蛇皮果　叶片

图 223　蛇皮果　花

图 224　蛇皮果　果实

注：蛇皮果花、蛇皮果果实由中国科学院西双版纳热带植物园甘烦远老师拍摄并提供。

45. 蛇皮果 *Salacca zalacca*

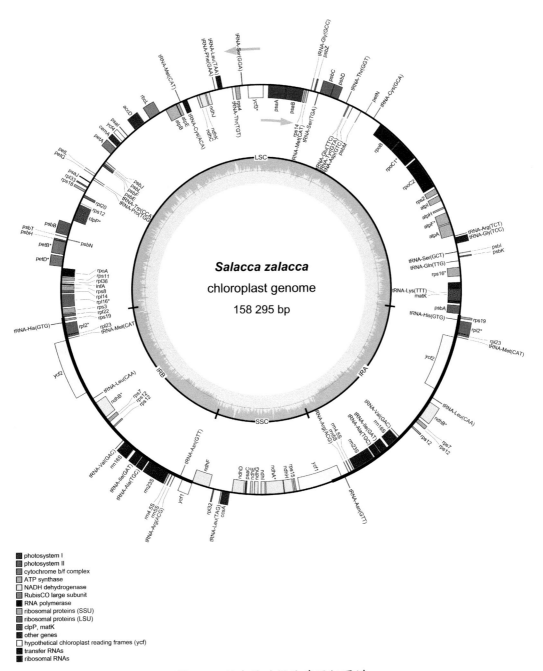

图 225　蛇皮果叶绿体基因组图谱

387

表 177 蛇皮果叶绿体基因组注释结果

编号	基因名称	链正负	起始位点	终止位点	大小（bp）	GC含量（%）	氨基酸数（个）	起始密码子	终止密码子	反密码子
			71 239	71 355						
1	rps12	−	100 204	100 229	372	40.86	123	ATG	TAA	
			100 781	101 009						
2	psbA	−	127	1 188	1 062	43.13	353	ATG	TAA	
3	tRNA–Lys	−	1 407	1 441	72	55.56				TTT
			4 030	4 066						
4	matK	−	1 715	3 268	1 554	32.75	517	ATG	TAA	
5	rps16	−	4 803	5 015	258	36.05	85	ATG	TAA	
			5 885	5 929						
6	tRNA–Gln	−	6 655	6 726	72	61.11				TTG
7	psbK	+	7 072	7 257	186	35.48	61	ATG	TGA	
8	psbI	+	7 532	7 642	111	35.14	36	ATG	TAA	
9	tRNA–Ser	−	7 780	7 867	88	53.41				GCT
10	tRNA–Gly	+	8 829	8 851	71	52.11				TCC
			9 567	9 614						
11	tRNA–Arg	+	9 754	9 825	72	43.06				TCT
12	atpA	−	9 918	11 462	1 545	40.91	514	ATG	TAG	
13	atpF	−	11 548	11 958	555	38.20	184	ATG	TAG	
			12 757	12 900						
14	atpH	−	13 406	13 651	246	45.12	81	ATG	TAA	
15	atpI	−	14 457	15 200	744	37.90	247	ATG	TGA	
16	rps2	−	15 460	16 170	711	38.82	236	ATG	TGA	
17	rpoC2	−	16 426	20 577	4 152	36.85	1 383	ATG	TAA	
18	rpoC1	−	20 757	22 373	2 049	38.46	682	ATG	TAA	
			23 120	23 551						
19	rpoB	−	23 578	26 796	3 219	38.65	1 072	ATG	TGA	
20	tRNA–Cys	+	27 901	27 971	71	59.15				GCA
21	petN	+	29 080	29 169	90	41.11	29	ATG	TAG	
22	psbM	−	29 661	29 765	105	31.43	34	ATG	TAA	
23	tRNA–Asp	−	30 823	30 896	74	63.51				GTC
24	tRNA–Tyr	−	31 290	31 373	84	54.76				GTA
25	tRNA–Glu	−	31 424	31 496	73	56.16				TTC
26	tRNA–Thr	+	31 780	31 851	72	48.61				GGT
27	psbD	+	32 937	33 998	1 062	43.50	353	ATG	TAA	
28	psbC	+	33 946	35 367	1 422	44.44	473	ATG	TGA	
29	tRNA–Ser	−	35 504	35 596	93	50.54				TGA
30	psbZ	+	35 960	36 148	189	35.45	62	ATG	TGA	
31	tRNA–Gly	+	36 482	36 552	71	52.11				GCC

编号	基因名称	链正负	起始位点	终止位点	大小（bp）	GC含量（%）	氨基酸数（个）	起始密码子	终止密码子	反密码子
32	tRNA-Met	−	36 759	36 832	74	54.05				CAT
33	rps14	−	36 991	37 293	303	39.60	100	ATG	TAA	
34	psaB	−	37 410	39 614	2 205	40.91	734	ATG	TAA	
35	psaA	−	39 640	41 892	2 253	43.14	750	ATG	TAA	
			42 529	42 687						
36	ycf3	−	43 422	43 649	513	38.79	170	ATG	TAA	
			44 378	44 503						
37	tRNA-Ser	+	45 126	45 212	87	51.72				GGA
38	rps4	−	45 522	46 127	606	37.79	201	ATG	TGA	
39	tRNA-Thr	−	46 460	46 532	73	53.42				TGT
40	tRNA-Leu	+	47 667	47 701	85	48.24				TAA
			48 213	48 262						
41	tRNA-Phe	+	48 587	48 659	73	49.32				GAA
42	ndhJ	−	49 397	49 876	480	38.54	159	ATG	TGA	
43	ndhK	−	49 967	50 845	879	37.88	292	ATG	TAA	
44	ndhC	−	50 725	51 087	363	38.29	120	ATG	TAA	
45	tRNA-Cys	−	52 380	52 416	76	51.32				ACA
			53 005	53 043						
46	tRNA-Met	+	53 210	53 282	73	41.10				CAT
47	atpE	−	53 469	53 873	405	41.98	134	ATG	TAG	
48	atpB	−	53 870	55 366	1 497	42.89	498	ATG	TGA	
49	rbcL	+	56 137	57 600	1 464	43.37	487	ATG	TAA	
50	accD	+	58 408	59 892	1 485	34.41	494	ATG	TAA	
51	psaI	+	61 039	61 149	111	37.84	36	ATG	TAG	
52	ycf4	+	61 510	62 064	555	38.74	184	ATG	TGA	
53	cemA	+	62 280	62 972	693	32.61	230	ATG	TGA	
54	petA	+	63 195	64 157	963	40.19	320	ATG	TAG	
55	psbJ	−	65 187	65 309	123	41.46	40	ATG	TAG	
56	psbL	−	65 440	65 556	117	31.62	38	ATG	TGA	
57	psbF	−	65 579	65 698	120	40.83	39	ATG	TAA	
58	psbE	−	65 710	65 961	252	42.06	83	ATG	TAG	
59	petL	+	67 251	67 346	96	33.33	31	ATG	TGA	
60	petG	+	67 518	67 631	114	34.21	37	ATG	TGA	
61	tRNA-Trp	−	67 749	67 822	74	52.70				CCA
62	tRNA-Pro	−	67 979	68 052	74	52.70				TGG
63	psaJ	+	68 459	68 593	135	37.78	44	ATG	TAG	
64	rpl33	+	69 098	69 298	201	37.81	66	ATG	TAG	
65	rps18	+	69 598	69 903	306	34.97	101	ATG	TAA	

续表

编号	基因名称	链正负	起始位点	终止位点	大小（bp）	GC含量（%）	氨基酸数（个）	起始密码子	终止密码子	反密码子
66	rpl20	−	70 176	70 529	354	34.46	117	ATG	TAA	
			71 239	71 355						
67	rps12	−	143 057	143 285	372	40.86	123	ATG	TAA	
			143 837	143 862						
			71 485	71 736						
68	clpP	−	72 420	72 711	615	42.28	204	ATG	TAA	
			73 567	73 637						
69	psbB	+	74 098	75 624	1 527	42.89	508	ATG	TGA	
70	psbT	+	75 826	75 939	114	31.58	37	ATG	TAA	
71	psbN	−	75 999	76 130	132	46.21	43	ATG	TAG	
72	psbH	+	76 239	76 460	222	40.99	73	ATG	TAG	
73	petB	+	76 452	76 457	654	38.84	217	ATG	TAG	
			77 376	78 023						
74	petD	+	78 217	78 224	522	38.51	173	ATG	TAG	
			78 976	79 489						
75	rpoA	−	79 645	80 676	1 032	35.76	343	ATG	TAA	
76	rps11	−	80 756	81 172	417	45.08	138	ATG	TAG	
77	rpl36	−	81 308	81 421	114	38.60	37	ATG	TAA	
78	infA	−	81 545	81 778	234	37.18	77	ATG	TAG	
79	rps8	−	81 895	82 293	399	35.09	132	ATG	TGA	
80	rpl14	−	82 380	82 748	369	39.30	122	ATG	TAA	
81	rpl16	−	82 880	83 278	408	44.61	135	ATG	TAG	
			84 472	84 480						
82	rps3	−	84 637	85 293	657	34.86	218	ATG	TAA	
83	rpl22	−	85 356	85 733	378	34.66	125	ATG	TAG	
84	rps19	−	85 939	86 217	279	37.63	92	GTG	TAA	
85	tRNA–His	+	86 351	86 424	74	56.76				GTG
86	rpl2	−	86 472	86 903	822	44.16	273	ACG	TAG	
			87 566	87 955						
87	rpl23	−	87 974	88 255	282	37.59	93	ATG	TAA	
88	tRNA–Met	−	88 416	88 489	74	45.95				CAT
89	ycf2	+	88 558	95 472	6 915	37.45	2 304	ATG	TAG	
90	tRNA–Leu	−	96 493	96 573	81	50.62				CAA
91	ndhB	−	97 138	97 893	1 533	37.70	510	ATG	TAG	
			98 598	99 374						
92	rps7	−	99 678	100 145	468	39.74	155	ATG	TAA	
93	tRNA–Val	+	102 894	102 965	72	48.61				GAC
94	rrn16S	+	103 193	104 683	1 491	56.54				

编号	基因名称	链正负	起始位点	终止位点	大小（bp）	GC含量（%）	氨基酸数（个）	起始密码子	终止密码子	反密码子
95	tRNA-Ile	+	104 999 / 105 978	105 040 / 106 012	77	59.74				GAT
96	tRNA-Ala	+	106 077 / 106 916	106 114 / 106 950	73	57.53				TGC
97	rrn23S	+	107 096	109 905	2 810	54.95				
98	rrn4.5S	+	110 005	110 107	103	48.54				
99	rrn5S	+	110 332	110 452	121	51.24				
100	tRNA-Arg	+	110 703	110 776	74	62.16				ACG
101	tRNA-Asn	-	111 355	111 426	72	52.78				GTT
102	ycf1	+	111 747	113 093	1 347	35.19	448	ATG	TAA	
103	ndhF	-	113 037	115 274	2 238	32.26	745	ATG	TAA	
104	rpl32	+	115 807	115 980	174	31.03	57	ATG	TAA	
105	tRNA-Leu	+	116 822	116 901	80	56.25				TAG
106	ccsA	+	116 985	117 953	969	32.20	322	ATG	TGA	
107	ndhD	-	118 186	119 691	1 506	35.52	501	ATC	TAG	
108	psaC	-	119 810	120 055	246	41.87	81	ATG	TGA	
109	ndhE	-	120 481	120 786	306	35.62	101	ATG	TAG	
110	ndhG	-	120 992	121 522	531	34.46	176	ATG	TAA	
111	ndhI	-	121 858	122 400	543	32.97	180	ATG	TAA	
112	ndhA	-	122 490 / 124 264	123 029 / 124 815	1 092	34.80	363	ATG	TAA	
113	ndhH	-	124 817	125 998	1 182	37.82	393	ATG	TGA	
114	rps15	-	126 104	126 373	270	33.33	89	ATG	TAA	
115	ycf1	-	126 761	132 319	5 559	30.71	1 852	ATG	TAA	
116	tRNA-Asn	+	132 640	132 711	72	52.78				GTT
117	tRNA-Arg	-	133 290	133 363	74	62.16				ACG
118	rrn5S	-	133 614	133 734	121	51.24				
119	rrn4.5S	-	133 959	134 061	103	48.54				
120	rrn23S	-	134 161	136 970	2 810	54.95				
121	tRNA-Ala	-	137 116 / 137 952	137 150 / 137 989	73	57.53				TGC
122	tRNA-Ile	-	138 054 / 139 026	138 088 / 139 067	77	59.74				GAT
123	rrn16S	-	139 383	140 873	1 491	56.54				
124	tRNA-Val	-	141 101	141 172	72	48.61				GAC
125	rps7	+	143 921	144 388	468	39.74	155	ATG	TAA	
126	ndhB	+	144 692 / 146 173	145 468 / 146 928	1 533	37.70	510	ATG	TAG	

续表

编号	基因名称	链正负	起始位点	终止位点	大小（bp）	GC含量（%）	氨基酸数（个）	起始密码子	终止密码子	反密码子
127	tRNA–Leu	+	147 493	147 573	81	50.62				CAA
128	ycf2	–	148 594	155 508	6 915	37.45	2 304	ATG	TAG	
129	tRNA–Met	+	155 577	155 650	74	45.95				CAT
130	rpl23	+	155 811	156 092	282	37.59	93	ATG	TAA	
131	rpl2	+	156 111 157 163	156 500 157 594	822	44.16	273	ACG	TAG	
132	tRNA–His	–	157 642	157 715	74	56.76				GTG
133	rps19	+	157 849	158 127	279	37.63	92	GTG	TAA	

表 178　蛇皮果叶绿体基因组碱基组成

项目	A	T	G	C	N
合计（个）	49 209	50 156	29 013	29 917	0
占比（%）	31.09	31.69	18.33	18.90	0.00

注：N代表未知碱基。

表 179　蛇皮果叶绿体基因组概况

项目	长度（bp）	位置	含量（%）
合计	158 295		37.23
大单拷贝区（LSC）	85 770	1～85 770	35.32
反向重复（IRa）	27 322	85 771～113 092	42.26
小单拷贝区（SSC）	17 881	113 093～130 973	30.99
反向重复（IRb）	27 322	130 974～158 295	42.26

表 180　蛇皮果叶绿体基因组基因数量

项目	基因数（个）
合计	133
蛋白质编码基因	87
tRNA	38
rRNA	8

46. 马六甲蒲桃 *Syzygium malaccense*

马六甲蒲桃（*Syzygium malaccense*，图 226～图 229）为桃金娘科（Myrtaceae）蒲桃属植物。俗名马来蒲桃、马来红梨、大果莲雾。乔木，高 15 米；嫩枝粗大，圆形，干灰褐色。叶片革质，狭椭圆形至椭圆形，长 16～24 厘米，宽 6～8 厘米，先端尖锐，基部楔形，上面干暗绿色，无光泽，下面黄褐色，侧脉 11～14 对，以 45° 开角斜行向上，离边缘 3～5 毫米处相结合成边脉，另在靠近边缘 1 毫米处有 1 条不明显的边脉，侧脉间相隔 1.0～1.5 厘米，有明显网脉；叶柄长约 1 厘米。聚伞花序生于无叶的老枝上，花 4～9 朵簇生，总梗极短；花梗长 5～8 毫米，粗大，有棱；花红色，长 2.5 厘米；萼管阔倒锥形，长与宽均约 1 厘米，萼齿 4，近圆形，长 5～6 毫米，宽 7～8 毫米，先端圆；花瓣分离，圆形，长 1 厘米，宽 1 厘米；雄蕊长 1.0～1.3 厘米，完全分离；花柱与雄蕊等长。果实卵圆形或壶形，长约 4 厘米；种子 1 枚。花期 5 月，聚伞花序腋生于树干，花数朵簇生，紫红色；7 月结果，果实椭圆形或梨形，暗红色；果肉白色，海绵质，多汁，具薄荷香气[1, 5]。

马六甲蒲桃原产马来西亚，分布于马来西亚、印度、老挝和越南，是蒲桃类果树中果实风味较佳的树种，栽培或驯化为半野生，是典型的热带雨林植物，喜高温，不耐长期干旱。国内在台湾及云南西双版纳有零星引种栽培[2]。

马六甲蒲桃在东南亚广泛栽培供食用。速生树种，树冠丰满浓郁，叶花果均可观赏，是良好的庭园绿化树种。果可生食，清甜可口，或制成果酱、蜜饯等；树皮可治口舌生疮；叶可作补药，叶汁可润肤；根可止痒和利尿。果皮、种子和叶片中的酚类化合物、黄酮类和类胡萝卜素含量高，抗氧化能力强，有一定的降糖作用[3-4]。

马六甲蒲桃叶绿体基因组情况见图 230、表 181～表 184。

参考文献

［1］中国科学院中国植物志编辑委员会. 中国植物志：第五十三卷第一分册［M］. 北京：科学出版社，1984：72.

［2］Whistler W A, Elevitch C R. *Syzygium malaccense*（Malay Apple）［A］// Species profiles for Pacific Island agroforestry［R］. Permanent Agriculture Resources，2006: 1–13.

［3］Da S, Kelly J, Sawaya H F, et al. Red–jambo（*Syzygium malaccense*）: Bioactive Compounds in Fruits and Leaves［J］. LWT–Food Science & Technology, 2017，79：284–291.

［4］Arumugam B, Manaharan T, Heng C K, et al. Antioxidant and Antiglycemic Potentials of A Standardized Extract of *Syzygium malaccense*［J］. LWT – Food Science and Technology, 2014，59：707–71.

［5］Tao L, Shi Z G, Long Q Y. Complete Chloroplast Genome Sequence and Phylogenetic Analysis of *Syzygium malaccense*［J］. Mitochondrial DNA Part B, 2020, 5（3）: 3549–3550.

图 226　马六甲蒲桃　植株　　　　　　图 227　马六甲蒲桃　叶片

图 228　马六甲蒲桃　花　　　　　　图 229　马六甲蒲桃　果实

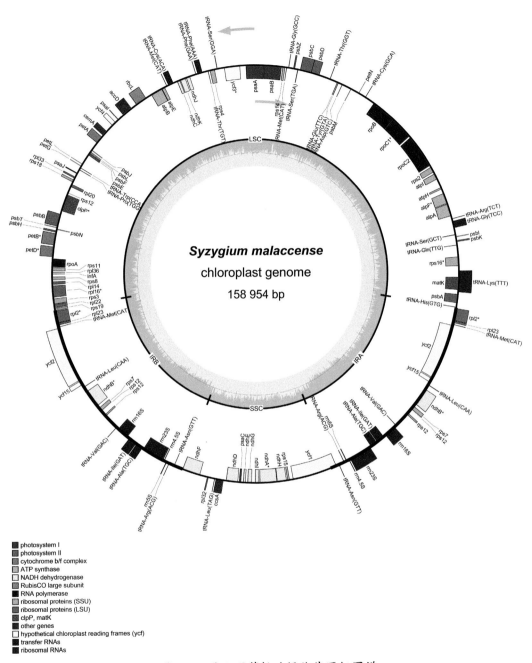

图 230　马六甲蒲桃叶绿体基因组图谱

表 181　马六甲蒲桃叶绿体基因组注释结果

编号	基因名称	链正负	起始位点	终止位点	大小（bp）	GC含量（%）	氨基酸数（个）	起始密码子	终止密码子	反密码子
1	rps12	−	73 441 101 722 102 295	73 554 101 748 102 525	372	42.74	123	ATG	TAA	
2	tRNA–His	−	11	84	74	56.76				GTG
3	psbA	−	568	1 629	1 062	42.00	353	ATG	TAA	
4	tRNA–Lys	+	1 898 4 451	1 932 4 487	72	55.56				TTT
5	matK	−	2 166	3 707	1 542	33.33	513	ATG	TAA	
6	rps16	−	5 064 6 138	5 273 6 176	249	35.74	82	ATG	TAA	
7	tRNA–Gln	−	7 571	7 642	72	58.33				TTG
8	psbK	+	7 998	8 183	186	37.63	61	ATG	TGA	
9	psbI	+	8 570	8 680	111	35.14	36	ATG	TAA	
10	tRNA–Ser	−	8 835	8 922	88	52.27				GCT
11	tRNA–Gly	+	9 717 10 502	9 737 10 549	69	55.07				TCC
12	tRNA–Arg	+	10 806	10 877	72	43.06				TCT
13	atpA	−	11 210	12 733	1 524	40.55	507	ATG	TAG	
14	atpF	−	12 790 13 973	13 200 14 116	555	38.38	184	ATG	TAG	
15	atpH	−	14 659	14 904	246	45.93	81	ATG	TAA	
16	atpI	−	16 020	16 763	744	37.37	247	ATG	TGA	
17	rps2	−	16 974	17 684	711	38.26	236	ATG	TGA	
18	rpoC2	−	17 894	22 117	4 224	36.77	1 407	ATG	TGA	
19	rpoC1	−	22 295 24 642	23 911 25 094	2 070	38.02	689	ATG	TAA	
20	rpoB	−	25 100	28 318	3 219	38.55	1 072	ATG	TAA	
21	tRNA–Cys	+	29 557	29 627	71	61.97				GCA
22	petN	+	30 512	30 601	90	40.00	29	ATG	TAG	
23	psbM	−	31 581	31 685	105	30.48	34	ATG	TAA	
24	tRNA–Asp	−	32 784	32 857	74	60.81				GTC
25	tRNA–Tyr	−	33 299	33 382	84	54.76				GTA
26	tRNA–Glu	−	33 442	33 514	73	58.90				TTC
27	tRNA–Thr	+	34 426	34 497	72	48.61				GGT
28	psbD	+	35 902	36 963	1 062	42.66	353	ATG	TAA	
29	psbC	+	36 911	38 332	1 422	43.67	473	ATG	TGA	
30	tRNA–Ser	−	38 571	38 663	93	49.46				TGA
31	psbZ	+	39 005	39 193	189	35.98	62	ATG	TGA	

编号	基因名称	链正负	起始位点	终止位点	大小（bp）	GC含量（%）	氨基酸数（个）	起始密码子	终止密码子	反密码子
32	tRNA-Gly	+	39 738	39 808	71	50.70				GCC
33	tRNA-Met	−	39 987	40 060	74	58.11				CAT
34	rps14	−	40 210	40 512	303	41.58	100	ATG	TAA	
35	psaB	−	40 640	42 844	2 205	40.59	734	ATG	TAA	
36	psaA	−	42 870 45 851	45 122 46 003	2 253	42.57	750	ATG	TAA	
37	ycf3	−	46 735 47 716	46 962 47 841	507	39.45	168	ATG	TAA	
38	tRNA-Ser	+	48 675	48 761	87	51.72				GGA
39	rps4	−	49 043	49 648	606	37.62	201	ATG	TAA	
40	tRNA-Thr	−	49 839	49 911	73	53.42				TGT
41	tRNA-Phe	+	50 593 51 160	50 629 51 209	87	45.98				AAA
42	tRNA-Phe	+	51 385	51 457	73	52.05				GAA
43	ndhJ	−	52 217	52 693	477	39.41	158	ATG	TGA	
44	ndhK	−	52 806	53 483	678	38.05	225	ATG	TAG	
45	ndhC	−	53 538	53 900	363	34.99	120	ATG	TAG	
46	tRNA-Cys	+	54 392 55 028	54 428 55 066	76	51.32				ACA
47	tRNA-Met	+	55 249	55 321	73	41.10				CAT
48	atpE	−	55 587	55 988	402	39.05	133	ATG	TAA	
49	atpB	−	55 985	57 481	1 497	42.15	498	ATG	TGA	
50	rbcL	+	58 260	59 687	1 428	43.42	475	ATG	TAA	
51	accD	+	60 417	61 730	1 314	36.30	437	ATG	TAA	
52	psaI	+	62 517	62 630	114	36.84	37	ATG	TAG	
53	ycf4	+	63 041	63 595	555	39.82	184	ATG	TGA	
54	cemA	+	64 569	65 258	690	32.61	229	ATG	TGA	
55	petA	+	65 477	66 439	963	40.39	320	ATG	TAG	
56	psbJ	−	67 460	67 582	123	39.02	40	ATG	TAA	
57	psbL	−	67 730	67 846	117	32.48	38	ATG	TAA	
58	psbF	−	67 869	67 988	120	40.00	39	ATG	TAA	
59	psbE	−	67 998	68 249	252	40.48	83	ATG	TAG	
60	petL	+	69 525	69 620	96	34.38	31	ATG	TGA	
61	petG	+	69 798	69 911	114	32.46	37	ATG	TGA	
62	tRNA-Trp	−	70 039	70 112	74	51.35				CCA
63	tRNA-Pro	−	70 308	70 381	74	48.65				TGG
64	psaJ	+	70 801	70 935	135	40.74	44	ATG	TAG	
65	rpl33	+	71 343	71 543	201	37.81	66	ATG	TAA	

续表

编号	基因名称	链正负	起始位点	终止位点	大小（bp）	GC含量（%）	氨基酸数（个）	起始密码子	终止密码子	反密码子
66	rps18	+	71 744	72 049	306	34.31	101	ATG	TAA	
67	rpl20	−	72 332	72 685	354	33.62	117	ATG	TAA	
			73 441	73 554						
68	rps12	−	144 421	144 651	372	42.74	123	ATG	TAA	
			145 198	145 224						
			73 721	73 948						
69	clpP	−	74 572	74 865	591	41.96	196	ATG	TAA	
			75 752	75 820						
70	psbB	+	76 226	77 752	1 527	43.22	508	ATG	TGA	
71	psbT	+	77 867	77 974	108	35.19	35	ATG	TGA	
72	psbN	−	78 040	78 171	132	43.18	43	ATG	TAG	
73	psbH	+	78 276	78 497	222	38.29	73	ATG	TAG	
74	petB	+	78 635	78 640	648	39.35	215	ATG	TAG	
			79 421	80 062						
75	petD	+	80 255	80 263	483	37.27	160	ATG	TAA	
			81 029	81 502						
76	rpoA	−	81 703	82 716	1 014	34.91	337	ATG	TAA	
77	rps11	−	82 782	83 198	417	44.12	138	ATG	TAG	
78	rpl36	−	83 314	83 427	114	35.96	37	ATG	TAA	
79	infA	−	83 544	83 618	75	34.67				
80	rps8	−	83 903	84 307	405	37.04	134	ATG	TAA	
81	rpl14	−	84 487	84 855	369	37.94	122	ATG	TAA	
82	rpl16	−	84 987	85 385	408	41.91	135	ATG	TAG	
			86 396	86 404						
83	rps3	−	86 564	87 214	651	35.79	216	ATG	TAA	
84	rpl22	−	87 246	87 680	435	35.40	144	ATG	TGA	
85	rps19	−	87 744	88 022	279	34.41	92	GTG	TAA	
86	rpl2	−	88 080	88 514	825	43.76	274	ATG	TAG	
			89 179	89 568						
87	rpl23	+	89 593	89 874	282	37.59	93	ATG	TAA	
88	tRNA-Met	−	90 044	90 117	74	45.95				CAT
89	ycf2	+	90 206	97 057	6 852	37.54	2 283	ATG	TAA	
90	ycf15	+	97 148	97 691	544	38.79				
91	tRNA-Leu		98 006	98 086	81	51.85				CAA
92	ndhB	−	98 669	99 424	1 533	37.44	510	ATG	TAG	
			100 106	100 882						
93	rps7	−	101 201	101 668	468	40.81	155	ATG	TAA	
94	tRNA-Val	+	104 382	104 453	72	48.61				GAC

续表

编号	基因名称	链正负	起始位点	终止位点	大小（bp）	GC含量（%）	氨基酸数（个）	起始密码子	终止密码子	反密码子
95	rrn16S	–	104 681	106 171	1 491	56.61				
96	tRNA–Ile	+	106 466 107 484	106 507 107 518	77	59.74				GAT
97	tRNA–Ala	+	107 588 108 429	107 625 108 463	73	56.16				TGC
98	rrn23S	–	108 616	111 425	2 810	54.77				
99	rrn4.5S	–	111 532	111 634	103	49.51				
100	rrn5S	+	111 859	111 979	121	52.07				
101	tRNA–Arg	+	112 235	112 308	74	62.16				ACG
102	tRNA–Asn	–	112 927	112 998	72	54.17				GTT
103	ndhF	–	114 077	116 314	2 238	31.81	745	ATG	TAA	
104	rpl32	+	117 249	117 422	174	35.06	57	ATG	TAA	
105	tRNA–Leu	+	118 156	118 235	80	57.50				TAG
106	ccsA	+	118 349	119 308	960	32.71	319	ATG	TAA	
107	ndhD	–	119 617	121 122	1 506	34.59	501	ACC	TAG	
108	psaC	–	121 269	121 514	246	41.46	81	ATG	TAA	
109	ndhE	–	121 786	122 091	306	33.01	101	ATG	TGA	
110	ndhG	–	122 328	122 858	531	34.84	176	ATG	TGA	
111	ndhI	–	123 264	123 758	495	34.95	164	ATG	TAA	
112	ndhA	–	123 859 125 472	124 398 126 023	1 092	33.52	363	ATG	TAA	
113	ndhH	–	126 025	127 206	1 182	37.65	393	ATG	TAA	
114	rps15	–	127 313	127 585	273	33.33	90	ATG	TAA	
115	ycf1	–	128 013	133 619	5 607	30.07	1 868	ATG	TAA	
116	tRNA–Asn	+	133 948	134 019	72	54.17				GTT
117	tRNA–Arg	–	134 638	134 711	74	62.16				ACG
118	rrn5S	–	134 967	135 087	121	52.07				
119	rrn4.5S	+	135 312	135 414	103	49.51				
120	rrn23S	+	135 521	138 330	2 810	54.77				
121	tRNA–Ala	–	138 483 139 321	138 517 139 358	73	56.16				TGC
122	tRNA–Ile	–	139 428 140 439	139 462 140 480	77	59.74				GAT
123	rrn16S	+	140 775	142 265	1 491	56.61				
124	tRNA–Val	–	142 493	142 564	72	48.61				GAC
125	rps7	+	145 278	145 745	468	40.81	155	ATG	TAA	
126	ndhB	+	146 064 147 522	146 840 148 277	1 533	37.44	510	ATG	TAG	

续表

编号	基因名称	链正负	起始位点	终止位点	大小（bp）	GC含量（%）	氨基酸数（个）	起始密码子	终止密码子	反密码子
127	tRNA-Leu	+	148 860	148 940	81	51.85				CAA
128	ycf15	−	149 255	149 798	544	38.79				
129	ycf2	−	149 889	156 740	6 852	37.54	2 283	ATG	TAA	
130	tRNA-Met	+	156 829	156 902	74	45.95				CAT
131	rpl23	+	157 072	157 353	282	37.59	93	ATG	TAA	
132	rpl2	+	157 378 158 432	157 767 158 866	825	43.76	274	ATG	TAG	

表 182　马六甲蒲桃叶绿体基因组碱基组成

项目	A	T	G	C	N
合计（个）	49 453	50 728	28 805	29 968	0
占比（%）	31.11	31.91	18.12	18.85	0.00

注：N 代表未知碱基。

表 183　马六甲蒲桃叶绿体基因组概况

项目	长度（bp）	位置	含量（%）
合计	158 954		36.97
大单拷贝区（LSC）	87 991	1 ～ 87 991	34.83
反向重复（IRa）	26 085	87 992 ～ 114 076	42.78
小单拷贝区（SSC）	18 793	114 077 ～ 132 869	30.93
反向重复（IRb）	26 085	132 870 ～ 158 954	42.78

表 184　马六甲蒲桃叶绿体基因组基因数量

项目	基因数（个）
合计	132
蛋白质编码基因	84
Pseudo	3
tRNA	37
rRNA	8

47. 黄晶果 *Pouteria caimito*

黄晶果（*Pouteria caimito* Radlk.，图 231 ～图 234）为山榄科（Sapotaceae）桃榄属植物。俗名雅美果、亚美果、黄金果、加蜜蛋黄果、蛋黄桃榄果、狮头果。常绿乔木，原产地植株可高达 16 米，但一般果园栽培高仅 4 ～ 5 米。叶互生，单叶，长 10 ～ 20 厘米，宽 3 ～ 6 厘米，簇生枝端。花两性，浅绿色，单生或数朵着生于叶腋或叶痕处。幼果深绿色，微具茸毛，成熟时转亮黄色，圆形或卵圆形，表面光滑，果皮革质，果顶微尖或平滑，果重约 250 克，最大果可达 900 克，果径 7 ～ 10 厘米，果肉乳白色半透明，未熟果有涩味，成熟后甜而香，带有微黏的乳汁，呈半透明胶质状。种子 1 ～ 4 枚，通常 1 枚，重 5 ～ 6 克，长 3 ～ 4 厘米，稍扁大，深褐色，腹侧有淡色纵向种脐。全年可结果 2 ～ 3 期，台湾主要产期在 2—4 月、6—8 月，经环割及灌溉控制生长可全年结果[1-2, 7]。

黄晶果原产于亚马孙河上游，分布于安底斯山脉以东，自委内瑞拉、秘鲁、厄瓜多尔到巴西均有栽培，中南美洲以外的热带地区也有少量引种栽培。国内最早是台湾从新加坡、菲律宾及夏威夷引进试种，发展成为台湾新兴热带果树[3-4]。海南、云南西双版纳有零星引种栽培。

黄晶果果肉营养丰富，宜在完全黄熟时食用，可直接鲜食、制作水果沙拉，或用于冰淇淋、果冻等加工。总糖、可溶性固形物含量、维生素 C 及原果胶含量较高[5]。黄晶果果实具有药用价值，在巴西等地，常用于治疗呼吸疾病，如清肺热、止咳、治支气管炎等[6]。

黄晶果叶绿体基因组情况见图 235、表 185 ～表 188。

参考文献

［1］庄馥萃 . 异军突起的热带水果：雅美果［J］. 世界农业，1993（11）：38.

［2］许玲，钟秋珍 . 山榄科两种新兴果树介绍［J］. 东南园艺，2003（4）：27–28.

［3］施清 . 新兴水果：黄晶果［J］. 中国果菜，2004（3）：35.

［4］何舒，胡福初，王祥和，等 . 黄晶果在海南的引种表现及栽培技术要点［J］. 中国南方果树，2012，41（5）：92–93.

［5］周文静，胡福初，周瑞云，等 . 11 份黄晶果种质资源植物学特性及果实品质综合评价［J］. 广东农业科学，2020，47（1）：32–38.

［6］欧世坤，张勇，仲崇禄，等 . 2 种热带珍稀果树蛋黄果和蛋黄桃榄果在粤西引种试验及其发展潜力分析［J］. 广东林业科技，2007，23（3）：49–53.

［7］Yang D J, Qiu Q, Xu L H, et al. The Complete Chloroplast Genome of *Pouteria caimito* ［J］. Mitochondrial DNA B Resour, 2019, 4（2）: 2824–2825.

图 231　黄晶果　植株　　　　　　图 232　黄晶果　叶片

图 233　黄晶果　花　　　　　　　图 234　黄晶果　果实

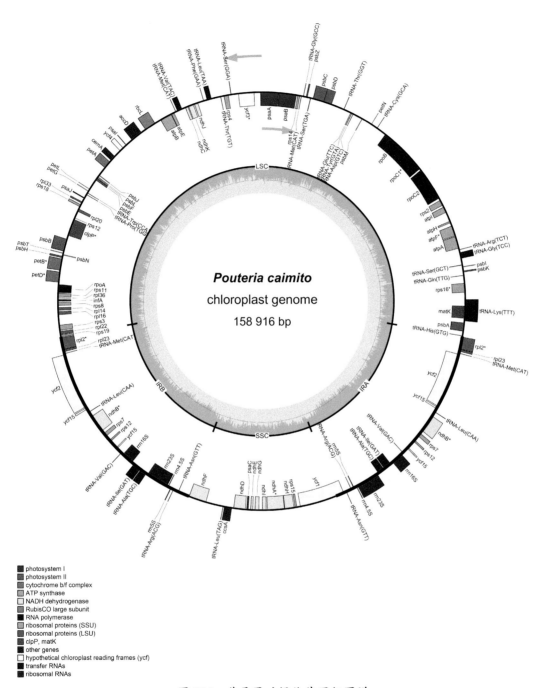

图 235　黄晶果叶绿体基因组图谱

表185 黄晶果叶绿体基因组注释结果

编号	基因名称	链正负	起始位点	终止位点	大小（bp）	GC含量（%）	氨基酸数（个）	起始密码子	终止密码子	反密码子
1	rps12	–	73 323 102 141	73 436 102 383	357	43.98	118	ATG	TAG	
2	tRNA–His	–	26	99	74	54.05				GTG
3	psbA	–	612	1 673	1 062	42.00	353	ATG	TAA	
4	tRNA–Lys	+	1 893 4 471	1 927 4 507	72	54.17				TTT
5	matK	–	2 200	3 720	1 521	32.68	506	ATG	TGA	
6	rps16	–	5 342 6 440	5 572 6 481	273	35.53	90	ATG	TAA	
7	tRNA–Gln	–	7 377	7 448	72	58.33				TTG
8	psbK	+	7 798	7 983	186	37.63	61	ATG	TGA	
9	psbI	+	8 400	8 510	111	36.04	36	ATG	TAA	
10	tRNA–Ser	–	8 651	8 738	88	48.86				GCT
11	tRNA–Gly	+	9 479 10 202	9 501 10 249	71	53.52				TCC
12	tRNA–Arg	+	10 558	10 629	72	43.06				TCT
13	atpA	–	10 754	12 277	1 524	39.50	507	ATG	TAA	
14	atpF	–	12 337 13 476	12 747 13 619	555	37.84	184	ATG	TAG	
15	atpH	–	13 996	14 241	246	45.93	81	ATG	TAA	
16	atpI	–	15 376	16 119	744	37.63	247	ATG	TGA	
17	rps2	–	16 332	17 042	711	37.83	236	ATG	TGA	
18	rpoC2	–	17 289	21 449	4 161	37.32	1 386	ATG	TAA	
19	rpoC1	–	21 619 23 993	23 235 24 445	2 070	38.60	689	ATG	TAA	
20	rpoB	–	24 451	27 663	3 213	38.84	1 070	ATG	TAA	
21	tRNA–Cys	+	28 891	28 961	71	57.75				GCA
22	petN	+	29 740	29 829	90	41.11	29	ATG	TAG	
23	psbM	–	31 060	31 164	105	29.52	34	ATG	TAA	
24	tRNA–Asp	–	32 332	32 405	74	62.16				GTC
25	tRNA–Tyr	–	32 514	32 597	84	54.76				GTA
26	tRNA–Glu	–	32 657	32 729	73	58.90				TTC
27	tRNA–Thr	+	33 592	33 663	72	50.00				GGT
28	psbD	+	35 268	36 329	1 062	42.18	353	ATG	TAA	
29	psbC	+	36 277	37 698	1 422	43.39	473	ATG	TGA	
30	tRNA–Ser	–	37 941	38 033	93	49.46				TGA
31	psbZ	+	38 390	38 578	189	35.98	62	ATG	TGA	
32	tRNA–Gly	+	38 860	38 930	71	52.11				GCC

续表

编号	基因名称	链正负	起始位点	终止位点	大小（bp）	GC含量（%）	氨基酸数（个）	起始密码子	终止密码子	反密码子
33	tRNA–Met	–	39 101	39 174	74	56.76				CAT
34	rps14	–	39 323	39 625	303	41.91	100	ATG	TAA	
35	psaB	–	39 748	41 952	2 205	41.41	734	ATG	TAA	
36	psaA	–	41 978	44 230	2 253	42.65	750	ATG	TAA	
			44 980	45 132						
37	ycf3	–	45 886	46 113	507	37.67	168	ATG	TAA	
			46 834	46 959						
38	tRNA–Ser	+	47 816	47 902	87	51.72				GGA
39	rps4	–	48 190	48 795	606	38.28	201	ATG	TAA	
40	tRNA–Thr	–	49 144	49 216	73	52.05				TGT
41	tRNA–Leu	+	50 351	50 387	85	48.24				TAA
			50 897	50 944						
42	tRNA–Phe	+	51 316	51 388	73	50.68				GAA
43	ndhJ	–	52 099	52 575	477	38.57	158	ATG	TGA	
44	ndhK	–	52 680	53 357	678	36.73	225	ATG	TAG	
45	ndhC	–	53 412	53 774	363	34.44	120	ATG	TAG	
46	tRNA–Val	+	54 197	54 233	74	51.35				TAC
			54 813	54 849						
47	tRNA–Met	+	55 015	55 087	73	41.10				CAT
48	atpE	–	55 293	55 694	402	39.30	133	ATG	TAA	
49	atpB	–	55 691	57 187	1 497	41.82	498	ATG	TGA	
50	rbcL	+	57 974	59 401	1 428	43.91	475	ATG	TAA	
51	accD	+	59 994	61 487	1 494	34.94	497	ATG	TAA	
52	psaI	+	62 366	62 476	111	34.23	36	ATG	TAG	
53	ycf4	+	62 917	63 471	555	38.56	184	ATG	TGA	
54	cemA	+	64 379	65 068	690	32.17	229	ATG	TAA	
55	petA	+	65 287	66 249	963	39.46	320	ATG	TAG	
56	psbJ	–	67 324	67 446	123	39.84	40	ATG	TAG	
57	psbL	–	67 590	67 706	117	32.48	38	ATG	TAA	
58	psbF	–	67 729	67 848	120	43.33	39	ATG	TAA	
59	psbE	–	67 858	68 109	252	41.67	83	ATG	TAG	
60	petL	+	69 391	69 486	96	34.38	31	ATG	TGA	
61	petG	+	69 671	69 784	114	35.96	37	ATG	TGA	
62	tRNA–Trp	–	69 913	69 986	74	51.35				CCA
63	tRNA–Pro	–	70 151	70 224	74	50.00				TGG
64	psaJ	+	70 628	70 762	135	40.00	44	ATG	TAG	
65	rpl33	+	71 220	71 426	207	37.68	68	ATG	TAG	
66	rps18	+	71 606	71 911	306	33.66	101	ATG	TAG	

编号	基因名称	链正负	起始位点	终止位点	大小（bp）	GC含量（%）	氨基酸数（个）	起始密码子	终止密码子	反密码子
67	rpl20	−	72 175	72 528	354	36.44	117	ATG	TAA	
68	rps12	−	73 323	73 436	357	43.98	118	ATG	TAG	
			144 630	144 872						
			73 575	73 802						
69	clpP	−	74 476	74 766	588	40.14	195	ATG	TGA	
			75 593	75 661						
70	psbB	+	76 117	77 643	1 527	43.68	508	ATG	TGA	
71	psbT	+	77 831	77 938	108	34.26	35	ATG	TGA	
72	psbN	−	78 004	78 135	132	42.42	43	ATG	TAA	
73	psbH	+	78 238	78 459	222	36.49	73	ATG	TAG	
74	petB	+	78 583	78 587	648	40.12	215	ATG	TAG	
			79 368	80 010						
75	petD	+	80 196	80 202	480	38.54	159	ATG	TAA	
			80 992	81 464						
76	rpoA	−	81 713	82 696	984	33.94	327	ATG	TGA	
77	rps11	−	82 762	83 178	417	43.17	138	ATG	TAA	
78	rpl36	−	83 290	83 403	114	35.96	37	ATG	TAA	
79	infA	−	83 519	83 752	234	38.46	77	ATG	TAG	
80	rps8	−	83 867	84 271	405	36.30	134	ATG	TAA	
81	rpl14	−	84 485	84 853	369	41.19	122	ATG	TAA	
82	rpl16	−	84 983	85 393	411	41.36	136	ATC	TAA	
83	rps3	−	86 639	87 295	657	35.01	218	ATG	TAA	
84	rpl22	−	87 404	87 778	375	32.27	124	ATG	TAG	
85	rps19	−	87 824	88 102	279	35.13	92	GTG	TAA	
86	rpl2	−	88 166	88 600	825	43.52	274	ATG	TAG	
			89 266	89 655						
87	rpl23	−	89 674	89 955	282	37.59	93	ATG	TAA	
88	tRNA-Met	−	90 127	90 200	74	45.95				CAT
89	ycf2	+	90 289	97 161	6 873	37.77	2 290	ATG	TAA	
90	ycf15	+	97 252	97 500	249	38.96	82	ATG	TGA	
91	tRNA-Leu	−	97 871	97 951	81	51.85				CAA
92	ndhB	−	98 506	99 261	1 533	37.12	510	ATG	TAG	
			99 941	100 717						
93	rps7	−	101 063	101 530	468	39.96	155	ATG	TAA	
94	ycf15	−	103 359	103 550	192	46.88	63	ATG	TAA	
95	tRNA-Val	+	104 236	104 307	72	48.61				GAC
96	rrn16S	−	104 535	106 025	1 491	56.54				

续表

编号	基因名称	链正负	起始位点	终止位点	大小（bp）	GC含量（%）	氨基酸数（个）	起始密码子	终止密码子	反密码子
97	tRNA-Ile	+	106 319 107 301	106 355 107 335	72	59.72				GAT
98	tRNA-Ala	+	107 400 108 245	107 437 108 279	73	56.16				TGC
99	rrn23S	−	108 432	111 241	2 810	54.91				
100	rrn4.5S	−	111 340	111 442	103	50.49				
101	rrn5S	+	111 699	111 819	121	52.07				
102	tRNA-Arg	+	112 084	112 157	74	62.16				ACG
103	tRNA-Asn	−	112 753	112 824	72	52.78				GTT
104	ndhF	−	114 208	116 448	2 241	31.86	746	ATG	TGA	
105	tRNA-Leu	+	118 584	118 663	80	57.50				TAG
106	ccsA	+	118 759	119 724	966	31.47	321	ATG	TGA	
107	ndhD	−	119 920	121 431	1 512	33.99	503	ACG	TGA	
108	psaC	−	121 562	121 807	246	42.68	81	ATG	TGA	
109	ndhE	−	122 055	122 360	306	31.37	101	ATG	TAA	
110	ndhG	−	122 593	123 123	531	32.20	176	ATG	TAA	
111	ndhI	−	123 503	124 006	504	34.13	167	ATG	TAA	
112	ndhA	−	124 101 125 738	124 640 126 289	1 092	33.70	363	ATG	TAA	
113	ndhH	−	126 291	127 472	1 182	38.07	393	ATG	TGA	
114	rps15	−	127 564	127 836	273	31.14	90	ATG	TAA	
115	ycf1	−	128 220	133 877	5 658	29.71	1 885	ATG	TGA	
116	tRNA-Asn	+	134 189	134 260	72	52.78				GTT
117	tRNA-Arg	−	134 856	134 929	74	62.16				ACG
118	rrn5S	−	135 194	135 314	121	52.07				
119	rrn4.5S	+	135 571	135 673	103	50.49				
120	rrn23S	+	135 772	138 581	2 810	54.91				
121	tRNA-Ala	−	138 734 139 576	138 768 139 613	73	56.16				TGC
122	tRNA-Ile	−	139 678 140 658	139 712 140 694	72	59.72				GAT
123	rrn16S	+	140 988	142 478	1 491	56.54				
124	tRNA-Val	−	142 706	142 777	72	48.61				GAC
125	ycf15	+	143 463	143 654	192	46.88	63	ATG	TAA	
126	rps7	+	145 483	145 950	468	39.96	155	ATG	TAA	
127	ndhB	+	146 296 147 752	147 072 148 507	1 533	37.12	510	ATG	TAG	
128	tRNA-Leu	+	149 062	149 142	81	51.85				CAA

编号	基因名称	链正负	起始位点	终止位点	大小（bp）	GC含量（%）	氨基酸数（个）	起始密码子	终止密码子	反密码子
129	ycf15	−	149 513	149 761	249	38.96	82	ATG	TGA	
130	ycf2	−	149 852	156 724	6 873	37.77	2 290	ATG	TAA	
131	tRNA–Met	+	156 813	156 886	74	45.95				CAT
132	rpl23	+	157 058	157 339	282	37.59	93	ATG	TAA	
133	rpl2	+	157 358 / 158 413	157 747 / 158 847	825	43.52	274	ATG	TAG	

表186　黄晶果叶绿体基因组碱基组成

项目	A	T	G	C	N
合计（个）	49 638	50 752	28 671	29 855	0
占比（%）	31.24	31.94	18.04	18.79	0.00

注：N代表未知碱基。

表187　黄晶果叶绿体基因组概况

项目	长度（bp）	位置	含量（%）
合计	158 916		36.83
大单拷贝区（LSC）	88 096	1～88 096	34.64
反向重复（IRa）	26 100	88 097～114 196	42.87
小单拷贝区（SSC）	18 620	114 197～132 816	30.23
反向重复（IRb）	26 100	132 817～158 916	42.87

表188　黄晶果叶绿体基因组基因数量

项目	基因数（个）
合计	133
蛋白质编码基因	88
tRNA	37
rRNA	8